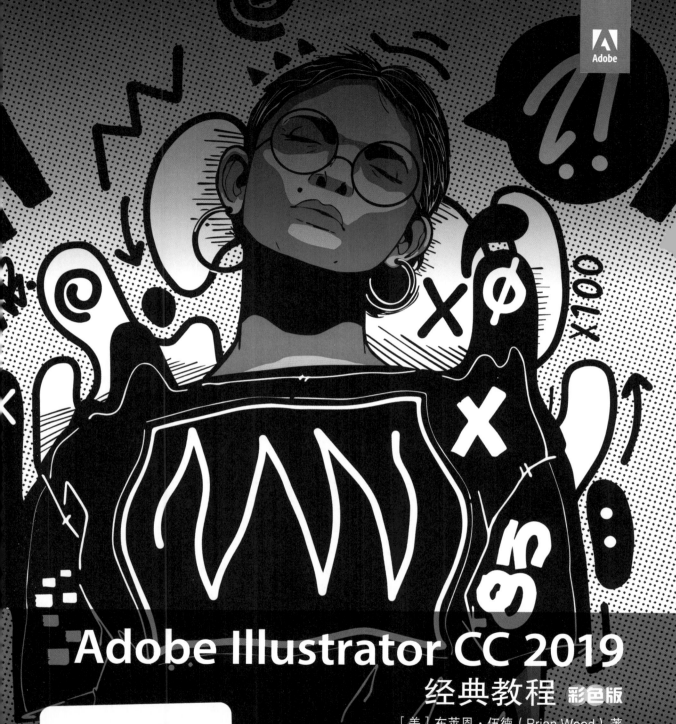

Adobe Illustrator CC 2019

经典教程 **彩色版**

〔美〕布莱恩·伍德（Brian Wood）著

张敏 译

人民邮电出版社

北京

U0370290

图书在版编目（ＣＩＰ）数据

Adobe Illustrator CC 2019经典教程：彩色版 / （美）布莱恩·伍德（Brian Wood）著；张敏译. -- 北京：人民邮电出版社，2020.5（2021.5重印）
ISBN 978-7-115-53219-0

Ⅰ．①A… Ⅱ．①布… ②张… Ⅲ．①图形软件—教材 Ⅳ．①TP391.412

中国版本图书馆CIP数据核字(2019)第293822号

版 权 声 明

◆ 著　　　　[美] 布莱恩·伍德（Brian Wood）

译　　　　张　敏

责任编辑　陈聪聪

责任印制　王　郁　焦志炜

◆ 人民邮电出版社出版发行　　北京市丰台区成寿寺路 11 号

邮编　100164　电子邮件　315@ptpress.com.cn

网址　http://www.ptpress.com.cn

天津图文方嘉印刷有限公司印刷

◆ 开本：800×1000　1/16

印张：33

字数：774 千字　　　　　　2020 年 5 月第 1 版

印数：7 501–8 300 册　　　2021 年 5 月天津第 5 次印刷

著作权合同登记号　图字：01-2019-6279 号

定价：149.00 元

读者服务热线：(010) 81055410　印装质量热线：(010) 81055316

反盗版热线：(010) 81055315

广告经营许可证：京东市监广登字 20170147 号

内容提要

  本书是 Adobe Illustrator CC 2019 软件的正规学习用书。本书包括 15 课，涵盖了认识工作区，选择图稿的技巧，使用形状创建明信片图稿，编辑和合并形状与路径，变换图稿，使用绘图工具创建插图，使用颜色来改善标志，为海报添加文字，使用图层组织图稿，渐变、混合和图案，使用画笔创建海报，效果和图形样式的创意应用，创建 T 恤图稿，Illustrator 与其他 Adobe 应用程序联用，以及导出资源等内容。

  本书语言通俗易懂，讲解内容配以大量图示，特别适合 Illustrator 新手阅读。有一定使用经验的读者从本书中也可学到大量高级功能和 Adobe Illustrator CC 2019 新增的功能。本书还适合各类相关培训班学员及广大自学人员学习和参考。

前言

Adobe® Illustrator® CC 是设计印刷品、多媒体资料和在线图形的工业标准插图应用程序。无论您是出版物印刷制作图稿的设计师、插图制作技术人员、设计多媒体图形的美工，还是网页或在线内容制作者，Illustrator 都将为您提供专业级的作品制作工具。

关于经典教程

本书是由 Adobe 产品专家编写的 Adobe 图形和出版软件官方培训系列丛书之一。本书中的功能和练习都基于 Adobe Illustrator CC 2019。

本书中的课程经过精心设计，方便读者按照自己的节奏阅读。如果读者是 Illustrator 新手，将从本书中学到使用该应用程序所需的基础知识和操作方法；如果读者有一定的 Illustrator 使用经验，将会发现本书介绍了许多高级功能，包括针对最新版本 Adobe Illustrator 的使用技巧和操作提示。

本书不仅在每课中提供完成特定项目的具体步骤，还为读者预留了探索和试验的空间。读者既可以按顺序阅读全书，也可以针对个人兴趣和需要阅读对应章节。此外，每课都包含了复习部分，以便读者总结这一课的内容。

先决条件

在阅读本书前，您应该先了解自己的计算机和操作系统，您还应该知道如何使用鼠标和标准的菜单与命令，以及如何打开、保存和关闭文件。

安装软件

在阅读本书前，请确保您的系统设置正确，并且成功安装所需的硬件和软件。

 注意　当不同平台的指令不同时，macOS 命令先出现，然后是 Windows 命令，同时在括号中注明平台。例如，"按住 option（macOS）键或 Alt（Windows）键并避开图稿进行单击。"

您必须单独购买 Adobe Illustrator CC 2019 软件。

您必须从 Adobe Creative Cloud 将 Adobe Illustrator CC 2019 安装到硬盘上，并按照屏幕上的说明进行操作。

本书使用的字体

本书课程文件中使用的字体都是 Creative Cloud 订阅所包含的 Typekit 组合计划的一部分。Creative Cloud 试用会员可以获取部分 Typekit 字体，以便在 Web 和桌面应用程序中使用。

恢复默认设置

首选项文件可以控制打开 Illustrator 程序时命令设置如何显示在屏幕上。每次退出 Illustrator，面板的位置和某些命令设置都会被记录在不同的首选项文件中。如果您想将工具和设置都恢复为默认设置，则可以删除当前的 Illustrator CC 首选项文件。如果某个首选项文件不存在，则 Illustrator 会创建一个首选项文件，下次启动程序时会保存此文件。

每课开始前，必须恢复 Illustrator 的默认首选项设置，这样做将确保工具和面板的功能如本书所述。完成本书的课程后，如果您愿意，可以使用您保存的设置。

删除或保存当前的 Illustrator CC 首选项文件

首次退出程序时会创建首选项文件，之后会不断更新该文件。启动 Illustrator 后，可以按照以下步骤进行操作。

1　退出 Illustrator。
2　对于 macOS 操作系统，Illustrator 首选项文件的位置如下。

- [启动驱动器]/Users/[用户名]/Library*/Preferences/Adobe Illustrator 23 Settings/zh_CN**/Adobe Illustrator 首选项。

3　对于 Windows 系统，Illustrator 首选项文件的位置如下。

- [启动驱动器]\Users\[用户名]\AppData\Roaming\Adobe\Adobe Illustrator 23 Settings\zh_CN**\x86 或 x64\Adobe Illustrator 首选项。

 注意　在 Windows 中，"AppData" 文件夹默认是隐藏的，很可能需要启用 Windows 来显示隐藏的文件和文件夹。

* 在 macOS 上，默认情况下 "Library" 文件夹是隐藏的。要访问此文件夹，可在 "Finder" 中，按住 option 键，然后从 "Finder" 的 "前往" 菜单中选择 "Library"。

** 根据您安装的语言版本，文件夹名称可能会有所不同。

有关更多信息，可参见 Illustrator 官网。如果您找不到首选项文件，可能是您还未启动 Illustrator，或者是您已经移动了首选项文件。

 提示　每次开始新课时要快速查找和删除 Illustrator 首选项文件，请为 "Adobe Illustrator 23 Settings" 文件夹创建一个快捷方式（Windows）或别名（macOS）。

4　复制文件并将它保存到硬盘上的另一个文件夹（如果您想恢复这些首选项），或者删除文件。

5 启动 Illustrator。

完成课程后恢复保存的首选项设置

1 退出 Illustrator。
2 删除当前的首选项文件，查找您保存的原始首选项文件并将它移动到 "Adobe Illustrator 23 Settings" 文件夹。

 注意 可以移动原始首选项文件，但不要对它进行重命名。

其他资源

本书并不是要取代应用程序自带的文档或者是作为一个全面的功能参考文档，本书只解释课程中使用的命令和选项。有关程序功能和教程的全面信息，请参见以下资源。

- Adobe Illustrator 学习与支持：在 Illustrator 中选择 "帮助" > "Illustrator 帮助" 进入 Adobe Illustrator 学习与支持页面，在此页面您可以查找和浏览教程，并获得帮助和支持。
- Adobe 论坛：您可以在此论坛与同行讨论，提出有关 Adobe 产品的问题并获得答案。
- Adobe Create Magazine：此处会提供有关设计和设计问题的有见地的文章，是一个展示顶级设计师的作品、教程等更多内容的画廊。
- 教育者资源：此处可为教授 Adobe 软件课程的教师提供有用的信息。寻找各级教育的解决方案，包括可用于准备 ACA 考试的免费课程。
- Adobe Illustrator CC 产品主页：可访问 Adobe 官网获得。
- Adobe 插件：查找工具、服务、扩展、代码示例等内容的中心资源，用于补充和扩展您的 Adobe 产品。

Adobe 授权培训中心

Adobe 授权培训中心提供有关 Adobe 产品的教师主导课程和培训。

资源与支持

本书由异步社区出品，社区（https://www.epubit.com/）为你提供相关资源和后续服务。

配套资源

本书提供如下资源：

- 本书配套资源请到异步社区本书购买页处下载。

要获得以上配套资源，请在异步社区本书页面中单击 配套资源 ，跳转到下载界面，按提示进行操作即可。注意：为保证购书读者的权益，该操作会给出相关提示，要求输入提取码进行验证。

提交勘误

作者和编辑尽最大努力来确保书中内容的准确性，但难免会存在疏漏。欢迎您将发现的问题反馈给我们，帮助我们提升图书的质量。

当您发现错误时，请登录异步社区，按书名搜索，进入本书页面，单击"提交勘误"，输入勘误信息，单击"提交"按钮即可，如下图所示。本书的作者和编辑会对您提交的勘误进行审核，确认并接受后，您将获赠异步社区的 100 积分。积分可用于在异步社区兑换优惠券、样书或奖品。

详细信息	写书评	提交勘误

页码：□ 页内位置（行数）：□ 勘误印次：□

B I U ABC ☰▾ ☰▾ " ⌕ 🖼 ☷

字数统计

提交

扫码关注本书

扫描下方二维码，您将会在异步社区微信服务号中看到本书信息及相关的服务提示。

与我们联系

我们的联系邮箱是 contact@epubit.com.cn。

如果您对本书有任何疑问或建议,请您发邮件给我们,并请在邮件标题中注明本书书名,以便我们更高效地做出反馈。

如果您有兴趣出版图书、录制教学视频,或者参与图书翻译、技术审校等工作,可以发邮件给我们;有意出版图书的作者也可以到异步社区在线提交投稿(直接访问 www.epubit.com/selfpublish/submission 即可)。

如果您所在的学校、培训机构或企业想批量购买本书或异步社区出版的其他图书,也可以发邮件给我们。

如果您在网上发现有针对异步社区出品图书的各种形式的盗版行为,包括对图书全部或部分内容的非授权传播,请您将怀疑有侵权行为的链接发邮件给我们。您的这一举动是对作者权益的保护,也是我们持续为您提供有价值的内容的动力之源。

关于异步社区和异步图书

"异步社区" 是人民邮电出版社旗下 IT 专业图书社区,致力于出版精品 IT 技术图书和相关学习产品,为作译者提供优质出版服务。异步社区创办于 2015 年 8 月,提供大量精品 IT 技术图书和电子书,以及高品质技术文章和视频课程。更多详情请访问异步社区官网 https://www.epubit.com。

"异步图书" 是由异步社区编辑团队策划出版的精品 IT 专业图书的品牌,依托于人民邮电出版社近 30 年的计算机图书出版积累和专业编辑团队,相关图书在封面上印有异步图书的 LOGO。异步图书的出版领域包括软件开发、大数据、AI、测试、前端、网络技术等。

异步社区

微信服务号

目　录

第0课 快速浏览Adobe Illustrator CC 2019

本课概览

    本课将以交互的方式演示 Adobe Illustrator CC 2019，您将了解并学习该软件的主要功能。

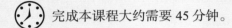 完成本课程大约需要 45 分钟。

在本课的 Adobe Illustrator CC 2019
演示中，您将学习到该软件的一些关键
的基础知识。

0.1 开始本课

本课将会对 Adobe Illustrator CC 2019 中使用较广泛的工具和功能进行大致讲解，为之后的操作提供基础。同时，本课还将带领读者制作一张关于服装精品店的图稿。首先，请打开最终图稿，查看本课将要创建的内容。

1 为了确保软件的工具和面板功能如本课所述，请删除或停用（通过重命名）Adobe Illustrator CC 2019 的首选项文件，具体操作请参阅本书"前言"部分中的"恢复默认设置"。

> **Ai** | **注意** 如果您还没有从您的账户页面下载本课的项目文件到您的计算机，请立即下载。

2 启动 Illustrator。

3 选择"文件">"打开"，或在"开始"工作区中单击"打开"按钮。选择"Lessons">"Lesson00"文件夹中的"L00_end.ai"文件，单击"打开"按钮。

> **Ai** | **注意** 如果在打开文档后出现快速浏览窗口，关闭该窗口即可。

4 选择"视图">"画板适合窗口大小"，查看您将在本课中创建的图稿示例，如图 0-1 所示。您可将此文件保持为打开状态，以供参考。

图0-1

0.2 创建新文档

在 Illustrator 中，可以根据您的需求使用一系列的预设选项创建新文档。在本例中，制作的图稿将会被印刷为明信片，因此，需选择"打印"预设来创建新文档。

> **Ai** | **注意** 有关创建和编辑画板的更多信息，参见第 5 课。

注意 本课中的图片是使用 macOS 获取的，可能与您看到的略有不同，特别是在使用 Windows 的情况下。

1 选择"文件">"新建"。

2 在"新建文档"对话框中，选择对话框顶部的"打印"选项，如图 0-2 所示。确保选中了"Letter"文档预设，在右侧的"预设详细信息"区域更改以下内容。

• 名称（"预设详细信息"的下方）：BoutiqueArt。

• 单位（"宽度"的右侧）：英寸（毫米）。

• 宽度：11 in（279.4 mm）。

• 高度：9 in（228.6 mm）。

图0-2

3 单击"创建"按钮，打开一个新的空白文档。

4 选择"文件">"存储为"，在"存储为"对话框中，保留"BoutiqueArt.ai"作为名称，并定位到"Lessons">"Lesson00"文件夹。将"格式"选项设置为"Adobe Illustrator（ai）"（macOS）或者将"保存类型"选项设置为"Adobe Illustrator（*.AI）"（Windows），然后单击"保存"按钮。

5 在出现的"Illustrator 选项"对话框中，将 Illustrator 选项保留为默认设置，然后单击"确定"按钮。

6 选择"窗口">"工作区">"重置基本功能"。

 注意 如果在"工作区"菜单中没有看到"重置基本功能"，请先选择"窗口">"工作区">"基本功能"，然后再选择"窗口">"工作区">"重置基本功能"。

0.3　绘制形状

绘制形状是 Illustrator 的基础，在本书中您还将创建很多形状。下面开始创建一个矩形。

Ai | **注意**　有关创建和编辑形状的更多信息，参见第 3 课。

1　选择"视图">"画板适合窗口大小"。
　　您看到的白色区域即为画板，它就是您打印图稿的位置，如图 0-3 所示。画板类似于
　　Adobe InDesign® 中的页。

图0-3

2　在左侧的工具栏中选中"矩形工具" ，如图 0-4 所示。将鼠标指针放在画板的左上角
　　（见图 0-5 中的红色"×"），按住鼠标左键并向右下方拖动。当鼠标指针旁边的灰色测量标
　　签显示宽度大约是 10 in（254 mm）且高度大约是 7 in（177.8 mm）时，松开鼠标左键，
　　此形状仍处于选中状态。

图0-4

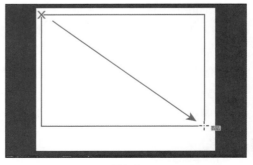

图0-5

Ai | **注意** 可以通过按住鼠标左键绘制形状，也可以选中形状工具后直接单击画板来创建形状，但在创建形状之前需修改好形状属性。

Ai | **注意** 如果在绘制矩形时没有看到它的大小，请通过选择"视图" > "智能参考线"，来确保"智能参考线"已经启用。若"智能参考线"菜单项旁边有复选标记，则表示已启用"智能参考线"。

0.4 编辑形状

Illustrator 中创建的大多数形状都是实时形状，这意味着在使用绘制工具（比如"矩形工具"▭）创建形状之后仍可以编辑它们。接下来，将圆化所创建的矩形的角。

Ai | **注意** 在第 3 课和第 4 课中您将学到更多关于编辑形状的内容。

1 选中矩形后，在矩形底边中点处按住鼠标左键向下拖动，如图 0-6 所示。直到您能在鼠标指针旁边的灰色测量标签中看到高度大约为 8 in（203.2 mm），如图 0-7 所示。

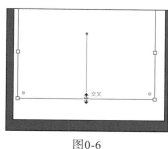

图0-6

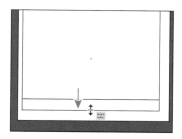

图0-7

2 将鼠标指针移动到形状的中心（蓝色圆点），如图 0-8 所示。当鼠标指针变为 时，按住鼠标左键将矩形拖到画板中心，如图 0-9 所示。

3 仍选中此矩形，在右上角的控制点⊙处按住鼠标左键并将其朝矩形中心拖动，当灰色测量标签显示的值大约为 0.7 in（17.78 mm）时，松开鼠标左键，如图 0-10 所示。

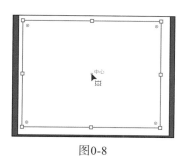

图0-8

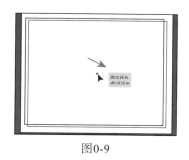

图0-9

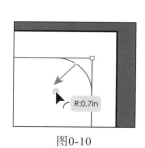

图0-10

提示 您也可以圆化所有的角。第3课将介绍有关创建和编辑实时形状的更多信息。

Illustrator中许多类型的形状都有控制点，如刚刚演示的圆角控制点，此外还有用于编辑多边形边数的控制点、为椭圆添加饼图角度的控制点等。

4 选择"文件">"存储"，保存文档。

0.5 应用和编辑颜色

对作品填色是 Illustrator 中的常见操作。您可以选择一种颜色为创建的形状描边（边框）或填色。您可以使用和编辑 Illustrator 中自带的默认色板，来创造属于自己的个性颜色组。在本节中，您将更改所选矩形的填充颜色。

 注意 第7课将介绍有关填色和描边的更多信息。

1 在选中此矩形的情况下，单击文档窗口右侧"属性"面板中的"填色"一词左侧的填色框 □。在弹出的面板顶部选中"色板"选项▦，显示默认色板。将鼠标指针移动到橙色色板上，当出现提示"C=0 M=50 Y=100 K=0"时，单击该色板将橙色颜色应用于所选形状的填色，如图 0-11 所示。

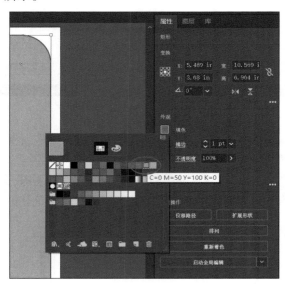

图0-11

您可以使用预定义的色板，也可以创建自己的颜色并将它们保存为色板，以便之后使用。

2 在"填色"色板中，双击刚才应用于矩形的橙色色板，进行编辑。

3 在"色板选项"对话框中，将值更改为"C=9，M=7，Y=9，K=0"，使其呈现浅棕色，并选中"预览"复选框查看更改。单击"确定"按钮，保存对色板的更改。橙色色板变为图 0-12 所示色板。

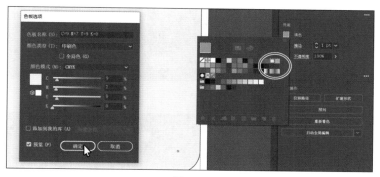

图0-12

> **Ai** **注意** 继续操作时，您会发现可能需要隐藏"色板"等面板，您可以按 Esc 键来执行此操作。

4 按 Esc 键，隐藏"色板"面板。

0.6 编辑描边

描边是形状和路径等图形的轮廓（边框）。描边的很多外观属性都可以更改，包括宽度、颜色和虚线等。在本节中，将调整矩形的描边。

> **Ai** **注意** 第 3 课将介绍有关描边的更多信息。

1 在选中矩形的情况下，单击属性面板中的"描边"一词左侧的"描边"框▣。在弹出的面板中，选中顶部的"颜色混合器"选项▣，创建自定义颜色。
   如果没有在面板中看到 CMYK 滑块，请从面板菜单▤中选择"CMYK"，如图 0-13 所示。

2 将值改为"C=80，M=39，Y=29，K=3"，如图 0-14 所示。

3 选中面板顶部的"色板"选项▣，再单击面板底部的"新建色板"按钮▣，如图 0-15 所示。

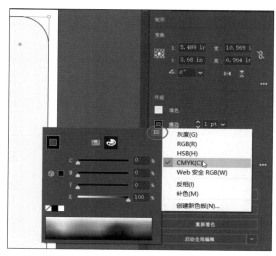

图0-13

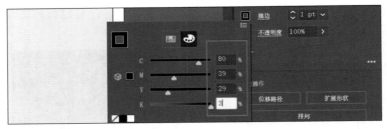

图0-14

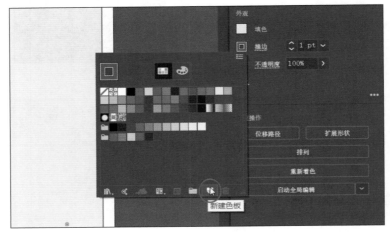

图0-15

4　在弹出的"新建色板"对话框中，取消选中"添加到我的库"复选框，然后单击"确定"
　　按钮，如图 0-16 所示。蓝色将作为保存的色板显示在"色板"中。

5　单击"属性"面板中的"描边"一词，打开"描边"面板，更改下列选项。完成后如
　　图 0-17 所示。

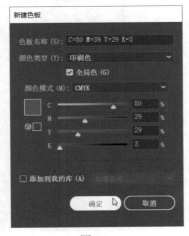

图0-16

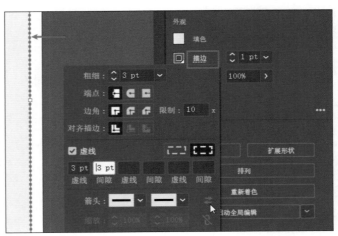

图0-17

- 粗细：3 pt。
- "虚线"复选框：选择。
- 虚线：3 pt。
- 间隙：3 pt。

0.7　使用图层

使用图层能够更简单、有效地组织和选择图稿。下面将讲解如何使用"图层"面板来组织自己的图稿。

> **Ai** | **注意** 第9课将介绍有关使用图层和"图层"面板的更多信息。

1　选择"窗口">"图层"，在画板右侧会显示"图层"面板。
2　在"图层"面板中双击"图层 1"（图层名称）。键入"Background"，如图 0-18 所示。然后按回车键，即可更改图层名。
　　为图层命名可以更好地组织整个作品内容。目前，您创建的矩形位于该图层上。
3　在"图层"面板底部单击"创建新图层"按钮，创建一个新的空白图层，如图 0-19 所示。
4　双击新图层名称"图层 2"，输入"Content"。按回车键，更改图层名称，如图 0-20 所示。
　　通过在图稿中创建多个图层，您可以控制堆叠对象的显示方式。在本文档中，因为"Content"图层位于"Background"图层之上，所以"Content"图层上的图稿内容将位于"Background"图层的图稿内容之上。

图0-18

图0-19

图0-20

5　单击"Background"图层名称左侧的眼睛图标，暂时隐藏背景图层上的矩形，如图 0-21 所示。
6　单击"Content"图层，确保它在"图层"面板中被选中，如图 0-22 所示。

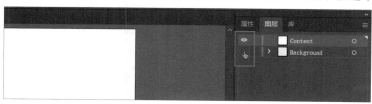

图0-21

图0-22

稍后绘制的新图稿内容都将被添加到所选的"Content"图层中。

0.8 使用文字

接下来，向项目添加文本并更改其格式。您将选择一些需要联网才能激活的 Adobe 字体。如果没有联网，则可以选择已安装的其他字体。

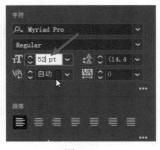

> **Ai** | **注意** 第 8 课将介绍有关文字的更多信息。

1 在左侧的工具栏中选中"文字工具"**T**，然后在画板底部的空白区域中单击。单击后将显示一个文本框，其中显示选中的占位文本为"滚滚长江东逝水"，输入"Boutique"，如图 0-23 所示。

2 当光标仍在文本中时，选择"选择" > "全部"，选中所有文本。

图0-23

3 单击软件窗口右上角的"属性"面板选项卡，显示"属性"面板，单击"填色"框。在出现的面板中，确保在面板顶部选中"色板"选项 █，然后单击在上一步中创建的蓝色色板，如图 0-24 所示。按 Esc 键可隐藏面板。

图0-24

4 在"属性"面板的"字符"部分，选择"设置字体大小"，然后键入"52"，按回车键确认更改大小。接下来，您将应用 Adobe 字体，它需要联网。如果您没有联网或无法访问 Adobe 字体，则可以从"设置字体系列"菜单中任选一种字体，如图 0-25 所示。

5 单击"属性"面板中"设置字体系列"右侧的箭头，在弹出的菜单中，单击"查找更多"以查看 Adobe 字体列表，如图 0-26 所示。您看到的字体列表跟图 0-26 可能有所不同，但并没有什么影响。

6 向下滚动菜单，查找到名为"Montserrat"的字体，单击"Montserrat"字体名称左侧的箭头（见图 0-27 中的红圈）以显示字体样式。

图0-25

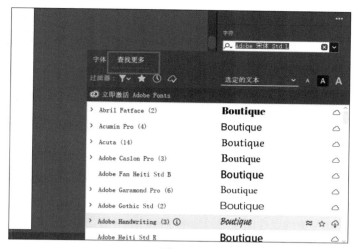

图0-26

图0-27

7　单击位于"Montserrat Light"字体名称右侧的激活按钮△，确保字体被激活。

8　在显示已被激活字体的对话框中单击"确定"按钮。如果遇到同步问题，请查看 Creative Cloud 桌面应用程序，在此您可以看到字体同步已关闭（本例中已打开）或任何其他问题的提示消息。

9　单击"显示已激活的字体"按钮 （见图 0-28 中的红圈），筛选并显示字体列表中已激活的字体。将鼠标指针移到菜单中的"Montserrat Light"字体上，该菜单还会显示所选文本的实时预览，单击"Montserrat Light"字体并应用它，如图 0-28 所示。

Ai　**注意**　激活字体可能需要一定时间。

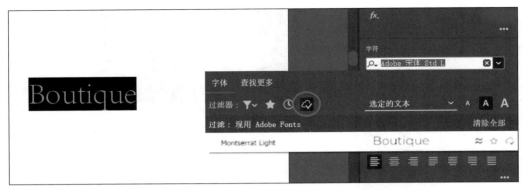

图0-28

10 选中文本后，在右侧的属性面板中，修改字距 ⬚ 中的值，键入"300"，按回车键确认更改。

11 单击"字符"部分的更多选项图标 ⬚⬚⬚，显示更多选项。单击"全部大写字母"按钮 TT，使文本大写。如图 0-29 所示。

图0-29

12 选择"选择">"取消选择"，然后选择"文件">"存储"。

0.9 使用形状生成器工具创建形状

"形状生成器工具" 🖫 是一种通过合并和擦除简单形状来创建复杂形状的交互式工具。接下来，您将使用"形状生成器工具" 🖫 将构成橡子的几个形状组合起来。

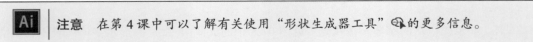

注意 在第 4 课中可以了解有关使用"形状生成器工具" 🖫 的更多信息。

1 鼠标左键长按左边工具栏中的"矩形工具" ▦，在出现的子菜单中选中"椭圆工具" ⬭，如图 0-30 所示。

2 按住鼠标左键在文本上方拖动，创建一个椭圆，其大小根据图稿大小来定，如图 0-31 所示。

图0-30

图0-31

3 连续 3 次选择"视图">"放大",即可放大形状视图 3 次。

4 按 D 键,将默认的白色填充和黑色描边应用到形状上。

5 在"属性"面板中,单击"描边"框🔲,然后选中面板顶部的"颜色混合器"选项🎨,生成新颜色。将颜色值改为"C=15,M=84,Y=76,K=4",如图 0-32 所示。按回车键隐藏面板。

6 将"属性"面板中的"描边"粗细更改为"2 pt",如图 0-33 所示。

图0-32

图0-33

7 鼠标左键长按"椭圆工具"⬭,选中"矩形工具"▢,在椭圆顶部按住鼠标左键并拖动创建一个小矩形,如图 0-34 左图所示。

> **Ai** **注意** 如果没有看到控制点⊙,则可能需要放大视图。您可以选择"视图">"放大"来完成该操作。

8 按住鼠标左键向形状中心拖动控制点⊙,使矩形的角变圆,如图 0-34 右图所示。

9 在左侧的工具栏中选中"选择工具"▶,按住鼠标左键拖动椭圆使其与圆角矩形对齐。当它们对齐时,会出现一个临时的垂直的洋红色指示标记,如图 0-35 所示。

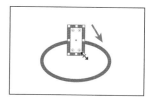

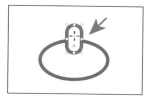

图0-34

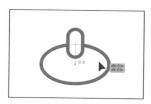

图0-35

10 选中"选择工具"▶，按住鼠标左键从左上到右下拖曳出一个虚线框，框选绘制好的两个图形，如图 0-36 左图所示。

11 在左边的工具栏中选中"形状生成器工具"⬚。将鼠标指针移动到图 0-36 中间图标有红色"×"的地方，按住 Shift 键，拖曳鼠标至框选住两个形状部分即可，松开鼠标左键，完成组合，效果如图 0-36 右图所示。

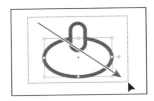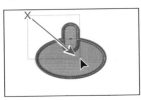

图0-36

0.10 使用曲率工具

使用"曲率工具"✏️，您可以快速、直观地绘制和编辑路径，创建光滑、精细的曲线和直线的路径。在本节中，您将探索"曲率工具"✏️的用法，并绘制橡子的最后一部分。

1 在工具栏中选中"曲率工具"✏️。

2 将鼠标指针从刚刚创建的橡子顶部移到空白区域。单击后开始绘制形状，如图 0-37 左图所示。接着将鼠标指针移到图 0-37 右图所示位置。

图0-37

3 单击并释放鼠标，如图 0-38 左图所示。继续绘制形状，移动鼠标指针，注意移动时路径会以不同的方式弯曲。

图0-38

每次单击时，都会创建锚点，添加的锚点可以用来控制路径的形状。

4 将鼠标指针向左上方移动，当路径与图 0-39 类似时，单击，继续绘制图形。

5 将鼠标指针移到您第一次单击的地方，鼠标指针旁边将显示一个小圆圈，单击即可闭合路径，创建一个形状，如图 0-40 所示。

图0-39

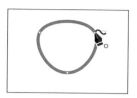

图0-40

6 将鼠标指针移到左边的锚点上，当鼠标指针变为▶。时（如图 0-41 左图所示），双击使它变成一个角，如图 0-41 右图所示。

7 对右边的锚点（创建的第一个锚点）执行同样的操作：将鼠标指针移到该点上，双击使其成为一个角，如图 0-42 所示。到这一步，您已经拥有了制作橡子图形所需的所有形状。

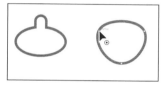

图0-41

图0-42

0.11 变换图稿

在 Illustrator 中，有许多方法可以移动、旋转、斜切、缩放、扭曲和剪切图稿，换句话说，只要变换图稿，您就可以实现想要的效果。接下来，您将执行变换图稿的操作。

Ai | **注意** 第 5 课将介绍有关变换图稿的更多信息。

1 在左边的工具栏中选中"选择工具"▶，单击在 0.10 节中创建的橡子形状的顶部。

2 在左边的工具栏中选中"橡皮擦工具"◆，按住鼠标左键以 U 形擦过图稿底部，即可擦除部分内容，如图 0-43 所示。松开鼠标左键后，您将看到生成的形状。

3 擦除橡子顶部下方的其他剩余图形，如图 0-44 所示。

图0-43

图0-44

4 选中"选择工具" ▶ ，按住鼠标左键将橡子的顶部拖到橡子的底部，尽可能使它们居中，参考图 0-46 所示的橡子图。

5 单击文档右侧的"属性"面板底部的"排列"按钮，然后选择"置于顶层"，将橡子的顶部带到橡子底部的顶层，如图 0-45 所示。

6 按住 option 键（macOS）或 Alt 键（Windows），并在橡子顶部形状的边界框上按住鼠标左键拖动合适的点，使其变宽或变窄——以最适合顶部的位置为准。大小合适之后，松开鼠标左键，并单击空白处取消选择，如图 0-46 所示。

图0-45

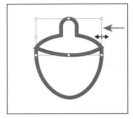

图0-46

Ai | **注意**　橡子的顶部窄了一点，如图 0-46 所示。您可以根据需要将它扩大。

---

7 按住鼠标左键拖框选择两个橡子形状，如图 0-47 所示。

8 在右侧的"属性"面板中单击"填色"框，然后选中"无" ☑ ，清除白色填充。
您会看到，橡子的顶部形状与橡子的底部形状有重叠。您可以使用"形状生成器工具" ☜ 来解决此问题。

9 在左边的工具栏中选中"形状生成器工具" ☜ 。将指针移动到图 0-48 左图中红色"×"位置。按住鼠标左键并拖动经过顶部的形状以拼合它们，如图 0-48 右图所示。注意，不要拖到橡子的底部形状去。

图0-47

图0-48

Ai | **注意**　如果"形状生成器工具" ☜ 出错，请选择"编辑">"还原合并"，然后再试一次。

---

10 将橡子形状保持为选中状态，然后选择"文件">"存储"。

0.12 使用符号

符号是存储在"符号"面板中的可复用对象。符号非常有用，因为它们可以帮您节省时间，也可以缩减文件大小。现在，您将从橡子图稿中创建一个符号。

> **Ai** | **注意** 第 13 课将介绍有关符号使用的更多信息。

1 使用"选择工具"▶选中橡子形状。
2 选择"窗口">"符号"，打开"符号"面板。单击面板底部的"新建符号"按钮⬛，如图 0-49 所示。
3 在弹出的"符号选项"对话框中，将符号命名为"Acorn"，然后单击"确定"按钮。如果弹出警告对话框，也单击"确定"按钮，如图 0-50 所示。

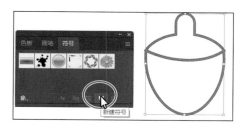

图0-49

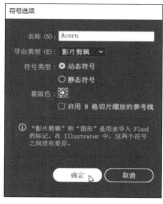

图0-50

现在，图稿作为一个已保存的符号出现在"符号"面板中，而画板上用于创建符号的橡子则是一个符号实例。

4 按住鼠标左键，将橡子符号缩略图从"符号"面板中拖到画板上两次，如图 0-51 所示。稍后再排列它们。

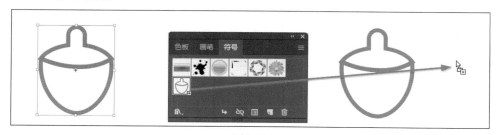

图0-51

5 单击"符号"面板右上角的"×"将其关闭。

6 选中其中一个橡子图形后,将鼠标指针移动到拐角处,待其变成双向旋转箭头后,按住鼠标左键拖动旋转橡子,如图 0-52 所示。

7 单击选中另外一个橡子,并将其朝相反方向旋转,如图 0-53 所示。

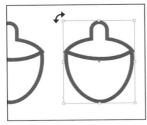 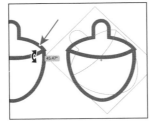

图0-52

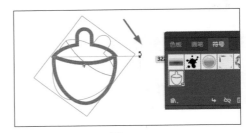

图0-53

8 双击画板上的一个橡子的红色路径框,进入"隔离模式"。在弹出的对话框中,单击"确定"按钮。

9 单击橡子底部的线条(边框)将其选中,如图 0-54 左图所示。

10 单击"属性"面板中的"描边颜色"框◨,然后选中面板顶部的"颜色混合器"选项◙,将颜色值更改为"C=2,M=44,Y=26,K=0",生成新颜色,如图 0-54 右图所示。键入最后一个值后,按 Esc 键或回车键确认更改并关闭面板。

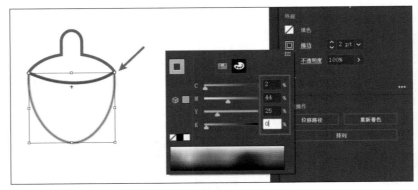

图0-54

11 选择"对象">"排列">"置于底层",确保橡子的底部位于顶部后方。

Ai | **注意** 如果"置于底层"变暗，则表示您已设置了"置于底层"。

12 在文档窗口的空白区域双击，退出"隔离模式"，其他橡子也会跟着发生变化。

0.13 创建和编辑渐变

渐变是两种或多种颜色的颜色混合，可以用于图稿的填色或者描边。接下来，将为文字应用渐变。

Ai | **注意** 第 10 课中将介绍有关渐变使用的更多信息。

1 选择"视图">"画板适合窗口大小"。
2 单击软件窗口右上角的"图层"面板选项卡，显示该面板，单击"Background"图层名称左侧的可视性列（眼睛图标列），显示"Background"图层中的矩形，如图 0-55 所示。
3 在左侧的工具栏中选中"选择工具"▶，单击背景中的矩形将其选中。

图0-55

4 单击软件窗口右上角的"属性"面板选项卡，显示该面板。
在"属性"面板中，单击"填色"框，并确保选中了"色板"选项。选择带有工具提示"白色，黑色"的白黑渐变色块，如图 0-56 所示。

Ai | **注意** 选择渐变后可能会弹出一条消息。您可以单击"确定"按钮将其关闭。但如果这样做，则很可能需要再次单击"属性"面板中的"填色"框来显示色板。

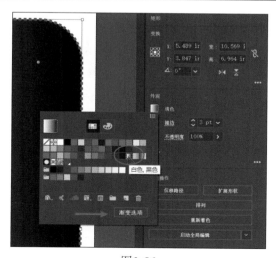

图0-56

5 在面板底部，单击"渐变选项"按钮（见图 0-56 箭头所指），打开"渐变"面板。选中顶部的标题栏并按住鼠标左键拖动"渐变"面板，使其移动到合适的位置。

6 在"渐变"面板中，执行以下操作，如图 0-57 所示。

- 单击"填色"框以确保正在编辑填色（见图 0-57 中的大圆圈所示）。
- 双击"渐变"面板中渐变滑块右侧的黑色图标 ◉（见图 0-57 中的小圆圈）。
- 选中弹出面板中的"颜色"选项 ◉。单击面板菜单图标 ▤，然后选择"CMYK"。
- 将 CMYK 颜色值更改为"C=9，M=7，Y=9，K=0"。键入最后一个值后，按 Esc 键或回车键确认更改，同时面板消失。

7 选中"渐变"面板顶部的"径向渐变"选项 ▣，将渐变更改为径向渐变，如图 0-58 所示。单击"渐变"面板右上角的"×"将其关闭。

图0-57

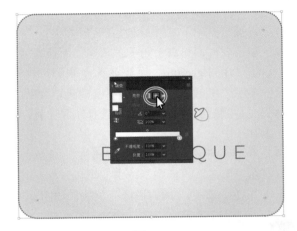

图0-58

8 选择"对象">"隐藏">"所选对象"，临时隐藏背景形状。这样您就可以专注于其他图稿。

9 单击软件窗口右上角的"图层"面板选项卡，显示"图层"面板。单击"Content"图层名称，稍后任何新图稿都会添加到"Content"图层中，且位于"Background"图层之上，如图 0-59 所示。

图0-59

0.14 在 Illustrator 中置入图像

在 Illustrator 中，可以采用链接或嵌入的方式置入栅格图像，如 JPEG 文件、Adobe Photoshop 文件，以及其他 Illustrator 文件。接下来，将置入一个手绘文本图像。

> **Ai**　**注意**　第 14 课将介绍置入图像的更多信息。

1. 选择"文件">"置入"。在"置入"对话框中，打开"Lessons">"Lesson00"文件夹，然后选择"HandLettering. psd"文件。确保未选中对话框中的"链接"复选框，然后单击"置入"按钮，如图0-60所示。

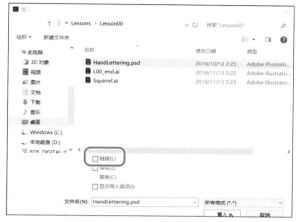

图0-60

2. 将载入图形指针移动到画板中，单击以置入手写字母的图像，如图0-61所示。

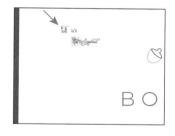 

图0-61

> **Ai** | **注意** 在 macOS 上，如果在对话框中看不到"链接"复选框，请单击"选项"按钮。

0.15 使用图像描摹

可以使用图像描摹工具快速将栅格图像转化为矢量图。接下来，将描摹刚刚置入的手写字母的 Photoshop 文件。描摹字母后，您便可以在 Illustrator 中将其当成形状来编辑。

> **Ai** | **注意** 第 3 课将介绍更多有关图像描摹的信息。

1. 选中"选择工具" ▶后，单击选中手写字母图片。

2 在右侧"属性"面板中将显示图像描摹相关的选项卡，单击"图像描摹"按钮，从菜单中选择"黑白徽标"，如图 0-62 所示。

> **Ai** | **注意** 本项目的手写字母是手写并拍照记录下来的，由 Danielle Fritz 创作。

3 在"属性"面板中，单击"打开图像描摹面板"按钮圖，如图 0-63 所示。

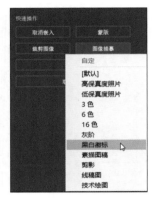

图0-62

图0-63

4 在打开的"图像描摹"面板中，单击"高级"左侧的三角形，如图 0-64 中圆圈所示。设置以下选项来获得更好的描摹效果。

- 路径：25%。
- 边角：0%。

图0-64

- 杂色：25 px。
- "将曲线与线条对齐"复选框：取消选中。
- "忽略白色"复选框：选中。

注意 当更改"图像描摹"面板中的数值时，Illustrator 会将每个更改预览于图像描摹，因此需要等待一定的时间。

提示 另一种转换手写体的方法是使用 Adobe Capture CC 应用程序。

5　单击"图像描摹"面板右上角的"×"，关闭该面板。

6　在选中字母的情况下，单击"属性"面板中"快速操作"部分的"扩展"按钮，如图 0-65 所示。该按钮可使对象成为组合在一起的一组可编辑形状。

7　选中字母，单击"属性"面板中的"填色"框。在面板顶部选中"色板"选项 后，单击之前创建的蓝色色板，应用到字母上，如图 0-66 所示。

图0-65

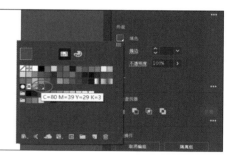

图0-66

8　选中"选择工具" ▶，按住 Shift 键，并按住鼠标左键拖动文本形状的一角使其等比例变大。当指针旁边的灰色测量标签显示宽度大约为 8.5 in（215.9 mm）时，松开鼠标左键和 Shift 键，如图 0-67 所示。单击空白处，取消选择。

图0-67

0.16 使用画笔

"画笔工具" ✎可以对路径进行风格化。您可以对现有路径应用画笔描边，或者使用"画笔工具" ✎绘制路径且应用画笔描边。接下来，您将从另一个 Illustrator 文档复制现成的图稿，并对其中的一部分应用"画笔工具" ✎。

> **Ai** | **注意** 第 11 课将介绍有关画笔的更多信息。

1 选择"文件">"打开"。在"Lessons">"Lesson00"文件夹中选择"Squirrel.ai"文件，然后单击"打开"。

2 选择"视图">"画板适合窗口大小"。

3 选择"选择">"现用画板上的全部对象"，选择"编辑">"复制"，将选择并复制松鼠图稿的所有对象。

4 选择"文件">"关闭"，关闭"Squirrel.ai"文件，然后返回到"BoutiqueArt"项目。

5 选择"编辑">"粘贴"。

6 按住鼠标左键将松鼠图稿（带红色路径框）拖动到画板顶部，如图 0-68 所示。

图0-68

> **Ai** | **注意** 松鼠和松鼠尾部的线条是独立的对象。如果发现只拖动了其中一个对象，可以再单独将其他对象拖动到合适位置即可。

7 选择"选择">"取消选择"，取消选择所有图稿。单击松鼠尾部较浅的红色路径，选中该组路径。

8 选择"窗口">"画笔库">"艺术效果">"艺术效果 _ 油墨"，打开"艺术效果 _ 油墨"面板。

9 下拉"艺术效果 _ 油墨"面板列表右侧的滑块，将鼠标指针移动到画笔列表上，将在工具提示中看到该画笔名称。单击面板中名为"标记笔"的画笔，将该画笔应用于所选路径组，如图 0-69 所示。

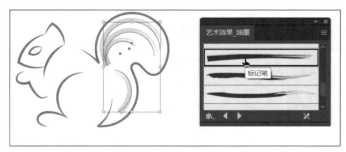

图0-69

> **注意** 您应用的画笔是艺术画笔，这意味着它将沿路径拉伸画笔效果。画笔效果将根据笔触（边框）大小在路径上进行缩放。

10 单击"艺术效果 _ 油墨"面板右上角的"×"，将其关闭。

11 选中"选择工具" ▶，然后按住 Shift 键，分别单击选中松鼠图稿和松鼠尾部，选择"对象">"编组"，将二者组合到一起，松开 Shift 键。

0.17 对齐图稿

Illustrator 可以轻松对齐（或分布）所选对象、对齐画板或对齐关键对象。在本节中，您将移动所有图稿，并将部分图稿与画板中心对齐。

> **注意** 第 2 课将介绍有关对齐图稿的更多信息。

1 选择"对象">"显示全部"，显示所有隐藏的图稿，如图 0-70 所示。

2 选中"选择工具" ▶ 后，按住鼠标左键将每个对象拖曳至图 0-70 所示位置，并不一定要完全一致。

> **提示** 您还可以通过在背景矩形和文本之间拉框来选中它们。

3 单击选择背景中的矩形，然后按住 Shift 键，再单击选中"BOUTIQUE"文本。

4 单击画板右侧"属性"面板中"对齐"部分的下拉菜单██中的"对齐画板"，如图 0-71 所示。现在，所选对象将与画板的边缘对齐。

图0-70

图0-71

5 单击"水平居中对齐"按钮██，将所选图稿与画板的水平中心对齐，如图 0-72 所示。

6 选择"选择">"取消选择"。

图0-72

0.18　使用效果

"效果"可以在不改变基本对象的情况下改变对象的外观。接下来，将对背景中的矩形添加投影效果。

1　选中"选择工具"▶，单击背景中的矩形。

2　在右侧的"属性"面板中，单击"选取效果"按钮*fx.*，并选择"风格化">"投影"，如图 0-73 所示。

Ai | **注意**　在第 12 课中将介绍有关效果的更多信息。

3　在"投影"对话框中，设置以下选项，如图 0-74 所示。

- 模式：正片叠底（默认设置）。
- 不透明度：30%。
- X 位移和 Y 位移：0.05 in（1.27 mm）。
- 模糊：0.04 in（1.02 mm）。

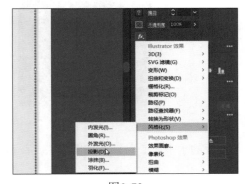

图0-73

图0-74

4 选中"预览"复选框，查看应用到矩形的效果，然后单击"确定"按钮，效果如图 0-75 所示。

图0-75

5 选择"选择">"取消选择"。

6 选择"文件">"存储"。

0.19　演示文档

在 Illustrator 中，您可以通过不同的方式查看文档。例如，您需要将您的文档演示给其他人看，则可以在"显示文稿模式"下演示文档，下面是您接下来要执行的操作。

1 选择"视图">"显示文稿模式"。除活动画板外的所有内容都被隐藏了。画板周围的区域被纯色（通常为黑色）所取代，如图 0-76 所示。

如果有多个画板（如 Adobe InDesign 中的多个页面），则可以按向右或向左箭头键在它们之间切换。

图0-76

 提示　在"显示文稿模式"下演示文档的另一种方法是单击左侧工具栏底部的"更改屏幕幕模式"按钮🖥，然后选择"演示文稿模式"（"演示文稿模式"和"显示文稿模式"是一个东西，但是在 Adobe Illustrator CC 2019 中文版软件不同地方翻译不一样，同样的问题还有不少）。您也可以按"Shift + F"组合键打开"演示文稿模式"。按 Esc 键可将其关闭。

2 按 Esc 键，退出"演示文稿模式"。

3 选择"文件">"存储"，然后选择"文件">"关闭"，至此，图稿制作完成并成功保存。

第1课 认识工作区

本课概览

在本课中，您将认识工作区并学习如何执行以下操作。

- 打开 Adobe Illustrator CC 2019 文件。
- 使用工具栏。
- 使用面板。
- 重置和保存工作区。
- 使用视图选项来更改显示放大倍数。
- 浏览多个画板和文档。
- 了解文档组。
- 使用 Illustrator 查找资源。

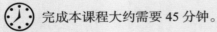 完成本课程大约需要 45 分钟。

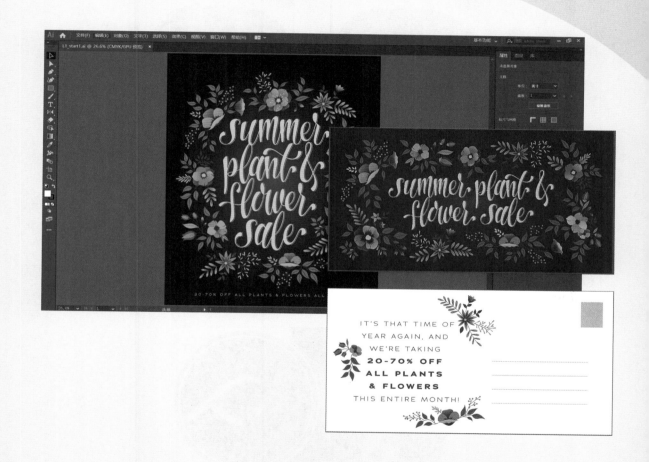

　　为了充分利用 Adobe Illustrator CC 2019 的丰富的描边、填色和编辑功能，学习如何在工作区中导航非常重要。工作区由应用程序栏、工具栏、面板、文档窗口和其他默认面板组成。

1.1 Adobe Illustrator CC 2019 简介

在 Adobe Illustrator CC 2019 中，您主要创建和使用矢量图形（有时称为矢量形状或矢量对象）。矢量图形由称为矢量（vector）的数学对象定义的一系列直线和曲线组成，图 1-1 左图所示为矢量图稿示例。您可以自由地移动或修改矢量图形，而不会丢失细节或清晰度，因为它们与分辨率无关，图 1-1 右图所示为编辑过的矢量图稿。

图1-1

无论是缩放矢量图形、使用 PostScript 打印机打印、保存在 PDF 文件中，还是导入到基于矢量的图形应用程序中，矢量图形都可以保持清晰的边缘。因此，矢量图形是图稿（例如徽标）的最佳选择，这些图稿可以在不同输出介质下生成不同的尺寸。

Adobe Illustrator CC 2019 还允许包含位图图像（技术上称为栅格图像），它由图像元素（像素）的矩形网格组成，图 1-2 所示为栅格图像和被选中像素放大效果。每个像素都有特定的位置和颜色，用手机相机拍摄的照片就是栅格图像，您可以在 Adobe Photoshop 这样的应用程序中创建和编辑栅格图像。

 注意 若要了解有关位图的详细信息，请在"Illustrator 帮助"（"帮助" > "Illustrator 帮助"）中搜索"导入位图图像"相关内容。

图1-2

1.2 启动 Illustrator 并打开文件

在本课中，您将通过使用一些图稿来了解 Illustrator。在开始之前，您需要恢复 Illustrator 的默认首选项。这是您在本书的每课开始时所要做的事情,这样可以确保工具和默认值的设置完全如本课所述。

1 要删除或停用(通过重命名)Illustrator 首选项文件,请参阅本书"前言"部分中的"恢复默认设置"。

2 双击 Illustrator 图标,启动 Illustrator。打开 Illustrator,您将看到一个开始屏幕,显示 Illustrator 的资源等内容。

3 选择"文件">"打开"或单击"开始"屏幕上的"打开"按钮。在您电脑硬盘的 "Lessons">"Lesson01"文件夹中,选择"L1_start1.ai"文件,然后单击"打开"按钮。您将使用"L1_start1.ai"文件来练习导航、缩放操作,并了解 Illustrator 的文档和工作区。

Ai **注意** 如果在打开文档时出现"快速浏览"窗口,您可以关闭该窗口。

Ai **注意** 如果您还没有从您的账户页面下载本课的项目文件到您的计算机,请立即下载。具体操作请参阅本书开头的"前言"部分。

---

4 选择"窗口">"工作区">"基本功能",确保选中了它,然后选择"窗口">"工作区">"重置基本功能"来重置工作区。"重置基本功能"命令可确保将包含所有工具和面板的工作区设为默认设置。

5 选择"视图">"画板适合窗口大小"。画板是包含可打印图稿的区域,类似于 Adobe InDesign® 中的页。此命令将整个画板缩放以适应文档窗口,以便您可以看到整个画板,如图 1-3 所示。

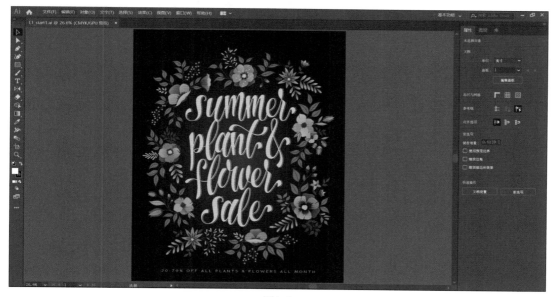

图1-3

打开文件并完全启动 Illustrator 时，屏幕上会显示应用程序栏、工具栏、文档窗口、状态栏和面板。

1.3 了解工作区

您可以使用各种元素（如面板、条形图和窗口）创建并操作文档和文件，这些元素的任意排列都称为工作区。首次启动 Illustrator 时，您将看到默认工作区（见图 1-4），您可以为执行的任务自定义该工作区。您还可以创建和保存多个工作区（例如，一个用于编辑，另一个用于查看），并在工作时在它们之间进行切换。

A. 应用程序栏
B. 面板
C. 工具栏
D. 文档窗口
E. 状态栏

图1-4

> **Ai** **注意** 本课中的图片是在 macOS 中获取的，可能与您看到的略有不同，特别是在使用 Windows 的情况下。

下面，我们将描述图 1-4 所示的默认工作区各组成部分。

A. 默认情况下，顶部的"应用程序栏"包含应用程序控件、工作区切换器和搜索框。而在 Windows 上，应用程序栏与菜单栏一起显示，如图 1-5 所示。

图1-5

B. "面板"可用于监控和修改您的工作。某些面板默认处于显示状态，您可以从"窗口"菜单中选择任意面板。

C. "工具栏"包含用于创建和编辑图像、图稿、页面元素等的各种工具。相关工具被放在一组中。

D. "文档窗口"显示您正在处理的文件。

E. "状态栏"位于"文档窗口"的左下角，显示各种信息、缩放情况和导航控件。

1.3.1　了解工具栏

工作区左侧的工具栏包含用于选择、绘制、上色、修改和导航的工具，也有更改填色、描边、绘图模式和屏幕模式的工具。在完成本书课程后，您将了解其中许多工具的功能。

1　将鼠标指针移到工具栏中的"选择工具" ▶ 上。请注意，工具提示中会显示名称（"选择工具"）和键盘快捷方式（"V"），如图 1-6 所示。

图1-6

 提示　您可以修改 Illustrator 自带的默认键盘快捷方式。为此，请选择"编辑" > "键盘快捷键"。相关详细信息请参阅"Illustrator 帮助"（"帮助" > "Illustrator 帮助"）中的"键盘快捷方式"。

2　将鼠标指针移动到"直接选择工具" ▶ 上，然后按住鼠标左键，直到出现工具菜单。松开鼠标左键，然后单击"编组选择工具" ▶ 将其选中，如图 1-7 所示。工具栏中右下角显示小三角形的工具都包含其他工具，可通过同样的方式进行选择。

图1-7

3　鼠标左键长按"矩形工具"▢以显示更多工具。单击隐藏工具面板右边缘的箭头（见图1-8中的圆圈），将工具与工具栏分开，作为单独的浮动工具面板，以便随时访问这些工具。

图1-8

4　单击浮动工具面板标题栏左上角（macOS）或右上角（Windows）的"关闭"按钮（×）将其关闭，如图1-9所示。工具将返回到工具栏。

图1-9

接下来，您将学习如何调整工具栏的大小并使它浮动。在本课的示意图中，工具栏默认情况是一列。但是您可能会看到一个双列工具栏，具体取决于您计算机的屏幕分辨率和工作区。

5　单击工具栏左上角的双箭头，工具栏将由一列展开为两列，或两列折叠为一列（具体取决于屏幕分辨率），如图1-10所示。

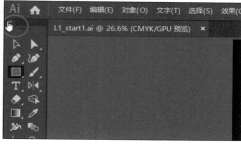

图1-10

6　再次单击此双箭头以折叠（或展开）工具栏。

7　在工具栏顶部的深灰色标题栏或标题栏下方的虚线处按住鼠标左键将工具栏拖到工作区中。如图1-11所示。工具栏现在浮动在工作区中。

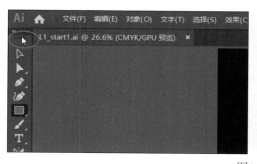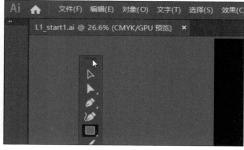

图1-11

8　如果工具栏在工作区中，可以在顶部的标题栏或者标题栏下方的虚线处按住鼠标左键，将工具栏拖动到程序窗口左侧。当鼠标指针到达左边缘时，将出现一个被称为停放区的半透明蓝色边框。松开鼠标左键，工具栏即可整齐地停放到工作区左侧，如图1-12所示。

图1-12

1.3.2 发现更多工具

在 Illustrator 中，工具栏中显示的默认工具组并不包括所有可用的工具。阅读本书时，您会了解到其他的工具，所以您需要知道如何访问它们。在本节中，您将学习如何访问更多工具。

1. 在左侧的工具栏底部，单击"编辑工具栏"■■■。此时将显示一个面板，该面板将显示所有可用的工具。显示为灰色的工具（此时您无法选择它们）已经在默认工具栏中，如图 1-13 所示。您可以将其他的任意工具拖到工具栏中，然后选择并使用它们。

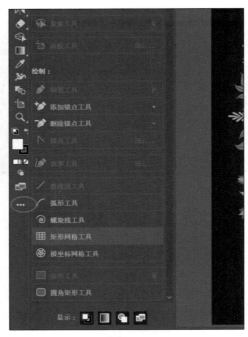

图1-13

2 将鼠标指针移动到显示为灰色的工具上，如工具列表顶部的"选择工具" ▶（您可能需要向上滚动进度条才能看到该工具），此时该工具将在工具栏中高亮显示，如图1-14所示。例如，如果将鼠标指针悬停在"椭圆工具" ⬭（归组在"矩形工具"中）上，"矩形工具" ▭将以高亮显示。

3 在工具列表中滚动进度条，直到看到"Shaper工具" ⬗。如果要将"Shaper工具" ⬗添加到工具栏，请按住鼠标左键将其拖到"矩形工具" ▭上。当"矩形工具" ▭周围出现高亮显示、鼠标指针旁边出现加号（+）时，松开鼠标左键以添加"Shaper工具" ⬗，如图1-15所示。

4 按Esc键隐藏多余工具。

"Shaper工具" ⬗现在位于工具栏中，除非您将其删除或重置工具面板。在后面的课程中，您将了解有关它们的更多信息。接下来，您将删除"Shaper工具" ⬗。

图1-14

图1-15

5 再次单击工具栏中的"编辑工具栏" ▦ ，显示"所有工具"面板。按住鼠标左键将
"Shaper 工具" ⬦拖到该面板上，当鼠标指针旁边显示减号▶时，松开鼠标左键即可从工
具栏中删除"Shaper 工具" ⬦，如图 1-16 所示。

图1-16

Ai **提示** 您可以通过单击"所有工具"面板中的菜单图标▦并选择"重置"来重置
工具栏。

1.3.3 使用属性面板

首次启动 Illustrator 并打开文档时，您将在工作区右侧看
到"属性"面板。在未选择任何内容时，"属性"面板会显示
当前文档的属性；而选中内容时，会显示所选内容的外观属性。
它把所有最常用的选项放在一个位置，是一个使用相当频繁的
面板。

1 在工具栏中选中"选择工具"▶，然后查看右侧的
"属性"面板，如图 1-17 所示。

在"属性"面板的顶部，可以看到"未选择对象"。这
是选择指示器，是查看所选对象类型（如果有的话）
的地方。由于文档中没有选择任何内容，"属性"面板
将显示当前文档属性以及程序首选项。

2 将鼠标指针移动到图稿中的深蓝色背景形状上，单击
将其选中，如图 1-18 所示。

图1-17

Ai | **注意** 选中形状后，可能会出现一条消息。您可以单击"确定"按钮将其关闭。

图1-18

在"属性"面板中，可以看到所选图稿的外观选项是一个矩形，因为面板顶部有"矩形"标识。您可以在此面板中更改所选图稿的大小、位置、颜色等。

3 单击"属性"面板中带有下划线的词"不透明度"，打开"不透明度"面板选项，如图 1-19 所示。当您单击"属性"面板中的词时，这些词将显示更多选项。

4 如有必要，按 Esc 键隐藏"不透明度"面板。

5 选择"选择">"取消选择"，取消选中矩形。
当未选中任何内容时，"属性"面板将显示文档属性和程序首选项。

1.3.4 使用面板

Illustrator 中的面板（如"属性"面板）可以让您快速访问许多工具和选项，从而使修改图稿变得更容易。Illustrator 中所有可用面板都在"窗口"菜单里按字母顺序列出。接下来，您将尝试隐藏、关闭和打开这些面板。

图1-19

1 单击"属性"面板选项卡右侧的"图层"面板选项卡，如图 1-20 所示。

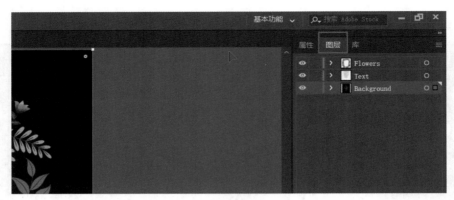

图1-20

> **Ai** 提示　您可以从"窗口"菜单中选择面板名称来打开隐藏面板。面板名称左侧的勾选标记表示面板已打开，并位于面板组中其他面板的前面。如果单击已在"窗口"菜单中勾选的面板名称则会关闭或折叠该面板及其组。

"图层"面板与另外两个面板（"属性"面板和"库"面板）一起显示，它们属于同一个面板组。

2 单击面板组顶部的双箭头可以将面板折叠为图标，如图 1-21 所示。

这种折叠面板的方法可以使您有更多的空间来处理文档。

图1-21

> **Ai** 提示　若要展开或折叠面板，还可以双击面板顶部的标题栏。

3 在面板的左边缘按住鼠标左键向右拖动，直到面板文本消失，也可将面板折叠为图标，如图 1-22 所示。

要打开折叠为图标的面板，可以单击面板图标。

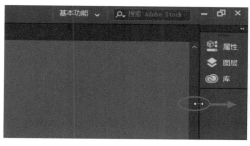

图1-22

4　再次单击双箭头，展开面板，如图 1-23 所示。

图1-23

5　选择"窗口">"工作区">"重置基本功能"以重置工作区。

1.3.5　停靠面板

可以在 Illustrator 工作区中移动并组织面板，以满足您的工作需要。接下来，您将打开一个新面板，并将其与默认面板一起停靠在工作区右侧。

1　单击屏幕顶部的"窗口"菜单，查看 Illustrator 中所有可用的面板。从"窗口"菜单中选择"对齐"，打开"对齐"面板以及默认情况下与其成组的其他面板。

　　您打开的面板不会显示在默认工作区中，它们是自由浮动的，这意味着它们还没有停靠，可以四处移动。您可以把自由浮动面板停靠在工作区的右侧或左侧。

2　鼠标左键按住面板名称上方的标题栏，将"对齐"面板组拖动到靠近右侧的面板组的地方，如图 1-24 所示。

　　接下来，将"对齐"面板停靠到"属性"面板组中。

3　按住鼠标左键将"对齐"面板选项卡拖离此面板组，并将其拖动到停靠面板顶部的面板选项卡（"属性""图层"和"库"）之上。当整个停靠面板周围出现蓝色高光时，松开鼠标左键以停靠"对齐"面板，如图 1-25 所示。

 注意　按住鼠标左键将面板拖到右侧的停靠处时，如果在停靠面板选项卡上方看到一条蓝线则将创建一个新的面板组。

图1-24

图1-25

Ai	提示 您还可以将彼此相邻的面板停靠在工作区的右侧或左侧。这是一种节省空间的好方法。

4 单击"变换"和"路径查找器"面板组右上角的"×",将其关闭,如图1-26所示。除了将面板添加到右侧面板的停靠区之外,您还可以将其移除。

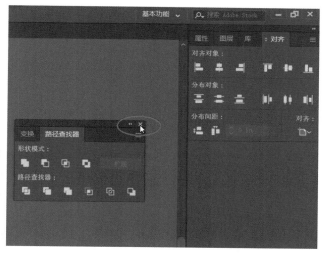

图1-26

5   按住鼠标左键向左拖动"对齐"面板选项卡，将其拖离停靠面板区，然后松开鼠标左键，如图 1-27 所示。

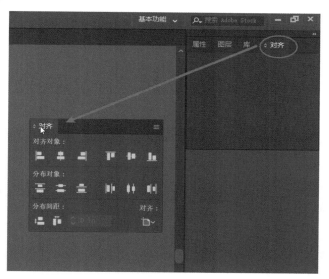

图1-27

6   单击"对齐"面板右上角的"×"将其关闭。

7   如果"库"面板尚未显示，请单击右侧的"库"面板选项卡，显示该面板。

1.3.6   切换工作区

首次启动 Illustrator 时，将显示"基本功能"工作区。Illustrator 还附带了许多其他默认工作区，您可以针对各种任务来设置工作区。接下来，您将切换工作区，了解一些新面板。

1 单击面板区上方的"应用程序栏"中的工作区切换器，更改工作区，如图 1-28 左图所示。单击三角形，您将看到列出了许多工作区，每个工作区都有特定的功能，单击每个工作区将打开特定的面板，并以更有利于此类工作的方式排列工作区。

2 从工作区切换器菜单中选择"版面"，切换工作区，如图 1-28 右图所示。

图1-28

您会看到工作区中出现了几个重要变化。一个最大的变化是现在"控制"面板停靠在了工作区的顶部（即文档窗口的上方，图 1-29 中箭头所指区域）。与"属性"面板类似，它可以快速访问与当前选定内容相关的选项、命令和其他面板。

此外，还要注意工作区右侧的所有折叠的面板图标。在工作区中，可以将面板堆叠到另一个面板上以创建面板组，这样就可以展示更多的面板。

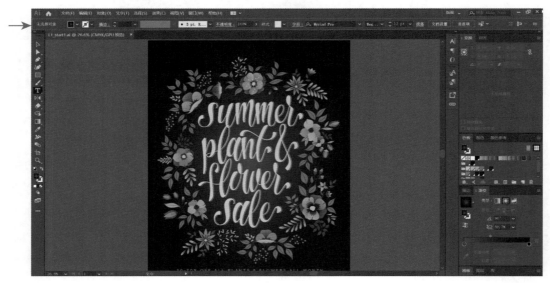

图1-29

3 在面板区上方的工作区切换器中选择"基本功能",切换回"基本功能"工作区。

4 从工作区切换器中选择"重置基本功能",如图 1-30 所示。

当您选择切换回之前使用的工作区时,Illustrator 会记住您对当前工作区所做的所有更改,例如选择"库"面板。在本例中,要想完全重置"基本功能"工作区,您需要选择"重置基本功能"。

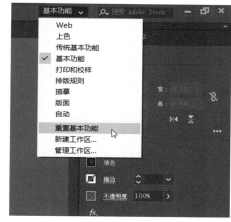

图1-30

1.3.7 存储工作区

到目前为止,您已选择了不同的工作区并重置了工作区。您还可以按照自己喜欢的方式设置面板,并保存自定义工作区。接下来,您将停靠一个新面板并创建自己的工作区。

1 选择"窗口">"画板",打开"画板"面板组。

2 按住鼠标左键将面板选项卡上的"画板"面板拖到右侧停靠区顶部的"属性"面板选项卡上。当整个面板周围出现蓝色高光时,松开鼠标左键以停靠"画板"面板。

3 单击自由浮动的"资源导出"面板右上角的"×",将其关闭。

4 选择"窗口">"工作区">"新建工作区"。在"新建工作区"对话框中将名称更改为"My Workspace",然后单击"确定"按钮,如图 1-31 所示。

工作区的名称可以是任意内容,只要名称有意义就行。名为"My Workspace"的工作区现在会与 Illustrator 一起保存,直到被删除。

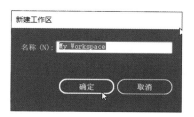

图1-31

Ai **注意** 若要删除已保存的工作区,请选择"窗口">"工作区">"管理工作区"。选择工作区名称,然后单击"删除工作区"按钮。

Ai **提示** 若要更改已保存的工作区,可根据需要调整面板,然后选择"窗口">"工作区">"新建工作区"。在"新建工作区"对话框中,输入原来工作区名称。对话框中会出现一条消息,警告如果单击"确定"按钮,您将覆盖具有相同名称的现有工作区,此时单击"确定"按钮即可。

---

5 选择"窗口">"工作区">"基本功能",然后选择"窗口">"工作区">"重置基本功能"。

请注意,面板将恢复到其默认位置。

6 选择"窗口">"工作区">"My Workspace"。使用"窗口">"工作区"命令在两个工作区之间切换，在开始下一个练习前返回到"基本功能"工作区。

1.3.8 使用面板和上下文菜单

Illustrator 中的大多数面板在面板菜单中都有更多可用的选项，可通过在面板的右上角单击面板菜单图标（▤或▤）来访问。这些附加选项可更改面板显示、添加或更改面板内容等。接下来，您将使用面板菜单更改"色板"面板的显示内容。

1 在左侧工具栏中选中"选择工具"▶，再次单击图稿背景中的深蓝色形状。

2 在"属性"面板中，单击"填色"一词左侧的"填色"框▣，如图 1-32 红色圆圈所示。

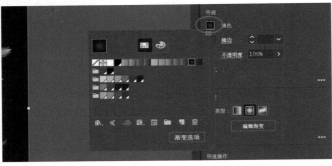

图1-32

3 在弹出的面板中，确保选中了"色板"选项▣。单击右上角的面板菜单图标▤，然后从面板菜单中选择"小列表视图"，如图 1-33 左图所示。

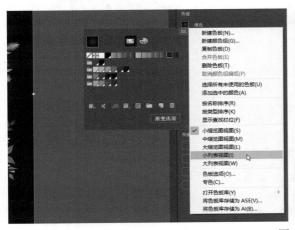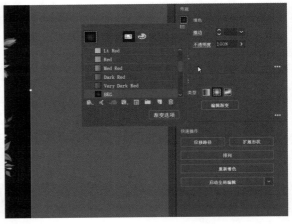

图1-33

这将显示色板名称以及缩略图。由于面板菜单中的选项仅适用于当前面板，因此仅"色板"面板视图会受到影响，如图 1-33 右图所示。

4 单击"色板"面板中的面板菜单图标▤，然后选择"小缩览图视图"，让"色板"面板返回到其初始视图。

除了面板菜单外，还有上下文菜单，它包含与当前工具、选择对象或面板相关的命令。通常，上下文菜单中的命令在工作区的其他部分也可使用，且使用上下文菜单可以节省时间。

5 选择"选择">"取消选择"。

6 将鼠标指针移动到图稿周围的深灰色区域上。右击会显示具有特定选项的上下文菜单，如图 1-34 所示。

您看到的上下文菜单可能包含不同的命令，具体取决于鼠标指针的位置。

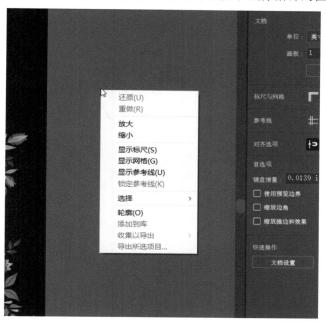

图1-34

提示 如果将指针移到面板的选项卡或标题栏上并右击，则可以从弹出的上下文菜单中选择关闭面板或关闭选项卡组。

调整用户界面亮度

与Adobe InDesign和Adobe Photoshop类似，Adobe Illustrator支持应用程序中用户界面的亮度调整。这是一个程序首选项设置，允许您从4种预设级别中选择亮度设置。

若要编辑用户界面亮度，可以选择"Illustrator CC">"首选项">"用户界面"（macOS）或"编辑">"首选项">"用户界面"（Windows），然后在弹出的对话框中进行编辑，如图1-35所示。

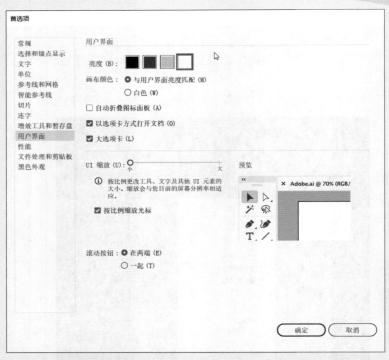

图1-35

您可以根据屏幕分辨率缩放Illustrator的用户界面。当您启动Illustrator时，它会自动识别您的屏幕分辨率并相应地调整软件的缩放倍数。还可以使用"首选项"对话框的"用户界面"部分的"UI缩放"来设置用户界面缩放。

1.4 更改图稿视图

在处理文件时，您可能需要更改缩放比例并在不同画板之间切换。Illustrator 中可用的缩放比例从 3.13% 到 64000% 不等，缩放比例显示在标题栏（或文档选项卡）的文件名旁边和文档窗口的左下角。

在 Illustrator 中，有很多方法可以更改缩放比例。在本节中，您将学习其中几种最常用的方法。

1.4.1 使用视图命令

要使用"视图"菜单放大或缩小图稿视图，可以执行以下操作。

- 选择"视图">"放大"，放大图稿视图。
- 选择"视图">"缩小"，缩小图稿视图。

每次选择缩放命令时，图稿视图大小都会调整为与之最接近的预设缩放比例。使用任何视图工具和命令只会影响图稿的显示，而不会影响图稿的实际大小。预设的缩放比例位于文档窗口左下角的下拉菜单中，该下拉菜单由百分比右侧的向下箭头标识。如果已选择图稿，使用"视图">"放大"命令将放大所选内容。

　　您还可以使用"视图"菜单使当前画板适合窗口大小、全部画板适合窗口大小或以实际大小查看图稿。当前画板是指选中的画板。画板表示可打印图稿的区域（类似于 Adobe InDesign 等程序中的页），如图 1-36 中红线围成的区域所示。

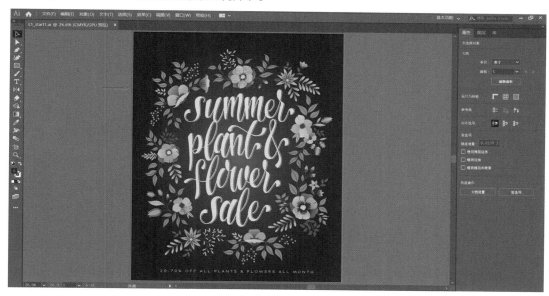

图1-36

1　选择"视图">"画板适合窗口大小"。

　　通过选择"视图">"画板适合窗口大小"，或使用"command+0"（macOS）或"Ctrl+0"（Windows）组合键，画板将在文档窗口中居中显示。

2　选择"视图">"实际大小"，则以实际大小显示图稿。

　　此时，图稿以 100% 的比例显示。图稿的实际大小决定了此时在屏幕上可以看到的图稿的内容量。

3　选择"视图">"画板适合窗口大小"，然后继续下一节。

1.4.2 使用缩放工具

除了"视图"菜单选项外，还可以使用"缩放工具" 🔍
按预设的缩放比例来缩放图稿视图。

1 在工具栏中选中"缩放工具" 🔍，然后将鼠标
   指针移动到文档窗口中。
   请注意，"缩放工具" 🔍指针的中心会出现一个
   加号（＋），如图 1-37 所示。

图1-37

2 将"缩放工具" 🔍指针移动到画板中心的文本
   "...plant & flower..."上并单击。图稿将以更高
   的缩放比例显示。
   请注意，您单击的位置现在是文档窗口的中心。

3 在文本上单击两次。视图将进一步放大，您会注意到单击的区域被放大。

4 在仍选中"缩放工具" 🔍的情况下，按住 option 键（macOS）或 Alt 键（Windows），"缩
   放工具" 🔍指针的中心会出现一个减号（－）。按住 option 键或 Alt 键后，单击图稿两次，
   缩小图稿。
   使用"缩放工具" 🔍时，还可以在文档中按住鼠标左键拖框进行放大和缩小。默认情况下，
   如果您的计算机满足 GPU 性能的系统要求并已启用 GPU 性能，则能动画缩放。若要了解
   您的计算机是否满足系统要求，请参阅本节后
   面标题为"GPU 性能"的注意栏。

图1-38

5 选择"视图">"画板适合窗口大小"。

6 在仍选中"缩放工具" 🔍的情况下，按住鼠标
   左键从文档的左侧向右拖动以进行放大，放大
   过程为动画缩放，如图 1-38 所示。从右侧向左
   拖动可将其缩小。

> **Ai** **注意**　如果您的计算机不符合 GPU 性能的系统要求，则在使用"缩放工具" 🔍拖
> 动时，将会绘制出一个虚线矩形，称为"选取框"。

> **Ai** **提示**　选中"缩放工具" 🔍后，如果将鼠标指针移动到文档窗口按住鼠标左键几
> 秒钟，则可以使用动画缩放进行放大。再次强调，您的计算机需要满足 GPU 性能
> 的系统要求并已启用 GPU 性能，动画缩放才会起作用。

7 选择"视图">"画板适合窗口大小"，将画板适应文档窗口大小。
   由于在编辑过程中经常使用"缩放工具" 🔍来放大和缩小图稿的视图。因此，Illustrator 允
   许您随时使用键盘临时切换到该工具，而无须先取消选中您正在使用的其他工具。

- 要使用键盘访问"放大"工具，请按住"command + 空格键"（macOS）或"Ctrl + 空格键"（Windows）组合键。
- 要使用键盘访问"缩小"工具，请按住"command + option + 空格键"（macOS）或"Ctrl + Alt + 空格键"（Windows）组合键。

 注意 在某些版本的 macOS 中，"缩放工具" Q 的键盘快捷方式会打开"聚焦（Spotlight）"或"查找（Finder）"。如果您决定在 Illustrator 中使用这些快捷方式，则可能需要在 macOS 首选项中关闭或更改这些键盘快捷方式。

GPU性能

图形处理器（GPU）是一种位于显示系统中视频卡上的专业处理器，可以快速执行与图像的操作和显示相关的命令。通过GPU加速后的计算能在各种设计、动画和视频应用中获得更高的性能。

Illustrator中的GPU性能有一个名为"GPU预览"的"预览模式"，可在图形处理器上渲染Illustrator图稿。

此功能可在兼容的macOS和Windows中使用。文档默认启用此功能，可以通过选择"Illustrator CC" > "首选项" > "性能"（macOS）或"编辑" > "首选项" > "性能"（Windows）来访问GPU性能。

1.4.3 滚动浏览文档

在 Illustrator 中，可以使用"抓手工具"拖动到文档的不同区域。使用"抓手工具"可以让您像移动办公桌上的纸张一样将文档随意移动。当需要在包含多个画板的文档中移动，或者在放大后的视图中移动时，这种方法特别有用。在本小节中，您将学习访问"抓手工具"的几种方法。

1 长按工具栏中的"缩放工具"Q，然后选中"抓手工具"。在文档窗口中按住鼠标左键向下拖动，这时图稿会随抓手一起移动。

与"缩放工具"Q一样，您可以使用键盘快捷键临时切换到"抓手工具"，而无须先取消选中当前使用的工具。

2 单击工具栏中除"文字工具"T以外的任何工具，然后将鼠标指针移动到文档窗口中。按住键盘上的空格键，即可临时切换到"抓手工具"，然后按住鼠标左键拖动图稿，将其带回视图中心，松开空格键。

注意 当选中"文字工具"T且光标位于文本中时，"抓手工具"的空格键快捷方式不起作用。要在光标在文本中时访问"抓手工具"，请按住 option 键（macOS）或 Alt 键（Windows）。

触控工作区

在Adobe Illustrator CC中，触控工作区是为支持触控的Windows 8操作系统或更高版本的设备而设计的。触控布局有一个更干净的界面，允许您舒适地使用手写笔或指尖访问触控工作区的工具和控件。

无论何时（在受支持的设备上），您都可以立即在触控工作区和传统工作区之间切换，以使用所有的Illustrator工具和控件。有关使用触控设备和Illustrator的详细信息，请访问"Illustrator帮助"（"帮助"＞"Illustrator帮助"）。

在触控设备，如直接触控设备（触控屏设备）、间接触控设备（Mac上的触控板）、触控板或Wacom Intuos5（及更高版本）设备上，您还可以使用标准触控手势（捏和轻扫）执行以下操作。

- 放大和缩小：使用两个手指（如拇指和食指）进行缩放。
- 将双指在触控设备上移动，可让图稿在文档中平移。
- 在屏幕上滑动或挥动，可浏览画板。
- 在"画板编辑模式"下，还可以使用双指将画板旋转90度。

1.4.4　查看图稿

打开文件时，该文件将自动显示在"预览模式"下，该模式显示了最终打印出来的图稿样式。Illustrator提供了查看图稿的其他方式，如轮廓和栅格化。接下来，您将学习查看图稿的不同方法，并了解为什么可以通过这些方式查看图稿。

1　选择"视图"＞"画板适合窗口大小"。

在处理大型或复杂图稿时，您可能只想查看图稿中对象的轮廓或路径，这样每次进行修改时，屏幕无须重新绘制图稿。这就是"轮廓模式"。"轮廓模式"在选择对象时也很有用，您将在第2课"选择图稿的技巧"中看到这一点。

2　选择"视图"＞"轮廓"。

这将只显示对象的轮廓。您可以使用该视图查找和选择在"预览模式"下可能看不到的对象，如图1-39所示。

Ai | 提示　您可以按"command+Y"（macOS）或"Ctrl + Y"（Windows）组合键在"预览模式"和"轮廓模式"之间切换。

3　选择"视图"＞"预览"（或"GPU预览"），再次查看图稿的所有属性，如图1-40所示。

4　选择"视图"＞"叠印预览"，查看设置为叠印的任意线条或形状。对于印刷工作人员来说，当印刷品设置为叠印时，这种视图可以很好地查看墨迹之间是如何相互影响的。

图1-39

图1-40

Ai **注意** 在视图模式之间切换时，视觉变化可能并不明显。放大和缩小（"视图"＞"放大"和"视图"＞"缩小"）可以帮助您更轻松地看到差异。

5　从软件窗口左下角的缩放级别菜单中选择"400%"。

6　选择"视图"＞"像素预览"。启用"像素预览"时，会关闭"叠印预览"。"像素预览"可用于查看图稿被栅格化后通过 Web 浏览器在屏幕上查看时的外观。注意图 1-41 中箭头所指的"锯齿状"边缘。

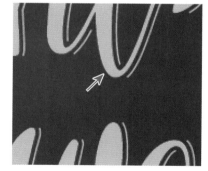

7　选择"视图"＞"像素预览"，关闭"像素预览"。

8　选择"视图"＞"画板适合窗口大小"，确保当前画板适合文档窗口大小，并使文档保持打开状态。

图1-41

使用"导航器"面板进行缩放和平移

　　"导航器"面板是导航含有单个或多个画板文档的一个面板。当您需要在窗口中查看文档中的所有画板并在放大视图中编辑任何一个画板中的内容时，"导航器"面板会很有用。通过选择"窗口"＞"导航器"，可以打开"导航器"面板，它位于工作区中的自由浮动组中。

您有多种方式来使用"导航器"面板，包括以下几种方式。

- "导航器"面板中的红色框称为"代理预览区域"表示当前正在显示的文档区域，如图1-42所示。
- 选择缩放值或单击山形图标 ▲▲，可以更改图稿的缩放比例。
- 将鼠标指针放在"导航器"面板的"代理预览区域"内，当鼠标指针变为抓手形状 🖐 时，按住鼠标左键拖动可查看图稿的不同区域。

图1-42

1.5 画板导航

画板表示可打印的图稿区域（类似于 Adobe InDesign 中的页）。您可以改变画板大小来裁剪区域以达到打印或置入的目的。也可以建立多个画板来创建各种内容，比如多页 pdf、不同大小或元素的打印页面、网站的独立元素、视频故事板、组成 Adobe Animate CC 或 Adobe After Effects CC 动画的各个项目等。通过创建多个画板，您可以轻松地共享多个设计的内容、创建多页 pdf 文件以及打印多个页面。

> **Ai** | **注意** 您将在第 5 课学习到更多关于如何使用画板的知识。

在一个 Illustrator 文件中最多可以拥有 1000 个画板（具体个数取决于它们的大小）。在最初创建 Illustrator 文档时可以添加多个画板，也可以在创建文档后添加、删除和编辑画板。接下来，您将学习如何有效地导航包含多个画板的文档。

1 选择"文件">"打开"，在"打开"对话框中，找到硬盘上的"Lessons">"Lesson01"文件夹，选择"L1_start2.ai"文件。单击"打开"按钮，打开该文件。

2 选择"视图">"全部适合窗口大小"，以便让所有画板适合文档窗口。注意，文档包含两个画板，分别为明信片的正面和背面设计，如图 1-43 所示。

图1-43

文档中的画板可以按任意顺序、方向或画板大小排列，甚至可以堆叠画板。假设您要创建一个 4 页的小册子，您可以为每一页创建一个不同的画板，所有画板的大小和方向都相同。它们可以水平或垂直排列，也可以以您喜欢的方式任意排列。

3　在工具栏中选中"选择工具" ▶，然后单击选择右侧画板上的文本"IT'S THAT TIME OF YEAR AGAIN..."，如图 1-44 所示。

图1-44

4　选择"视图">"画板适合窗口大小"。

选中图稿后，图稿所在画板会成为活动画板。通过选择"画板适合窗口大小"命令，当前的活动画板会自动适合文档窗口大小。文档窗口左下角状态栏中"画板导航"菜单会标识活动画板，目前是画板 2，如图 1-45 所示。

图1-45

5　选择"选择">"取消选择"，取消选择文本。

6　从"属性"面板中的"现用画板"菜单中选择"1"，如图 1-46 所示。

请注意"属性"面板中"画板"菜单右侧的箭头。您可以使用这些箭头导航到上一个画板

图1-46

◀或下一个画板▶。这些箭头加上其他几个箭头也会出现在文档下方的状态栏中，如图1-47所示。

7 单击文档下方状态栏中的"下一项"导航按钮▶，在文档窗口中查看下一个画板（画板2），如图1-47所示。

"画板导航"菜单和导航箭头都显示在文档下方的状态栏中，但只有在非"画板编辑模式下"，选中了"选择工具"且未选中任何内容时，它们才会显示在右侧的"属性"面板中。

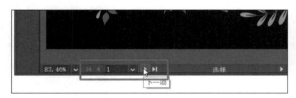

图1-47

使用画板面板

在多个画板之间导航的另一种方法是使用"画板"面板。"画板"面板列出了文档中当前所有画板，并允许您定位不同的画板、重命名画板、添加或删除画板，以及编辑画板设置等。接下来，您将打开"画板"面板并浏览文档。

1 选择"窗口">"画板"，打开"画板"面板。

2 双击"画板"面板中"Front"左侧的数字"1"，这会使得名为"Front"的画板适合文档窗口，如图1-48所示。

图1-48

3 双击"画板"面板中"Back"左侧的数字2,显示文档窗口中的第2个画板,如图1-49所示。请注意,双击定位到画板时,还会让该画板自动适合窗口大小。

图1-49

4 单击"画板"面板组右上角的"×"将其关闭。

1.6 排列多个文档

当您在 Illustrator 中打开多个文档时,文档窗口将以选项卡的形式打开。您可以通过其他方式(如并排排列)来排列打开的文档,这样便于比较不同文档或者将对象从一个文档拖曳到另一个文档。还可以使用"排列文档"菜单以各种预设快速显示打开的文档。

当前应该已经打开了两个 Illustrator 文件:"L1_start1.ai"文件和"L1_start2.ai"文件。每个文件在文档窗口顶部都有自己的选项卡,这些文档被视为一组文档窗口。您可以创建文档组,以便将打开的松散的文档关联起来。

1 单击"L1_start1.ai"文档选项卡,在文档窗口中显示"L1_start1.ai"文档。

2 按住鼠标左键将"L1_start1.ai"文档选项卡拖到"L1_start2.ai"文档选项卡的右侧,如图1-50所示。松开鼠标左键,查看新的选项卡顺序。

图1-50

拖动文档选项卡可以更改文档的顺序。如果可以使用文档快捷键切换到下一个或上一个文档，将非常方便。

要同时查看这两个文档，或者将画板从一个文档拖到另一个文档，可以通过"层叠"或"平铺"的方式来排列文档窗口。"层叠"的排列方式允许您堆叠不同的文档组，而"平铺"将以各种排列方式同时显示多个文档窗口。接下来，您将平铺打开的文档，以便可以同时看到这两个文档。

3　选择"窗口">"排列">"平铺"。

Illustrator 窗口的可用空间将以文档数量进行划分。

4　在左侧的文档窗口中单击激活该文档，然后选择"视图">"画板适合窗口大小"，然后对右侧的文档窗口执行同样的操作，如图 1-51 所示。

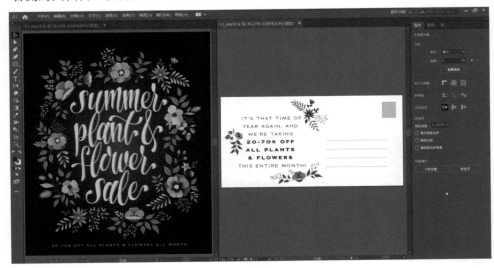

图1-51

注意 在 Illustrator 中，所有工作区元素都编组在一个集成窗口中，使您可以将应用程序视为一个单元。当您移动、调整应用程序框架大小或其任何元素时，应用程序中所有元素都会相互响应而避免彼此重叠。如果您使用的是 macOS 但是更喜欢传统的、自由的用户界面，则可以选择"窗口">"应用程序框架"来关闭应用程序框架。

平铺文档后，您可以在文档之间按住鼠标左键拖动图稿，将其从一个文档复制到另一个文档中。若要更改平铺窗口的排列方式，可以按住鼠标左键将文档选项卡拖动到新位置。但是，使用"排列文档"菜单更容易，它可以通过各种预设来快速排列打开的文档。

5 单击应用程序栏中的"排列文档"按钮■▾，显示"排列文档"菜单。单击"全部合并"按钮□，将所有文档重新组合在一起，如图 1-52 所示。

图1-52

注意 在 Windows 里，"排列文档"菜单显示在应用程序栏中。

提示 您还可以选择"窗口">"排列">"合并所有窗口"，将这两个文档恢复到同一组选项卡中。

6 单击应用程序栏中的"排列文档"按钮■▾，再次显示"排列文档"菜单。单击"排列文档"菜单中的"双联"按钮□。

7 单击选择"L1_start1.ai"选项卡（如果尚未选中的话），然后单击"L1_start1.ai"文档选项卡上的"关闭"按钮（×），关闭文档，如图 1-53 所示。如果出现要求您保存文档的对话框，请单击"不保存"（macOS）或"否"（Windows）按钮。

图1-53

1.7 查找如何使用 Illustrator 资源

有关使用 Illustrator 面板、工具和应用程序其他功能的完整和最新信息，请访问 Adobe 网站。通过选择"帮助">"Illustrator 帮助"，您将连接到 Illustrator 学习与支持网站，您可以在该网站上搜索帮助文档，也可以搜索与 Illustrator 用户相关的其他网站。

- 选择"文件">"关闭"，不保存文档的情况下关闭"L1_start2.ai"文档。

数据恢复

当您在 Illustrator 程序崩溃后重新启动时，您可以选择恢复正在进行的工作文件，如图 1-54 所示。这可以避免丢失您之前的工作数据。已恢复的文件在打开时文件名后面会添加"［已恢复］"。

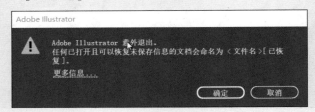

图1-54

您在程序首选项（"Illustrator CC">"首选项">"文件处理和剪贴板"［macOS］或"编辑">"首选项">"文件处理和剪贴板"［Windows］）中，可以启用和关闭数据恢复，还可以设置选项，例如多久自动保存一次恢复数据，如图 1-55 所示。

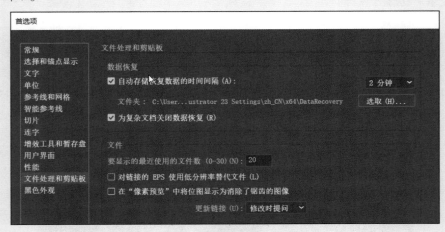

图1-55

复习题

1 描述两种更改文档视图的方法。
2 如何在 Illustrator 中选择某个工具？
3 如何保存面板位置和可见性设置？
4 简述在 Illustrator 中画板之间导航的几种方法。
5 简述如何排列文档窗口更有用。

参考答案

1 您可以从"视图"菜单中选择命令，以放大或缩小文档，使其适合屏幕大小。
您还可以使用工具栏中的"缩放工具" Q，然后在文档中单击或按住鼠标左键
拖动进行缩放。此外，还可以使用键盘快捷键来缩放图稿。您还可以在"导航
器"面板的图稿中滚动或更改其缩放比例，而无须使用文档窗口。

2 若要选中某种工具，可以在工具栏中直接单击此工具，也可以使用该工具的键
盘快捷键。例如，可以按 V 键来选中"选择工具" ▶。选定的工具将处于活动
状态，直到选中其他工具为止。

3 您可以通过选择"窗口" > "工作区" > "新建工作区"来创建自定义工作区，
达到保存面板位置和可见性设置的目的，这样查找所需控件也会更方便。

4 在 Illustrator 中的画板之间导航的方式有：①从文档窗口左下角的"画板导航"
菜单中选择画板编号；②在未选择任何内容、选择了"选择工具" ▶且未处
于"画板编辑模式"时，从"属性"面板中的"现用画板"菜单中选择画板
编号，或在"属性"面板中使用"现用画板"右侧的箭头；③使用文档窗口
左下角状态栏中的"画板导航"箭头切换到第一个、上一个、下一个和最后
一个画板；④使用"画板"面板浏览各个画板；⑤使用"导航器"面板中的
"代理预览区域"，通过按住鼠标左键拖动来在画板之间导航。

5 通过"排列文档"窗口，您可以平铺窗口或层叠文档组（本课中没有讨论层
叠）。如果您正在处理多个 Illustrator 文件，并且需要在这些文件之间进行比较
或共享内容，平铺窗口或层叠文档组将非常有用。

第2课 选择图稿的技巧

本课概览

在本课中，您将学习如何执行以下操作。

- 区分各种选择工具，并使用不同的选择方法。
- 识别智能参考线。
- 存储所选内容供以后使用。
- 隐藏和锁定对象。
- 使用工具和命令，对齐形状、分布对象和对齐到画板。
- 编组和取消编组。
- 在"隔离模式"下工作。

 完成本课程大约需要 45 分钟。

在 Adobe Illustrator 中选择内容是您要做
的最重要的工作之一。在本课中，您将学习
如何使用选择工具来定位和选择对象，如何
通过编组、隐藏和锁定对象来保护其他对象，
还将学习如何分布对象和对齐画板等。

2.1 开始本课

创建、选择和编辑是在 Adobe Illustrator 软件中创建图稿的基础。在本课中，您将学习使用不同方法选择、对齐和编组图稿的基础知识。首先，重置 Illustrator 中的首选项，然后打开课程文件。

1 若要确保工具的功能和默认值完全按照本课中所述的方式设置，请删除或停用（通过重命名）Adobe Illustrator CC 首选项文件。请参阅本书开头的"前言"部分中的"恢复默认设置"。

 注意 如果尚未将本课的项目文件从"账户"页面下载到计算机，请立即下载。请参阅本书开头的"前言"部分。

2 启动 Adobe Illustrator CC。

3 选择"文件">"打开"。选择"Lessons">"Lesson02"文件夹，找到文件"L2_end.ai"，然后单击"打开"按钮。

此文件包含您将在本课中创建的插图终稿，如图 2-1 所示。

4 选择"文件">"打开"，在硬盘上的"Lessons">"Lesson02"文件夹中打开"L2_start.ai"文件，如图 2-2 所示。

图2-1

图2-2

5 选择"文件">"存储为"。在"存储为"对话框中，将文件重命名为"ZooPoster. ai"，并将其保存在"Lessons">"Lesson02"文件夹中。从"格式"菜单选择"Adobe Illustrator（ai）"（macOS）或从"保存类型"菜单中选择"Adobe Illustrator（*.AI）"（Windows），然后单击"保存"。

6 在"Illustrator 选项"对话框中，将 Illustrator 选项保持为默认设置，然后单击"确定"按钮。

7 选择"视图">"全部适合窗口大小"。

8 选择"窗口">"工作区">"基本功能"，确保选中了它，然后选择"窗口">"工作区">"重置基本功能"，以重置工作区。

2.2 选择对象

在 Illustrator 中，无论您是从头开始创建图稿还是编辑现有图稿，您都需要熟悉选择对象。有许多方法和工具可以做到这一点，在本节中您将了解一些最常用的选择方式，即使用"选择工具"▶以及"直接选择工具"▷。

2.2.1 使用选择工具

工具栏中的"选择工具"▶可用于选择、移动、旋转对象和调整整个对象的大小。在本小节中，您将熟悉如何使用它。

1　从文档窗口左下角的"画板导航"菜单中选择"2"，这将使得右边的画板适合整个窗口。

 注意　如果在文档中画板没有适合窗口大小，则可以选择"视图">"画板适合窗口大小"。

2　在左侧的工具栏中选中"选择工具"▶。将鼠标指针移到画板上的不同图稿上，但不要单击它。鼠标指针经过对象时，出现在其旁边的图标▶表示指针下有可以选择的对象。将鼠标指针悬停在某对象上时，该对象轮廓也会以某种颜色与其他对象进行区分，如本例中为蓝色，如图 2-3 所示。

3　在工具栏中选中"缩放工具"Ｑ，然后在米黄色圆圈上单击几次将其进行放大。

4　在工具栏中选中"选择工具"▶，然后将指针移动到左侧米黄色圆圈的边缘上，如图 2-4 所示。

图2-3

图2-4

由于智能参考线在默认情况下处于启用状态（"视图">"智能参考线"），因此可能会出现"路径"或"锚点"等词。智能参考线只是临时显示，可帮助您对齐、编辑和转换对象或画板。

 提示　您将在第 3 课中了解有关智能参考线的更多内容。

5　单击左侧圆圈内的任意位置，将其选中。所选圆圈周围会出现一个带 8 个控点的定界框，如图 2-5 所示。

定界框可用于更改图稿（矢量或栅格），例如调整图稿大小或旋转图稿，定界框还表示对象已被选中，可对其进行修改。定界框的颜色表示所选对象位于哪个图层，在第 9 课中将对图层进行更多讨论。

 注意　若要选择没有填色的对象，可以单击对象的描边（边缘）或按住鼠标左键拖框选中对象。

6　选中"选择工具" ▶，单击右侧的圆圈。请注意，现在取消选中了左侧的圆圈，只选中了右侧的圆圈。

7　按住 Shift 键，单击左侧的圆圈将其添加到所选内容，然后松开该键。现在选中了两个圆，并且周围出现了一个更大的定界框，如图 2-6 所示。

图2-5

图2-6

8　在任意一个所选圆圈（米黄色）中按住鼠标左键并拖动圆圈，将圆圈短距离移动。因为两个圆圈都被选中，所以它们将同时移动，如图 2-7 所示。

拖动时，您可能会注意到出现了洋红色线条，该线条被称为"对齐参考线"。它们可见是因为智能参考线默认处于启用状态（"视图" > "智能参考线"）。此时拖动对象，对象将与文档中的其他对象对齐。还要注意鼠标指针旁边的测量标签（灰色框），该标签显示对象与其原始位置的距离。由于智能参考线默认处于启用状态，因此测量标签也会出现。

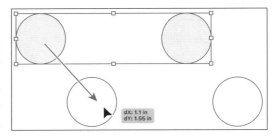
图2-7

9　通过选择"文件" > "恢复"，恢复到文档的最后一次保存版本。在弹出的对话框中，单击"恢复"按钮。

2.2.2　使用直接选择工具选择和编辑

在 Illustrator 中，绘图时将创建由锚点和路径组成的矢量路径。锚点用于控制路径的形状，工作时就像固定线路的针脚。您创建的形状（如正方形）由至少 4 个角部锚点以及连接锚点的路径组成，如图 2-8 所示。

在 Illustrator 中，您可以拖动锚点来改变路径或形状。"直接选择工具" ▷ 可用于选择对象中的锚点或路径，以便对其进行调整。接下来，您将学习使用"直接选择工具" ▷ 选择锚点来调整路径。

图2-8

1　从右边"属性"面板的"画板"菜单中选择"2"。

2　选择"视图" > "画板适合窗口大小"，确保能看到整个画板。

3　在左侧的工具栏中选中"直接选择工具" ▷。单击画板里面的一个较大的绿色竹子图形，您将看到锚点。请注意，锚点都是用蓝色填充的，这意味着它们都已被选中，如图 2-9 所示。

4　将鼠标指针直接移动到右上角锚点上。

选中"直接选择工具" ▷后，当鼠标指针正好位于锚点上时，将显示"锚点"一词。显示

"锚点"标签是因为智能参考线已启用（"视图">"智能参考线"）。还要注意鼠标指针 ↳
旁边的小白框。小白框中心的小圆点表示鼠标指针正位于锚点上。

5 单击选中该锚点，然后将鼠标指针移开，如图 2-10 所示。
请注意，现在只有您选中的锚点填充了蓝色，表示该锚点已被选中。而形状中的其他锚点
现在是空心的（填充了白色），表示未被选中。

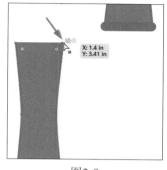
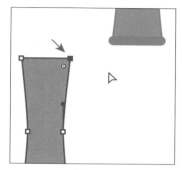

图2-9   图2-10

6 在仍选中"直接选择工具" ↳ 的情况下，将鼠标指针移到所选锚点上，然后按住鼠标左键
拖动锚点以编辑该对象的形状，如图 2-11 所示。

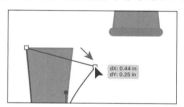

图2-11

> **Ai** **注意** 拖动锚点时显示的灰色测量标签具有 dX 和 dY 值。dX 表示鼠标指针沿 x 轴
> （水平方向）移动的距离，dY 表示鼠标指针沿 y 轴（垂直方向）移动的距离。

7 单击该形状角上的另一个点。
请注意，当您选中新锚点时，原来选中的锚点将被取消选中，如图 2-12 所示。

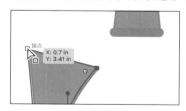
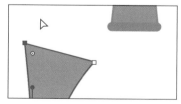

图2-12

8 选择"文件">"恢复"，恢复到文件的最后存储版本。在出现的对话框中，单击"恢复"
按钮。

更改锚点、手柄和定界框显示的大小

　　锚点、手柄和定界框点有时可能很难看到。在Illustrator首选项中，您可以调整它们的大小。选择"Illustrator CC">"首选项">"选择和锚点显示"（macOS）或"编辑">"首选项">"选择和锚点显示"（Windows），可以按住鼠标左键拖动"大小"滑块来更改锚点、手柄和定界框显示的大小，如图2-13所示。

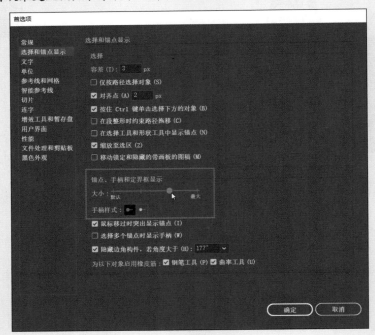

图2-13

2.2.3　使用选框创建选择

　　选择内容的另一种方法是环绕您要选择的内容拖出一个选框（称为选框选择），这是您接下来要执行的操作。

1　在工具栏中选中"缩放工具" Q，然后多次单击米黄色圆圈以将其连续放大。

2　在左侧的工具栏中选中"选择工具" ▶。将鼠标指针移到最左侧米黄色圆圈的左上方，然后按住鼠标左键向右下拖动，以创建覆盖两个圆圈的顶部的选框，松开鼠标左键。使用"选择工具" ▶拖框选择时，只需覆盖对象的一小部分即可将其选中。

3　选择"选择">"取消选择"，或单击对象旁边的空白区域。

　　现在，您将使用"直接选择工具" ▷，在锚点周围拖动选框来选中圆形的多个锚点。

4　在工具栏中选中"直接选择工具" ▷。从左边圆圈的左上角开始，按住鼠标左键从两个圆圈的上边缘拖过，形成一个矩形虚线框，如图 2-14 左图所示。然后松开鼠标左键。

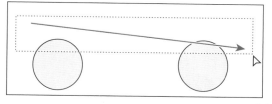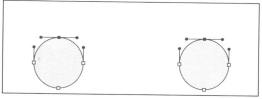

图2-14

这样仅会选中顶部的锚点。选中锚点后，您可能会看到来自锚点的小手柄，这些小手柄称为"方向手柄"，它们可用于控制路径的曲线部分，如图 2-14 右图所示。在下一步中，您将拖动其中一个锚点。请注意，是拖动正方形的锚点，而不是方向手柄的圆形端点。

5　将鼠标指针移动到圆圈顶部的一个被选中的锚点上。当您看到"锚点"一词时，按住鼠标左键拖动该锚点，观察锚点和手柄是如何一起移动的，如图 2-15 所示。

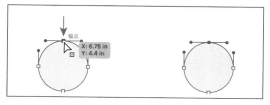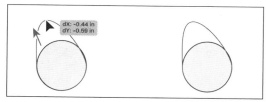

图2-15

您可以在锚点被选中时使用此方法，这样就不需要再次精确单击要选择的锚点了。

6　选择"文件">"恢复"，返回到文件的最后存储版本。在出现的对话框中，单击"恢复"按钮。

2.2.4　隐藏和锁定对象

当存在将一个对象堆叠在另一个对象上或在一个小区域中有多个对象的情况时，选择图稿可能会比较困难。在本小节中，您将学习一种通过锁定和隐藏内容使选择对象更容易的常用方法。接下来，您将尝试跨图稿拖动并选中对象。

1　从左下角的"画板导航"菜单中选择"1 Final Artwork"。

2　选择"视图">"画板适合窗口大小"。

3　选中"选择工具" ▶ 后，将鼠标指针移动到动物图稿左侧的蓝绿色区域（图 2-16 左图中的"×"处），然后在动物头部按住鼠标左键拖框来选择整个内容，如图 2-16 所示。

注意，这个时候您拖动的是大的蓝绿色形状，而不是头部形状。

4　选择"编辑">"还原移动"。

5　在选中大的蓝绿色背景形状的情况下，选择"对象">"锁定">"所选对象"，或者按"command+2"（macOS）或"Ctrl+2"（Windows）组合键。

锁定对象后可以防止您选中和编辑该对象，您可以通过选择"对象">"全部解锁"来解锁图稿。

图2-16

6 将指针再次移动到动物图稿左侧的蓝绿色区域，然后按住鼠标左键拖框选中动物的头部，这次就选中了整个头部，如图 2-17 所示。

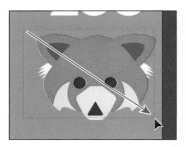

图2-17

> **Ai** | **注意** 您可以使用此方法选择选框内的所有图稿。

接下来，您将隐藏构成动物头部除眼睛之外的所有形状。

7 按住 Shift 键，然后单击眼睛形状，每次单击一个，即可从所选内容中删除它们，如图 2-18 所示。

8 选择 "对象" > "隐藏" > "所选对象"，或按 "command+3" （macOS）或 "Ctrl+3" （Windows）组合键，如图 2-19 所示。

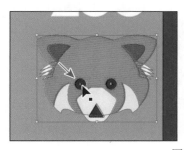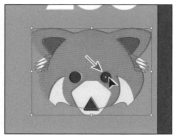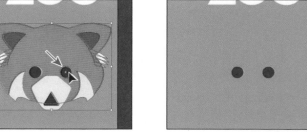

图2-18   图2-19

所选形状将暂时被隐藏，以便您可以更轻松地选择其他对象。

9　选择"文件" > "存储"，保存文件。

2.2.5　选择类似对象

您还可以使用"选择" > "相同"命令，根据类似的填色、描边颜色、描边粗细等形式来选择图稿。对象的描边是轮廓（边框），描边粗细是描边的宽度。接下来，您将选择具有相同填色和描边的多个对象。

1　选择"视图" > "全部适合窗口大小"，可同时查看所有图稿。

2　选中"选择工具" ▶，单击选中右侧较大的绿色"竹子"形状，如图 2-20 所示。

3　选择"选择" > "相同" > "描边颜色"，即可选中任意画板上与所选对象具有相同描边（边框）颜色的所有对象，如图 2-21 所示。

　　现在，所有具有相同描边（边框）颜色的形状都已被选中。如果接下来的操作中需要再次选择某系列对象（如刚刚选择的形状），则可以保存该选择。保存所选内容是以后轻松进行选择的好方法，并且它们仅与该文档一起保存。接下来，您将保存当前所选内容。

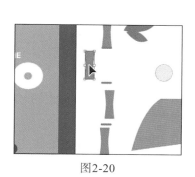

图2-20

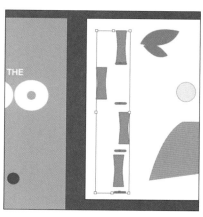

图2-21

Ai　**提示**　在第 13 课中将介绍使用全局编辑选择相似图稿的另一种方法。

4　在仍选中形状的情况下，选择"选择" > "存储所选对象"。在"存储所选对象"对话框中键入"Bamboo"，然后单击"确定"按钮，如图 2-22 所示。
　　现在，您已经保存了所选内容，您将能够在需要时快速、轻松地选择此所选内容。

5　选择"选择" > "取消选择"。

图2-22

2.2.6　在轮廓模式下选择

　　默认情况下，Adobe Illustrator 将显示所有带上色属性的图稿，如填色和描边。但是，您也可以选择仅显示图稿的轮廓（或路径）。下面的选择方法基于在"轮廓模式"下查看图稿，它在选择一系列堆叠对象中的指定对象时很有用。

1　选择"对象">"显示全部"，以便您可以看到之前隐藏的图像。

2　选择"选择">"取消选择"。

3　选择"视图">"轮廓"，以查看图稿的轮廓。

4　选中"选择工具" ▶，在其中一个眼睛形状内单击（但不是单击中心的"×"），如图 2-23 所示。

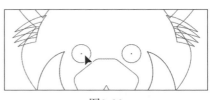

图2-23

　提示　在"轮廓模式"下，您可能会在某些形状的中心看到一个小"×"。如果单击该"×"，则可以选中该形状。

　　您会发现，并不能使用这种单击填充内容的方法来选中对象。因为"轮廓模式"将图稿显示为轮廓，而没有任何填充。要想在"轮廓模式"下进行选择，您可以单击对象的边缘或在形状上按住鼠标左键拖框选中。

5　选中"选择工具" ▶ 后，在两个眼睛形状上按住鼠标左键拖框选中。按向上箭头键几次，将两个形状向上移动一点，如图 2-24 所示。

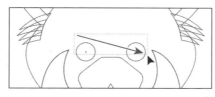 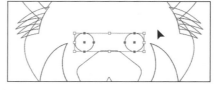

图2-24

　提示　您还可以单击其中一个形状的边缘，然后按住 Shift 键再单击另一个形状的边缘来选中这两个形状。

6　选择"视图">"在 CPU 上预览"（或"GPU 预览"），查看绘制的画稿。

2.3　对齐对象

　　Illustrator 可以很方便地将多个所选对象彼此对齐或分布、对齐到画板，或对齐到关键对象。在本节中，您将了解对齐对象的不同选项。

2.3.1　对齐所选对象

　　一种对齐方式是将多个对象彼此对齐。例如，如果希望将一系列选定形状的顶部边缘对齐到一起，这将非常有用。接下来，练习将绿色形状彼此对齐。

1　选择"选择"＞"Bamboo"，可重新选中右侧画板上的绿色形状。

2　单击文档窗口左下角的"下一项"按钮 ▶，使包含所选绿色形状的画板适合窗口大小。

3　单击右侧"属性"面板中的"水平居中对齐"按钮 █，如图 2-25 所示。
请注意，所有所选对象都将移动到水平中心对齐。

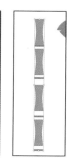

4　选择"编辑"＞"还原对齐"，将对象返回到原来位置。保持选中这些对象，留待下一小节学习使用。

图2-25

2.3.2　对齐关键对象

关键对象是指其他对象要与之对齐的对象。当您想对齐一系列对象，并且其中一个对象可能已经处于最佳位置时，这将非常有用。选中要对齐的所有对象（包括关键对象），然后再次单击关键对象，可以指定关键对象。接下来，您将使用关键对象来对齐绿色形状。

1　在选中形状的情况下，选中"选择工具" ▶，单击最左侧的形状，如图 2-26 左图所示。选中时，关键对象有一个较粗的轮廓，这表示其他对象将与之对齐。

Ai ｜ **注意**　关键对象轮廓颜色由对象所在的图层颜色决定。

2　再次单击"属性"面板中的"水平居中对齐"按钮 █，如图 2-26 中间图所示。请注意，所有所选形状都将移动到与关键对象的水平中心对齐的位置。

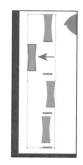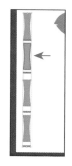

图2-26

3　单击关键对象（图 2-26 右图中箭头所），取消蓝色轮廓，并保持所有绿色形状处于选中状态，留待下一节学习使用。所选内容将不再与关键对象对齐。

2.3.3 分布对象

使用"对齐"面板分布对象，可以选中多个对象，并使这些对象的中心或边缘之间间距相等。接下来，您将使绿色形状之间的间距均匀分布。

1 在选中绿色形状的情况下，单击"属性"面板"对齐"部分中的"更多选项" ***，在弹出的面板中单击"水平居中分布"按钮圈，如图 2-27 左图所示。

该分布会移动所有所选形状，并使每个形状的中心间距相等，如图 2-27 右图所示。

2 选择"编辑"＞"还原对齐"。

3 在选中形状的情况下，单击所选形状的最顶层形状，使其成为关键对象，如图 2-28 左图所示。

4 单击"属性"面板"对齐"部分中的"更多选项" ***，确保"分布间距"值为"0"，然后单击"垂直分布间距"按钮圈，如图 2-28 中间图所示。结果如图 2-28 右图所示。

  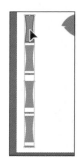 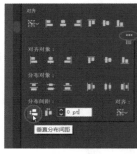 

图2-27 图2-28

"分布间距"分布所选对象之间的边缘间距，而"分布对象"则分布所选对象的中心间距。设置"分布间距"的距离值是设置对象之间指定距离的一种好方法。

5 选择"选择"＞"取消选择"，然后选择"文件"＞"存储"。

2.3.4 对齐锚点

接下来，您将使用"对齐"选项将两个锚点对齐。与在 2.3.3 节中设置关键对象类似，您可以设置关键锚点并将其他锚点与之对齐。

1 选中"直接选择工具" ▷，然后单击当前画板底部的橙色形状以查看所有锚点。

2 单击形状的右下角锚点，如图 2-29 左图所示。按住 Shift 键，然后单击选中同一形状的左下角锚点，同时选中两个锚点，如图 2-29 右图所示。

最后选中的锚点是关键锚点，其他点将与此点对齐。

3　单击文档右侧"属性"面板中的"垂直顶对齐"按钮**Ｉ**，选中的第一个锚点将与所选的第二个锚点对齐，如图 2-30 所示。

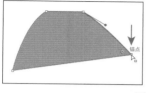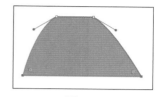

图2-29　　　　　　　　　　　　　　　　　　　　图2-30

4　选择"选择">"取消选择"。

2.3.5　对齐画板

您还可以将内容与活动画板(页)对齐，而不是与所选对象或关键对象对齐。对象与画板对齐时，每个选定对象将分别与画板的边缘对齐。接下来的操作会将最终画稿中的橙色形状对齐画板。

1　选中"选择工具"▶后，单击右侧画板底部的橙色形状以将其选中。

2　选择"编辑">"剪切"。

3　单击文档窗口左下角的"上一项"按钮◀，导航到文档中的第一个（左侧）画板，其中包含最终图稿。

4　选择"编辑">"粘贴"，将形状粘贴到文档窗口的中心位置。

5　选择"窗口">"对齐"，打开"对齐"面板。
　在编写本书时，"属性"面板中没有将单个所选对象与画板对齐的选项。因此您需要打开"对齐"面板。

6　从"对齐"面板菜单中选择"显示选项"**☰**（如图 2-31 圆圈所示）。如果您在菜单中看到"隐藏选项"，则表示全部选项都已显示。

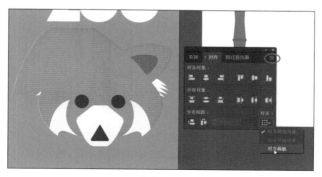

图2-31

7　单击"对齐"面板中的"对齐所选对象"按钮**⠿**，然后在弹出的菜单中选择"对齐画板"，如图 2-31 所示。所选内容将与画板对齐。

8 单击"对齐"面板中"水平右对齐"按钮 ▣，然后单击"垂直底对齐"按钮 ▣，将橙色形状与画板的水平右边和垂直底边对齐，如图 2-32 所示。

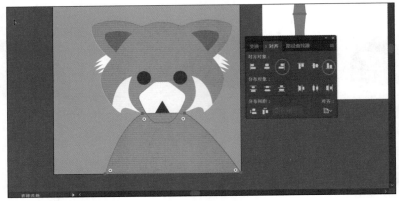

图2-32

9 选择"选择">"取消选择"，保持"对齐"面板处于打开状态。橙色形状将位于其他图稿的顶层。稍后，您将把它放在其他动物图稿的后面。

2.4 使用编组

您可以将对象组合到一个组中，然后将这些对象视为一个单元。这样，您就可以同时移动或变换多个对象，而不会影响它们各自的属性和相对位置，还可以使选择图稿变得更为简便。

2.4.1 编组对象

接下来，您将选中多个对象并将它们编组。

1 选择"视图">"全部适合窗口大小"，查看这两个画板。

2 选择"选择">"Bamboo"，选中右侧画板上的绿色形状，如图 2-33 左图所示。

3 单击右侧"属性"面板"快速操作"部分中的"编组"按钮，将所选图稿组合在一起，如图 2-33 右图所示。

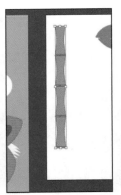 

图2-33

Ai │ **提示** 您还可以选择"对象">"编组"，将内容进行编组。

---

4 选择"选择">"取消选择"。

5 选中"选择工具" ▶ 后，单击新组中的一个形状。由于它们是编组在一起的，所以现在它们都被选中了。

6 按住鼠标左键将 "Bamboo" 组形状拖到靠近左侧画板顶部的位置，如图 2-34 所示。接下来，您将把 "Bamboo" 组与画板的顶部对齐。

7 在选中 "Bamboo" 组的情况下，从 "对齐" 面板的 "对齐" 菜单中选择 "对齐画板" ▢∨，单击 "垂直顶对齐" 按钮▥，如图 2-35 所示。单击 "对齐" 面板组右上角的 "×" 将其关闭。

图2-34   图2-35

8 选中 "选择工具" ▶后，按住 Shift 键，然后按住鼠标左键将定界框的右下角向下拖动到画板底部，使竹子图形等比例变大，如图 2-36 所示。当鼠标指针到达画板底部时，松开鼠标左键和 Shift 键。

图2-36

9 选择 "选择" > "取消选择"，然后选择 "文件" > "存储"。

2.4.2 在隔离模式下编辑编组

在 "隔离模式" 下可以隔离编组（或子图层），使您可以在不取消对象编组的情况下，轻松地选择和编辑特定对象或对象的一部分。在 "隔离模式" 下，除隔离编组之外的所有对象都将被锁定并变暗，它们不会受到您所做编辑的影响。接下来，您将使用 "隔离模式" 编辑编组。

1 选中 "选择工具" ▶，按住鼠标左键拖框选中在右侧画板上的两个绿色叶子。单击 "属性" 面板底部的 "编组" 按钮，将它们编组在一起。

2 双击其中一个叶子形状进入"隔离模式",如图 2-37 所示。

图2-37

请注意,文档中的其余内容显示为灰色(您将无法选择它们)。在文档窗口的顶部,会出现一个灰色条,上面有"Layer 1"和"< 编组 >"字样,如图 2-37 所示。这表示您已经隔离了一组位于"Layer 1"文档的对象。

Ai | **注意** 在第 9 课将介绍有关图层的详细信息。

3 单击选中较小的叶子形状。单击右侧"属性"面板中的"填色"框,并确保在弹出的面板中选择"色板"选项■,单击选择不同的绿色,如图 2-38 所示。

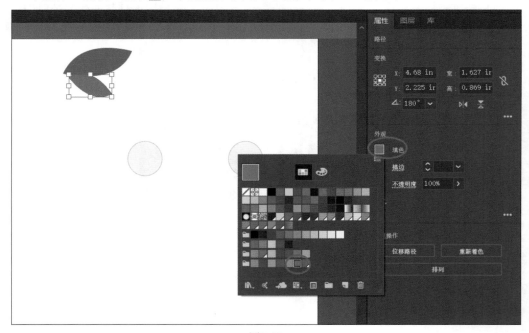

图2-38

Ai | **注意** 您需要隐藏面板才能继续操作,这可以通过按 Esc 键来执行。您需要把这些面板藏起来,并且进入"隔离模式"编辑会是个好习惯。

当您进入"隔离模式"时，对象将暂时取消编组。这样您无须取消编组就可以编辑编组中的对象或添加新内容。

4 双击编组形状以外的区域，退出"隔离模式"。

Ai **提示** 若要退出"隔离模式"，还可以单击文档窗口左上角的灰色箭头、在"隔离模式"下按 Esc 键或双击文档窗口的空白区域。

---

5 单击选中叶子编组，并将其保持选中状态，以便下一小节的学习。请注意，叶子将再次被编组，您现在还可以选择其他对象。

2.4.3 创建嵌套组

编好的组也可以嵌套到其他对象中，或者编组成更大的组。嵌套是设计图稿时常用的一种技巧，也是将相关内容放在一起的好方法。在本小节中，您将了解如何创建嵌套组。

1 按住鼠标左键将一组叶子拖到左边的画板上，然后使其保持选中状态。
2 按住 Shift 键，单击选中"Bamboo"组，松开 Shift 键然后单击"属性"面板中的"编组"按钮，如图 2-39 所示。您已经创建了一个嵌套组——与其他对象或对象编组组合形成的更大的对象组。

Ai **注意** 如果叶子组在"Bamboo"组后面，您可以选择"对象">"排列">"置于顶层"，将其带到顶层。

---

3 选择"选择">"取消选择"。
4 选中"选择工具" ▶，单击选中左侧的嵌套组。
5 双击叶子以进入"隔离模式"。再次单击选中叶子。

请注意，叶子形状仍处于编组状态，这是一个嵌套组，如图 2-40 所示。

图2-39

图2-40

Ai **提示** 要想选择编组中的内容，您不仅可以通过取消编组或进入"隔离模式"进行选择，还可以使用"编组选择工具" ▷ 进行选择。"编组选择工具" ▷ 在工具栏的"直接选择工具" ▶ 中，"编组选择工具" ▷ 允许您选择编组中的对象、多个组中的一个组或图稿中的一组编组。

---

6 选择"编辑">"复制",然后选择"编辑">"粘贴",粘贴一组新的叶子。

7 按住鼠标左键把它们拖到竹子上,如图 2-41 所示。

8 按 Esc 键退出"隔离模式",然后单击画板的空白区域,取消选中对象。

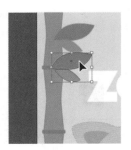

图2-41

2.5 了解对象排列

Illustrator 创建对象时,会从创建的第一个对象开始按顺序堆叠在画板上,如图 2-42 所示。

图2-42

这种对象的顺序称为堆叠顺序,它决定了对象在重叠时的显示方式。您可以随时使用"图层"面板或"排列"命令来调整图稿中对象的堆叠顺序。

2.5.1 排列对象

下面,您将使用"排列"命令来调整对象的堆叠顺序。

1 选中"选择工具" ▶ 后,单击画板底部的橙色形状。

2 单击"属性"面板中的"排列"按钮,选择"置于底层",将该形状置于其他所有形状的底层,如图 2-43 所示。

3 再次单击"排列"按钮,然后选择"前移一层",将橙色形状移动到蓝绿色的大背景形状之上,如图 2-44 所示。

图2-43

图2-44

2.5.2 选择位于下层的对象

当对象堆叠在一起后,您有时会很难选择位于下层的对象。接下来,您将学习如何从堆叠对象中选择对象。

1 按住鼠标左键拖框选中右侧画板上的两个米黄色圆圈。按住 Shift 键,并按住鼠标左键拖动定界框的一个角,使其等比例变小。当测量标签显示宽度约为 1.3 in(33.02 mm)时,松开鼠标左键和 Shift 键，如图 2-45 所示。

2　单击定界框以外的区域，取消选中圆圈，然后按住鼠标左键拖动
　它们中的任意一个到动物形状上的一个黑色眼圈形状之上，松开
　鼠标左键，如图 2-46 所示。

图2-45

此圆圈消失了，但仍然处于选中状态。它在黑圈（眼睛）后面，
这是因为它是在眼睛形状之前创建的，这意味着它在堆叠顺序上处于较低的位置。

图2-46

3　在仍选中圆圈的情况下，单击"属性"面板中的"排列"按钮，然后选择"置于顶层"。
　这会将较小的圆圈带到已有对象的前面，使其成为最顶层的对象。

4　选中"选择工具" ▶，选中右侧画板上的另一个米黄色圆圈，然后按住鼠标左键将其拖到
　左侧画板上的另一个眼睛形状上。

　这个圆圈和前一个圆圈一样消失了，但这次，您将取消选
　中该圆，然后使用另外一种方法重新选中它。

5　选择"视图" > "放大"，重复操作几次。

6　选择"选择" > "取消选择"。因为它是在较大的眼睛形状
　后面，所以您看不到较小的米黄色圆圈。

7　将鼠标指针放在刚刚取消选中的米黄色圆圈（眼睛形状后
　面的圆）的位置，按住 command 键（macOS）或 Ctrl 键
　（Windows），然后单击直到再次选中较小的米黄色圆圈
　（这可能需要单击好几次），如图 2-47 所示。

图2-47

Ai | **注意**　若要选中隐藏的米黄色圆圈，请确保单击此圆圈和眼睛重叠的位置。否则，
　　　您将无法选中米黄色圆圈。

Ai | **提示**　若要查看米黄色圆圈的位置，可以选择"视图" > "轮廓"。当您看到它后，
　　　您可以选择"视图" > "在 CPU 上预览"（或"GPU 预览"），再尝试进行选择。

---

8 单击"属性"面板中的"排列"按钮，然后选择"置于顶层"，将米黄色圆圈放在眼睛上方，如图 2-48 所示。

图2-48

9 选择"视图">"画板适合窗口大小"。

10 选择"文件">"存储"，然后选择"文件">"关闭"。

复习题

1 如何选中一个没有填充的对象？

2 阐述在不选择"对象" > "取消编组"的情况下，如何选中组中的对象。

3 在两个选择工具（"选择工具" ▶ 和"直接选择工具" ▷ ）中，哪个允许您编辑对象的单个锚点？

4 选择所选内容后，如果要重复使用它，应进行什么操作？

5 要将对象与画板对齐，在选择对齐选项之前，需要先在"属性"面板或"对齐"面板中更改什么内容？

6 有时无法选择一个对象，是由于它位于另一个对象的下层。请给出两种解决这个问题的方法。

参考答案

1 您可以通过单击描边或在对象的任何部位按住鼠标左键拖框来选中没有填充的对象。

2 选中"选择工具" ▶，双击编组进入"隔离模式"，根据需要编辑形状，然后通过按 Esc 键或双击编组外空白区域退出"隔离模式"。有关如何使用图层进行复杂选择的更多信息，请参阅第 9 课。此外，您可以使用"编组选择工具" ▷，单击选中组中的各个对象（本课中未讨论）。再次单击将下一个编组项目添加到所选内容中。

3 使用"直接选择工具" ▷ 可以选中一个或多个独立锚点，并对对象的形状进行更改。

4 对于将重复使用的任何所选内容，可以选择"选择" > "存储所选对象"，并为所选内容命名，以后您就可以随时从"选择"菜单中重新选择这些内容。

5 要将对象与画板对齐，首先要选择"对齐画板"选项。

6 要访问被阻挡的对象，您可以选择"对象" > "隐藏" > "所选对象"来隐藏阻挡您的对象。该操作不会删除该对象，它只是在原位置被隐藏，直到您选择"对象" > "显示所有"，它又会重新出现。您还可以使用"选择工具" ▶ 选中其他对象后面的对象，方法是按住 command 键（macOS）或 Ctrl 键（Windows），然后单击重叠对象，直到选中要选择的对象。

第3课 使用形状创建明信片图稿

本课概览

在本课中，您将学习如何执行以下操作。

- 创建包含多个画板的文档。
- 使用工具和命令创建各种形状。
- 了解实时形状。
- 圆化角部。
- 使用"Shaper 工具"。
- 使用"绘图模式"。
- 使用图像描摹创建形状。

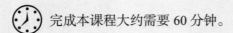 完成本课程大约需要 60 分钟。

　　基本形状是创建 Illustrator 图稿的
基础。在本课中，您将创建一个新文档，
然后使用形状工具为明信片创建和编辑
一系列形状。

3.1 开始本课

在本课中，您将了解使用形状工具创建图稿的不同方法，以及为包含海岛地图的明信片创建图稿的几种方法。

1 若要确保工具的功能和默认值完全按照本课中所述的方式设置，请删除或停用（通过重命名）Adobe Illustrator CC 首选项文件。详情请参阅本书开头的"前言"部分中的"恢复默认设置"。

 注意 如果尚未将本课的课程文件从"账户"页面下载到本地计算机，请立即下载。请参阅本书开头的"前言"部分。

2 启动 Adobe Illustrator CC。

3 选择"文件">"打开"。选择"Lessons">"Lesson03"文件夹，找到名为"L3_end.ai"的文件，然后单击"打开"按钮。

此文件包含您将在本课中创建的最终插图，如图 3-1 所示。

图3-1

4 选择"视图">"全部适合窗口大小"，该文件可以供您参考，您也可以选择"文件">"关闭"。

3.2 创建新文档

首先，您将为明信片创建一个包含两个画板的文档，每个画板都包含您稍后将组合的内容。

1 选择"文件">"新建"，新建一个文档，如图 3-2 所示。在"新建文档"对话框中更改以下选项。

- 在对话框顶部选择"打印"配置文件。
- 选择"Letter"文档预设（如果尚未选择的话）。在右侧的"预设详细信息"区域中，更改以下内容。

  名称：将"未标题 -1"更改为"Postcard"。

  单位：将单位从"毫米"改为"英寸"。

  宽度：6 in（152.4 mm）。

  高度：4.25 in（107.95 mm）。

  方向：横向■。

画板：2（创建 2 个画板）。

 提示 在"新建文档"对话框中，您将看到一系列文档预设。

稍后将讲解"出血"选项。在"新建文档"对话框右侧的"预设详细信息"部分的底部，您还将看到"高级选项"和"更多设置"（您可能需要滚动进度条才能看到它）。它们包含更多的文档创建设置，您可以自行浏览。

图3-2

 注意 通过选择文档配置文件，我们可以为不同类型的输出（如打印、Web、视频等）设置文档。例如，您要设计网页模型，则可以选择"Web"配置文件并选择默认文档，该文档将自动以像素为单位显示网页大小和单位、将"颜色模式"设置为 RGB、并将光栅效果（应该是"栅格效果"，但是官方中文版软件在此处翻译为"光栅效果"）更改为"屏幕"（72ppi）。

2 在"新建文档"对话框中单击"创建"按钮。

3 选择"文件">"存储为"。在"存储为"对话框中，确保该文件的名称为"Postcard.ai"，并将其保存在"Lessons">"Lesson03"文件夹中。从"格式"菜单（macOS）中选择"Adobe Illustrator（.ai）"或从"保存类型"菜单中选择"Adobe Illustrator（*.AI）"（Windows），然后单击"保存"按钮。

"Adobe Illustrator（. ai）"称为源格式，这意味着它保留了所有 Illustrator 数据，包括多个画板。

4　在弹出的"Illustrator 选项"对话框中，将选项保持为默认设置，然后单击"确定"按钮。"Illustrator 选项"对话框中有关保存 Illustrator 文档的各个选项，包含指定保存的版本及嵌入与文档链接的任意文件等。

5　单击"属性"面板（"窗口"＞"属性"）中的"文档设置"按钮。
创建文档后，您可以在"文档设置"对话框中更改文档选项，如"单位""出血"等。

6　在"文档设置"对话框的"出血"部分中，将"上方"输入框中的值更改为"0.125 in"（3.175 mm），方法是单击输入框左侧的"向上箭头"按钮一次，也可以直接输入该值，这将更改所有出血值，单击"确定"按钮，如图 3-3 所示。
两个画板周围出现的红线表示出血区域。通常，如果

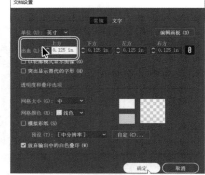

图3-3

您希望能将图稿打印到纸张的边缘，您可以在画板中添加"出血"。"出血"是指超出打印页面边缘的区域，它可确保在最终剪裁页面上不会显示任何白色边缘。

3.3　使用基本形状

在本课中，您将创建一系列基本形状，如矩形、椭圆、圆角矩形和多边形等。您创建的形状由锚点和连接锚点的路径组成。例如，正方形由拐角上的 4 个锚点以及连接锚点的路径组成，这种形状称为封闭路径，如图 3-4 所示。

路径可以是封闭的，也可以是开放的。开放路径两端都有一个锚点（称为端点），如图 3-5所示。开放路径和封闭路径都可以应用填色。

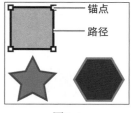

图3-4

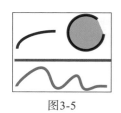

图3-5

下面练习设置工作区。

1 选择"窗口">"工作区">"基本功能"(如果尚未选择的话),然后选择"窗口">"工作区">"重置基本功能"。

2 在文档窗口左下角的"画板导航"菜单中选择"2"。

3 选择"视图">"画板适合窗口大小",调整画板大小以适应文档窗口(如果画板未适应文档窗口)。

3.3.1 创建和编辑矩形

首先,创建几个矩形。除"星形工具"和"光晕工具"之外,所有形状工具都会创建"实时形状"。"实时形状"具有能即时编辑的宽度、高度、旋转角度和边角半径等属性,而无须从绘图工具切换。即使是缩放或旋转形状这些属性,它们仍然是可编辑的。

1 在工具栏中选中"矩形工具" □。将鼠标指针移动到画板中心附近,按住鼠标左键向右下方拖动,直到矩形的宽度约为 0.5 in(3.81 mm)且高度约为 2 in(25.4 mm),鼠标左键如图 3-6 所示。

当您拖动形状工具创建形状时,鼠标指针旁边显示的工具提示称为测量标签,它是智能参考线("视图">"智能参考线")的一部分,本课稍后会讨论智能参考线。默认情况下,形状具有白色填色和黑色描边。您可以使用任何形状工具直接绘制形状,也可以单击画板然后在对话框中输入值来绘制形状。

Ai | **提示** 按住 option 键(macOS)或 Alt 键(Windows)使用矩形、圆角矩形或椭圆工具绘制形状时,将从中心点开始绘制。

---

2 选中矩形后,将鼠标指针移动到矩形中心的小蓝点上(即中心点小部件)。当鼠标指针变为 ▸⊡ 时,按住鼠标左键将形状拖动到画板的底部,如图 3-7 所示。

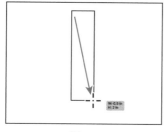

图3-6

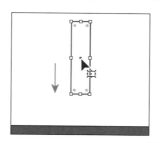

图3-7

3 按住鼠标左键将矩形右侧的中间锚点向左拖动,使其变窄。拖动时,按住 option 键(macOS)或 Alt 键(Windows),将同时从左右两侧调整大小。当测量标签中的宽度大约为 0.3in(7.62 mm)时,松开鼠标左键及 option 键或 Alt 键,如图 3-8 所示。

4 将鼠标指针移动到形状的一角外,当指针变成旋转箭头 ↰ 时,按住鼠标左键并顺时针拖动旋转形状。

拖动时，按住 Shift 键将旋转角度限制为 45°增量。当测量标签显示 315°时，松开鼠标左键和 Shift 键，如图 3-9 所示。保持此形状为选中状态。

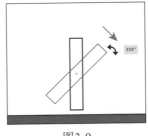

图3-8

图3-9

3.3.2 圆化角部

我们可以使用多种方法对矩形的角进行圆化。本小节将学习几种圆化上一小节绘制的矩形的方法。

1. 仍选中此形状，选择"视图">"放大"，并重复操作几次。
2. 在工具栏中选中"选择工具" ▶，然后按住鼠标左键将矩形中的任意一个角部控点⊙向矩形中心拖动，更改所有角的圆角半径，如图 3-10 所示。不用管现在的半径是多少。

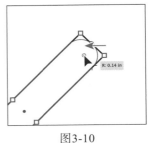

图3-10

> **Ai** | **注意** 如果将角部控点拖动得足够远，则会出现一个红色圆弧，表示已达到了最大的圆角半径。

> **Ai** | **注意** 如果视图缩得很小，角部控点将隐藏在形状上。选择"视图">"放大"，重复操作，直到看到它们。

3. 在右侧的"属性"面板中，单击"变换"部分中的"更多选项"按钮 •••，显示一个具有更多选项的面板。确保启用了"链接圆角半径值" 8，将任意半径值更改为"0.125"，如图 3-11 所示。如有必要，请单击另一个半径值或按 Tab 键，查看对所有圆角的更改。

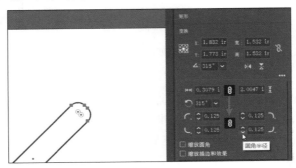

图3-11

Ai | **提示** 您可以按住 option 键（macOS）或 Alt 键（Windows），然后单击形状中的角部控点，尝试循环切换不同的圆角类型。

Ai | **注意** 在继续操作之前，您可以按 Esc 键来隐藏当前面板。

4　选中"直接选择工具" ▷。仍选中此形状，双击左上角的角部控点 ⊙。在"边角"对话框中，将"半径"值更改为"0 in"，然后单击"确定"按钮，如图 3-12 所示。

请注意，只有那一个角发生了改变。"边角"对话框允许您编辑边角类型和半径，但它还有一个额外的"圆角"选项，用于设置"绝对"圆角和"相对"圆角。"绝对"圆角表示圆角正好是半径值，"相对"圆角则表示圆化半径值将基于角部的角度修改。

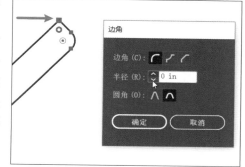

图3-12

5　单击底部的角部控点，只选中该角部控点，如图 3-13 左图所示。

6　按住鼠标左键将底部的角部控点拖离形状的中心，直到测量标签显示为 0 in。您需要拖过角部顶点，如图 3-13 中间图和右图所示。

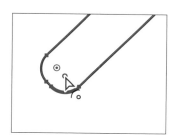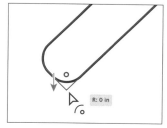

图3-13

7　在工具栏中选中"选择工具" ▷。单击"属性"面板中的"填色"框 ▇，并确保在弹出的面板中选中了"色板"选项 ▦。选择深红色来填充矩形，如图 3-14 左图所示。

Ai | **注意** 在继续操作之前，您可以按 Esc 键隐藏面板。

8　单击"属性"面板中的"描边"框 ▫，确保选中了"色板"选项 ▦，然后选择"无" ☑，从矩形中删除描边，如图 3-14 中图和右图所示。

9　选择"编辑">"复制"，然后选择"编辑">"贴在前面"，将矩形副本粘贴到原始矩形的正上方。

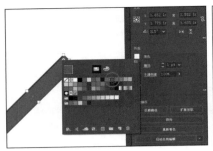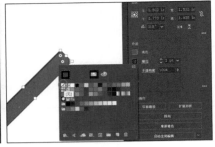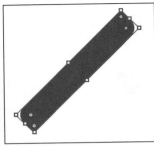

图3-14

10 将鼠标指针移动到形状上的一个角外。当鼠标指针变为旋转箭头↖时，按住鼠标左键逆时针拖动以旋转形状。拖动时，按住 Shift 键将旋转角度限制为 45° 增量。当测量标签中显示为 45° 时，松开鼠标左键和 Shift 键，如图 3-15 左图所示。

11 单击"属性"面板中的"填色"框▉，确保在弹出的面板中选中"色板"选项▣。选择较浅的红色作为矩形的填色，如图 3-15 右图所示。

12 选择"选择">"现用画板上的全部对象"，选中这两个形状，如图 3-16 所示。单击文档右侧"属性"面板"快速操作"部分中的"编组"按钮。

编组将所选多个内容视为单个对象，这样可以更轻松地移动当前所选图稿。以后出于同样的原因，您可以对创建的其他内容进行编组。

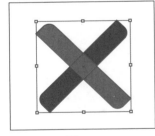

图3-15   图3-16

13 选择"选择">"取消选择"。

3.3.3　使用圆角

接下来，您将通过为船的桅杆创建形状来学习如何使用"变换"面板对矩形的各个角进行圆化操作。

1 选择"视图">"缩小"。

2 在工具栏中选中"矩形工具"▣。

3 在红色"×"右侧的画板空白区域中单击。在弹出的"矩形"对话框中，输入"0.2 in"（5.08 mm）宽度值和"0.15 in"（3.81 mm）高度值，单击"确定"按钮，如图 3-17 所示。

图3-17

对于大多数绘图工具，您可以直接使用该工具绘图，也可以单击来创建特定大小的形状。

4 在右侧的"属性"面板中，确保宽度和高度右侧的"保持宽度和高度比例"处于取消选中状态（它看起来是这样：）。单击"宽："右边的输入框，并将值更改为"0.2"；单击"高："右边的输入框，并将值更改为"1"［无须输入 in（英寸），系统会自动添加］，如图 3-18 左图所示。按回车键确定，保持形状选中状态，如图 3-18 右图所示。

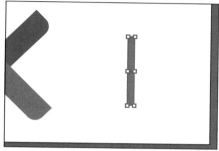

图3-18

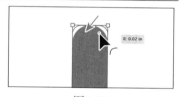

注意 您将在第 5 课中了解更多一般变换的内容。

---

5 选中"缩放工具"🔍，按住鼠标左键在所选矩形的顶部拖动，进行连续放大。

6 选中"选择工具"▶，并选中此矩形，按住鼠标左键将形状顶部的任意一个角部控点⊙向形状中心拖动，直到测量标签显示 0.02 in（0.508 mm）为止，如图 3-19 所示。

图3-19

注意 如果在选中"选择工具"▶后看不到角部控点，请放大。

---

7 双击任意一个角部控点⊙，打开"变换"面板。现在应该会看到角部选项。为顶部两个角的边角类型选择"倒角"，如图 3-20 所示。

8 选择"视图">"缩小"，直到看到此形状的底部。

9 在"变换"面板中，取消选中"链接圆角半径值"（它看起来是这样：），单独更改各个角。将左下角和右下角的值更改为"0 in"，如图 3-21 所示。

10 单击"变换"面板组右上角的"×"将其关闭。

11 单击"属性"面板中的"填色"框█，并确保在弹出的面板中选择了"色板"选项🔳。选择一种棕色。

12 选中"选择">"取消选择"，然后选择"文件">"存储"。

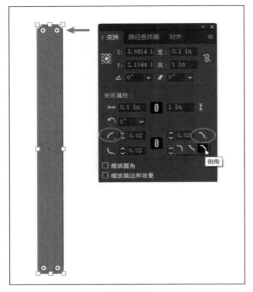

图3-20

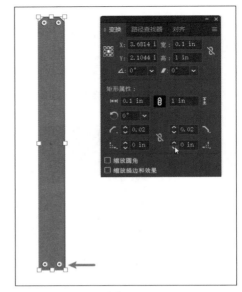

图3-21

使用文档网格

通过文档网格，您可以在文档窗口中图稿后面创建一系列非打印的水平和垂直参考线，对象可以对齐到这些参考线形成的文档网格，如图3-22所示。若要打开网格并使用其功能，请执行以下操作。

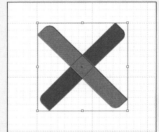

- 要显示网格或隐藏网格，请选择"视图">"显示网格/隐藏网格"。
- 要将对象对齐到网格线，选择"视图">"对齐网格"，选择要移动的对象并按住鼠标左键将其拖到所需位置。当对象边界距网格线2像素以内时，它将对齐到网格线。

图3-22

- 若要指定网格属性，如网格线之间的间距、网格样式（线或点）、网格颜色，或者网格是显示在图稿的上层还是下层，请选择"Illustrator CC">"首选项">"参考线"（macOS）或"编辑">"首选项">"参考线和网格"（Windows）。

3.3.4 创建和编辑椭圆

接下来，使用"椭圆工具" 绘制和编辑椭圆，以继续绘制船只。"椭圆工具" 可用于创建椭圆和正圆。

1 选择"视图">"缩小",并重复几次。

2 鼠标左键长按工具栏中"矩形工具" ▢，然后选中"椭圆工具" ⬭。

3 将鼠标指针移动到棕色圆角矩形上方，按住鼠标左键并拖动，创建一个宽度为 1.5 in（38.1 mm）、高度为 0.5 in（12.7 mm）的椭圆，如图 3-23 所示。

创建椭圆后，在仍选中"椭圆工具" ⬭ 的情况下，您可以通过选中椭圆中心小部件来拖动、变换形状，以及拖动饼图控点来创建饼图形状。接下来，您将创建一个椭圆副本，以便稍后使用。

4 在工具栏中选中"选择工具" ▶。选择"编辑">"复制"，然后选择"编辑">"粘贴"，粘贴一个本课稍后会用到的椭圆副本，并按住鼠标左键将其拖到画板的空白区域中。

5 单击选中原始椭圆。按住鼠标左键将饼图控点绕椭圆顶部逆时针方向拖离椭圆右侧，如图 3-24 所示。

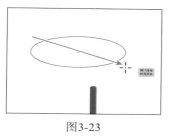

图3-23

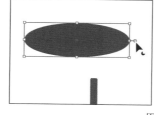
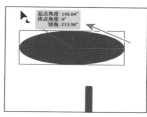

图3-24

> **Ai** | **注意** 您还可以在选中"椭圆工具" ⬭ 的情况下更改椭圆属性（如饼图角度）。

> **Ai** | **提示** 要将饼图形状重置回椭圆，请双击任一饼图控点。

拖动饼图控点可以创建饼图形状。按住鼠标左键拖动控点并释放鼠标左键后，您将看到第二个控点。拖动的控点控制着饼图起点角度，而现在出现在椭圆右侧的控点则控制着终点角度。

6 在右侧的"属性"面板中，单击"变换"部分的"更多选项"按钮 ⚏，显示更多选项。从"饼图起点角度"菜单中选择"180°"，按 Esc 键隐藏面板，如图 3-25 所示。

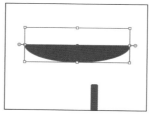

图3-25

7 将鼠标指针移动到椭圆的中心，并按住鼠标左键拖动椭圆，使其对齐到棕色矩形的底边，在对齐时很可能会出现"交叉"的情况，如图 3-26 所示。棕色矩形中心会出现一条垂直的洋红色参考线，以确保椭圆的中心与矩形的中心水平对齐。

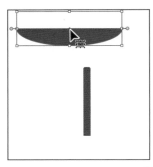

图3-26

8 选择"选择">"取消选择"，然后再选择"文件">"存储"。

3.3.5 修改描边宽度和对齐方式

到目前为止，在本课中，您主要编辑了形状的填充，但还没有对描边做太多操作，描边是对象或路径的可见轮廓或边框。您可以轻松地更改描边的颜色或描边的粗细。接下来，您将进行如下操作。

1 选中"选择工具" ▶ 后，单击 3.3.4 节中创建的棕色椭圆副本，将其选中。

2 按住鼠标左键将其拖动到半个椭圆的顶部，如图 3-27 所示。
当它与半个椭圆的中心对齐时，就会出现一条洋红色的智能参考线。

3 在"属性"面板中，将填色更改为深棕色，将描边颜色更改为浅棕色。

4 按住鼠标左键向下拖动椭圆顶部的点。拖动时，按住 option 键（macOS）或 Alt 键（Windows），同时调整两侧的大小。当您看到测量标签中的高为 0.1 in（2.54 mm）时，松开鼠标左键和 option 键或 Alt 键，如图 3-28 所示。

图3-27

图3-28

5 单击"属性"面板中的"描边"一词，打开"描边"面板。在"描边"面板中，将所选矩形的描边粗细更改为"2 pt"。单击"使描边内侧对齐"按钮 ⯐，将描边与椭圆的内侧边缘对齐，如图 3-29 所示。

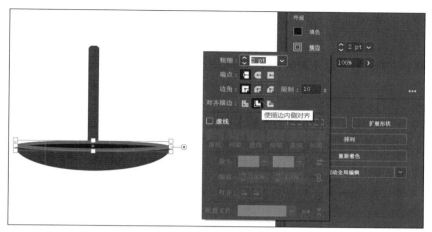

图3-29

> **注意** 您可能会注意到，在所选图稿中，只能看到定界框的角部顶点。这取决于文档的缩放级别。

> **注意** 您也可以选择"窗口"＞"描边"来打开"描边"面板，但可能需要从"描边"面板菜单 ☰ 中选择"显示选项"。

6 单击棕色矩形，然后单击"属性"面板中的"排列"按钮，选择"置于顶层"，使矩形位于椭圆上层，如图 3-30 所示。

7 选择"选择"＞"取消选择"。

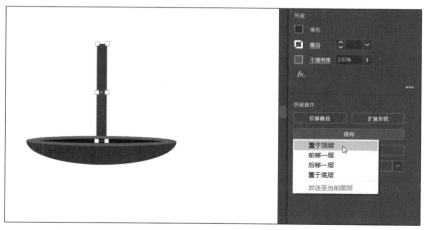

图3-30

3.3.6　创建和编辑圆形

下面将使用"椭圆工具" ⬭ 绘制和编辑一个正圆。本课稍后将制作此圆的一系列副本，供其他图稿使用。

1　选择"视图">"画板适合窗口大小"，查看整个画板。

2　选中"椭圆工具" ⬭，并将鼠标指针移到画板左上角的空白区域上，按住鼠标左键向右下方拖动绘制椭圆。拖动时，按住 Shift 键将创建一个正圆。当宽度和高度都大约为 1 in（25.4 mm）时，松开鼠标左键和 Shift 键，如图 3-31 所示。

　　无须切换到"选择工具" ▶，使用"椭圆工具" ⬭ 就可以重新定位和修改椭圆，这是您接下来要执行的操作。

3　选中"椭圆工具" ⬭ 后，将鼠标指针移到圆的左边中间的锚点上。按住鼠标左键并向中心拖动，使其变小。拖动时，按住"shift + option"（macOS）或"Shift + Alt"（Windows）组合键，直到测量标签显示宽度和高度均约为 0.3 in（7.62 mm）时，松开鼠标左键和 Shift 键，如图 3-32 所示。

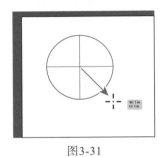

图3-31

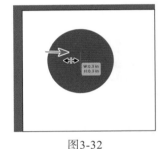

图3-32

> **Ai**　**注意**　和矩形或圆角矩形一样，椭圆也是一个"实时形状"。

4　仍选中圆形，单击"属性"面板中的"填色"框▓，并确保在弹出的面板中选中了"色板"选项▓。选择一种浅灰色，其色值为"C=0 M=0 Y=0 K=10"。

3.3.7　创建多边形

使用"多边形工具" ⬡，可以创建具有多条直边的形状。默认情况下，使用"多边形工具" ⬡ 可以绘制一个六边形，并且它是从中心开始绘制所有形状。多边形也是"实时形状"，这意味着多边形的大小、旋转角度、边数等属性仍是可编辑的。现在，您将使用"多边形工具" ⬡ 创建一个三角形，最终绘制成钻石形状。

1　鼠标左键长按工具栏中"椭圆工具" ⬭，然后选中"多边形工具" ⬡。

2　选择"视图">"智能参考线"，将智能参考线关闭。

3　在画板的空白区域按住鼠标左键并向右边拖动开始绘制多边形，注意不要松开鼠标左键。

按向下箭头键一次，将多边形的边数减少到 5 条，同样不要松开鼠标左键，按住 Shift 键使形状直立。松开鼠标左键和 Shift 键，保持形状的选中状态。如图 3-33 所示。

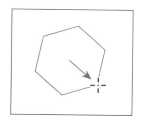 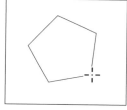 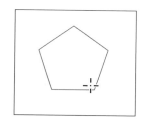

图3-33

请注意，此时不会看到灰色的测量标签（工具提示），因为工具提示是您关闭的智能参考线的一部分。洋红色对齐参考线也不会显示，因为此形状没有对齐到画板上的其他内容。智能参考线在某些情况下非常有用（如需要高精度时），您可以根据需要启用和关闭智能参考线。

4　单击"属性"面板中的"填色"框 ，并确保在弹出的面板中选中了"色板"选项■。选择一种浅灰色，其色值为"C=0 M=0 Y=0 K=10"。

5　选中"视图">"智能参考线"，将其重新启用。

6　在选中"多边形工具" ⬡ 的情况下，按住鼠标左键向上拖动定界框右侧的边数控点，将"边数"更改为"3"，从而形成一个三角形，如图 3-34 所示。

7　按住鼠标左键拖动三角形的角部控点，直到在测量标签中看到 1.2 in（30.48 mm）的宽度和 0.8 in（20.32 mm）的高度，松开鼠标左键如图 3-35 所示。

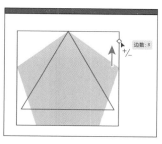 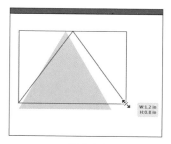

图3-34　　　　　　　　　　　　　图3-35

Ai | **注意**　您的图看起来可能和此图不一样。您的起始形状可能更大或更小，但只要最终大小是 1.2 in（30.48 mm）的宽度和 0.8 in（20.32 mm）的高度就可以了。

3.3.8　编辑多边形

现在，您将复制多边形并创建钻石形状的其余部分。

1　在仍选中三角形的情况下，选择"对象">"变换">"对称"。在"镜像"对话框中，选择"水平"，然后单击"复制"，如图 3-36 左图所示。

2   按住鼠标左键拖动新三角形（顶部）的中心小部件（中心的蓝色圆圈），使其顶部边缘对
    齐到原来三角形的底部边缘，如图 3-36 右图所示。

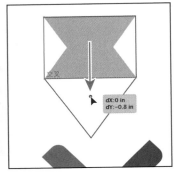

图3-36

3   在工具栏中选中"选择工具" ▶，单击原来的三角形。

4   在工具栏中选中"橡皮擦工具" ◆。按住 Shift 键，同时按住鼠标
    左键从左往右横跨三角形中央进行拖动，如图 3-37 所示。松开鼠
    标左键和 Shift 键。

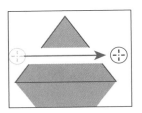

5   选中"选择工具" ▶，然后在空白区域中单击，取消选中图稿。

6   单击顶部较小的三角形，然后按 Delete 键或 Backspace 键将其删
    除，如图 3-38 中左图所示。

图3-37

7   单击选中顶部三角形的剩下部分，并单击"属性"面板中的"填色"框 ▉。在出现的面
    板中确保选中了"色板"选项▣，选择一个浅灰色，色值为"C=0 M=0 Y=0 K=5"，如图
    3-38 右图所示。

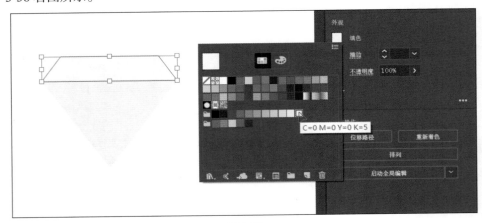

图3-38

    接下来，您将制作原始三角形的副本，并通过圆化其顶部来创建一个山峰形状。

8   单击选中深灰色三角形。按住 option 键（macOS）或 Alt 键（Windows），并按住鼠标左

键将此三角形朝着画板左下角拖动，复制一个三角形，如图 3-39 所示。松开鼠标左键，然后松开 option 键和 Alt 键。

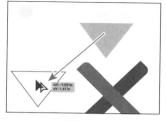

9 单击右侧"属性"面板的"变换"部分中的"更多选项"按钮■■■，显示更多选项。要将此三角形变成等边多边形，请单击"使边长相等"按钮，如图 3-40 所示。

10 在工具栏中选中"直接选择工具"▷。单击所选三角形的顶角控点◉，将其选中。

图3-39

11 按住鼠标左键将顶角控点向形状的中心拖动，使顶角稍微圆化，如图 3-41 所示。

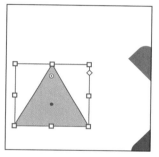

图3-40

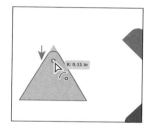

图3-41

3.3.9 创建星形

接下来，您将使用"星形工具"☆创建几颗星星，这些星星将位于您刚刚创建的钻石形状上。"星形工具"☆目前不能创建"实时形状"，这意味着创建星星后的编辑会比较困难。使用"星形工具"☆绘图时，您将使用键盘修饰键得到您想要的芒点数，并更改星形的半径（星臂的长度）。以下是您将在本小节中绘制星形时用到的键盘修饰键以及它们的作用。

- 箭头键：在绘制星形时，按向上箭头键或向下箭头键，会添加或删除星臂。
- Shift 键：使星星直立（约束它）。
- option 键（macOS）或 Ctrl 键（Windows）：在创建星形时，按住该键并按住鼠标左键拖动可以改变星形的半径（使星臂变长或变短）。

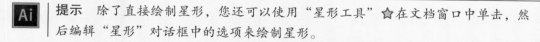

Ai | **提示** 除了直接绘制星形，您还可以使用"星形工具"☆在文档窗口中单击，然后编辑"星形"对话框中的选项来绘制星形。

下面，您将创建一个星形。这需要执行一些键盘命令，在被告知可以松开鼠标左键之前不要松开鼠标左键。

1 鼠标左键长按"多边形工具"⬡，然后选中"星形工具"☆。将鼠标指针移动到画板上构成钻石形状的三角形形状右侧的某个位置。

2 按住鼠标左键并缓慢向右拖动以创建星形。请注意，当移动鼠标指针时，星形会改变大小并自由旋转。直到测量标签显示宽度大约为 1 in（25.4 mm）时停止拖动，如图 3-42 所示。不要松开鼠标左键！

3. 按一次向上箭头键，将星形上的芒点数增加到 6，如图 3-43 所示。不要松开鼠标左键！

4. 按住 option 键（macOS）或 Ctrl 键（Windows），然后继续向右拖动一点。这将使得星形内半径保持不变，但星臂会更长。直到显示的宽度大约为 1.5 in（38.1 mm）为止，停止拖动但不松开鼠标左键，如图 3-44 所示。释放 option 键或 Ctrl 键，但不松开鼠标左键。

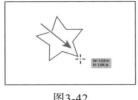
图3-42

图3-43

图3-44

5. 按住 Shift 键。当星形直立时，松开鼠标左键和 Shift 键，如图 3-45 所示。

6. 在"属性"面板中，将星形的"描边粗细"更改为"0 pt"。

Ai | 提示　如果描边颜色为"无" ⬚，则不需要设置"描边粗细"。

---

7. 在"属性"面板中，将"填色"更改为白色。

8. 选中"选择工具" ▶，按住 Shift 键，然后按住鼠标左键将星形定界框的一角向中心拖动。当星形的宽度约为 0.4 in（10.16 mm）时，松开鼠标左键和 Shift 键，如图 3-46 所示。

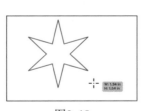
图3-45

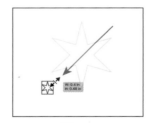
图3-46

9. 选中"星形工具" ☆，再绘制一个小一点的星形。请注意，新的星形的基本设置与绘制的第一颗星形相同。

10. 选中"选择工具" ▶，然后按住鼠标左键拖动构成钻石形状顶部的星星。这些星星可能很难被看到，因为它们的填充色是白色且位于白色画板上。您可以选择"视图">"轮廓"来更轻松地查看它们，在形状的边缘处按住鼠标左键拖动形状到合适的位置后，选择"视图">"在 CPU 中预览"（或"GPU 预览"）。

11. 按住鼠标左键拖框选中三角形和星形，然后单击"属性"面板中的"编组"按钮，将它们编组到一起，如图 3-47 所示。

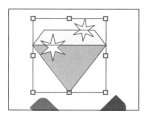

图3-47

3.3.10　绘制线条

接下来，您将使用"直线段工具" ╱ 创建线条和线段（称为开放路径），最终形成一些骨头。"直线段工具" ╱ 创建的线是"实时线条"，与"实时形状"类似，它们有许多可编辑的属性。

1　鼠标左键长按工具栏中的"星形工具" ☆，然后选中"直线段工具" ╱。在画板的右侧现有图稿的上方按住鼠标左键并向右拖动绘制线段。拖动时，请注意鼠标指针旁边的测量标签中的长度和角度。当线条的长度为 1.5 in（38.1 mm）左右时释放鼠标，如图 3-48 所示。

2　选中新线条，将鼠标指针移动到线条右端外。当鼠标指针变为旋转箭头↺时，按住鼠标左键并拖动（向上或向下），直到指针旁边的测量标签显示为 0°，如图 3-49 所示。这将使线条水平放置。

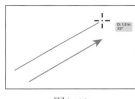

图3-48

图3-49

默认情况下，线条围绕其中心点旋转。您也可以在"属性"面板中更改线条的角度。

Ai　**注意**　如果以与原始路径相同的轨迹拖动线条，您将看到直线两端出现"直线延长"和"位置"这两个词。这些都是智能参考线的一部分，您可以轻松地将一条线条拖得更长或更短，而不改变其角度。

3　选中该线条后，在文档右侧的"属性"面板中将"描边粗细"更改为"15 pt"。

4　在"属性"面板中单击"描边"框▣，并确保在出现的面板中选中"色板"选项▦。选择一个浅灰色，色值为"C=0 M=0 Y=0 K=10"，如图 3-50 所示。

5　选择"对象">"路径">"轮廓化描边"，将线条变成一个具有填色的形状。

6　工具栏中选中"选择工具" ▶，然后按住鼠标左键将画板左上角的灰色圆圈拖动到此形状上，如图 3-51 左图所示。

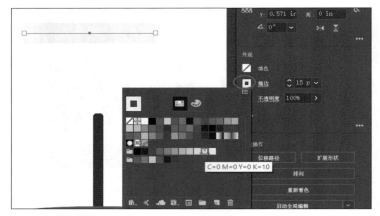

图3-50

7　选择"编辑">"复制"。选择"编辑">"粘贴"3 次，共创建 4 个圆。按住鼠标左键将这些圆拖到形状上，形成一个骨头图形，如图 3-51 右图所示。

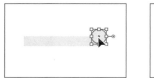

图3-51

8　按住鼠标左键拖框选中骨头图稿，然后在"属性"面板中单击"编组"按钮，将图稿编组在一起。

9　将鼠标指针移到一个角外。当指针变为旋转箭头↰时，按住鼠标左键逆时针拖动骨头图稿进行旋转，直到测量标签显示角度大约为 45°，如图 3-52 所示。

10　选择"对象">"变换">"对称"。在"镜像"对话框中，选择"垂直"，然后单击"复制"按钮。

11　按住鼠标左键拖框选中骨头图稿，然后单击"属性"面板中的"编组"按钮，将图稿编组在一起，如图 3-53 所示。

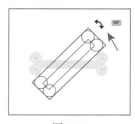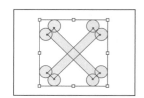

图3-52　　　　　　　　　　　　　　　　　图3-53

3.4　使用 Shaper 工具

在 Illustrator 中，另一种绘制和编辑形状的方法是使用"Shaper 工具" 。"Shaper 工具"

可以识别自然手势，并根据这些手势生成"实时形状"。无须切换工具，您就可以组合、删除、填充和变换创建的基本形状。在本节中，您将通过探索最常用的功能来了解该工具的工作原理。

Ai | **注意** "Shaper 工具" ✔️最适用于触控表面的手写笔输入，如 Surface Pro 或 Wacom Cintiq，或使用 Wacom Intuos 等间接输入。

3.4.1 使用 Shaper 工具绘制形状

现在开始使用"Shaper 工具"✔️，您将绘制一些简单的形状，最终形成船帆。

1 选择"视图">"画板适合窗口大小"。

2 单击工具栏底部的"编辑工具栏" ···。在出现的菜单中滚动进度条，然后按住鼠标左键将"Shaper 工具"✔️拖到左侧的工具栏上，将其添加到工具栏中，如图 3-54 所示。

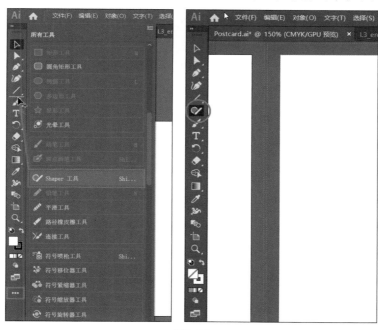

图3-54

Ai | **注意** 您可能需要按 Esc 键隐藏多余的工具菜单。

3 在工具栏中选中"Shaper 工具"✔️后，像在纸上使用铅笔一样在画板的空白区域中粗略绘制一个矩形，如图 3-55 所示。

当您完成形状绘制时，该形状将转换为具有默认灰色填充的"实时形状"。可以使用"Shaper 工具"✔️绘制多种形状，包括（但不限于）矩形、正方形、椭圆（正圆）、三角形、六边形、直线等。

4 在您刚刚绘制的形状上随便涂鸦来删除它，如图 3-56 所示。

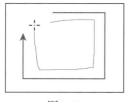

图3-55

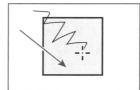

图3-56

> **Ai** | **注意**　如果您试图胡乱涂鸦，则可能会创建一条线。只需在想删除的形状上涂鸦即可将其删除。

这个简单的手势是一种删除形状的简便方法。请注意，您可以在多个对象上涂鸦以将其删除，且只需要在图稿的某部分涂鸦即可删除图稿。您还可以在所创建的形状内单击将其选中，然后按 Delete 键或 Backspace 键将其删除。

5 在画板的空白区域中绘制一个椭圆，如图 3-57 所示。

　　如果该形状不是椭圆，则通过在其上涂鸦来删除它，然后再试一次。创建形状后，还可以使用"Shaper 工具" 编辑这些形状，而不必切换工具。下面将编辑刚才创建的椭圆。

6 用"Shaper 工具" 在椭圆中单击将其选中。

7 选择"视图">"放大"。

8 按住鼠标左键拖动椭圆的一个角，将其转换成一个正圆。形状中心将出现洋红色的提示十字线（智能参考线），这意味着椭圆已成为一个正圆（宽度和高度相等的椭圆），如图 3-58 所示。使用"Shaper 工具" 绘制的形状是"实时形状"，并且动态可调。因此，您可以方便地绘制和编辑这些形状，而无须在工具之间切换。但请注意，这并不会显示测量标签来指示形状大小。使用"Shaper 工具" 变换形状时，即使启用了"智能参考线"，也不会显示测量标签。

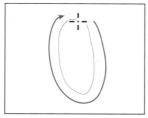

图3-57

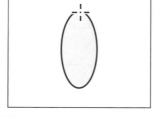

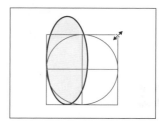

图3-58

3.4.2　使用 Shaper 工具塑造和组合形状

　　"Shaper 工具" 不仅可以绘制形状，还可以对形状进行组合、删减和连续编辑。下面，您将绘制更多形状，并使用"Shaper 工具" 在原始圆中添加和删减它们，从而创建船帆。

1 选中"Shaper 工具" 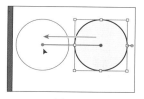后，按住"shift + option"（macOS）或 "Shift + Alt"（Windows）组合键，然后按住鼠标左键将圆直接向 左水平拖动制作一个副本，如图 3-59 所示。两个圆的圆心之间将 出现一条洋红色的水平对齐参考线。确保两个圆不动，然后松开 鼠标左键和组合键。

图3-59

Ai | **注意** 不用担心新圆位于画板边缘内还是边缘外，稍后将重新放置它。

2 鼠标左键长按"直线段工具" ✏，然后在工具栏中选中"矩形工具" ▢。将鼠标指针移动 到左侧圆圈顶部的中心点上，如图 3-60 所示。当出现"锚点"一词时，按住鼠标左键向 右侧圆圈的底部中心点拖动创建一个矩形。

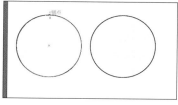 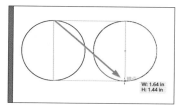

图3-60

3 在工具栏中选中"Shaper 工具" 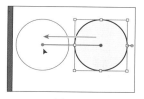。在画板的空白区域中单击以取消选中所有形状。

4 将鼠标指针移动到形状的左侧，按住鼠标左键在圆形上随意涂鸦，当鼠标指针到达左边形 左边缘时停止，如图 3-61 左图所示。松开鼠标左键时，左侧的圆将被删除，形状的重叠 区域也将被删除，如图 3-61 右图所示。

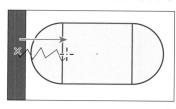 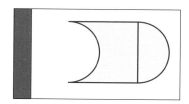

图3-61

5 将鼠标指针移动到右侧的圆内，向左随意涂鸦，并将其绘制到剩余矩形形状的灰色区域， 以组合它们，如图 3-62 所示。

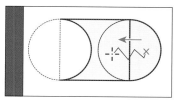 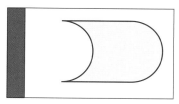

图3-62

6 将鼠标指针移到生成的灰色形状上，查看原始形状的轮廓，然后单击选中合并的组（称为"Shaper 组"），如图 3-63 左图所示。

Ai 提示　*您还可以双击"Shaper 组"，以便能够选中基础形状。*

7 单击"Shaper 组"右侧的箭头控件↓，就能够选中基础形状。单击箭头控件（如图 3-63 右图所示）后，"Shaper 组"处于"构建模式"。

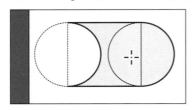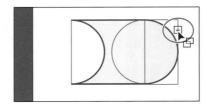

图3-63

"Shaper 组"中的所有形状都是可编辑的，甚至是已被删掉或合并的某些形状也是如此。

8 单击左边圆的描边来选中它。按住 option 键（macOS）或 Alt 键（Windows），同时按住鼠标左键将圆右侧中边界点向左拖动，使圆稍微扁一些，如图 3-64 所示。松开鼠标左键和 option 键或 Alt 键。

Ai 注意　*如果试图选择该形状，而您又取消了选择，请重复之前的步骤。左边的圆圈现在没有填充，所以不能在其中单击来选择它。*

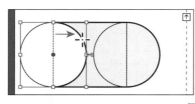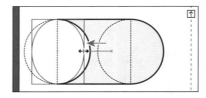

图3-64

注意，您拖动的圆仍然是从矩形中冲压出来的。在"Shaper 组"中，不仅可以调整单个形状的大小，还可以重新定位、旋转各个形状等。

9 按 Esc 键停止编辑各个形状，选中整个"Shaper 组"。

10 单击"属性"面板中的"填色"框■，确保在弹出的面板中选中了"色板"选项■。选择一个浅灰色，色值为"C=0 M=0 Y=0 K=10"。

11 按住"属性"面板中的"描边"右侧输入框左侧的向下箭头键，将"描边粗细"更改为"0 pt"，删除描边。

12 按住鼠标左键将船帆形状拖动到右下角的船上，如图 3-65 所示。您可能需要缩小视图。

图3-65

注意 如果需要，您可按住 Shift 键，同时按住鼠标左键拖动船帆形状的一个角来调整其大小，使其更好地适应船形状。

13 选择"选择">"取消选择"，然后选择"文件">"存储"。

3.5 使用图像描摹

在本课的这一部分中，您将学习如何使用"图像描摹"命令。使用图像描摹处理现有的图稿（如 Adobe Photoshop 中的栅格图片）时，可以将图像转换为矢量路径或实时上色对象。这对将图像转换为矢量图稿、描摹栅格化的 logo、描摹图案或纹理等非常有用。

 提示 使用 Adobe Capture CC 可以在您的设备上拍摄任何对象、设计或形状，并通过几个简单的步骤将其转换为矢量形状。在您的 Creative Cloud 库中存储生成的矢量图形，可以在 Illustrator 或 Photoshop 中访问或完善它们。Adobe Capture CC 目前可用于 iOS（iPhone 和 iPad）和 Android。

1 在文档下方状态栏中单击"上一项"按钮◀，在文档窗口中显示左侧的画板。
2 选择"文件">"置入"。在"置入"对话框中，选择硬盘上"Lessons">"Lesson03"文件夹中的 island.png 文件，保持默认选项值，然后单击"置入"。
3 将鼠标指针移动到左上角的"出血"参考线上（画板边缘外的红色参考线），然后单击置入图像，如图 3-66 所示。
4 选中图像后，单击文档右侧"属性"面板中的"图像描摹"按钮，选择"低保真度照片"，如图 3-67 所示。您看到的描摹结果可能与图 3-68 略有不同，但没什么问题。

注意 您还可以选择"对象">"图像描摹">"建立"，并选择栅格内容，或者从"图像描摹"面板（"窗口">"图像描摹"）开始描摹。

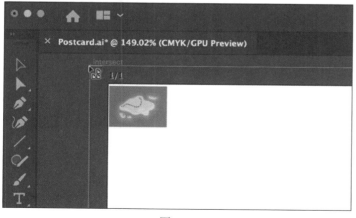

图3-66

图3-67

这会将图像转换为图像描摹对象。这意味着您还不能编辑矢量内容，但可以更改描摹设置或最初置入的图像，然后查看更新。

5　从"属性"面板中显示的"预设"菜单中选择"6 色"，如图 3-68 所示。

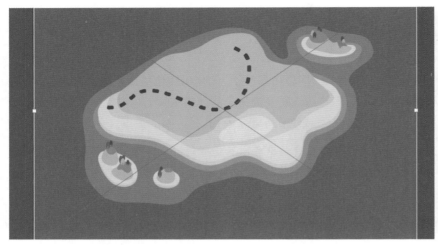

图3-68

"6 色"预设将描摹图像并强制生成的矢量内容只使用 6 种颜色。在某些情况下，如在具有很多不同颜色的图像中，这可以将图像中的很多内容应用相同的颜色。图像描摹对象由原始图像和描摹结果（即矢量图稿）组成。

默认情况下，只有描摹结果可见。但是，为了满足您的需求，也可以更改原始图像和描摹结果的显示情况。

6　单击"属性"面板中的"打开图像描摹面板"按钮📄。在"图像描摹"面板中，单击顶部的"自动着色"按钮🖌，如图 3-69 所示。

"图像描摹"面板顶部的按钮保存了将图像转换为灰度、黑白等模式的设置。在"图像描摹"面板顶部的按钮下方，将看到"预设"选项，这与"属性"面板中的选项相同。"模式"选项允许您更改生成图稿的"颜色模式"（彩色、灰度或黑白）。"调板"选项用于限制调色板或从颜色组中指定颜色。

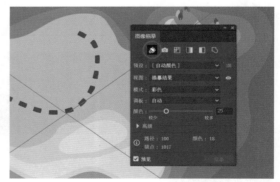

图3-69

Ai　｜　**提示**　还可以选择"窗口">"图像描摹"来打开"图像描摹"面板。

---

7   在"图像描摹"面板中，单击"高级"选项左侧的三角形 ▼。更改"图像描摹"面板中的以下选项，使用这些值作为起点，如图 3-70 所示。

- 颜色：20。
- 路径：50%。
- 边角：25%。
- 杂色：8 px。

> **Ai**　**提示**　修改值时，可以取消选中"图像描摹"面板底部的"预览"，以免 Illustrator 在每次更改设置时都将描摹设置应用于要描摹的内容。

8   关闭"图像描摹"画板。

9   在选中地图描摹对象的情况下，单击"属性"面板中的"扩展"按钮，如图 3-71 所示。地图不再是图像描摹对象，而是由编组在一起的形状和路径组成的图像。

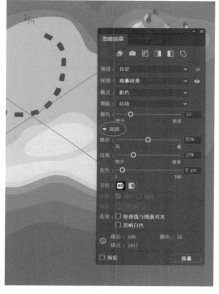

图3-70

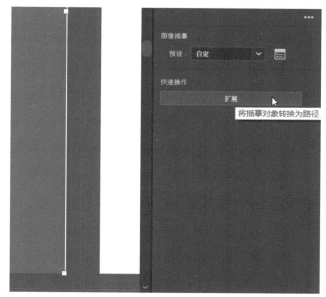

图3-71

10   选择"对象">"隐藏">"所选对象"，暂时把地图隐藏起来。

3.6　使用绘图模式

Illustrator 有 3 种不同的"绘图模式"：正常绘图、背面绘图和内部绘图。您可在工具栏的底部找到它们，如图 3-72 所示。"绘图模式"允许您以不同的方式绘制形状。3 种绘图模式如下所示。

- 正常绘图模式：每个文档开始时都是在正常模式下绘制形状，该模式将形状彼此堆叠。

图3-72

- 背面绘图模式：如果未选中任何图稿，则此模式允许您在所选图层上的所有图稿底层进行绘制。如果选中了图稿，则会直接在所选对象的下层绘制新对象。
- 内部绘图模式：此模式允许您在其他对象（包括实时文本）内部绘制对象或置入图像，并自动为所选对象创建剪切蒙版。

> **Ai** **注意** 要了解更多关于剪切蒙版的内容，请参见第 14 课。

3.6.1 使用内部绘图模式

接下来，您将学习如何使用"内部绘图模式"在所选形状内部添加图稿。如果要隐藏（遮挡）一部分图稿，这将非常有用。

1 选择"文件">"打开"。在"打开"对话框中，选择"Lessons">"Lesson03"文件夹中的"map_edges.ai"文件，然后单击"打开"按钮。

> **Ai** **注意** 您看到的橙色形状是使用工具栏中的"铅笔工具" ✏ 创建的封闭路径。接下来将复制此形状并将它粘贴到"Postcard.ai"文件中。

2 在工具栏中选中"选择工具" ▶，然后单击橙色地图边缘形状将其选中。选择"编辑">"复制"。
3 单击"Postcard. ai"选项卡，返回到明信片文档。选中"编辑">"就地粘贴"。
4 如果尚未选中橙色形状，请单击该形状进行选中，然后从工具栏底部附近的"绘图模式"菜单 中选择"内部绘图"，如图 3-73 所示。

> **Ai** **注意** 如果您的工具栏显示为双列，则会在工具栏底部看到所有的"绘图模式"按钮。

当选中单个对象（路径、复合路径或文本）时，此按钮处于激活状态，并且它允许您仅在所选对象内部绘图。请注意，橙色形状周围有一个开放的虚线矩形，它表示如果绘制、粘贴或置入内容，内容将位于橙色形状内。

图3-73

5 选择"选择">"取消选择"。请注意，橙色形状周围仍有开放的虚线矩形，表示"内部绘图模式"仍处于激活状态。如果您要在其中绘制形状不需要再次选择"内部绘图"模式。
6 鼠标左键长按工具栏中的"矩形工具" ▢，然后选中"椭圆工具" ⬭。按 D 键将默认的白色填色和黑色描边应用于要绘制的形状。按住鼠标左键拖动创建与橙色形状边缘重叠的椭圆，如图 3-74 所示。
刚刚绘制的椭圆中位于橙色形状之外的部分被隐藏了。
7 选择"编辑">"还原椭圆"，删除椭圆。

您还可以在"内部绘图模式"处于激活状态时，将内容置入或粘贴到形状中。

8　选择"对象">"显示全部"，以再次显示海岛图稿，该图稿位于橙色形状的后面。

9　在工具栏中选中"选择工具" ▶，然后选择"编辑">"剪切"，从画板上剪切所选海岛图稿。

10　选择"编辑">"就地粘贴"。

　　海岛图稿将粘贴在橙色形状内，如图 3-75 所示。

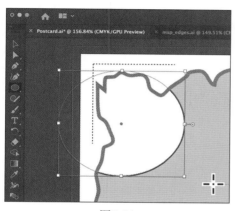

图3-74

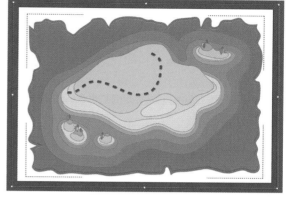

图3-75

11　单击工具栏底部的"绘图模式"按钮，选择"正常绘图"。

 提示　您还可以使用"Shift+D"组合键在可用的"绘图模式"之间进行切换。

在形状内完成内容添加后，可以选择"正常绘图"，以便正常绘制任何将要创建的新内容（此时新内容将堆叠，而不是在内部绘制）。

提示　您可以选择"对象">"剪切蒙版">"释放"来分隔形状。这会使两个对象彼此堆叠起来。

12　选择"选择">"取消选择"。

编辑内部绘图的内容

接下来将编辑橙色形状内部的地图图稿，以了解稍后如何编辑内容。

1　选中"选择工具" ▶后，单击选中海岛图稿，如图 3-76 所示。请注意，这会儿选中的是地图边缘形状。

　　地图边缘形状现在是一个蒙版，也称为剪切路径。海岛图稿和地图边缘形状一起构成一个"剪切组"，可被视为一个单独的对象。如果您查看"属性"面板的顶部，您将看到"剪切组"字样。与其他组一样，如果您想编辑剪切路径（包含在其中绘制内容的对象）或内部的内容，您可以双击"剪切组"对象。

2　选中"剪切组"后，单击"属性"面板中的"隔离蒙版"按钮，进入"隔离模式"，如图 3-77 所示。这样能够选中剪切路径（地图边缘形状）或其内部的海岛图稿。

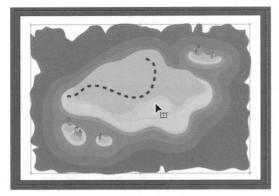 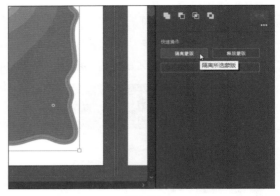

图3-76　　　　　　　　　　　　　　　　　图3-77

3　按住鼠标左键将地图边界内的地图图稿向右下方拖动一点，如图 3-78 所示。

> **Ai**　**提示**　在"隔离模式"下工作时，您可以选择"视图">"轮廓"，以轮廓形式查看图稿能更轻松地查看和选中形状。

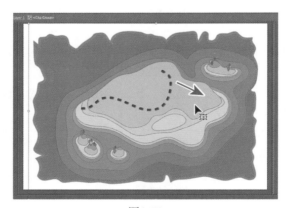

图3-78

4　按 Esc 键退出"隔离模式"。

5　选择"选择">"取消选择"，然后选择"文件">"存储"。

3.6.2　使用背面绘图模式

在本课前面的内容中，您一直在默认的"正常绘图模式"下工作。接下来，您将使用"背面绘图模式"在其余内容后面绘制一个覆盖画板的矩形。

1　单击工具栏底部的"绘图模式"按钮，然后选择"背面绘图"。

> **Ai** **注意** 如果您看到的工具栏显示为双列，则会在工具栏底部看到所有的"绘图模式"
> 按钮。

只要选择了此绘图模式，使用目前所学到的方法创建的每个形状都将位于本图层的其他形
状后面。"背面绘图模式"也会影响置入（"文件">"置入"）的内容。

2　鼠标左键长按工具栏中"椭圆工具" ⬭ ，然后选中"矩形工具" ▢ 。将鼠标指针放在画
板左上角红色出血参考线交叉的位置，按住鼠标左键并拖动到红色出血参考线的右下方，
如图 3-79 所示。

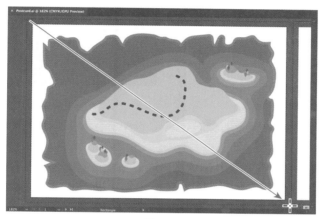

图3-79

3　选中新矩形，单击"属性"面板中的"填色"框 ▨ 。确保选中了"色板"选项 ▦ ，然后填充
一个棕褐色，色值为"C= 25 M = 25 Y = 40 K =0"，如图 3-80 所示。按 Esc 键隐藏面板。

4　选择"对象">"锁定">"所选对象"。

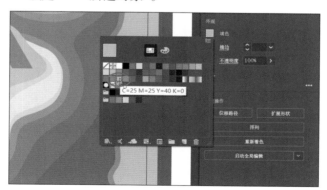

图3-80

3.7　完稿

要完成明信片，您还需要把已绘制好的图稿带到有海岛图形的画板上。

1 选择"视图">"全部适合窗口大小"，以便查看所有画板。

2 选中"选择工具" ▶ ，并按住鼠标左键拖框选中帆船图稿。单击"属性"面板中的"编组"按钮，如图 3-81 所示。

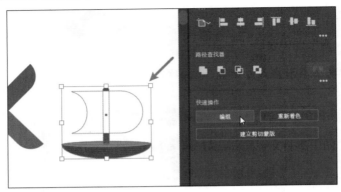

图3-81

3 选择"选择">"现用画板上的全部对象"，选中所有对象。选择"对象">"排列">"置于顶层"。

该选项会将所选图稿置于顶层，因为帆船图稿是最先创建的，这意味着它会位于左边画板（该画板是后创建的）海岛图稿的后面。接下来，按住鼠标左键把帆船图稿拖到左侧的画板上并调整其大小。

4 选择"选择">"取消选择"。

5 按住鼠标左键每次一个将图稿一个一个地从右侧画板拖到左侧画板上，如图 3-82 所示。要调整每个组的大小以更好地适应地图，可以按住 Shift 键并按住鼠标左键拖动图稿定界框的一个角对其进行缩放。完成后，松开鼠标左键和 Shift 键。

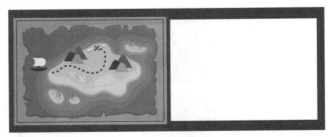

图3-82

Ai | **注意**　要更轻松地查看图稿细节，您可以选择"视图">"放大"来放大不同的区域。

在最终的图稿中，选择"编辑">"复制"和"编辑">"粘贴"创建一些对象的副本。然后选中山峰图形的几个副本，并在右侧"属性"面板中修改每个副本的填色。

6 选择"文件">"存储"，然后选择"文件">"关闭"。

复习题

1 有哪些创建形状的基本工具？

2 什么是"实时形状"？

3 什么是"Shaper 工具"？

4 描述"内部绘图模式"的作用。

5 如何将栅格图像转换为可编辑的矢量形状？

参考答案

1 有 6 种形状工具：矩形工具、圆角矩形工具、椭圆工具、多边形工具、星形工具和光晕工具（本课中没有介绍圆角矩形工具和光晕工具）。如第 1 课中所述，从工具栏中分离一组工具，需要将鼠标指针移到工具栏中显示的工具上，然后长按鼠标左键，直到出现工具组。不松开鼠标左键，拖动鼠标指针到工具组右侧的三角形上，然后松开鼠标左键可将工具组从工具栏中分离出来。（Windows 下的 Illustrator，还可以松开鼠标左键然后单击工具组右侧的三角形）

2 使用形状工具绘制矩形、圆角矩形、椭圆或多边形后，可以继续修改其属性，如宽度、高度、圆角、边角类型和边角半径（单独或同时），这就是所谓的"实时形状"。稍后，可在"变换"面板、"属性"面板或直接在图形中编辑形状属性（如边角半径）。

3 在 Illustrator 中绘制和编辑形状的另一种方法是使用"Shaper 工具" ✎。"Shaper 工具" ✎可识别自然手势，并根据这些手势生成"实时形状"。无须切换工具，您就可以变换所创建的各个形状，甚至可以执行删除和组合等操作。

4 "内部绘图模式"，可以使您在其他对象（包括实时文本）内部绘制对象或置入图像，并自动创建所选对象的剪切蒙版。

5 选择栅格图像，然后单击"属性"面板中的"图像描摹"按钮，可以将其转换为可编辑的矢量形状。若要将描摹结果转换为路径，请单击"属性"面板中的"扩展"，或选择"对象" > "图像描摹" > "扩展"。如果要将描摹的图稿作为独立的对象使用，可以使用此方法，生成的路径也会自行编组。

第4课 编辑和合并形状与路径

本课概览

在本课中，您将学习如何执行以下操作。

- 用"剪切工具"剪切。

- 连接路径。

- 使用"刻刀工具"。

- 轮廓化描边。

- 使用"橡皮擦工具"。

- 创建复合路径。

- 使用"形状生成器工具"。

- 使用路径查找器命令创建形状。

- 使用"整形工具"。

- 使用"宽度工具"编辑描边。

 完成本课程大约需要 45 分钟。

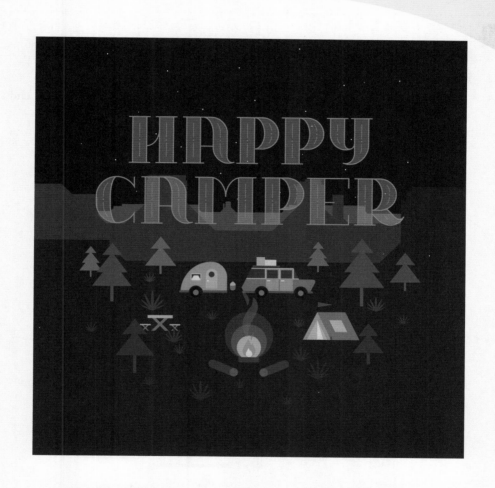

在创建了简单的路径和形状后，您
可能希望使用它们来创建更复杂的图稿。
在本课中，您将了解如何编辑和合并形
状与路径。

4.1 开始本课

第 3 课介绍了如何创建和编辑基本形状。在本课中，您将学习基本形状和路径，并学习如何编辑和合并它们来创建新图形，以完成关于露营的海报。

1　若要确保工具的功能和默认值完全如本课中所述的方式设置，请删除或停用（通过重命名）Adobe Illustrator CC 首选项文件。请参阅本书开头的"前言"部分中的"恢复默认设置"。

 注意　如果尚未将本课的项目文件从"账户"页面下载到本地计算机，请立即下载。具体参阅本书开头的"前言"部分。

2　启动 Adobe Illustrator CC。

3　选择"文件">"打开"，选择"Lessons">"Lesson04"文件夹中的"L4_end.ai"文件，然后单击"打开"按钮。此文件包含最终完成图稿，如图 4-1 所示。

图4-1

4　选择"视图">"全部适合窗口大小"。将文件保持打开状态以供参考，或选择"文件">"关闭"。

5　选择"文件">"打开"。在"打开"对话框中，选择"Lessons">"Lesson04"文件夹，然后选择"L4_start.ai"文件。单击"打开"按钮，如图 4-2 所示。

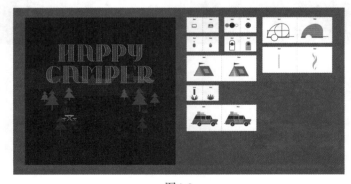

图4-2

6　选择"文件" > "存储为"。在"存储为"对话框中，将名称改为"HappyCamper.ai"（macOS）或者"HappyCamper"（Windows），并选择"Lesson04"文件夹。从"格式"菜单（macOS）选择"Adobe Illustrator（ai）"或从"保存类型"菜单（Windows）中选择"Adobe Illustrator（*.AI）"，然后单击"保存"按钮。

> **Ai** **提示**　默认情况下，".ai"扩展名会在macOS上显示，但您可以在任一平台的"存储为"对话框中添加该扩展名。

7　在"Illustrator选项"对话框中，保持Illustrator选项为默认设置，然后单击"确定"按钮。
8　选择"窗口" > "工作区" > "重置基本功能"。

> **Ai** **注意**　如果您没有在"工作区"菜单中看到"重置基本功能"，请在选择"窗口" > "工作区" > "重置基本功能"之前，先选择"窗口" > "工作区" > "基本功能"。

4.2　编辑路径和形状

在Illustrator中，您可以通过多种方式编辑和合并路径和形状，以创建需要的图稿。有时，这意味着您可以从简单的路径和形状开始，使用不同的方法来生成更复杂的路径。在编辑和合并路径和形状时，可以使用的工具有"剪刀工具"✂、"刻刀"工具✐、"橡皮擦工具" ◆和轮廓化描边、连接路径等。

> **Ai** **注意**　您将在第5课中探索其他变换图稿的方法。

4.2.1　使用剪刀工具进行剪切

Illustrator中有几种工具可以让您剪切和分割形状。您将从学习"剪刀工具"✂开始，在锚点或线段上分割路径来创建一个开放路径。接下来，您将使用"剪刀工具"✂剪切一个矩形，并将其重新调整为露营拖车插图中的窗帘。

1　单击"视图"菜单，确保选中了"智能参考线"选项。当其被选中时，将显示复选标记。

2　从文档窗口左下角的"画板导航"菜单中选择"2 Window"。选择"视图" > "画板适合窗口大小"。
　　将创建的内容示例置于画板右侧，且将其标记为"Final"，而您将使用的图稿是其左侧标有"Start"的图稿，如图4-3所示。

3　在工具栏中选中"选择工具" ▶，然后单击标记为"Start"的区域中的白色形状，将其选中。

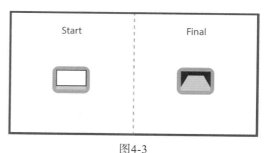

图4-3

4 按 "command ＋ ＋" (macOS) 或 "Ctrl ＋ ＋" (Windows) 组合键几次, 放大所选图稿, 如图 4-4 所示。

5 选中此形状后, 在工具栏中鼠标左键长按 "橡皮擦工具" ◆, 然后选中 "剪刀工具" ✂。将鼠标指针移动到形状的底部, 如图 4-5 所示。当您看到 "路径" 一词时, 在此点单击切断路径, 然后移开鼠标指针。

图4-4

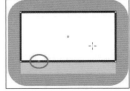

图4-5

> **Ai** | **注意** 如果不是直接单击锚点或路径,您将看到一个警告对话框。您只需单击 "确定" 按钮, 然后重试。

使用 "剪刀工具" ✂进行剪切时必须位于线条或曲线上, 而不是开放路径的端点上。当您使用 "剪刀工具" ✂单击形状 (本例中是矩形) 的描边时, 会在单击的位置剪断路径, 并且路径会变为开放路径。

6 在工具栏中选中 "直接选择工具" ▷。将鼠标指针移动到所选的 (蓝色) 锚点上, 然后按住鼠标左键将它向上拖动, 如图 4-6 所示。

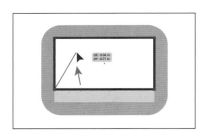
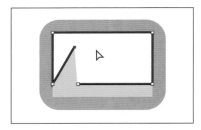

图4-6

7 按住鼠标左键将另一个锚点从原来剪切的位置向右上方拖动, 如图 4-7 所示。

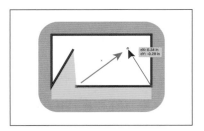
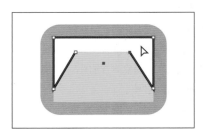

图4-7

注意描边（黑色边框）并没有完全包围白色形状，那是因为使用"剪刀工具" ✂将它变成了开放路径。如果您只是想用颜色填充形状，那么它不必是一条闭合路径。但是，如果您希望在整个填充区域周围出现描边，则路径必须是闭合的。

4.2.2 连接路径

假设您绘制了一个"U"形，然后决定闭合该形状，那么您可以使用一条直线将"U"的两端连接起来。您还可以先选中路径，然后使用"连接"命令在端点之间创建一条线段以闭合路径。当选中多个开放路径时，也可以将它们连接起来创建一个闭合路径。您还可以连接两个独立路径的端点以创建闭合路径。接下来，您将连接白色形状路径的两端，创建一个闭合形状。

1　在工具栏中选中"选择工具" ▶。在白色形状路径外单击以取消选中它，然后在白色形状填色内单击重新选中它，如图 4-8 所示。

这一步很重要，因为 4.2.1 节中只选中了一个锚点。如果在只选中了一个锚点的情况下选择"连接"命令，则会出现一条错误信息。如果选中了整个路径，当您应用"连接"命令时，Illustrator 只需找到路径的两端，然后用一条直线连接它们即可。

 提示　如果要连接不同的路径的特定锚点，请先选中锚点，然后选择"对象" > "路径" > "连接"，或按"command + J"（macOS）或"Ctrl + J"（Windows）组合键。

2　选择"对象" > "路径" > "连接"，如图 4-9 所示。

默认情况下，将"连接"命令应用于两个或多个开放路径时，Illustrator 会首先寻找端点最接近的路径并连接它们。每次应用"连接"命令时，都会重复此过程，直到将所有路径都连接起来。

图4-8

图4-9

 提示　您还可以单击"属性"面板的"快速操作"部分中的"连接"按钮。

 提示　在第 6 课使用绘图工具创建插图中，您将学习"连接工具" ✎，该工具允许您在边角处连接两条路径，并保持原始曲线完整。

3　在右侧的"属性"面板（"窗口" > "属性"）中，鼠标左键长按"描边"一词右侧输入框左侧的向下箭头按钮，将"描边粗细"更改为"0 pt"，移除描边。

4 单击"属性"面板中的"填色"框▯，确保在出现的面板中选中了"色板"选项▣，然后单击选择颜色"Purple3"，如图 4-10 所示。

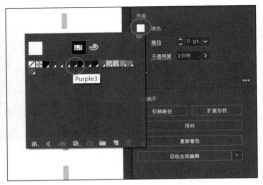

图4-10

5 在窗口形状边缘外按住鼠标左键拖框选中它们，如图 4-11 所示。

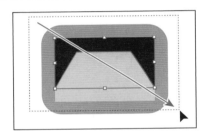

图4-11

6 选择"对象">"编组"。

Ai | **提示**　若要对所选内容进行编组，还可以单击"属性"面板的"快速操作"部分中的"编组"按钮。

7 选择"选择">"取消选择"，然后选择"文件">"存储"。

4.2.3　使用刻刀工具切割

您也可以使用"刻刀"工具✐来切割形状。使用"刻刀"工具✐划过形状，将创建闭合路径而不是开放路径。

1 从文档窗口左下角的"画板导航"菜单中选择画板"3 Tank"。

将创建的内容示例置于画板右侧，且将其标记为"Final"，而您将使用的图稿是左侧标有"Start"的图稿，如图 4-12 所示。

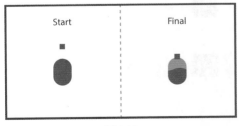

图4-12

2　选择"视图">"画板适合窗口大小"。

3　选中"选择工具" ▶后，单击标记为"Start"的图稿下
方的粉红色椭圆形，如图4-13所示。
如果选中了某个对象，"刻刀"工具✐将只切割该对象。
如果未选中任何内容，它将剪切它所接触的任何矢量
对象。

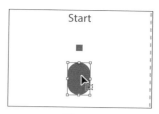

图4-13

注意　您可以选中多个矢量对象，并使用"刻刀"工具✐一次剪切它们。

4　单击工具栏底部的"编辑工具栏" ▪▪▪。在弹出的菜单中向菜单底部滚动进度条，您应该
会看到"刻刀"工具✐。按住鼠标左键将"刻刀"工具✐拖到左侧工具栏中的"剪刀"
工具✂上，将其添加到工具栏中，如图4-14所示。

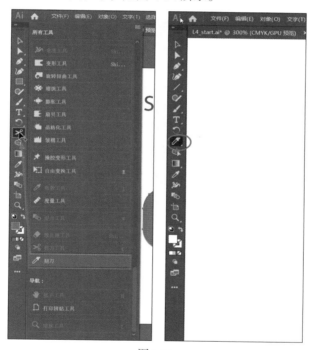

图4-14

注意　首次单击"编辑工具栏" ▪▪▪时，可能会看到一条消息。如果看到它，可以
单击"确定"按钮将其关闭。

注意　您可能需要按Esc键隐藏多余的工具菜单。

5　现在选中"刻刀"工具 🖊，将"刻刀"指针 ▶🖊 移动到所选形状的左侧。按住鼠标左键划过整个形状，将其切割成两个形状，如图 4-15 所示。

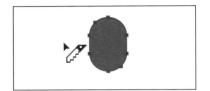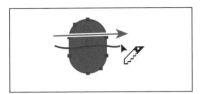

图4-15

> **提示**　按住"Caps Lock"键，将把"刻刀"指针 ▶🖊 变成更精确的光标 ⊹。这可以让人更轻松地看到在哪里进行了切割。

请注意，使用"刻刀"工具 🖊 在形状上拖动时，会形成一个非常自由的切割，并不是直线切割。

6　选中"选择">"取消选择"。

7　选中"选择"工具 ▶，然后单击顶部的新形状。

8　在"属性"面板中的"填色"框 ▨ 中，确保在弹出的面板中选中了"色板"选项 ▣，然后单击选择颜色"Pink"，如图 4-16 左图所示。结果如图 4-16 右图所示。

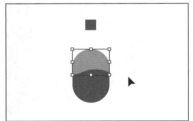

图4-16

9　按住鼠标左键将形状上方的红色小正方形向下拖动到剪切的形状上。

10　按住鼠标左键拖框选中标记为"Start"的图稿中的所有形状，如图 4-17 所示。

11　选择"对象">"编组"。

12　选择"选择">"取消选择"。

直线切割

接下来，您将使用"刻刀"工具 🖊 直线切割图稿。

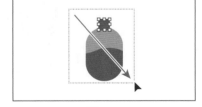

图4-17

1　从文档窗口左下角的"画板导航"菜单中选择"4 Tent"。
将创建的内容示例置于该画板右侧，且将其标记为"Final"，而您将使用的图稿是左侧标有"Start"的图稿，如图 4-18 所示。您需要把帐篷开口形状切割成几条路径，且这需要您将其直线切割。

2　选择"视图">"画板适合窗口大小"。

3 选中“选择”工具▶后，单击标记为“Start”的图稿下的粉红色三角形形状，如图 4-19 所示。

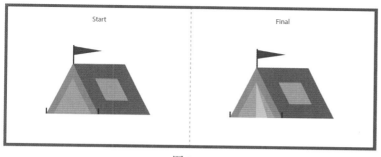

图4-18

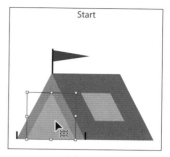

图4-19

4 选择“视图”>“放大”，放大两次。

5 选中“刻刀”工具✐。将鼠标指针移动到所选三角形的顶角上方。按“Caps Lock”键，将“刻刀”指针变为十字线-¦-。

十字线指针更精确，可以更轻松地看到您开始切割的准确位置。

6 按住“option + shift”（macOS）或“Alt + Shift”（Windows）组合键，然后按住鼠标左键向下拖动，直到将形状切割成两部分，如图 4-20 所示。松开鼠标左键，然后松开组合键。

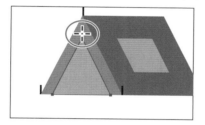
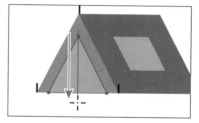

图4-20

> **Ai** **注意** 按住 option 键（macOS）或 Alt 键（Windows）可保持直线切割。此外，按 Shift 键还可将切割角度限制为 45° 的倍数。

7 按住 option 键（macOS）或 Alt 键（Windows），然后按住鼠标左键从所选三角形顶部向右下拖动，以较小的角度直线穿过形状，将其切割成两个部分。松开鼠标左键和 option 键或 Alt 键，如图 4-21 所示。

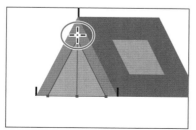
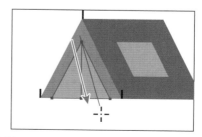

图4-21

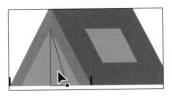

8　选中"选择" > "取消选择"。

9　选中"选择工具" ▶，然后单击中间粉红色三角形，如图 4-22 所示。

10　单击"属性"面板中的"填色"框■，确保在弹出的面板中选中"色板"选项■，然后单击选择名为"Yellow"的颜色，如图 4-23 所示。

图4-22

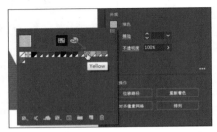

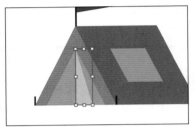

图4-23

11　按住鼠标左键拖框选中标记为"Start"的图稿中的所有帐篷形状，如图 4-24 所示。

12　选择"对象" > "编组"。

13　按下 Caps Lock 键，将其关闭。

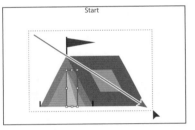

图4-24

4.2.4　轮廓化描边

默认情况下，诸如直线等路径只有描边颜色，而没有填色。如果您在 Illustrator 中创建了一条直线，想要同时应用描边和填充，可以将路径的描边轮廓化，这将把直线转换为闭合形状（或复合路径）。接下来，您将轮廓化线条的描边，以便在 4.3 节可以擦除部分内容。

1　从文档窗口左下角的"画板导航"菜单中选择画板"5 Plant"。
　　将创建的内容示例置于画板右侧，且将其标记为"Final"，而您将使用的图稿是左侧标有"Start"的图稿，如图 4-25 所示。

图4-25

2　选择"视图" > "画板适合窗口大小"，确保它适合文档窗口大小。

3　选中"选择工具" ▶，选中标记为"Start"的紫色矩形（路径）。

此矩形实际上是一条具有粗描边的路径。在"属性"面板中,可以看到描边粗细被设置为"20 pt"。为了擦除部分路径,使其成为一片叶子的形状,所以这里需要的是一个形状(矩形),而不是路径。

4　选择"对象">"路径">"轮廓化描边",如图 4-26 所示。这将创建一个填充的形状,该形状是一个闭合路径。

> **Ai** **提示**　轮廓化描边后您创建的形状可能具有大量的锚点。您可以选择"对象">"路径">"简化",这通常会删掉一些锚点。

> **Ai** **注意**　如果您选择了轮廓化描边,并在"属性"面板顶部的选择指示器中显示为"编组",则该直线有一个填色集。如果图稿是一个编组,请选择"编辑">"还原轮廓化描边",然后为路径应用"[无]"填色,再重试一次。

5　按住鼠标左键将形状拖到图 4-27 所示位置。保持此形状为选中状态。接下来,您将擦除部分形状。

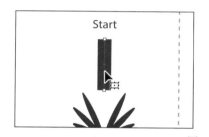 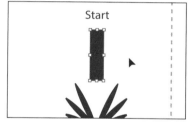 

图4-26　　　　　　　　　　　　　　　　图4-27

4.3　使用橡皮擦工具

　　"橡皮擦工具"◆允许您擦除矢量图稿的任意区域,而无须在意其结构。您可以对路径、复合路径、实时上色组内的路径和剪切内容使用"橡皮擦工具"。如果您选中了图稿,则该图稿将是唯一要擦除的对象。如果取消选中对象,则会擦除"橡皮擦工具"◆触及的所有图层内的任何对象。接下来,您将使用"橡皮擦工具"◆擦除所选矩形的一部分,使其看起来像一片叶子。

> **Ai** **注意**　您不能擦除栅格图像、文本、符号、图形或渐变网格对象。

1　在工具栏中鼠标左键长按"刻刀"工具✐,然后选中"橡皮擦工具"◆。
2　双击工具栏中的"橡皮擦工具"◆,编辑工具属性。在"橡皮擦工具选项"对话框中,将"大小"更改为"20 pt",使橡皮擦变大,单击"确定"按钮,如图 4-28 所示。
　　您可以根据自己的需求更改"橡皮擦工具"◆属性。

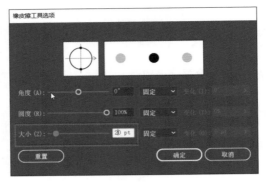

图4-28

> **Ai** 提示　选中"橡皮擦工具" ◆ 后，还可以单击"属性"面板顶部的"工具选项"
> 按钮以查看选项对话框。

3　将鼠标指针移动到所选紫色形状的上方，按住鼠标左键向下划过形状的左侧，将其擦除，
如图4-29所示。松开鼠标左键时，会擦除部分形状，但此形状仍然是闭合路径。

图4-29

4　将鼠标指针移动到所选紫色形状的上方，按住鼠标右键向下划过形状的右侧，将其擦除，
如图4-30所示。

5　选中"选择工具" ▶，然后按住鼠标左键拖框选中标记为"Start"的图稿中的所有植物形
状，如图4-31所示。

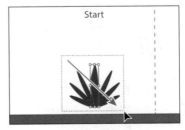

图4-30　　　　　　　　　　　　　　　　　　图4-31

6　选择"对象">"编组"。

直线擦除

您也可以直线擦除，这也是您接下来要做的事情。

1 从文档窗口左下角的"画板导航"菜单中选择"6 car"。

将创建的内容示例置于画板右侧，且将其标记为"Final"，而您将使用的图稿是左侧标有"Start"的图稿，如图 4-32 所示。您将选择并擦除单门形状，使其成为双门。

图4-32

2 选择"视图">"画板适合窗口大小"，以确保它适合文档窗口大小。

3 选中"选择工具" ▶ 后，单击选中标记为"Start"的门形状，如图 4-33 所示。

4 选择"视图">"放大"，重复放大几次，便于查看更多的细节。

5 双击"橡皮擦工具" ◆，编辑其属性。在"橡皮擦工具选项"对话框中，将"大小"更改为"5 pt"，使橡皮擦变小，单击"确定"按钮。

6 选中"橡皮擦工具" ◆，将鼠标指针移动到所选形状的上方的中央。按住 Shift 键，然后按住鼠标左键直接向下拖动，如图 4-34 所示。松开鼠标左键和 Shift 键。

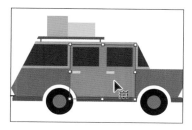
图4-33

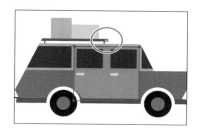

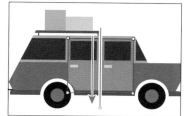
图4-34

看起来可能像是您擦除了汽车的其他部分，但其实由于您没有选中其他部分，所以其他部分不受影响。现在，所选的门形状被分为两个单独的形状，这两个形状都是闭合路径。

> **提示** 如果您需要擦除形状的很大一部分，可以通过在"橡皮擦工具选项"对话框中更橡皮擦大小的数值或按下任意一个中括号键（"["或"]"）来调整橡皮擦的大小。

7 选中"选择工具" ▶，然后按住鼠标左键拖框选中标记为"Start"的图稿中的所有汽车形状，如图 4-35 所示。

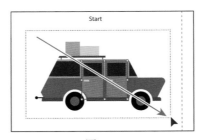

图4-35

8　单击文档右侧"属性"面板的"快速操作"部分中的"编组"按钮。

9　选择"文件">"存储"。

4.4　创建复合路径

　　复合路径允许您使用矢量对象在另一个矢量对象上钻一个孔。每当我想到复合路径，我就想到一个甜甜圈形状，它可以用两个圆形创建，路径重叠的地方则会出现孔。复合路径可以被当成一个组，并且复合路径中的各个对象仍然可以被编辑或释放（如果您不希望它们是复合路径）。接下来，您将通过创建一个复合路径来创建一些车轮图稿。

1　从文档窗口左下角的"画板导航"菜单中选择画板"7 Wheel"。

　将创建的内容示例置于该画板右侧，且标记为"Final"，而您将使用的图稿是左侧标有"Start"的图稿来创建一个车轮，如图4-36所示。

2　如有必要的话，选择"视图">"画板适合窗口大小"。

3　选中"选择工具"▶，选中左侧的灰色圆形，然后按住鼠标左键拖动它，使其与右侧较大的黑色圆形重叠，如图4-37所示。

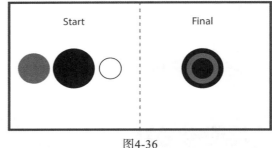

图4-36

4　按住鼠标左键将白色圆形拖到灰色圆形的前面，并确保其处于居中位置，如图4-38所示。智能参考线可帮助您对齐圆形。您还可以选中灰色圆形和白色圆形，单击右侧"属性"面板中的"对齐"选项将它们对齐。

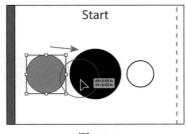

图4-37

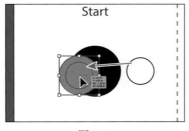

图4-38

5 按住 Shift 键，单击灰色圆形，将其与白色圆形一起选中，如图 4-39 左图所示。

6 选择"对象">"复合路径">"建立"，并保持图稿为选中状态。

 提示 您仍然可以编辑复合路径中的原始形状。若要编辑它们，请使用"编组选择工具" ☑ 单独选中每个形状，或使用"选择工具" ▶ 双击复合路径以进入"隔离模式"并选中单个形状。

您现在可以看到，白色的圆形似乎已经消失了，并且可以透过形状看到下面的黑色圆形。白色圆形被用来在灰色形状上面"打"了一个孔，如图 4-39 右图所示。仍选中灰色形状，在右侧的"属性"面板顶部您应该能看到"复合路径"一词。

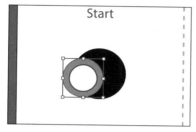 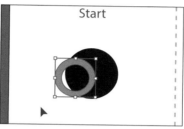

图4-39

 注意 创建复合路径时，在堆叠顺序最底层的对象的外观属性决定生成的复合路径的外观。

7 按住鼠标左键将灰色"甜甜圈"形状拖到其后面的深色圆形中心，如图 4-40 所示。所选形状应位于顶层，如果不是，请选择"对象">"排列">"置于顶层"。

8 按住鼠标左键拖框选中标记为"Start"的图稿中的所有圆形形状，如图 4-41 所示。

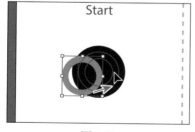 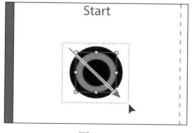

图4-40　　　　　　　　　　　　　　　　　图4-41

9 选择"对象">"编组"。

10 选择"文件">"存储"。

4.5 合并形状

用简单形状创建复杂形状比使用绘图工具（如"钢笔工具" ✐ ）来直接创建复杂形状更容易。在 Illustrator 中，可以通过不同的方式组合矢量对象来创建形状，而生成的路径或形状因合并路径的方法不同而不同。在本节中，您将了解一些常用的合并形状的方法。

4.5.1 使用形状生成器工具

您将学习的第一种合并形状的方法是使用"形状生成器工具" �’。此工具允许您直接在图稿中合并、删除、填充和编辑重叠的形状和路径。您将使用"形状生成器工具" 🔔来将一系列简单形状（如圆形和正方形）组合成一个复杂的拖车形状。

1　从文档窗口左下角的"画板导航"菜单中选择"8 Trailer"。

　　将创建的内容示例置于画板右侧，且将其标记为"Final"，而您将使用的图稿是左侧标有"Start"的图稿，如图 4-42 所示。

2　选择"视图" > "画板适合窗口大小"，确保它适合文档窗口大小。

3　选中"选择工具" ▶ 后，按住鼠标左键拖框选中标记为"Start"的图中所示的三个形状，但不要选中白色圆形，如图 4-43 所示。

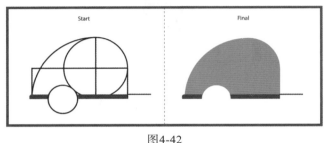
图4-42

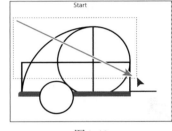
图4-43

　　若要使用"形状生成器工具" 🔔编辑形状，则需要选中这些形状。您现在可以使用"形状生成器工具"组合、删除和绘制这些简单的形状，以创建一辆露营车图稿。

4　在工具栏中选中"形状生成器工具"。将鼠标指针移到形状的左上角，然后在图 4-44 左图的红色"×"处按住鼠标左键向右拖动到形状中间。松开鼠标左键以组合形状，如图 4-44 右图所示。

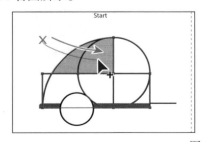
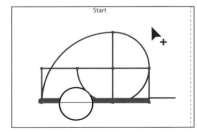
图4-44

> **Ai** | **提示**　使用"形状生成器工具" 🔔时，您还可以按住 Shift 键，同时按住鼠标左键拖框选中并合并一系列形状。而按住"shift + option"（macOS）或"Shift+Alt"（Windows）组合键，并按住鼠标左键拖框选中形状，可以删除选框中的一系列形状。

选中"形状生成器工具"时，重叠的形状将临时分离为单独的对象。当您从一个部分拖到另一个部分时，会出现红色轮廓线来显示松开鼠标左键后，形状合并在一起时的最终形状。

5 将鼠标指针再次移至形状的左上角处。按住 Shift 键，然后按住鼠标左键从图 4-45 左图中的红色"×"向右下左键。松开鼠标左键，然后松开 Shift 键以组合形状，如图 4-45 右图所示。

> **Ai** | **注意** 您最终合并的形状可能具有不同的描边或填色，这没关系。您稍后会更改它们。

接下来，您将删除一些形状。

6 在仍选中形状的情况下，按住 option 键（macOS）或 Alt 键（Windows）。注意，按住 option 键或 Alt 键时，鼠标指针旁边将显示一个减号（图 4-46 红箭头所指），单击最左侧的形状将其删除。

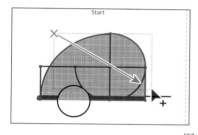
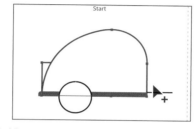
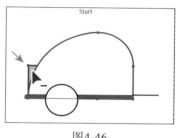

图4-45   图4-46

> **Ai** | **注意** 当您将鼠标指针放在形状上时，请确保在单击删除之前，可以在这些形状中看到网格。

7 选中"选择工具"，然后在空白区域中单击以取消选中图稿。按住鼠标左键拖框选中合并的较大形状、紫色条形图和白色圆形这三个形状，如图 4-47 左图所示。

8 选中"形状生成器工具"，然后将鼠标指针移动到白色圆形下方。按住 option 键（macOS）或 Alt 键（Windows），然后按住鼠标左键拖过白色圆形，在圆形顶部前停止。松开鼠标左键和 option 键或 Alt 键，将圆形从组合形状的较大形状中移除，如图 4-47 中图和右图所示。

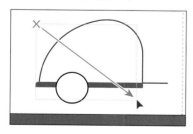
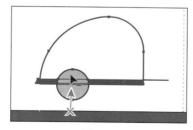
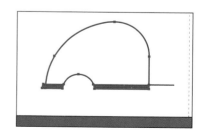

图4-47

9 选择"选择">"取消选择"。

10 选中"选择工具" ▶，然后单击较大形状的边缘将其选中。选择"属性"面板中的"填色"框 中名为"Red1"的颜色（工具标签会提示颜色的名称为"Red1"），如图 4-48 所示。

11 将"描边粗细"更改为"0 pt"。

12 按住鼠标左键拖框选中红色形状、紫色形状和黑色线条，如图 4-49 所示。

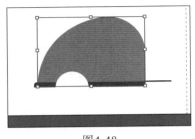

图4-48

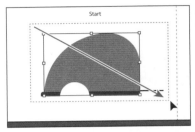

图4-49

13 选择"对象">"编组"。

4.5.2 使用路径查找器合并形状

"属性"面板或"路径查找器"面板（"窗口">"路径查找器"）中的"路径查找器"是合并多种形状的另一种方式。当应用"路径查找器"效果（如"联集"）时，所选原始对象将会永久地改变。

1 从文档窗口左下角的"画板导航"菜单中选择"9 Door"。

将创建的内容示例置于画板右侧，且将其标记为"Final"，而您将使用的图稿是左侧标有"Start"的图稿，接下来将以不同的方式组合形状来创建一扇门，如图 4-50 所示。

2 选择"视图">"画板适合窗口大小"。

3 选中"选择工具" ▶，按住鼠标左键拖框选中黑色描边的圆形和矩形，如图 4-51 所示。

您需要创建一个形状，使该形状看起来像图 4-50 中右侧标记为"Final"的门。您将使用"属性"面板和您选中的形状来创建最终图稿。

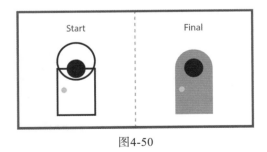

图4-50

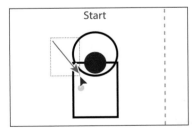

图4-51

4 选中这些形状后，在右侧的"属性"面板中，单击"联集"按钮 ，以永久合并这两个形状，如图 4-52 所示。

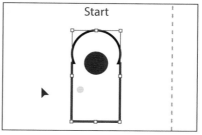

图4-52

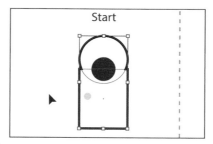

注意 "属性"面板中的"联集"按钮█通过将形状组合在一起,产生与使用"形状生成器工具" █类似的结果。

提示 单击"属性"面板的"路径查找器"部分中的"更多选项" ███,将显示"路径查找器"面板,该面板有更多选项。

5 选择"编辑">"还原相加",撤销"联集"命令并将两个形状复原。保持形状为选中状态。

了解形状模式

在本节中,"路径查找器"对形状进行了永久性更改。选中形状后,按住 option 键(macOS)或 Alt 键(Windows),单击"属性"面板中显示的任何默认的"路径查找器"工具,都会创建复合形状而不是路径。复合形状中的原始底层对象都会保留下来。因此,您仍然可以选择复合形状中的任意原始对象。如果您认为稍后可能还需要获取原始形状,那么使用创建复合形状的模式将非常有用。

1 在选中形状的情况下,按住 option 键(macOS)或 Alt 键(Windows),然后单击"属性"面板中的"联集"按钮█,如图 4-53 左图所示。

图4-53

这将创建一个复合形状,描摹出合并后的形状轮廓。您仍然可以单独编辑这两个形状。

2 选择"选择">"取消选择",查看最终的形状。

3 选中"选择工具" ▶,双击新合并形状的黑色描边,进入"隔离模式"。

4 单击顶部圆形的边缘，或者按住鼠标左键拖框选中它，如图 4-53 右图所示。

Ai | **提示**　若要编辑类似于此复合形状中的原始形状，还可以使用"编组选择工具" ▷
　　　来单独选择它们。

---

5 在中心的蓝点外按住鼠标左键直接向下拖动所选圆，拖动时，按住 Shift 键。向下拖动，
直到看到一条水平智能参考线，并使圆的中心与矩形的上边缘对齐，如图 4-54 所示。对
齐后，松开鼠标左键和 Shift 键。

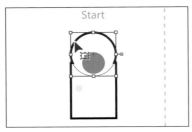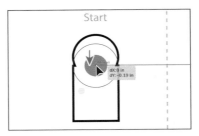

图4-54

Ai | **注意**　如果您发现难以拖动，还可以按箭头键移动形状。

---

6 按 Esc 键退出"隔离模式"。
现在，您将扩展外观。扩展外观将保持复合对象的形状，但不能再次选中或编辑原始对象。
当您想要修改对象内部特定元素的外观属性和其他属性时，通常需要扩展对象。

7 在形状外单击以取消选中，然后单击复合形状再次选
中它。

8 选择"对象">"扩展外观"，如图 4-55 所示。
"路径查找器"会使复合形状变成一个永久的单一的
形状。

9 单击"属性"面板中的"填色"框 ▧，选择名为
"Pink"的颜色，将"描边粗细"更改为"0 pt"。

10 按住鼠标左键拖框选中构成门的所有形状。

11 单击"属性"面板底部的"编组"按钮，将内容组合在
一起。

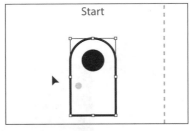

图4-55

4.5.3 创建露营车

在这个简短的部分中，您将把露营车的所有部件拖动到一起并将它们编组。

1 选择"视图">"缩小"，重复几次。

2 按住空格键临时选中"抓手工具" ✋，然后在文档窗口查看车轮、门、窗、水箱和拖车画

板，如图 4-56 所示。

3 选中"选择工具" ▶，按住鼠标左键将已经创建好的标记为"Start"的车轮、门、窗和水箱图稿拖到标记为"Start"的拖车图稿上。将它们放置在图 4-57 所示的位置。

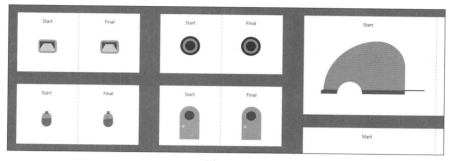 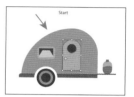

图4-56　　　　　　　　　　　　　　　　　　　　　图4-57

> **Ai** **注意**　您可能会发现，在智能参考线开启时，就很难在拖车图中放置内容。您可以先关闭智能参考线（"视图" > "智能参考线"），然后在拖动完图稿后再将其启用。

4 按住鼠标左键拖框选中拖车图稿中的所有对象，然后选择"对象" > "编组"。

4.5.4 调整路径形状

在第 3 课中，您学习了如何创建形状和路径（线条）。您可以使用"整形工具" ↘拉伸路径的某部分而不扭曲其整体形状。在本小节中，您将改变一条线段的形状，让它弯曲一点，这样就可以把它变成火焰图形。

1 从文档窗口左下角的"画板导航"菜单中选择"10 Flame"，如图 4-58 所示。

图4-58

将创建的内容示例置于画板右侧，且将其标记为"Final"，而您将使用的图稿是左侧标有"Start"的图稿。首先将调整左边直线的形状。

2 选中"选择工具" ▶，然后单击标记为"Start"的路径。

3 单击工具栏底部的"编辑工具栏" ⋯。在弹出的菜单中滚动进度条，然后按住鼠标左键将"整形工具" 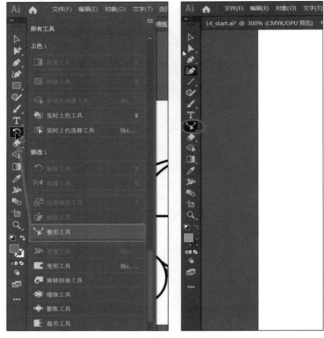拖到左侧工具栏中的"旋转工具" ↻上,将其添加到工具栏中,如图 4-59 所示。

图4-59

> **注意** 您可能需要按 Esc 键隐藏额外的工具菜单。

4 选中"整形工具" 后,将鼠标指针移到路径上。当指针变为 时,按住鼠标左键在路径上拖动以添加锚点,并调整路径的形状。按住鼠标左键向下拖动,然后向左拖动路径,如图 4-60 所示。您可以查看右侧标记为"Final"的火焰形状,以供参考。

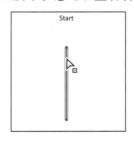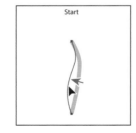

图4-60

> **注意** 您可以在封闭路径(如正方形或圆形)上使用"整形工具" ,但如果选中了整个路径,"整形工具" 将添加锚点并重塑路径。

"整形工具" ↘ 可用于拖动现有的锚点或路径段。如果在现有路径段上拖动，则会创建一个新锚点。

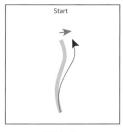

5 将鼠标指针移动到路径的顶部锚点上，然后按住鼠标左键将其向右拖动一点，如图4-61所示。保持路径为选中状态。

如果在路径中选中了所有锚点，这意味着"整形工具" ↘ 将调整整个路径。

图4-61

Ai | **注意** 使用"整形工具" ↘拖动时，仅调整选定的锚点。

4.6 使用宽度工具

您不仅可以调整描边的粗细，还可以通过使用"宽度工具" 🖉 或将宽度配置文件应用于描边来更改常规描边的宽度。这使您可以沿路径描边创建可变宽度。接下来，您将使用"宽度工具" 🖉 调整刚才整形的路径，使其看起来像火焰。

1 在工具栏中选中"宽度工具" 🖉。将鼠标指针放在刚刚整形的路径中心，请注意，当鼠标指针位于路径上时，指针旁边有一个加号▸₊。如果按住鼠标左键并拖动，则会编辑描边的宽度。向右拖离蓝线，请注意，拖动时会以相等的距离向左右两边伸展描边。当测量标签显示"边线 1"和"边线 2"大约为 0.2 in（5.08 mm）时，松开鼠标左键，如图 4-62 所示。

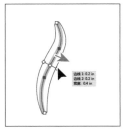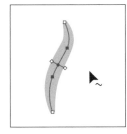

图4-62

您在路径上创建了一个可变的描边，而不是一个带有填色的形状。原始路径上的新点称为宽度点，从宽度点延伸的线是宽度控制手柄。

Ai | **提示** 您可以将一个宽度点拖动到另一个宽度点上方，以创建一个不连续的宽度点。如果双击不连续宽度点，则可在"宽度点数编辑"对话框编辑这两个宽度点。

---

2 在画板的空白区域单击，取消选中锚点。

3 将鼠标指针放在路径的任意位置，将会显示刚刚创建的新宽度点（图 4-63 左图箭头所指）。而在路径上，鼠标指针指向的宽度点则是单击可创建的新宽度点，如图 4-63 左图所示。

4 将鼠标指针放在原始宽度点上，当您看到从其延伸的线条和指针变为▶.时，按住鼠标左键向上和向下拖动它以查看对路径的影响，如图 4-63 中图和右图所示。

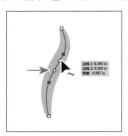

图4-63

5 选择"编辑" > "还原宽度点数更改"，可将宽度点返回到路径上的原始位置。
除了单击和拖动来为路径添加宽度点之外，还可以双击并在对话框中输入数值。这就是您接下来要做的。

6 将鼠标指针移动到路径的顶部锚点上，注意指针旁边有一条波浪线▶.，并出现"锚点"一词，如图 4-64 左图所示。双击该点以创建一个新的宽度点，并打开"宽度点数编辑"对话框。

7 在"宽度点数编辑"对话框中，将"总宽度"更改为"0 in"，然后单击"确定"按钮，如图 4-64 中图和右图所示。

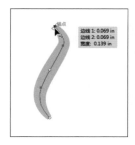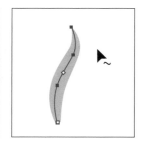

图4-64

您可以通过“宽度点数编辑”对话框更精确地整体或单独调整宽度控制手柄的长度。此外，如果选中“调整邻近的宽度点数”复选框，对所选宽度点所做的任何更改还会影响相邻宽度点。

8 将鼠标指针移动到路径的底部锚点上，然后双击。在“宽度点数编辑”对话框中，将“总宽度”更改为“0 in”，然后单击“确定”按钮，如图 4-65 所示。

> Ai **提示** 您可以选中一个宽度点，按住 option 键（macOS）或 Alt 键（Windows），拖动宽度点的一个宽度控制手柄，来更改单侧描边宽度。

9 将鼠标指针移动到原始宽度点上。当宽度控制手柄出现时，按住鼠标左键将其中一个手柄从路径中心拖离，使其更宽一些，如图 4-66 所示。保持路径为选中状态，以备 4.7 节使用。

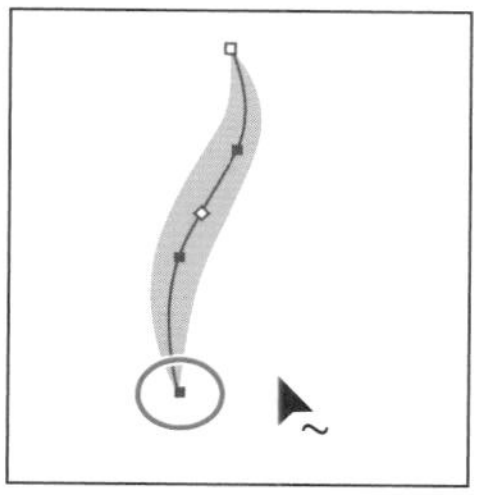

图4-65

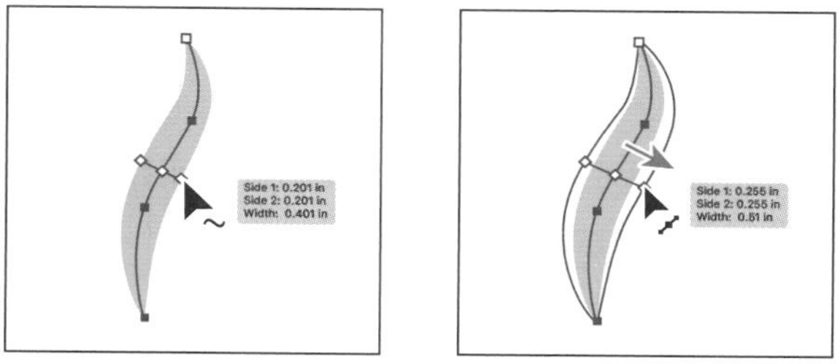

图4-66

> Ai **提示** 定义描边宽度后，可以将可变宽度保存为配置文件，以后就可以从“描边”面板或“控制面板”中重用它。若要了解有关可变宽度配置文件的详细信息，请在“Illustrator 帮助”（“帮助”>“Illustrator 帮助”）中搜索“带有填色和描边的绘制”。

4.7 完稿

若要完成该插图，您还要将每个画板上编组的图稿拖动到左侧的主插图中。

1 选中“选择工具”▶，选中路径后，选择“编辑”>“复制”，然后选择“编辑”>“粘贴”以粘贴副本。

2 选中副本，选择“对象”>“路径”>“轮廓化描边”，以便您可以更轻松地缩放形状，而无须调整描边粗细。

3 按住 Shift 键，同时按住鼠标左键拖动路径的一个角，使其等比例缩小。松开鼠标左键和 Shift 键。将其拖动到图 4-67 所示的位置。

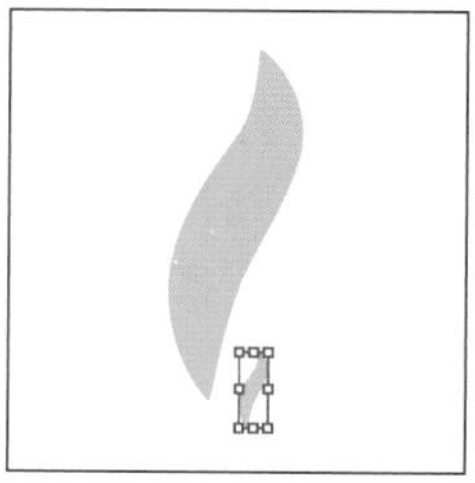

图4-67

4 选中较小的副本，选择“编辑”>“复制”，然后选择“编辑”>“粘贴”，将新副本放大，并按住鼠标左键将其移动到图 4-68 左图所示位置。

5 在仍选中形状的情况下，单击“属性”面板中的“水平轴翻转”按钮（图 4-68 中图圆圈所示）。然后按住鼠标左键将形状拖到图 4-68 右图所示位置。

6 按住鼠标左键拖框选中三个火焰形状，选择“对象”>“编组”。

 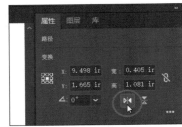 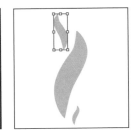

图4-68

7　选择"视图">"缩小"，重复几次，以便您可以看到画板右侧的篝火图稿。按住鼠标左键将火焰组图形拖动到画板右侧的篝火图稿上，如图 4-69 所示。

8　按住鼠标左键拖框选中所有篝火形状，选择"对象">"编组"。

9　选择"视图">"全部适合窗口大小"。

10　选择"视图">"智能参考线"，将其关闭。

11　按住鼠标左键将您创建的所有图稿组拖到主插图中，如图 4-70 所示。

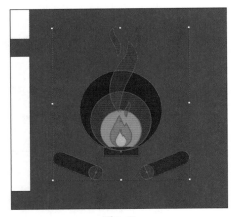 

图4-69　　　　　　　　　　　　　　　　图4-70

您可能需要调整每个组的大小，才能更好地适应现有图稿。选中"选择工具" ▶，您可以按住 Shift 键并按住鼠标左键拖动一个角点来等比例调整图稿的大小。完成后，松开鼠标左键和 Shift 键。

12　选择"视图">"智能参考线"，打开智能参考线，供下一课使用。

13　选择"文件">"存储"，然后选择"文件">"关闭"。

复习题

1 描述可以将几个形状合并为一个形状的两种方法。
2 "剪刀工具" ✂ 和 "刻刀" 工具 ✐ 之间的区别是什么？
3 如何使用 "橡皮擦工具" ◆ 进行直线擦除？
4 在 "属性" 面板或 "路径查找器" 面板中，"形状模式" 和 "路径查找器" 之间的主要区别是什么？
5 为什么要轮廓化描边？

参考答案

1 使用 "形状生成器工具" ⊙，您可以方便地在图稿中合并、删除、填充和编辑相互重叠的形状和路径。您还可以使用 "路径查找器"（可在 "属性" 面板、"效果" 菜单或 "路径查找器" 面板中找到）从重叠的对象中创建新形状。正如您在第 3 课中看到的那样，还可以使用 "Shaper 工具" ⊙ 来合并形状。

2 "剪刀工具" ✂ 用于在锚点或沿线段剪切路径、图形框架或空文本框架。"刻刀" 工具 ✐ 会沿着使用工具绘制的路径切割对象，并将对象分离开来。使用 "剪刀工具" ✂ 剪切形状时，它将产生一条开放路径；而使用 "刻刀" 工具 ✐ 切割形状时，生成的形状将是闭合路径。

3 要使用 "橡皮擦工具" ◆ 进行直线擦除，您需要按住 Shift 键，然后再使用 "橡皮擦工具" ◆ 进行擦除。

4 在 "属性" 面板中，应用 "形状模式"（如 "联集"）时，所选原始对象将永久转变。但您可以按住 option 键（macOS）或 Alt 键（Windows）后应用 "形状模式"，此时将保留原始底层对象。应用 "路径查找器"（如 "合并"）时，所选原始对象也将永久转变。

5 路径与线条一样，可以显示描边颜色，但默认情况下不能显示填充颜色。如果在 Illustrator 中创建了一条线，并且希望同时应用描边和填充，则可以轮廓化描边，这将把线条转换为封闭的形状（或复合路径）。

第5课 变换图稿

本课概览

在本课中，您将学习如何执行以下操作。

- 在现有文档中对画板进行添加、编辑、重命名和重新排序操作。
- 在画板之间导航。
- 使用标尺和参考线。
- 使用智能参考线定位和对齐内容。
- 精确调整对象位置。
- 使用各种方法移动、缩放、旋转、镜像和倾斜对象。
- 使用"自由变换工具"扭曲对象。
- 使用"操控变形工具"。

 完成本课程大约需要 60 分钟。

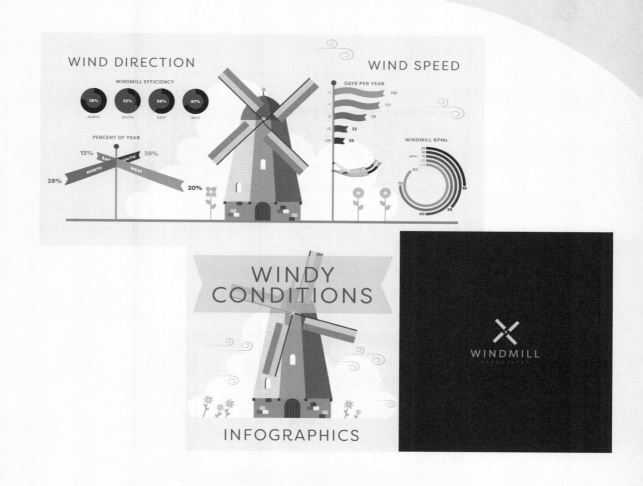

　　创建图稿时，您可以通过多种方式
快速、精确地控制对象的大小、形状
和方向。在本课中，您将创建多幅图稿，
同时了解创建和编辑画板的方法、各种
变换命令和专用工具。

5.1 开始本课

在本课中，您将变换图稿并使用它来完成一幅信息图。在开始之前，您将还原 Adobe Illustrator 的默认首选项，然后打开一个包含已完成图稿的文件，查看您将创建的内容。

1　若要确保工具的功能和默认值完全如本课所述，请删除或停用（通过重命名）Adobe Illustrator CC 首选项文件。请参阅本书开头的"前言"部分中的"恢复默认设置"。

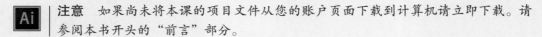

注意　*如果尚未将本课的项目文件从您的账户页面下载到计算机请立即下载。请参阅本书开头的"前言"部分。*

2　启动 Adobe Illustrator CC。
3　选择"文件">"打开"，选择"Lessons">"Lesson05"文件夹中的"L5_end.ai"文件单击"打开"按钮，如图 5-1 所示。

图5-1

该文件包含三个画板，组成了一个信息图表宣传册的封面、封底和内页。当然，所提供的数据都是虚构的。

4　选择"视图">"全部适合窗口大小"，并在工作时将图稿显示在屏幕上。
5　选择"文件">"打开"，在"打开"对话框中，导航到"Lessons">"Lesson05"文件夹，然后选择硬盘上的"L5_start.ai"文件，单击"打开"按钮，如图 5-2 所示。

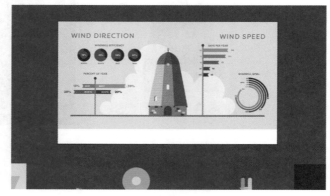

图5-2

6　选择"文件">"存储为"。在"存储为"对话框中，将文件命名为"Infographic.ai"，然后导航到"Lesson05"文件夹。从"格式"菜单中选择"Adobe Illustrator（ai）"（macOS）或从"保存类型"菜单中选择"Adobe Illustrator（*.AI）"（Windows），然后单击"保存"按钮。

7 在"Illustrator 选项"对话框中，将 Illustrator 选项保持为默认设置，然后单击"确定"按钮。
8 选择"窗口"＞"工作区"＞"重置基本功能"。

> **Ai** | **注意** 如果在"工作区"菜单中没有看到"重置基本功能"，请在选择"窗口"＞"工作区"＞"重置基本功能"之前，先选择"窗口"＞"工作区"＞"基本功能"。

5.2 使用画板

画板表示包含可打印或可导出图稿的区域，类似于 Adobe Indesign 中的页或 Adobe Photoshop 和 Adobe Experience Design 中的画板。您可以使用画板创建各种项目类型，例如多页 PDF 文件、大小或元素不同的打印页面、网站或应用程序的独立元素或者视频故事板。

5.2.1 向文档中添加画板

在使用文档时，您既可以随时添加和删除画板，也可以创建不同尺寸的画板，还可以在"画板编辑模式"下调整它们的大小，并且可以将画板放在文档窗口中的任意位置。所有画板都有对应的编号，还可以指定名称。接下来，您将为"Infographic.ai"文档添加一些画板。

1 选择"视图"＞"画板适合窗口大小"，然后按"option ＋ －"（macOS）或"Ctrl ＋ －"（Windows）组合键两次，以缩小视图。
2 按下空格键临时切换到"抓手工具"👋。按住鼠标左键将画板向左拖动，可以查看画板右侧深色的画布（背景）。
3 在工具栏中选中"选择工具"▶。
4 在右侧"属性"面板中，单击"编辑画板"按钮，进入"画板编辑模式"，并在工具栏中选中"画板工具"🗅，如图 5-3 所示。

> **Ai** | **注意** 如果要在"属性"面板中查看文档选项，则不能选中任何内容。如果需要查看文档选项，请先选择"选择"＞"取消选择"。

> **Ai** | **提示** 您也可以在工具栏中选中"画板工具"🗅，即可进入"画板编辑模式"。

5 将鼠标指针移动到现有画板的右侧，然后按住鼠标左键向右下方拖动。当鼠标指针旁边的测量标签显示宽度约为 800 像素且高度约为 800 像素时，松开鼠标左键，如图 5-4 所示。

> **Ai** | **注意** 如果在绘制画板后出现一条信息，请单击"确定"按钮将其关闭。

现在应该选中了新画板。因为此画板周围有一个虚线框，所以您可以看出它是被选中的。在右边的"属性"面板中，您将看到所选画板的属性，如位置（X 和 Y）、大小（宽度和高度）和名称等。

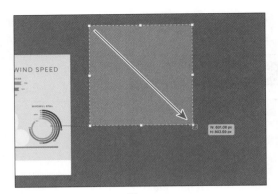

图5-3   图5-4

6 在右侧的"属性"面板中，选择"宽"并输入"800 px"，选择"高"并输入"850 px"，按回车键确认输入的值，如图 5-5 所示。

7 在"属性"面板的"画板"部分，将名称更改为"Back"。按回车键确认更改，如图 5-6 所示。

图5-5   图5-6

接下来创建另一个大小相同的画板。

8 单击右侧"属性"面板中的"新建画板"按钮，在所选画板（Back）右侧创建一个与其大小相同的新画板，如图 5-7 所示。

图5-7

9 在"属性"面板中，将新建画板的名称更改为"Front"，如图 5-8 所示。

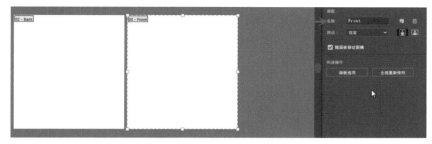

图5-8

在"画板编辑模式"下编辑画板时，您可以在画板的左上角看到每个画板的名称。

5.2.2 编辑画板

创建画板后，可以使用"画板工具" ⻌、菜单命令、"属性"面板或"画板"面板对其进行编辑或删除。接下来，您将调整一个画板的位置和大小。

1 选择"视图">"全部适合窗口大小"，查看您所有的画板。

2 按"option + –"（macOS）或"Ctrl + –"（Windows）组合键两次，缩小画板。

3 仍处于"画板编辑模式"下，选中工具栏中的"画板工具" ⻌，按住鼠标左键将名为"Front"的画板拖动到原始画板的左侧，如图 5-9 所示。不要担心它的确切位置，但要确保它没有被任何图稿覆盖。

在"画板编辑模式"下的右侧"属性"面板上，您将看到许多用于编辑所选画板的选项，如图 5-10 所示。当选中一个画板后，"预设"菜单允许您将画板更改为预设的大小。"预设"菜单中的大小包括典型的打印、视频、平板电脑和 Web 大小。您还可以切换画板方向、重命名或删除画板。

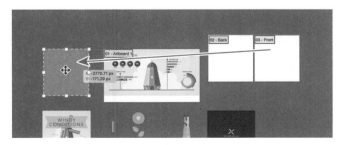

图5-9

图5-10

4 单击位于中心的较大的原始画板，然后选择"视图">"画板适合窗口大小"，让画板适应文档窗口大小。

"视图">"画板适合窗口大小"等命令通常用于所选画板或当前画板。

5 按住鼠标左键向上拖动画板下边缘的中间控点，调整画板大小。当控点与蓝色形状的底部对齐时，松开鼠标左键，如图 5-11 所示。

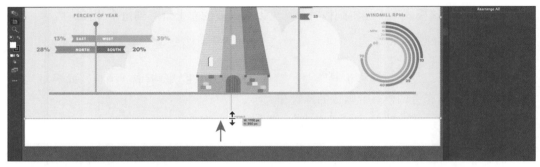

图5-11

6 单击"属性"面板顶部的"退出"按钮，退出"画板编辑模式"，如图 5-12 所示。

退出"画板编辑模式"将取消选中所有画板，并选中左侧的工具栏中的"选择工具" ▶。

图5-12

7 选择"视图">"全部适合窗口大小"，将所有画板适应文档窗口大小。

5.2.3 对齐画板

您可以移动和对齐画板，组织管理文档中的画板（可能是为了将相似的画板放在一起）以适合您的工作风格。接下来，您将选中所有画板并使它们对齐。

1 在左侧的工具栏中选中"画板工具"⤋。

这是进入"画板编辑模式"的另一种方式，在某图稿被选中时非常有用。因为在图稿被选中时，您无法在"属性"面板中看到"编辑画板"按钮。

2 单击最左边的画板"03-Front"来选中它。按住 Shift 键，单击右侧的另外两个画板，每次单击一个，选中这 3 个画板，如图 5-13 所示。

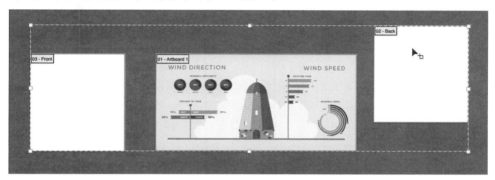

图5-13

> **Ai** | **提示**　选中"画板工具"⤋后，您可以按 Shift 键并按住鼠标左键拖框选中一系列画板。

选中"画板工具"⤋时，Shift 键允许您将其他画板添加到所选内容中，而不是绘制一个新画板。

3 单击右侧"属性"面板中的"垂直居中对齐"按钮▦，使 3 个画板彼此对齐，如图 5-14 所示。将画板保持为选中状态。

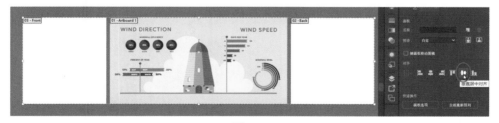

图5-14

5.2.4 重命名画板

默认情况下，画板会被指定一个编号和名称。对画板命名有助于在文档的画板之间导航。接下来，您将重命名画板，让这些名称更有意义。

1 在"画板编辑模式"下，单击选中中间（最大的）画板。

2 单击"属性"面板中的"画板选项"按钮，如图 5-15 所示。

3 在"画板选项"对话框中，将名称更改为"Inside"，然后单击"确定"按钮，如图 5-16 所示。

"画板选项"对话框为画板提供了许多额外的选项，以及一些您已经看到的选项，比如宽度和高度。

4 选择"窗口">"画板"，打开"画板"面板，如图 5-17 所示。

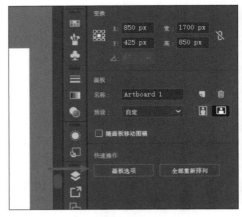

图5-15

"画板"面板允许您查看文档中所有画板的列表。您可以重新排序、重命名、添加和删除画板，还可以在其中选择许多其他与画板相关的选项，而无须处于"画板编辑模式"。

5 选择"文件">"存储"，并保留"画板"面板，以便接下来的操作。

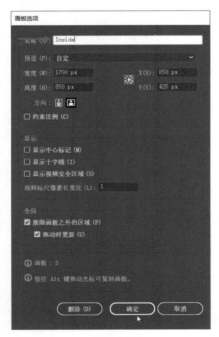

图5-16

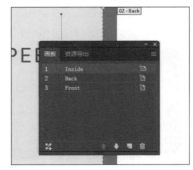

图5-17

5.2.5 调整画板的排列顺序

在选中"选择工具" ▶ 但未选中任何内容，且未处于"画板编辑模式"时，您可以使用"属性"面板中的"下一项"按钮▶和"上一项"按钮◀,在文档中的画板之间导航切换,您也可以从文档窗口左下角进行类似的操作。默认情况下,画板的排列顺序与其创建顺序相同,但您也可以更改该顺序。

接下来,您将对"画板"面板中的画板进行重新排序,以便您在使用"下一项"按钮▶或"上一项"按钮◀时,按您确定的画板顺序导航。

1 打开"画板"面板后,双击名称"Back"左侧的数字"2",然后双击"画板"面板中名称为"Inside"左侧的数字"1",如图 5-18 所示。

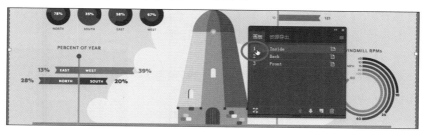

图5-18

双击"画板"面板中未选中的画板名称左侧的编号,可使该画板成为当前画板,并使其大小适合文档窗口。

2 按住鼠标左键向上拖动名为"Front"画板,直到在名为"Inside"的画板上方出现一条直线,松开鼠标左键,如图 5-19 所示。

这会使"Front"画板成为列表中的第一个画板。

> **Ai** 提示 您还可以通过在"画板"面板中选中画板,并单击面板底部的"上移"按钮↑或"下移"按钮↓来调整画板排序。

> **Ai** 提示 在"画板"面板中,每个画板名称右侧会显示"画板选项"图标。它不仅允许访问每个画板的画板选项,还表示此画板的方向(垂直或水平)。

3 如有必要,选择"视图">"画板适合窗口大小",将"Front"画板适合文档窗口大小。

4 单击"属性"面板中的"退出"按钮,退出"画板编辑模式"。

5 单击"属性"面板中的"下一项"按钮▶,如图 5-20 所示。

图5-19

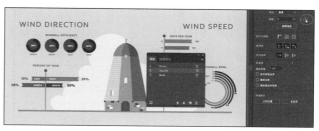

图5-20

这将使得面板列表中下一个画板（名为"Inside"）适合文档窗口大小。如果您没有更改"画板"面板中的画板顺序，则"下一项"按钮 将是灰色的（您无法选择它），因为"Front"画板是"画板"面板列表中最后一个画板。

6 单击"画板"面板组右上角的"×"将其关闭。

现在，画板已设置好，您将重点学习如何变换图稿来为您的项目创建内容。

重新排列画板

在"画板编辑模式"下（在工具栏中选中"画板工具" ），可以单击"属性"面板中的"全部重新排列"按钮，打开"重新排列所有画板"对话框。

在"重新排列所有画板"对话框中，可以调整画板的列数和每个画板之间的间距。

例如，如果您有一个包含6个画板的文档，将"列数"设置为"2"，则画板将排列成两行（或两列）的形式，即每行3个画板，如图5-21所示。

您还可以单击"画板"面板（"窗口">"画板"）底部的"重新排列所有画板"按钮，或选择"对象">"画板">"重新排列所有画板"。

图5-21

5.3 使用标尺和参考线

设置好画板后，接下来您将学习如何使用标尺和参考线来对齐和测量内容。标尺有助于精确地放置和测量对象及其距离。标尺显示在文档窗口的上边缘和左边缘，您可以选择显示或隐藏它。Illustrator 中有两种类型的标尺：画板标尺和全局标尺。每个标尺（水平和垂直）上 0 刻度点称为标尺原点。画板标尺将标尺原点设置为活动画板的左上角。不论哪个画板处于活动状态，全局标尺都将标尺原点设置为第一个画板（即"画板"面板中顶端的画板）的左上角。默认情况下，标尺设置为画板标尺，这意味着原点位于当前画板的左上角。

 注意 您可以通过选择"视图">"标尺"，然后选择"更改为全局标尺"或"更改为画板标尺"（具体取决于当前选择的选项）在画板标尺和全局标尺之间切换，当然现在不需要这样做。

5.3.1 创建参考线

参考线是用标尺创建的非打印线，有助于对齐对象。

接下来，您将创建一些参考线，以便稍后可以更精确地对齐画板上的内容。

1 选择"视图">"全部适合窗口大小"。

2 在未选中任何内容和选中"选择工具" ▶ 的情况下，单击右侧"属性"面板中的"单击可显示标尺"按钮■，显示页面标尺，如图 5-22 所示。

Ai | **提示** *您也可以选择"视图">"标尺">"显示标尺"。*

---

3 单击每个画板，同时观察水平标尺和垂直标尺（沿文档窗口的上边缘和左边缘）的变化。请注意，对于每个标尺，0 刻度点总是位于活动画板（您单击的最后一个画板）的左上角。每个标尺（水平和垂直）上出现的 0 刻度点称为标尺原点。默认情况下，标尺原点位于活动画板的左上角。正如您所看到的，两个标尺上的 0 刻度点对应活动画板的边缘，如图 5-23 所示。

图5-22

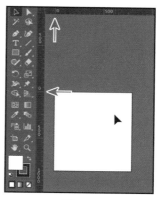

图5-23

4 选中"选择工具" ▶，单击最左侧名为"Front"的画板。

请注意"Front"画板周围的细微黑色轮廓，以及"画板导航"菜单（位于文档窗口下方）和文档右侧"属性"面板的"文档"部分中显示的"1"，所有这些都表示"Front"画板是正在使用的画板。一次只能有一个活动画板。"视图">"画板适合窗口大小"等命令可以用于活动画板。

5 选择"视图">"画板适合窗口大小"。

这个步骤将使活动画板适合窗口大小，并使标尺原点（0，0）位于该画板的左上角。接下来，您将在活动画板上创建一条参考线。

6 按住鼠标左键将上边缘标尺向下拖动到画板中。当参考线到达标尺上 600 像素处时，松开鼠标左键，如图 5-24 所示。不用担心，参考线正好是 600 像素，因为本文档的单位设置为"像素"。

Ai | **提示** *按住 Shift 键并按住鼠标左键拖动标尺，会将参考线与标尺上的刻度值对齐。*

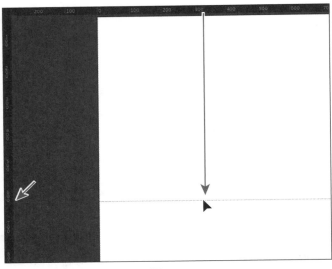

图5-24

Ai | **提示** 您可以双击水平标尺或垂直标尺，添加新的参考线。

创建了参考线后，会选中此参考线；当您移开鼠标指针时，参考线的颜色将和相关图层的颜色一致（本例中为深蓝色）。

7 在仍选中该参考线的情况下（在本例中，如果选中它，将显示为蓝色），将"属性"面板中的"Y"值更改为"600 px"，如图 5-25 所示。然后按回车键确认更改。

8 在参考线外单击以取消选中参考线。

9 单击"属性"面板中的"单位"菜单，然后选择"英寸"以更改整个文档的单位。现在，您可以看到标尺上的"单位"显示为英寸而不是像素，如图 5-26 所示。

图5-25

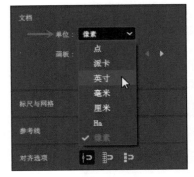

图5-26

10 选择"文件">"存储"。

5.3.2 编辑标尺原点

在水平标尺上，0 刻度点右侧的测量值为正数，左侧的测量值为负数。在垂直标尺上，0 刻度点往下的测量值为正数，0 刻度点往上的测量值为负数。您可以移动标尺原点，在另一个位置开始水平和垂直测量，这是您接下来要做的。

1 选择"视图">"缩小"。

2 从文档窗口的左上角标尺相交处▓按住鼠标左键拖到"Front"画板的左下角，如图 5-27 所示。这会将标尺原点（0，0）设置为画板的左下角。换句话说，现在标尺原点在"Front"画板的左下角。

3 选中"选择工具"▶后，将鼠标指针移到参考线上，然后单击将其选中。

4 在右侧的"属性"面板查看"Y"值。现在，因为移动了标尺原点（0，0），所以"Y"值显示的是参考线与画板底部的垂直距离。将"Y"值更改为"–1.75 in（–44.45 mm）"，如图 5-28 所示。然后按回车键确认更改。

图5-27

图5-28

5 移动鼠标指针到文档窗口左上角标尺相交处▓，然后双击将标尺原点重置为画板左上角，如图 5-29 所示。

6 选择"选择">"取消选择"，取消选中参考线。

7 单击"属性"面板中的"锁定参考线"按钮▓，锁定所有参考线以防止选中它们，如图 5-30 所示。

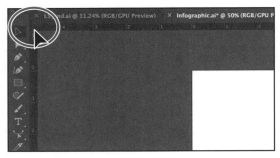

图5-29   图5-30

Ai | 提示 您也可以通过选择"视图">"参考线">"锁定参考线"来锁定参考线。
您可以单击"属性"面板中的"隐藏参考线"按钮,或按"command＋;"(macOS)
或"Ctrl＋;"(Windows)组合键来隐藏和显示参考线。

5.4 变换内容

第4课介绍了如何选择简单的路径和形状,并通过编辑和合并这些内容来创建更复杂的图稿,
这其实是一种变换图稿的方式。在本节中,您将学习如何使用其他多种工具和方法来缩放、旋转
和变换内容。

5.4.1 使用定界框

在 Illustrator 中,所选内容周围会出现一个定界框。您既可以使用定界框来变换内容,也可
以将其关闭。关闭后,您就无法通过使用"选择工具"▶拖动定界框的任意位置来调整内容的
大小。

1 在显示"Front"画板的情况下,选择"视图">"缩小",直到看到画板下方包含文本标题
"WINDY CONDITIONS"的图稿组为止。

2 选中"选择工具"▶后,单击选中此组。将鼠标指针移动到所
选组的左上角,如图 5-31 所示。如果现在按住鼠标左键进行
拖动,将调整内容的大小。

3 选择"视图">"隐藏定界框"。
此命令隐藏了组周围的定界框,并使您无法通过使用"选择工
具"▶拖动定界框上的任何位置来调整此组的大小。

4 再次将鼠标指针移动到此组的左上角,然后按住鼠标左键将其
拖到"Front"画板的左上角,如图 5-32 所示。您会发现,缩
小状态下会增加精确放置的难度。

图5-31

5 选择"视图">"显示定界框"。

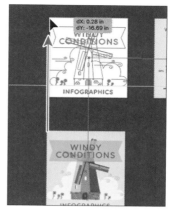

图5-32

5.4.2 使用属性面板放置图稿

有时，您需要相对其他对象或画板精确地放置对象，那么，如第2课所述，您可以使用"对齐"选项。但也可以使用"智能参考线"和"属性"面板中的"变换"选项，将对象精确地移动到画板的 X 轴和 Y 轴上的特定坐标处，还可以控制对象相对于画板边缘的位置。接下来，您将向画板的背景添加内容，并精确定位该内容。

1 选择"视图">"全部适合窗口大小"，以查看所有画板。

2 在最右边的空白画板中单击，使其成为活动画板。您即将学习"变换"命令并应用于该活动画板。

3 单击选中画板下方带有"WINDMILL"徽标的蓝色形状。在"属性"面板的"变换"部分中，单击参考点定位器左上角的点📇，将"X"值和"Y"值更改为"0"，如图5-33所示。然后按回车键确定。

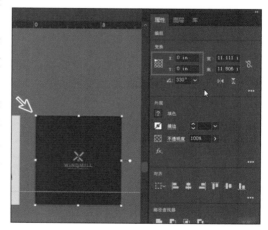

该组内容会移动到活动画板的左上角。参考点定位器中的点对应于所选内容的定界框的点。例如，左上角的参考点指向定界框的左上角的点。

图5-33

 提示　您还可以使用"对齐"选项将内容对齐到画板。您会发现在 Illustrator 中有多种方法来完成大多数任务。

4 选择"选择">"取消选择"，然后选择"文件">"存储"。

5.4.3　缩放对象

到目前为止，您都在使用"选择工具" ▶来缩放大多数图稿内容。在本小节中，您将使用其他几种方法来缩放图稿。

1　如有必要，按"command＋－"（macOS）或"Ctrl＋－"（Windows）组合键（或选择"视图"＞"缩小"）缩小图稿视图，查看画板底部边缘穿雨衣的人。

2　选中"选择工具" ▶后，单击穿黄色雨衣的人的图稿，如图 5-34 所示。

3　按"command＋＋"（macOS）或"Ctrl＋＋"（Windows）组合键几次，将图稿放大。

4　在"属性"面板中，单击参考点定位器的中心参考点▦（如果未选中的话），从中心点调整形状的大小。接着单击"保持宽度和高度比例"按钮❽，在"宽度"字段中键入"30%"，如图 5-35 所示。然后按回车键以缩小图稿。

 提示 我们通过键入值来变换内容时，可以键入不同的单位，如百分比（%）或像素（px），且它们会转换为默认单位，在本例中单位为英寸（in）。

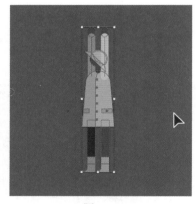

图5-34

图5-35

5　选择"视图"＞"隐藏边缘"，以隐藏内部边缘。

请注意，图稿变小了，但人的胳膊仍然是原来宽度，如图 5-36 所示。这是因为构成胳膊的是一个应用了描边的路径。默认情况下，描边和效果（如投影）不会随对象一起缩放。例如，如果您放大一个描边为 1 pt 的圆，那么"描边粗细"仍然是 1 pt。在缩放之前选中图 5-37 中箭头所指的"缩放描边和效果"复选框，然后缩放对象，则 1 pt 描边将根据应用于对象的缩放量进行缩放（更改）。

 注意 图 5-37 仅显示选中"缩放描边和效果"选项。

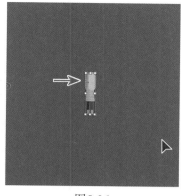

图5-36

图5-37

6 选择"视图">"显示边缘",再次显示内部边缘。

7 选择"编辑">"还原缩放"。

8 在"属性"面板中,单击"变换"部分中的"更多选项"按钮 ▪▪▪ 以查看更多选项。选中 "缩放描边和效果"复选框。在"宽度"字段中键入"30%",然后按回车键缩小图稿。 现在,应用于构成胳膊的路径的描边也会随之缩小。

9 按空格键临时切换到"抓手工具" ✋,然后按住鼠标左键向右拖动,查看人左侧的花。

10 选中"选择工具" ▶ 后,单击选中花卉图稿。

11 单击并长按工具栏中的"旋转工具" ↻,以选中"比例缩放工具" ⊡。 "比例缩放工具" ⊡ 通过拖动来缩放内容。对于很多变换工具(如"比例缩放工具" ⊡), 您还可以双击该工具后,在其弹出的对话框中编辑所选内容。这效果等同于选择"对象"> "变换">"缩放"。

Ai | **注意** 您可能会在工具栏中看到"整形工具" ⅄,而不是"旋转工具" ↻。如果 是这种情况,请长按"整形工具" ⅄ 以选中"比例缩放工具" 🔍。

---

12 双击工具栏中的"比例缩放工具" ⊡。在"比例缩放"对话框中,将"等比"更改为 "20%",然后选中"比例缩放描边和效果"复选框(若未选中的话)。先选中"预览"复 选框再取消选中,以查看大小变化,单击"确定"按钮,如图 5-38 所示。

Ai | **提示** 您还可以选择"对象">"变换">"缩放"以访问"缩放"对话框。

如果有大量重叠的图稿,或者当精度很重要时,或者当您需要不等比地缩放内容时,这种 缩放图稿的方法可能会很有用。

13 选中"选择工具" ▶,然后按住鼠标左键将花朵向上拖动到画板上,放在风车和其他图稿 底部的灰线上方,如图 5-39 所示。此时,您可能需要将"花朵"缩小。

14 选择"视图">"画板适合窗口大小"。

图5-38

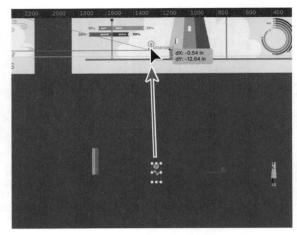

图5-39

15 按住 option 键（macOS）或 Alt 键（Windows），然后按住鼠标左键向右拖动花朵，如图 5-40 所示。松开鼠标左键和 option 键或 Alt 键，完成对花朵的复制。执行几次此操作，在画板上沿灰线放置花朵副本。

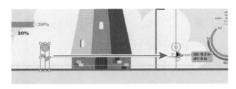

图5-40

5.4.4 创建对象的镜像

创建对象的镜像时，Illustrator 会基于一条不可见的垂直轴或水平轴翻转该对象。与缩放和旋转类似，在创建对象的镜像时，既可以指定镜像参考点，也可以使用默认的对象中心点。

Ai | **提示** 您还可以选择"对象" > "变换" > "对称"以访问"镜像"对话框。

接下来，您将复制图稿并使用"镜像工具" ▷◁沿垂直轴翻转图稿。

1 选择"视图" > "全部适合窗口大小"。

2 在工具栏中选中"缩放工具" 🔍，然后按住鼠标左键在画板下方的卷曲绿色形状上从左到右拖动，进行放大。

3 选中"选择工具" ▶，然后单击选中卷曲的绿色形状，如图 5-41 所示。

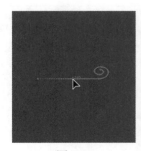

图5-41

4 选择"编辑">"复制"，然后选择"编辑">"就地粘贴"，在所选形状的顶部创建副本。

5 在工具栏中选中"镜像工具" ▷◁，该工具嵌套在"比例缩放工具" ⬚中。单击路径的直线部分可设置形状的镜像参考轴，而不使用默认的中心轴。

6 在仍选中图稿的情况下，将鼠标指针移出其右边缘，然后按住鼠标左键顺时针拖动。拖动时，按住 Shift 键可在创建镜像时将每次旋转角度限制为 45°。当图稿看起来和图 5-42 所示的一致时，松开鼠标左键然后松开 Shift 键。

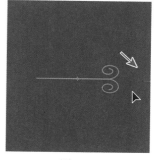

图5-42

7 在工具栏中选中"选择工具" ▶，在仍选中形状的情况下，单击"属性"面板的"变换"区域中的"更多选项" ⋯，确保未选中"缩放描边和效果"复选框，如图 5-43 所示。

8 按住鼠标左键并拖动定界框的右下角，使形状变大，如图 5-44 所示。

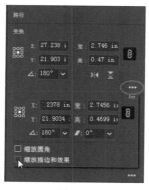

图5-43

图5-44

9 拖框选中两个卷曲形状，然后选择"对象">"编组"，使它们编为一组。

10 选择"视图">"全部适合窗口大小"。

11 按住鼠标左键将该组拖到中间的画板上，如图 5-45 所示。

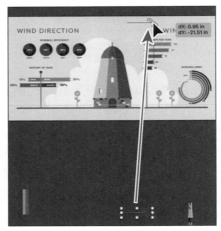

图5-45

12 按住 option 键（macOS）或 Alt 键（Windows），然后按住鼠标左键将此组拖到画板的另一个区域。松开鼠标左键，然后松开 option 键或 Alt 键，创建一个副本。可以多执行几次此操作，在画板周围放置副本。

5.4.5　旋转对象

旋转图稿的方法有很多，从精确角度旋转到自由旋转，不一而足。在前面的课程中，您已经了解到可以使用"选择工具"▶旋转所选内容。默认情况下，Illustrator 会围绕内容中心的指定参考点旋转对象。在本小节中，您将学习"旋转工具"🔄和"旋转"命令。

1 选择"视图">"全部适合窗口大小"。

2 选中"选择工具"▶，单击选中穿黄色雨衣的人的图稿。按"command + +"（macOS）或"Ctrl + +（Windows）"组合键几次，将其放大。

3 将鼠标指针放到定界框的一个角点外，当出现旋转箭头↰时，按住鼠标左键并逆时针拖动定界框进行旋转。拖动时，按住 Shift 键将每次旋转角度限制为 45°。当鼠标指针旁边的测量标签中显示 90° 时，松开鼠标左键，然后松开 Shift 键，如图 5-46 所示。

默认情况下，"选择工具"▶围绕中心旋转内容。接下来，您将使用"旋转工具"🔄，该工具将允许您围绕不同的点旋转内容。

4 按空格键切换到"抓手工具"✋，然后按住鼠标左键向右拖动，以查看最左侧的形状组，如图 5-47 所示。

5 选中"选择工具"▶后，单击选中此组。

6 在工具栏中选中"旋转工具"🔄（位于"镜像工

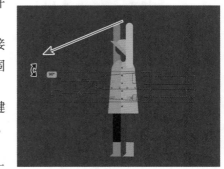

图5-46

具"⯈组里）。将鼠标指针移动到所选图稿的底部边缘，单击设置旋转参考点，如图5-47所示。

7 将鼠标指针移出所选图稿的右边缘，然后按住鼠标左键开始顺时针拖动。拖动时，按住"option + shift"（macOS）或"Alt + Shift"（Windows）组合键，可在旋转图稿的同时复制图稿，并将每次旋转角度限制为45°。当您看到测量标签中显示 –90° 时，松开鼠标左键，然后松开"option+shift"或"Alt+Shift"组合键，如图5-48所示。

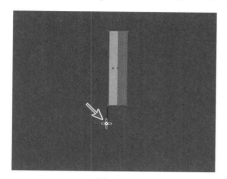
图5-47

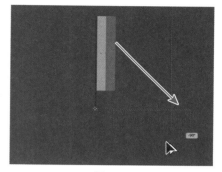
图5-48

Ai | **注意** 您看到的测量标签可能与图 5-48 有所不同，这是正常的。

使用"属性"面板（或"控制"面板，或"变换"面板）也可精确旋转图稿。在"变换"面板中，始终可以看到每个对象的旋转角度，并可在稍后进行更改。

8 选择"对象">"变换">"再次变换"两次，对所选形状重复应用之前的变换。

9 选中"选择工具" ▶，拖框选中 4 个形状组。

10 单击"属性"面板中的"编组"按钮，将它们编组在一起。

11 在仍选中此组的情况下，双击工具栏中的"旋转工具" ↻。在弹出的"旋转"对话框中，将"角度"值更改为"45°"，然后单击"确定"按钮，如图5-49所示。

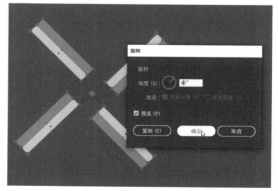
图5-49

Ai | **提示** 使用各种方法（包括旋转）变换内容后，您可能会注意到定界框也旋转了。您可以选择"对象">"变换">"重置定界框"来重置图稿的定界框。

12 选择"视图">"全部适合窗口大小"。

13 选中"选择工具" ▶ 后，按住鼠标左键将所选组向上拖动到风车图稿上，如图 5-50 所示。

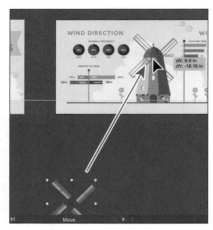

图5-50

5.4.6 使用效果来扭曲对象

您可以使用各种工具以不同的方式来扭曲对象的原始形状。现在，您将使用效果来扭曲部分花朵和其他图稿。这是不同类型的变换，因为它们是作为效果被应用的，这意味着您最终还可以编辑效果或在"外观"面板中删除效果。

> **Ai** | **注意** 若要了解有关效果的详细信息，请参阅第 12 课。

1 选中"选择工具" ▶ 后，单击选中其中一朵花。按"command + +"（macOS）或"Ctrl + +"（Windows）组合键几次，进行连续放大。

2 双击花朵组进入"隔离模式"，然后单击选中较大的橙色圆圈。

3 单击"属性"面板中的"选取效果"按钮 *fx*，如图 5-51 所示。

4 在弹出的菜单中选择"扭曲和变换"＞"收缩和膨胀"，如图 5-52 所示。

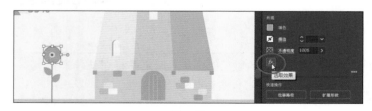

图5-51

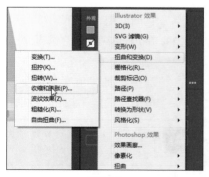

图5-52

5 在"收缩和膨胀"对话框中，选中"预览"复选框，然后按住鼠标左键向右拖动滑块，将值更改为"35%"，从而扭曲形状。单击"确定"按钮，如图 5-53 所示。

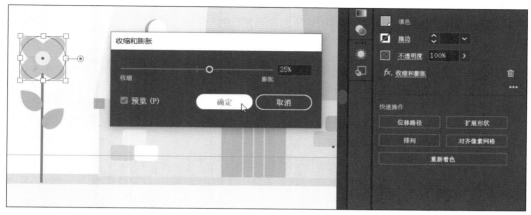

图5-53

应用于形状的效果是实时的，这意味着您可以随时编辑或删除它们。您可以在"外观"面板（"窗口">"外观"）中访问应用于所选图稿的效果。

6 按 Esc 键退出"隔离模式"。

7 按空格键切换到"抓手工具" ✋，然后按住鼠标左键向左拖动，查看"DAYS PER YEAR"旗帜。

8 选中"选择工具" ▶后，单击选中顶部旗帜形状，可能需要将其缩小。

9 单击"属性"面板中的"选取效果"按钮🔧，然后选择"扭曲和变换">"扭转"。

10 在"扭转"对话框中，将"角度"值更改为"20°"，选中"预览"复选框，以便查看效果，如图 5-54 所示。然后单击"确定"按钮。

11 单击所选旗帜下方的横幅，然后按住 Shift 键，单击剩余的 3 个横幅形状，每次 1 个，将它们全部选中。

12 选择"效果">"应用'扭转'"，如图 5-55 所示。

选择"应用'扭转'"将应用上一次应用过的效果，并具有相同的选项参数。如果选择"效果">"扭转"，也将应用上一次的应用效果，但会打开"扭转"对话框，此时可以设置选项参数。

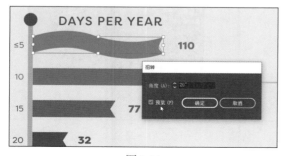

图5-54

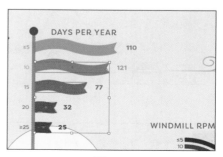

图5-55

5.4.7 使用自由变换工具进行变换

"自由变换工具" 是一种多用途工具，允许您结合移动、缩放、倾斜、旋转和扭曲（透视扭曲或自由扭曲）等功能扭曲对象。"自由变换工具" 还支持触控功能，这意味着您可以在某些设备上使用触控控件来控制变换。

> **Ai** | **注意** 若要了解有关触控控件的详细信息，请在"Illustrator 帮助"（"帮助" > "Illustrator 帮助"）中搜索"触控工作区"。

1. 按住空格键切换到"抓手工具" ✋，然后按住鼠标左键在文档窗口中拖动，直到看到风车左侧的"PERCENT OF YEAR"文本。
2. 选中"选择工具" ▶后，单击选中标记为"EAST WEST"的形状，如图 5-56 所示。
3. 单击工具栏底部的"编辑工具栏"按钮 ***。在出现的菜单中滚动进度条，然后将"自由变换工具"拖到左侧的工具栏中，将其添加到工具列表中。将"操控变形工具" 📌拖动到"自由变换工具"上，将它们放在一组里，如图 5-57 所示。

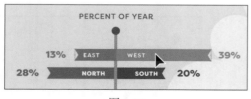

图5-56

图5-57

> **Ai** | **注意** 您可能需要按 Esc 键隐藏多余的工具菜单。

4 长按"操控变形工具" ✦，然后在工具栏中选中"自由变换工具" ▭。

选中"自由变换工具" ▭后，自由变换小部件将显示在文档窗口中。这个小部件是自由浮动的，可以放置在窗口其他位置，它包含用于更改"自由变换工具" ▭工作方式的选项，如图5-58所示。默认情况下，"自由变换工具" ▭允许您移动、倾斜、旋转和缩放对象。

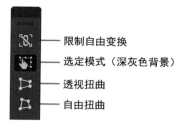

限制自由变换
选定模式（深灰色背景）
透视扭曲
自由扭曲

图5-58

我们通过选择其他选项（如"透视扭曲" ▭），可以更改"自由变换工具" ▭的工作方式。

Ai **注意** 若要了解有关"自由变换工具" ▭选项的详细信息，请在"Illustrator帮助"（"帮助">"Illustrator帮助"）中搜索"自由变换"。

5 选中"自由变换工具" ▭后，单击自由变换小部件中图5-59中的圆圈所示的"透视扭曲"选项▭。

6 选择"视图">"智能参考线"，暂时关闭智能参考线。
关闭"智能参考线"后，您可以调整图稿，而不会对齐到文档的其他任何内容。

7 将鼠标指针移动到定界框的右下角，指针的外观变为 ⌐，按住鼠标左键将右下角向下拖动一点，直到如图5-59所示。

8 按住command键（macOS）或Ctrl键（Windows）临时切换到"选择工具" ▶，然后单击选中标记为"NORTH SOUTH"的形状。松开command键或Ctrl键，返回到"自由变换工具" ▭。

9 在自由变换小部件中仍选择"透视扭曲"选项▭，按住鼠标左键稍微向下拖动所选形状的左下角，直到它如图5-60所示。保持选中该组。

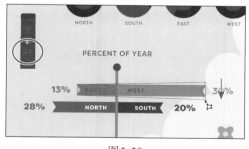

图5-59

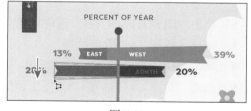

图5-60

10 选择"视图">"智能参考线"，启用智能参考线。

11 选择"文件">"存储"。

5.4.8 倾斜对象

"倾斜工具" ⬚可使对象的侧边沿指定的轴倾斜，在保持其对边平行的情况下使对象不再对称。

接下来，您将倾斜所选标志图稿。

1. 仍选中标记为"NORTH SOUTH"的组，选中工具栏中嵌套在"旋转工具" ⟳ 中的"倾斜工具" ➦。

2. 将鼠标指针移到此组的右边缘外，按住 Shift 键将图稿限制为其原始宽度，然后按住鼠标左键向上拖动。当您看到倾斜角度（S）大约为"–20°"时，松开鼠标左键和 Shift 键，如图 5-61 所示。

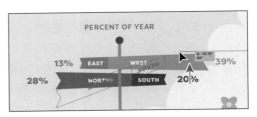

图5-61

 提示 您可以在一个步骤中设置参考点、倾斜，甚至复制。选中"倾斜工具" ➦ 后，按住 option 键（macOS）或 Alt 键（Windows），单击设置参考点，打开"倾斜"对话框，您可以在其中设置选项，甚至在必要时进行复制。

3. 按住 command 键（macOS）或 Ctrl 键（Windows）临时切换到"选择工具" ▶。单击选中标记为"EAST WEST"的形状，松开 command 键或 Ctrl 键返回到"倾斜工具" ➦。

4. 按住 Shift 键将图稿限制为其原始宽度，鼠标指针移到此组的右边缘外，然后按住鼠标左键向下拖动。当您看到倾斜角度（S）大约为"–160°"时，松开鼠标左键和 Shift 键，如图 5-62 所示。

5. 选中"选择工具" ▶，按住鼠标左键拖动"NORTH SOUTH"组，然后拖动"EAST WEST"组，使它们与旗杆对齐，如图 5-63 所示。

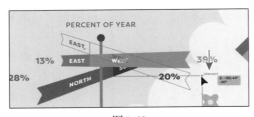

图5-62

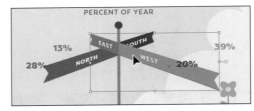

图5-63

6. 单击"NORTH SOUTH"组将其选中。单击右侧"属性"面板中的"取消编组"按钮。

7. 选择"选择">"取消选择"。

8. 单击"NORTH"文本，选中该组。

9. 选择"对象">"排列">"置于顶层"，如图 5-64 所示。

10. 将百分数（%）拖到标志的末端，把花朵也移到右边，如图 5-65 所示。

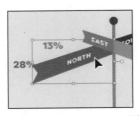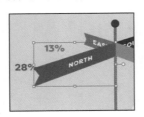

图5-64

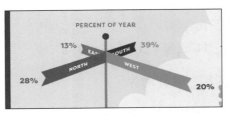

图5-65

11 选择"视图">"全部适合窗口大小",然后选择"文件">"存储"。

5.4.9 使用操控变形工具

在 Illustrator 中,您可以使用"操控变形工具" 📌轻松地将图稿扭转和扭曲到不同的位置。在本小节中,您将使用"操控变形工具" 📌扭曲穿着黄色雨衣的人的图稿。

1 选中"选择工具"▶后,按住鼠标左键将穿着黄色雨衣的人的图稿拖到上方的画板上,如图 5-66 所示。

确保人的双手正好放在旗杆上。这样做的目的是让这个人在风把他或她吹向右侧的时候,看起来就像紧紧握着"DAYS PER YEAR"旗杆。

 注意 很难在图中看到人物拖动的准确位置。如果您查看下一页上的图,可能会更好地了解我所说的"确保人的双手正好放在旗杆上"是什么意思。

---

2 按"command + +"(macOS)或"Ctrl + +"(Windows)组合键几次,进行放大。

3 单击并长按工具栏中的"自由变换工具" ⤢,然后选中"操控变形工具" 📌,如图 5-67 所示。

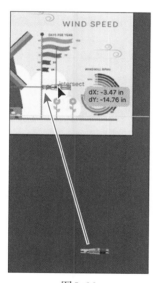

图5-66

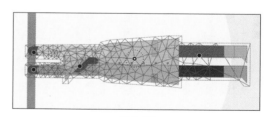

图5-67

Illustrator 默认会确定变换图稿的最佳区域,并自动将变换针脚添加到图稿中。变换针脚用于将所选图稿的一部分固定在画板上,您可以添加或删除变换针脚来变换对象。您可以围绕变换针脚来旋转图稿,或者重新放置变换针脚以移动图稿等。

 注意 Illustrator 默认添加到图稿中的变换针脚可能与您在图 5-67 中看到的不一样。如果是这样,请注意文中的标注。

---

4 将鼠标指针沿着人手臂移动，大概到肘部的位置悬停，当鼠标指针旁边出现加号（+）时，单击以添加变换针脚，如图 5-68 所示。

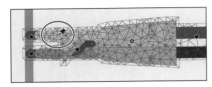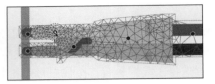

图5-68

5 在右侧的"属性"面板中，会看到"操控变形"选项。取消选中"显示网格"复选框。这样会更容易看到变换针脚，并更清楚地看到您所做的任何变换，如图 5-69 所示。

图5-69

6 单击手上的变换针脚，将其选中。如果选中一个变换针脚的话，它的中心会出现一个白点。按住鼠标左键向上拖动所选变换针脚，这将移动选中的手而不改变图稿其余部分的位置，如图 5-70 所示。

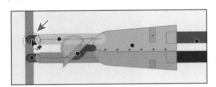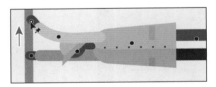

图5-70

> **Ai** **注意** 如果您在手上没有看到变换针脚，您可以单击添加一个。如果您刚刚添加的变换针脚与以前添加的变换针脚之间还有一个变换针脚，请单击选中它，然后按 Delete 键或 Backspace 键将其删除。

您设置在肘部附近远离手臂的变换针脚是一个支点，身体的其他默认变换针脚可以保持身体原地不动。图稿上至少确定三个变换针脚通常会取得更好的变换效果。

7 在仍然选中手部变换针脚的情况下，将鼠标指针移动到变换指针的虚线圆圈上，按住鼠标左键并逆时针拖动一点，使手围绕变换针脚旋转，如图 5-71 所示。

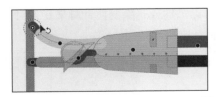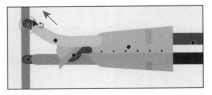

图5-71

8 单击默认添加到腿上的变换针脚，按 Backspace 或 Delete 键将其删除，如图 5-72 所示。

这是因为在这个位置的变换针脚不能很好地使腿弯曲，又不能在不影响图稿的情况下移动该变换针脚。

9 在双脚之间单击添加变换针脚，如图 5-73 所示。

10 按住鼠标左键将所选变换针脚向上拖动，如图 5-74 所示。

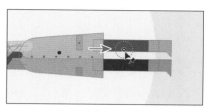

图5-72

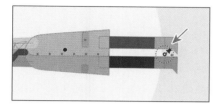

图5-73

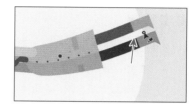

图5-74

11 将鼠标指针移到所选变换针脚的虚线圆圈上，按住鼠标左键并逆时针拖动一点，使双脚围绕变换针脚旋转，如图 5-75 所示。

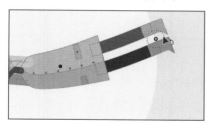
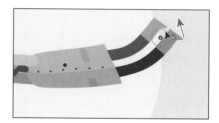

图5-75

12 选择"选择">"取消选择"，然后选择"视图">"全部适合窗口大小"，如图 5-76 所示。

图5-76

13 选择"文件">"存储"，然后选择"文件">"关闭"。

复习题

1 指出 3 种改变现有活动画板大小的方法。
2 什么是标尺原点？
3 画板标尺和全局标尺之间有什么区别？
4 简要描述"属性"面板或"变换"面板中的"缩放描边和效果"复选框的作用。
5 简要描述"操控变形工具" ⭐ 的作用。

参考答案

1 要更改现有画板的大小，可以执行以下操作。

- 双击"画板工具" ⅃，然后在"画板选项"对话框中编辑活动画板的尺寸。
- 在未选中任何内容且选中了"选择工具" ▶ 的情况下，单击"编辑画板"按钮进入"画板编辑模式"。选中"画板工具" ⅃ 后，将指针放在画板的边缘或边角，然后按住鼠标左键拖动以调整其大小。
- 在未选中任何内容且选中了"选择工具" ▶ 的情况下，单击"编辑画板"按钮进入"画板编辑模式"。选中"画板工具" ⅃ 后，在窗口中单击画板，然后在"属性"面板中更改尺寸。

2 标尺原点是每个标尺上出现 0 刻度的交点。默认情况下，标尺原点位于活动画板左上角的 0 刻度处。

3 Illustrator 中有两种类型的标尺：画板标尺和全局标尺。画板标尺是默认标尺，可将标尺原点设置在活动画板的左上角。而无论哪个画板处于活动状态，全局标尺都将标尺原点设置在第一个画板的左上角。

4 可以从"属性"面板或"变换"面板找到"缩放描边和效果"复选框，选中该复选框可在缩放对象时缩放任何描边和效果。可以根据当前需求选中或取消选中此复选框。

5 在 Illustrator 中，您可以使用"操控变形工具" ⭐ 轻松地扭转和扭曲图稿到不同的位置。

第6课 使用绘图工具创建插图

本课概览

在本课中，您将学习如何执行以下操作。

- 了解路径和锚点。
- 使用钢笔工具绘制曲线和直线。
- 编辑曲线和直线。
- 添加和删除锚点。
- 使用"曲率工具"进行绘制。
- 在平滑锚点和角部锚点之间转换。
- 创建虚线并添加箭头。
- 使用"铅笔工具"进行绘制和编辑。
- 使用"连接工具"。

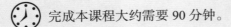 完成本课程大约需要 90 分钟。

　　在之前的课程中，您学习了创建形状。接下来，您将学习
如何使用"铅笔工具" ✏ 、"钢笔工具" ✒ 和"曲率工具" ✑
等绘图工具来创建图稿。无论您绘制的是直线、曲线还是复杂
形状，这些工具都为您提供了精确绘制的功能。您将从使用
"钢笔工具" ✒ 开始，并结合其他绘图工具来创建插图。

6.1 开始本课

在本课的第一部分中,您将进一步熟悉路径,并在大量练习后轻松使用"钢笔工具" 来绘制路径。

1 若要确保工具的功能和默认值完全如本课所述,请删除或停用(通过重命名)Adobe Illustrator CC 首选项文件。请参阅本书开头的"前言"部分中的"恢复默认设置"。

> **Ai** | **注意** 如果尚未将本课的项目文件从"账户"页面下载到计算机,请立即下载。请参阅本书开头的"前言"部分。

2 启动 Adobe Illustrator CC。
3 选择"文件">"打开",然后从您硬盘的"Lessons">"Lesson06"文件夹中打开"L6_practice.ai"文件,如图 6-1 所示。

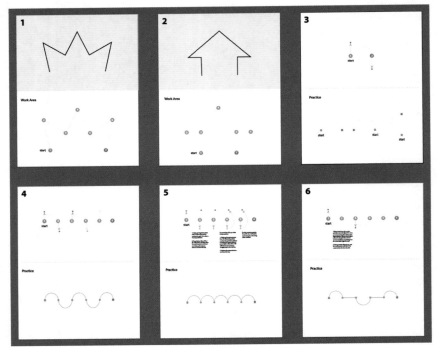

图6-1

该文件由 6 个画板组成,画板编号为 1 ~ 6。当您学习本课的第一部分内容时,您需要在这些画板之间切换。

4 选择"文件">"存储为"。在"存储为"对话框中,导航到"Lesson06"文件夹并打开它,将文件重命名为"PenPractice.ai"。从"格式"菜单中选择"Adobe Illustrator(ai)"(macOS)或从"保存类型"菜单中选择"Adobe Illustrator(*.AI)"(Windows),然后单击"保存"按钮。

5 在"Illustrator选项"对话框中，将Illustrator选项保持为默认设置，然后单击"确定"按钮。

6 选择"窗口" > "工作区" > "重置基本功能"。

 注意 如果在菜单中看不到"重置基本功能"，请在选择"窗口" > "工作区" > "重置基本功能"之前，先选择"窗口" > "工作区" > "基本功能"。

6.2 使用钢笔工具绘图

"钢笔工具" 🖊 是 Illustrator 中的主要绘图工具之一，用于创建自由形状或精确图稿，还可用于编辑现有的矢量图稿。了解"钢笔工具" 🖊 或"曲率工具" 🖊 的工作原理非常重要。请牢记：需要大量的练习，才能熟练使用"钢笔工具" 🖊！

在本节中，您将开始学习"钢笔工具" 🖊。在本课的后面部分，您将使用"钢笔工具" 🖊 以及其他工具和命令来创建图稿。

1 如果尚未选择的话，从文档窗口左下角的"画板导航"菜单中选择"1"。

2 选择"视图" > "画板适合窗口大小"。

3 在工具栏中选中"缩放工具" 🔍，然后在画板的下半部分单击，进行放大。

4 选择"视图" > "智能参考线"，关闭智能参考线。在绘制的时候智能参考线非常有用，但现在不需要它们。

5 在工具栏中选中"钢笔工具" 🖊。在文档右侧的"属性"面板中，单击"填色"框▮，确保选中了"色板"选项▦，并选择"[无]"☑。然后单击"描边"框▣，确保选择了"Black"色板。确保"属性"面板中的"描边粗细"为"1 pt"。

当您开始使用"钢笔工具" 🖊 绘图时，最好不要在您创建的路径上填色，因为填色会覆盖您尝试创建的路径的某些部分。如确有必要，您可以稍后添加填色。

6 将鼠标指针移动到画板上标有"Work Area（工作区）"的区域，并注意"钢笔工具"指针旁边的星号▮*，这表示如果开始绘图，将创建新路径。

 注意 如果您看到的是 × 而不是"钢笔工具"指针▮*，则"Caps Lock"键处于活动状态。"Caps Lock"键将"钢笔工具"指针▮*变为×以提高精度。开始绘图后，如果"Caps Lock"键处于活动状态，"钢笔工具"指针▮*会变为-¦-。

---

7 在标记为"Work Area"的区域中，单击标记为 1 且旁边有"start"的橙色点，设置第一个锚点，如图 6-2 所示。

8 将鼠标指针移开刚创建的点，无论将鼠标指针移动到何处，您都会看到一条连接第一个点和鼠标指针的直线，如图 6-3 所示。

这条线称为"钢笔工具预览线"或"Rubber Band（橡皮筋）"。稍后，当您创建曲线路径时，它会使曲线绘制变得更容易，因为它可以预览路径的外观。此外，还要注意，当鼠标指针旁边的星号消失时，表示您正在绘制路径。

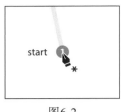
图6-2

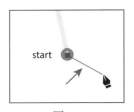
图6-3

9 将鼠标指针移动到标记为"2"的灰色点上,单击以创建另一个锚点,如图 6-4 所示。

您刚刚创建了一条路径。一条简单的路径由两个锚点和连接锚点的线段组成。您可以使用锚点来控制线段的方向、长度和曲度。

 注意　如果路径看起来是弯曲的,则表示您使用"钢笔工具" ✐ 时不小心进行了拖动。选择"编辑" > "还原钢笔",然后再次单击,且不进行拖动。

---

10 继续依次单击点 3 ~ 7,每次单击后创建一个锚点,如图 6-5 所示。

注意,只有最后一个锚点有颜色填充(其他锚点是空心的),这表示此时该锚点是被选中的。

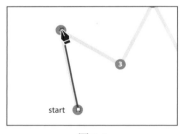
图6-4

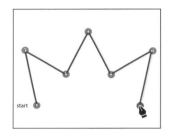
图6-5

 提示　您可以通过选择"Illustrator CC" > "首选项" > "选择和锚点显示"(macOS)或"编辑" > "首选项" > "选择和锚点显示"(Windows)打开"首选项"对话框,来切换"钢笔工具" ✐ 预览。在此对话框中,会显示"选择和锚点显示"各类选项,取消选中"为以下对象启用橡皮筋:钢笔工具"复选框。

---

11 选择"选择" > "取消选择"。

6.2.1　选择路径

在前面创建的锚点类型称为角部锚点。角部锚点不像曲线那样光滑;相反,它们会在锚点处创建一个角。现在您已经会创建角部锚点了,您还将学习创建平滑锚点在路径中生成曲线。但首先,您将学习一些选择路径的技巧。

在第 2 课中,向您介绍了使用"选择工具" ▶ 和"直接选择工具" ▷ 来选择内容。接下来,您将了解使用这两种选择工具选择图稿的其他技巧。

1 在工具栏中选中"选择工具" ▶ ,并将鼠标指针移动到刚创建路径中的一条直线上,如

图 6-6 所示。当"选择工具"指针显示为一个实心黑框▶时，单击路径。这将选中整个路径以及路径上的所有锚点。

提示　您还可以使用"选择工具"▶拖框选中路径。

2　将鼠标指针移动到路径中的一条直线上。当"选择工具"指针变为▶时，按住鼠标左键将路径拖动到画板的另一个任意新位置，然后松开鼠标。所有锚点会保持路径的形状一起移动，如图 6-7 所示。

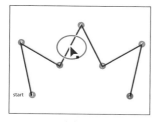

图6-6

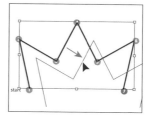

图6-7

3　选择"编辑">"还原移动"，可将路径返回其原始位置。

4　选中"选择工具"▶后，单击画板的空白区域取消选中路径。

5　在工具栏中选中"直接选择工具"▷。将鼠标指针移动到锚点之间的路径上。当指针变为▷时，单击路径，以显示所有锚点，如图 6-8 所示。

　　您刚刚选中了一条线段（路径），如果按下 Delete 键或 Backspace 键（不要这样做），则这两个锚点之间的路径将被删除。

注意　当您将鼠标指针移动到尚未选中的线段上时，"直接选择工具"指针旁边会出现一个黑色的实心正方形，表示您将选中该线段。

提示　如果您仍选择了"钢笔工具" ✐，则可以按住 command 键（macOS）或 Ctrl 键（Windows），并在画板空白区域单击来取消选中路径。这将临时选择"直接选择工具"▷。松开 Ctrl 键或 command 键时，将再次选择"钢笔工具" ✐。

6　将鼠标指针移动到标记为"4"的锚点上，此锚点会变得比其他锚点稍大一些，且将在指针旁边显示一个中心有点的小框▷，如图 6-9 所示。这两者都表明，如果单击，您将选中该锚点。单击选中锚点，并且选中的锚点会被填色（看起来是实心的），而其他锚点仍然是空心的（未选中）。

7　按住鼠标左键将所选锚点向上拖动一点，重新定位它，如图 6-10 所示。此锚点移动过程中，其他锚点保持静止。这是编辑路径的一种方法，如第 2 课所述。

8　在画板的空白区域单击，取消选中此锚点。

9　将"直接选择工具"▷移动到锚点 5 和锚点 6 之间的路径上。当指针变为▷时，单击选中此路径。选择"编辑">"剪切"，如图 6-11 所示。

这将删除锚点 5 和锚点 6 之间的所选线段。接下来，您将学习如何连接路径。

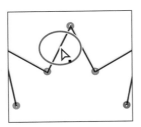

图6-8

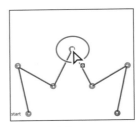

图6-9

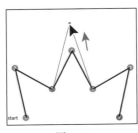

图6-10

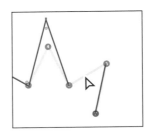

图6-11

Ai **注意** 如果整个路径消失请选择"编辑">"还原剪切"，然后请再次尝试选择线段。

---

10 选中"钢笔工具" ✐，并将指针移动到标记为"5"的蓝色锚点上。请注意，"钢笔工具"指针旁边显示了一个斜杠✎，如图 6-12 所示。这表示如果单击，将继续从该锚点绘制。单击该锚点。

11 将鼠标指针移动到另一个锚点（锚点 6），将连接到切断的线段。现在"钢笔工具"指针旁边会显示一个合并符号✎，如图 6-13 所示。这表示如果单击，则会连接到另一条路径。单击该锚点重新连接路径。

12 选择"文件">"存储"。

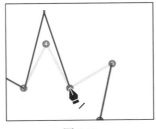

图6-12

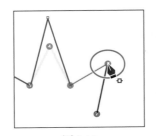

图6-13

6.2.2 使用钢笔工具绘制直线

在前面的课程中，您了解了使用形状工具创建形状时，结合使用 Shift 键和智能参考线均可约束对象的形状。Shift 键和智能参考线也可用于"钢笔工具" ✏️，可将创建直线路径时的角度约束为 45° 的整数倍。接下来，您将学习如何在绘制直线时约束角度。

1　从文档窗口左下角的"画板导航"菜单中选择"2"。

2　在工具栏中选中"缩放工具" 🔍，然后单击画板的下半部分进行放大。

3　选择"视图">"智能参考线"，打开智能参考线。

4　选中"钢笔工具" ✏️后，在标记为"Work Area"的区域中，单击标记为"1"且旁边标有"start"的点，以设置第一个锚点。

　　智能参考线很可能试图将您创建的锚点与画板上的其他内容对齐，这可能会使您很难准确地将锚点添加到所需位置。这是可以预期的行为，也是有时在绘图时关闭智能参考线的原因。

5　将鼠标指针从原始锚点移动到标记为"2"的点。当你看到指针旁边出现的灰色测量标签中显示约 1.5 in（12.7 mm）时，单击设置另一个锚点，如图 6-14 所示。

　　如之前的课程所述，测量标签和对齐参考线是智能参考线的一部分。有时在使用"钢笔工具" ✏️绘图时，显示距离的测量标签是很有用的。

6　选择"视图">"智能参考线"，关闭智能参考线。

　　关闭智能参考线后，您需要按住 Shift 键来对齐锚点，这是您接下来要执行的操作。

7　按住 Shift 键，然后单击标记为"3"的锚点，如图 6-15 所示。松开 Shift 键。

　　关闭智能参考线后，不再显示测量标签，并且因为您按住了 Shift 键，新建锚点仅与上一锚点对齐。

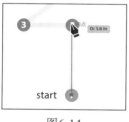

图6-14

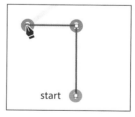

图6-15

Ai | **注意** 您所设置的锚点不一定要与画板顶部路径的位置完全相同。

8　单击设置锚点 4，然后再单击设置锚点 5，如图 6-16 所示。

　　如您所见，如果不按住 Shift 键，则可在任何位置设置锚点。路径的角度也不会约束为 45° 的整数倍。

9　按住 Shift 键，然后单击设置锚点 6 和锚点 7，松开 Shift 键如图 6-17 所示。

图6-16

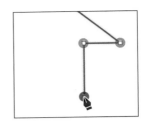

图6-17

10 选择"选择">"取消选择"。

6.2.3 曲线路径简介

在本课中，您将学习如何用"钢笔工具" ✏ 绘制曲线。在 Illustrator 等矢量绘图应用程序中，都可以绘制曲线，这种曲线被称为贝塞尔曲线。路径可以有两种锚点（见图 6-18）：角部锚点和平滑锚点。采用角部锚点，路径会突然改变方向。而采用平滑锚点，路径段会连接成一条连续曲线。通过设置锚点和拖动方向手柄，可以定义曲线的形状。这种带有方向手柄的锚点称为平滑锚点。

以贝塞尔曲线绘制曲线，您可以在创建路径时获得最大的控制性和灵活性。然而，掌握这项技术确实需要一些时间进行练习。这个练习的目的不是创建任何具体的内容，而是习惯创建贝塞尔曲线的感觉。接下来，您将学习如何创建一条曲线路径。

1 从文档窗口左下角的"画板导航"菜单中选择"3"。您将在标记为"Practice"的区域中绘制。

2 在工具栏中选中"缩放工具" 🔍，然后在画板的下半部分单击两次进行放大。

3 在工具栏中选中"钢笔工具" ✏。在"属性"面板中，确保填色为"[无]" ☑，描边颜色为"black"，"描边粗细"仍为"1 pt"。

4 选中"钢笔工具" ✏ 后，在画板的空白区域单击以创建起始锚点。将鼠标指针移开，如图 6-19 所示。

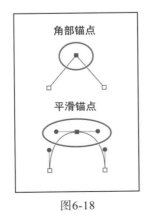

图6-18

图6-19

5 按住鼠标左键并拖动，创建一条曲线路径，如图 6-20 所示。松开鼠标左键。
当鼠标指针离开该锚点时，将显示方向手柄。方向手柄是两端带有圆形方向点的方向线，其角度和长度决定了曲线的形状和大小，并且不会被打印出来。

6 将指针拖离刚创建的锚点，以便查看橡皮筋，如图 6-21 所示。将鼠标指针移动一点，观察曲线是如何变化的。

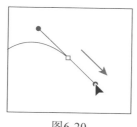

图6-20

图6-21

7 继续在不同区域中按住鼠标左键并拖动，创建一系列平滑锚点。

 注意 按住鼠标左键并拖动后，除非另有说明，否则完成拖动后都要松开鼠标左键。

8 选择"选择">"取消选择"。保持此文件为打开状态，以便 6.2.4 小节使用。

路径的组成部分

在绘图时，您创建了一条被称作路径的线条。路径由一条或多条直线段或曲线段组成，如图6-22所示。每条线段的起点和终点都有锚点，锚点的工作原理类似于固定电线的销钉。

路径可以是闭合的（例如圆形），也可以是开放并具有不同端点的（例如波浪线）。通过拖动路径的锚点、方向点（位于锚点上方向线末端）或路径段本身，可以改变路径的形状。

——来自"Illustrator帮助"

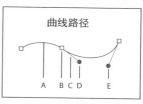

A. 线段
B. 锚点
C. 方向线
D. 方向点
E. 方向手柄
（方向线和方向点）

图6-22

6.2.4 用钢笔工具绘制曲线

本小节中，您将使用刚刚学习到的曲线绘制知识，使用"钢笔工具" ✏ 来描摹曲线。

1 按空格键临时切换到"抓手工具" ✋，按住鼠标左键并向下拖动，直到看到当前画板（画板 3）

顶部的曲线。

2　选中"钢笔工具" 后，在标记为"1"的点上按住鼠标左键并向上拖动到红色点位置，然后松开鼠标左键，如图 6-23 所示。

这将创建一条与路径（向上）方向大致相同的方向线。到目前为止，您只需要简单地单击（而不是拖动）即可创建一个锚点，从而开始路径的绘制，就像您在此步骤中所做的那样。要创建一条更"弯曲"的路径，需要在第一个锚点上拖出方向线。

> **注意** 拖动时，画板可能会随之滚动。如果您看不到曲线了，请选择"视图">"缩小"，直到再次看到曲线和锚点。按下空格键可使用"抓手工具" ✋ 重新定位图稿。

3　在点 2 上按住鼠标左键并向下拖动。当指针到达红色点时，松开鼠标左键。两个锚点之间会沿着灰色弧线创建一条路径，如图 6-24 所示。

如果您创建的路径与模板没有完全对齐，请选中"直接选择工具" ▷，每次选中一个锚点，以显示方向手柄。然后可以拖动方向手柄的两端（称为方向点），直到您的路径与图 6-24 完全一致为止。

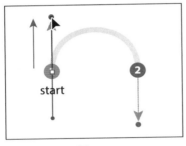

图6-23

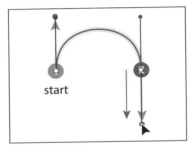

图6-24

> **注意** 拉长方向手柄会使曲线更陡峭，而缩短方向手柄则使曲线更平坦。

4　选中"选择工具" ▷，然后单击画板空白区域，或选择"选择">"取消选择"。

取消选择第一条路径允许您新建另一条路径。如果在仍选中路径的情况下，使用"钢笔工具" ✐ 单击画板上某处，则被选中的路径会连接到所绘制的下一个点。

> **提示** 在使用"钢笔工具" ✐ 绘制时，要取消选中对象，可以按 command 键（macOS）或 Ctrl 键（Windows）临时切换到"直接选择工具" ▷，然后单击画板空白处。结束路径的另一种方法是在完成绘图时按 Esc 键。

如果还想练习曲线绘制，可向下滚动到同一画板中的"Practice"区域，描摹不同的曲线。

6.2.5 使用钢笔工具绘制系列曲线

您已经尝试了绘制曲线，现在您将绘制一个包含多个连续曲线的形状。

1 从文档窗口左下角的"画板导航"菜单中选择"4"。选中"缩放工具"🔍，然后在画板的上半部分单击几次进行放大。

2 选中"钢笔工具"✒。在文档右侧的"属性"面板中，确保填色为"[无]"▨，描边颜色为"black"，"描边粗细"仍为"1 pt"。

3 在标记为"start"的点 1 上按住鼠标左键并沿着弧线的方向拖动，然后停在红色点处，如图 6-25 所示。

4 将鼠标指针移动到标记为 2 的点（右侧）上，然后按住鼠标左键并向下拖动到红色点所示位置，使用方向手柄调整第一个圆弧（在点 1 和点 2 之间），然后松开鼠标左键，如图 6-25 所示。

Ai | **注意** 如果您绘制的路径不精确，不要担心。当绘制完路径后您可以使用"直接选择工具"▷进行调整。

当使用平滑锚点（曲线）时，您会发现您将花很多时间在正在创建的锚点之后（或之前）的路径段上。请牢记，默认情况下，锚点有两条方向线，而后随方向线控制锚点后面的线段的形状。

Ai | **提示** 当您拖出锚点方向手柄时，可以按住空格键来重新定位锚点。当锚点位于所需位置时，松开空格键。

---

5 继续绘制这条路径，交替地执行按住鼠标左键并向上或向下拖动。在标有数字的地方设置锚点，并在标记为 6 的点处结束绘制，如图 6-26 所示。

如果您在绘制过程中出错，可以通过选择"编辑" > "还原钢笔"来撤销此步操作，然后重新绘制。如果您的方向线与图 6-26 并不一致，也没问题。

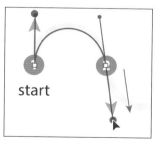

图6-25

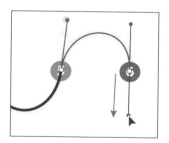

图6-26

6 路径绘制完成后，选中"直接选择工具"▷，然后单击选中路径中的任意一个锚点。
选中锚点后，将显示其方向手柄，如有必要，您可以重新调整路径的曲率。选中曲线后，还可以修改曲线的描边和填充。修改之后，绘制的下一条线段将具有与之相同的属性。如果想要练习绘制形状，请向下滚动到该画板的下半部分（标记为"Practice"），然后在其中描摹形状。

7 选中"选择">"取消选择"，然后选择"文件">"存储"。

6.2.6 将平滑锚点转换为角部锚点

如您所见，创建曲线时，方向手柄有助于确定曲线段的形状和大小。移除锚点的方向线可以将平滑锚点转换为角部锚点。接下来，您将练习在平滑锚点和角部锚点之间进行转换。

1 从文档窗口左下角的"画板导航"菜单中选择"5"。
在画板的顶部，您将看到要描摹的路径。该路径为练习模板，您可以直接在该画板上创建路径，也可以使用画板底部的"Practice（练习）"部分自行练习。

2 选中"缩放工具" Q，然后在画板顶部单击几次进行放大。

3 选中"钢笔工具" ✎。在"属性"面板中，确保填色为"[无]" ⊘，描边颜色为"black"，描边粗细仍为"1 pt"。

4 按住 Shift 键，在标记为"start"的点 1 处按住鼠标左键并向上朝着圆弧方向拖动，到红色点处停止拖动。松开鼠标左键，然后松开 Shift 键。
拖动时按住 Shift 键可将方向手柄角度约束为 45° 的整数倍。

5 在点 2（右侧的）处按住鼠标左键并向下拖动到金色点。拖动时，按住 Shift 键。当曲线正确时，松开鼠标左键，然后松开 Shift 键。保持路径为选中状态。
现在，您需要切换曲线方向然后创建另一条弧线。您将分离方向线，使平滑锚点转换为角部锚点。

6 按住 option 键（macOS）或 Alt 键（Windows），并将鼠标指针放在您创建的最后一个锚点上。当钢笔工具指针旁边出现转换点图标 ▸ 时，在该锚点处按住鼠标左键并向上拖动方向线到红色点处，如图 6-27 所示。松开鼠标左键，然后松开 option 键或 Alt 键。如果看不到图标（^），最终可能会创建另一个环路径。

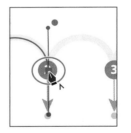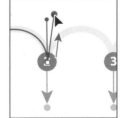

图6-27

您还可以按住 option 键（macOS）或 Alt 键（Windows），然后按住鼠标左键并拖动方向手柄端点（称为方向点），如图 6-28 所示。任一种方法都可以"拆分"方向手柄，以便它们可以指向不同的方向。

> ![Ai] **提示** 绘制路径后，还可以选中单个或多个锚点，然后单击"将所选锚点转换为尖角"按钮▲或"将所选锚点转换为平滑"按钮▲。

7　将"钢笔工具"指针移动到模板路径右侧的点 3 上，然后按住鼠标左键向下拖动到金色点处。当路径看起来类似于模板路径时，松开鼠标左键。

8　按住 option 键（macOS）或 Alt 键（Windows），然后将鼠标指针移到您创建的最后一个锚点上。当"钢笔工具"指针旁边出现转换点图标▲时，按住鼠标左键并将方向线拖动到上面的红色点处。松开鼠标左键，然后松开 option 键或 Alt 键。

对于下一个点，您将不松开鼠标按钮来拆分方向手柄，因此请看仔细了。

9　对于锚点 4，单击并按住鼠标左键向下拖动到金色点，直到路径看起来正确为止。这一次，不要松开鼠标左键。按住 option 键（macOS）或 Alt 键（Windows），然后向上拖动到红色点，以创建下一条曲线。松开鼠标左键，然后松开 option 键或 Alt 键，如图 6-29 所示。

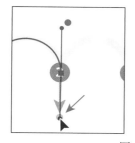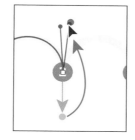

图6-28

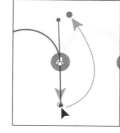

图6-29

10　继续此过程，按住 option 键（macOS）或 Alt 键（Windows）创建角部锚点，直到路径完成。

11　使用"直接选择工具"▷微调路径，然后取消选中路径。

如果想要再次练习绘制相同的形状，请向下滚动到该画板中的"Practice"区域，然后描摹形状。

6.2.7　合并曲线段和直线段

在实际绘图中使用"钢笔工具"✒时，常常需要在曲线和直线之间切换。在本小节中，您将学习如何从曲线切换到直线，又如何从直线切换到曲线。

1　从文档窗口左下角的"画板导航"菜单中选择"6"。选中"缩放工具"Q，然后在画板的上半部分单击几次，进行放大。

2　选中"钢笔工具"✒。在标记为"start"的点 1 处，按住鼠标左键并向上拖动到红色点处。松开鼠标左键。

到目前为止，您一直在模板中拖动到金色点或红色点。在实际绘图中，那些点显然是不存在的,所以创建下一个锚点时不会有模板作为参考。别担心,您可以随时选择"编辑">"还原钢笔",然后再试一次。

3 在点 2 处按住鼠标左键并向下拖动,当路径与模板大致匹配时松开鼠标左键,如图 6-30 所示。现在您应该已经熟悉这种创建曲线的方法了。

如果单击点 3,甚至按住 Shift 键 (生成直线),路径都会是弯曲的 (当然,这两种操作方式都不要进行)。因为您创建的最后一个锚点是一个平滑锚点,并且有一个前导方向手柄。图 6-31 显示了如果使用"钢笔工具" ✏️ 单击下一个点时创建的路径的样子。

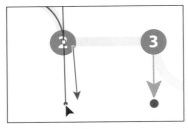
图6-30

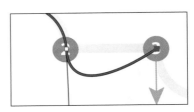
图6-31

现在,您将移除前导方向手柄,以直线的形式继续绘制该路径。

4 将鼠标指针移动到创建的最后一个点 (点 2) 上。当"钢笔工具"指针旁边出现转换点图标 ✏️ 时,单击点 2,如图 6-32 左图所示。这将从锚点中删除前导方向手柄 (而不是后随方向手柄),如图 6-32 右图所示。

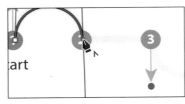
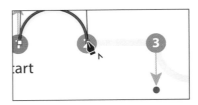
图6-32

5 按住 Shift 键,然后在模板路径右侧的点 3 上单击添加下一个点,创建一条直线段,如图 6-33 所示。

6 对于下一条弧线,将鼠标指针移动到创建的最后一个点上。当"钢笔工具"指针旁边出现转换点图标 ✏️ 时,按住鼠标左键并从该点向下拖动到红色点位置。这将创建一条新的、独立的方向线,如图 6-34 所示。

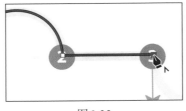
图6-33

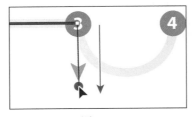
图6-34

对于本小节的其余部分，您可以按照模板的指引完成路径绘制。剩余部分没有图示，所以如果需要指导，请查看前面步骤的图示。

7 按住鼠标左键并向上拖动创建下一点（点 4），完成弧线绘制。

8 单击刚创建的最后一个锚点，删除方向线。

9 按住 Shift 键并单击下一个点，创建第二条直线段，按 Shift 键。

10 按住鼠标左键并从创建的最后一个点向上拖动，创建一条方向线。

11 按住鼠标左键并向下拖动到终点（点 6），创建最后的弧线。

　　如果您想要练习绘制相同的形状，请向下滚动到同一画板中的 "Practice" 区域，然后在那里描摹形状。确保先取消选中之前的图稿。

12 选择 "文件" > "存储"，然后选择 "文件" > "关闭"。

　　您始终可以根据需要多次返回到 "L6_practice.ai" 文件，并在该文件中反复使用 "钢笔工具" ✐ 来进行练习。根据自己的需要慢慢来，不断练习、练习、练习！

6.3　使用钢笔工具创建图稿

　　接下来，您将运用所学到的知识在项目中创建一些图稿。接下来，您要绘制一只合并了曲线和边角的天鹅。请您花时间练习绘制这个形状，您可使用提供的参考模板。

Ai | **提示**　别忘了，您始终可以撤销已绘制的点（"编辑" > "还原钢笔"），然后重试。

---

1 选择 "文件" > "打开"，打开 "Lessons" > "Lesson06" 文件夹中的 "L6_end.ai" 文件，如图 6-35 所示。

2 选择 "视图" > "全部适合窗口大小"，查看完成的图稿。如果您不想让图形保持为打开状态，请选择 "文件" > "关闭"。

图6-35

3 选择 "文件" > "打开"，打开 "Lessons" > "Lesson06" 文件夹中 "L6_start.ai" 文件，如图 6-36 所示。

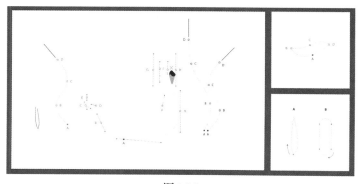

图6-36

4　选择"文件">"存储"，将文件命名为"Swan.ai"，在"存储为"对话框中选择"Lesson06"文件夹。从"格式"菜单中选择"Adobe Illustrator（ai）"（macOS）或从"保存类型"菜单中选择"Adobe Illustrator（*.AI）"（Windows），然后单击"保存"按钮。在"Illustrator选项"对话框中，保持选项设置为默认值，然后单击"确定"按钮。

5　如果尚未选择，请在文档窗口左下角的"画板导航"菜单中选择"1 Main"画板。

6　选择"视图">"画板适合窗口大小"，确保您能看到整个画板。

7　按下"command + +"（macOS）或"Ctrl + +"（Windows）组合键，放大中心的天鹅。

8　打开"图层"面板（"窗口">"图层"），然后单击选择名为"Artwork"的图层，如图 6-37 所示。

9　在工具栏中选中"钢笔工具" ✒️。

10　在"属性"面板（"窗口">"属性"）中，确保填色为"[无]" ⊘，描边颜色为"black"，描边粗细为"1 pt"。

图6-37

绘制天鹅

现在您已经打开并准备好了文件，您将根据您在前面几节中的"钢笔工具" ✒️练习来绘制一只漂亮的天鹅。本节的步骤数超过了平均步骤数，不要着急，慢慢来。

1　选中"钢笔工具" ✒️，在天鹅主体模板上标记为"A"的蓝色正方形处按住鼠标左键并拖动到红色点，以设置第一条曲线的起始锚点和方向，如图 6-38 所示。

 注意 您不一定必须从蓝色正方形（点 A）开始绘制此形状。您可以使用"钢笔工具" ✒️沿着顺时针或逆时针方向设置路径的锚点。

2　在点 B 处按住鼠标左键并拖动到红色点，创建第一条曲线，如图 6-39 所示。记住，当您拖动方向手柄时，要关注路径的外观。拖动到模板上的彩色点会很容易，但是当您创建自己的内容时，您需要时刻注意您正在创建的路径！接下来，您将创建一个平滑锚点并拆分方向手柄。

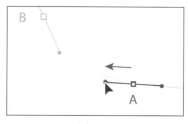

图6-38

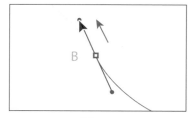

图6-39

3　将鼠标指针移到点 C 上，按住鼠标左键并往金色点的方向拖动。当指针到达金色点时，在不松开鼠标左键的情况下，按住 option 键（macOS）或 Alt 键（Windows），然后继续从金色点拖动到红色点，如图 6-40 所示。松开鼠标左键，然后松开 option 键或 Alt 键。路径的下一部分现在可以朝着不同的方向前进了。

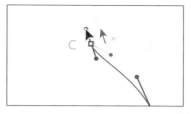
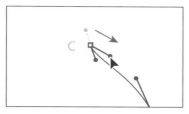

图6-40

---

4 将鼠标指针移到点 D，单击添加新锚点。

5 要使下一条路径为曲线，则可将鼠标指针移动到刚刚在点 D 创建的锚点上，单击然后按住鼠标左键并拖动到红色点位置，添加方向手柄，如图 6-41 所示。

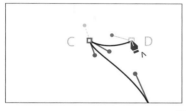
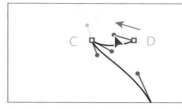

图6-41

6 将鼠标指针移到点 E 按住鼠标左键并拖动到红色点位置，如图 6-42 所示。
路径的下一段是直线，因此需要删除点 E 上的一个方向手柄。

7 再次将"钢笔工具"指针 ✒ 移动到点 E 上。当指针旁边出现转换点图标 ✒ 时，单击点 E 以删除前导方向手柄，如图 6-43 所示。

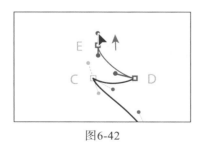
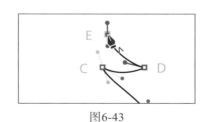

图6-42   图6-43

8 在点 F 上单击，以创建一条直线，如图 6-44 所示。
当您使用"钢笔工具" ✒ 绘图时，您可能需要编辑您之前绘制的部分路径。选中"钢笔工具" ✒，按住 option 键（macOS）或 Alt 键（Windows），再将指针移动到前面的路径段上，拖动并修改该路径，这是下一步要做的。

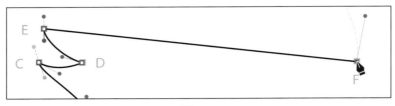

图6-44

9 将指针移动到点 E 和点 F 之间的路径上。按住 option 键（macOS）或 Alt 键（Windows），指针外观变为 ⯭ 时，按住鼠标左键并向上拖动路径使其弯曲，如图 6-45 所示。松开鼠标左键，然后松开 opiton 键或 Alt 键。这将向线段两端的锚点添加方向手柄。

> **Ai** | **提示** 您还可以按住"option + Shift"（macOS）或"Alt + Shift"（Windows）组合键，将手柄限制为垂直方向，确保手柄的长度相同。

松开鼠标左键后，请注意，当您移动鼠标指针时，您可以看到"钢笔工具" ✐ 仍然连着橡皮筋，这意味着您仍然在绘制路径。

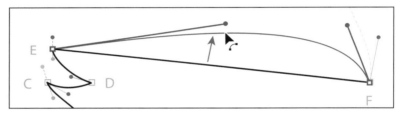

图6-45

点 F 之后的路径是曲线，因此您需要在点 F 为曲线添加前导方向手柄。

10 将"钢笔工具"指针 ▮ 放在点 F 上方，按住鼠标左键并向上拖动到红色点处，创建新的方向手柄，如图 6-46 所示。

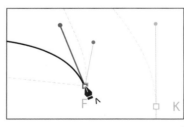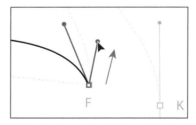

图6-46

> **Ai** | **注意** 在第 9 步中松开鼠标左键后，如果您把指针移开，然后再把指针返回到点 E，指针旁将出现转换点图标 [^]。

这将创建一个新的前导方向手柄，并将下一个路径设置为曲线。做得很好，您已经成功了一半。

11 从点 G 处按住鼠标左键并拖动到红色点处，继续绘图。

12 从点 H 处按住鼠标左键并拖动到红色点处，如图 6-47 左图所示。

路径的下一段需要直线，因此您将删除该直线的前导方向手柄。

13 将"钢笔工具"指针 ▲ 移回到 H 点。当指针旁边出现转换点图标 ▲₄ 时，单击删除方向手柄，如图 6-47 右图所示。

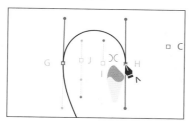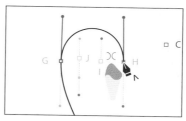

图6-47

Ai | **注意**　为了您更方便地关注正在创建的锚点，图中其他锚点和图稿都显示为灰色。

14 单击点 I 创建一个新锚点。

路径的下一部分需要曲线，因此您需要向点 I 添加一个前导方向手柄。

15 再次将"钢笔工具"指针 ▲ 移动到点 I 上。当指针旁边出现转换点图标 ▲₄ 时，按住鼠标左键并从点 I 拖动到红色点处，添加前导方向手柄，如图 6-48 所示。

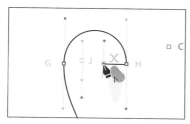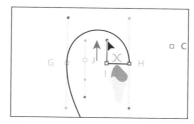

图6-48

16 从下一个锚点处按住鼠标左键并拖动到金色点，继续绘制点 J，松开鼠标左键。

17 按住 option 键（macOS）或 Alt 键（Windows），当鼠标指针变为 ▲ 时，按住鼠标左键并将方向手柄的末端从金色点向下拖动到红色点，如图 6-49 所示。

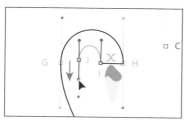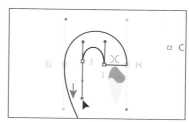

图6-49

18 在标记为 K 的锚点处按住鼠标左键并拖动到红色点处。接下来，您将闭合路径来完成天鹅的绘制。

19 将"钢笔工具"指针 ✎ 移动到点 A 上，但不要单击。

请注意，"钢笔工具"指针旁边会出现一个空心圆 ✎。，如图 6-50 所示。这表示如果单击该锚点（还不要单击），将闭合路径。如果您在该锚点处按住鼠标左键并拖动，则锚点两侧的方向手柄将以一条直线一起移动。您需要扩展其中一个方向手柄，使路径与模板一致。

20 按住 option 键（macOS）或 Alt 键（Windows），将鼠标指针放在点 A 上方。按住鼠标左键并向左稍微偏上一点拖动，如图 6-51 所示。注意，这会在相反方向（右下方）显示方向手柄。拖动鼠标，直到曲线看起来正确为止。松开鼠标左键，然后松开 option 键或 Alt 键。

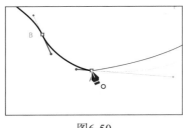

图6-50

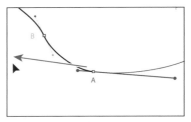

图6-51

通常，当您从一个锚点上拖离鼠标时，会在该锚点之前和之后显示方向线。如果不按住 option 键（macOS）或 Alt 键（Windows），随着您在闭合锚点上拖动鼠标，您将重塑锚点之前和之后的路径；而按住 option 键（macOS）或 Alt 键（Windows），在闭合锚点上拖动鼠标则可以单独编辑闭合锚点之前的方向手柄。

Ai | **提示** 创建闭合锚点时，您可以按空格键来移动该锚点。

---

21 单击"属性"面板选项卡，单击"填色"框 ▣，然后选择白色。单击"描边"颜色框 ▣，然后选择名为"Swan"的浅棕色色板。

22 按住 command 键（macOS）或 Ctrl 键（Windows），在路径以外的地方单击以取消选中路径，然后选中"文件">"存储"。

Ai | **注意** 这是在选中"钢笔工具" ✎ 时取消选中路径的快捷方法。您也可以使用其他方法，如选择"选择">"取消选择"。

6.4 编辑路径和锚点

接下来，您将编辑刚才创建的天鹅图形的一些路径和锚点。

1 选中"直接选择工具" ▷，然后单击天鹅路径，查看路径上的锚点。

以使用"直接选择工具" ▷ 的方式进行选择，仅会选择包含在选择框中的路径段和锚点。

而以使用"选择工具" ▶ 的方式进行选择，将选择整个路径。

> **Ai** | **提示**　当您使用"直接选择工具" ▶ 拖动路径时，还可以按住 Shift 键将方向手柄限制为垂直方向，并确保手柄的长度相同。

2　单击标记为 K 的锚点，将其选中。按住鼠标左键将锚点向左拖动一点，使其与图形大致匹配，如图 6-52 所示。

3　将鼠标指针移到点 A 和点 K 之间的路径部分（在天鹅底部）。请注意，随着指针经过该段路径，指针也随之改变了外观 ▶.，这表示您可以按住鼠标左键并拖动该路径，并在拖动时调整锚点和方向手柄。

> **Ai** | **提示**　如果您想要调整方向手柄（而不是拖动路径）并查看所有选定锚点的方向手柄，则可以选择"Illustrator CC" > "首选项" > "选择和锚点显示"（macOS）或"编辑" > "首选项" > "选择和锚点显示"（Windows），然后选中"选择多个锚点时显示手柄"复选框。

4　按住鼠标左键并向上拖动路径，再向左拖动一点，以修改路径的曲率，如图 6-53 所示。这是一种对曲线路径进行编辑的简单方法，因为无须编辑每个锚点的方向手柄。

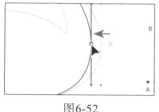
图6-52

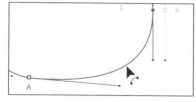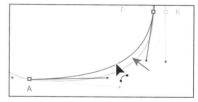
图6-53

5　选择"选择" > "取消选择"，然后再选择"文件" > "存储"。

6.4.1　删除和添加锚点

大多数情况下，使用"钢笔工具" ✏ 或"曲率工具" ✐ 等工具绘制路径是为了避免添加不必要的锚点。您可以通过删除不必要的锚点来降低路径的复杂度或调整其整体形状（从而使形状更可控），也可以通过向路径添加锚点来扩展路径。接下来，您将删除和添加天鹅路径不同部分的锚点。

1　打开"图层"面板（"窗口" > "图层"）。在"图层"面板中，单击名为"Bird template"的图层的眼睛图标 👁，隐藏图层内容，如图 6-54 所示。

2　选中"直接选择工具" ▶ 后，单击天鹅路径将其选中。首先，您将删除尾部的几个锚点，以简化路径。

3　在工具栏中选中"钢笔工具" ✏，并将"钢笔工具"指针 ✏_

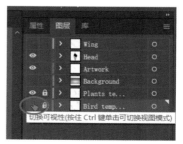
图6-54

移到图 6-55 左图箭头所指的锚点上。当减号（-）出现在"钢笔工具"指针 ✎ 右侧时，单击删除锚点。此过程中您可能需要放大视图。

4 将"钢笔工具"指针 ✎ 移动到图 6-55 右图箭头所指锚点上。当减号（-）出现在"钢笔工具"指针 ✎ 右侧时，单击删除锚点。

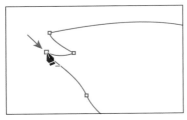 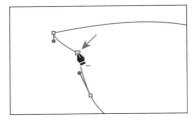

图6-55

接下来，您将重新调整剩余路径，使其看起来更流畅。

5 按住 command 键（macOS）或 Ctrl 键（Windows）临时切换到"直接选择工具" ▷。现在，您可以移动锚点并编辑这些选定锚点的方向手柄。

6 不放开上一步中的 command 键或 Ctrl 键，将鼠标指针移到图 6-56 左图所示的锚点上。当鼠标指针旁边显示小框 ▷ 时，按住鼠标左键将新的锚点从天鹅图稿的中心拖离。

7 仍然按住 command 键（macOS）或 Ctrl 键（Windows），按住鼠标左键并拖动所选锚点的一个方向手柄重新调整路径，如图 6-56 右图所示。

8 将指针移动到标记为"A"的锚点右边的路径上。当加号（+）出现在"钢笔工具"指针 ✎ 右侧时，单击添加锚点，如图 6-57 所示。

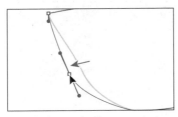 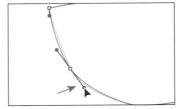 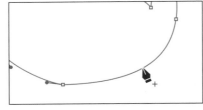

图6-56   图6-57

6.4.2 在平滑锚点和角部锚点之间转换

为了更精确地控制创建的路径，您可以使用多种方法将点从平滑锚点转换为角部锚点，或从角部锚点转换为平滑锚点。

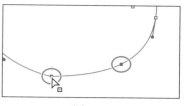

图6-58

1　选中"直接选择工具" ▷。选中最后一个锚点，再按住 Shift 键并单击其左侧的锚点（之前标记为"A"的点）来同时选中这两个点，如图 6-58 所示。

> **提示**　您还可以通过双击锚点和按住 option 键（macOS）或 Alt 键（Windows）时单击两种方法来在角部锚点和平滑锚点之间进行转换。

2　在右侧的"属性"面板中，单击"将所选锚点转换为尖角"按钮 ▶ 会将锚点转换为角部锚点，如图 6-59 所示。

 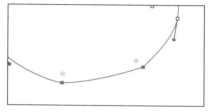

图6-59

3　单击"属性"面板中的"垂直底对齐"按钮 ▐，会将选中的第 1 个锚点与选中的第 2 个锚点对齐，如图 6-60 所示。

> **注意**　如果锚点在单击对齐按钮后与画板对齐，请重试。确保在"属性"面板中选择了"对齐关键锚点"。

  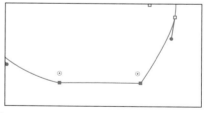

图6-60

正如您在第 2 课中学到的，选中的锚点将与最后选中锚点（称为关键锚点）对齐。

4　按住鼠标左键将其中一个锚点向上拖动一点，将同时移动两个所选锚点，如图 6-61 所示。

5　选择"选择" > "取消选择"。恭喜，您现在画出了一只漂亮的天鹅。

6　选择"文件" > "存储"。

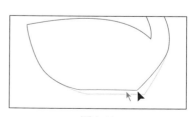

图6-61

6.4.3 使用锚点工具

另一种在平滑锚点和角部锚点之间转换的方法是使用"锚点工具" ⌐。接下来您将使用"锚点工具" ⌐。

1. 鼠标左键长按工具栏中的"钢笔工具" ✐以显示更多工具。选中"锚点工具" ⌐。
   "锚点工具" ⌐用于从锚点中删除两个或其中一个方向手柄，将该锚点转换为角部锚点，或从该锚点拖出方向手柄。
2. 将指针移到天鹅头部的锚点上，如图 6-62 左图所示。当指针变为 ⌐时，按住鼠标左键并从该角部锚点向上拖动，拖出方向手柄，然后拖动到颈部看起来与拖动前相似，如图 6-62 右图所示。

Ai **注意** 如果指针变为 ▶请不要拖动。这意味着指针不在锚点上，如果拖动，将重新调整曲线。

拖动方向取决于之前路径绘制的方向，在反方向上拖动会反转方向手柄。

3. 选中"直接选择工具" ▷，然后按住鼠标左键并向下拖动底部方向手柄的末端，使其更长，并使路径更弯，如图 6-63 所示。
   使用"锚点工具" ⌐创建锚点时，锚点的两个方向手柄是独立的。"直接选择工具" ▷允许您一次更改两个方向手柄。

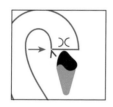 

图6-62

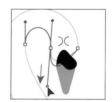

图6-63

4. 选中"锚点工具" ⌐。将鼠标指针移到刚刚编辑的锚点右侧的锚点上，当指针变为 ⌐时，按住鼠标左键并向下拖动。确保天鹅头的顶部看起来和它本来的样子相似，如图 6-64 所示。
5. 选中"直接选择工具" ▷，然后按住鼠标左键向上拖动底部方向手柄的末端，使其更短、弯曲度更小，如图 6-65 所示。
   使用"锚点工具" ⌐，您可以执行如平滑锚点和角部锚点转换、拆分方向手柄等任务。接下来，您将使平滑锚点（带方向手柄）转换为角部锚点。

 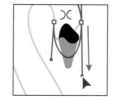

图6-64

图6-65

6 打开"图层"面板（"窗口" > "图层"）。在"图层"面板中，单击"Wing"图层的可视性列，显示该图层的内容，如图 6-66 所示。

您现在应该能在您绘制的天鹅形状上面看到天鹅的翅膀了。它由一系列相互重叠的简单路径组成。您需要把翅膀的右边缘变成一个角部锚点，而非平滑锚点。

7 在工具栏中选中"直接选择工具"▷。单击选择较大的翅膀形状，然后会看到锚点，如图 6-67 所示。

图6-66

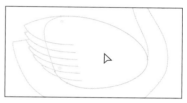

图6-67

8 在工具栏中选中"锚点工具"⌐，将指针移动到图 6-68 左图所示位置。单击可将该锚点从平滑锚点（带方向手柄）转换为角部锚点。

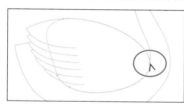

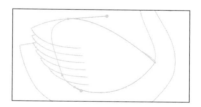

图6-68

您将看到刚刚编辑的锚点两侧的方向手柄。如图 6-68 右图所示。

9 选中"直接选择工具"▷，然后按住鼠标左键并拖动所转换的锚点。把它贴合到天鹅颈底部的锚点上，如图 6-69 上图所示。

10 将鼠标指针移动到顶部锚点的方向手柄末端，然后按住鼠标左键并拖动以更改路径的形状，如图 6-69 下图所示。

11 选择"选择" > "取消选择"。

12 打开"图层"面板（"窗口" > "图层"），然后单击选择"Artwork"图层，并确保在该图层上绘制新图稿，如图 6-70 所示。

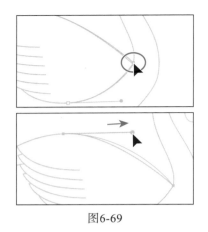

图6-69

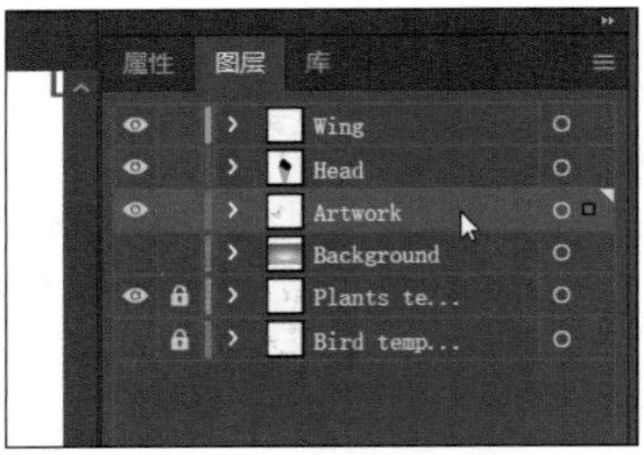

图6-70

13 选择"视图">"画板适合窗口大小"。

6.5 使用曲率工具

使用"曲率工具" ✐ ，可以快速直观地绘制和编辑路径，创建具有平滑曲线和直线的路径，而无须编辑方向线。使用"曲率工具" ✐ ，您还可以在绘制路径时或路径完成后编辑路径。它创建的路径由锚点组成，可以使用任何绘图或选择工具进行编辑。在本节中，您将学习如何使用"曲率工具" ✐ ，同时为天鹅图稿创建最后部分。

1 在工具栏中选择"曲率工具" ✐ 。

2 单击"属性"面板中的"填色"框▨，然后选择"〔无〕"▨，将颜色删除。单击"描边"框▣，然后选择名为"Plant green"的绿色色板。将"描边粗细"更改为"3 pt"。

3 单击天鹅右侧点 A 的紫色正方形，设置起始锚点，如图 6-71 所示。

图6-71

Ai **注意** 类似于"钢笔工具" ✐ ，您不必从点 A 开始绘制此形状。您可以使用"曲率工具" ✐ 沿顺时针或逆时针方向绘制锚点。

---

4 单击紫色点 B 创建一个锚点。单击后，将指针移开该点，如图 6-72 所示。

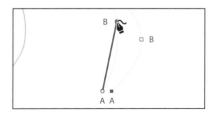 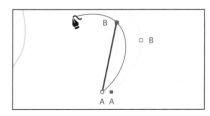

图6-72

请注意，锚点 B 前面和后面的曲线预览。"曲率工具" （图标）的工作原理是在您单击的地方创建锚点，同时绘制的曲线将围绕该锚点动态"弯曲"，必要时会创建方向手柄来弯曲路径。

5 跳过点 C，单击点 D。将指针移离点 D，如图 6-73 所示。注意，您还可以继续绘制。

6 将指针移动到点 B 和点 D 之间的路径上。当指针旁边出现加号（+）时，单击以创建一个新锚点。

Ai | **注意** 使用"曲率工具"（图标）创建的锚点可以有 3 种外观来指示其当前状态：选中"●"、角部锚点未选中（◉）和平滑锚点未选中（○）。

---

7 按住鼠标左键将新锚点拖动到模板中点 C 的位置，重新定位路径以匹配虚线模板的形状，如图 6-74 所示。

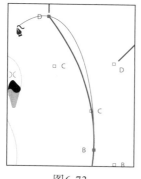

图6-73

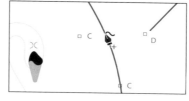　　

图6-74

Ai | **提示** 要使用"曲率工具"（图标）闭合路径，请将指针悬停在路径中创建的第一个点上。当指针旁边出现一个圆圈（图标）时，单击闭合路径。

---

8 按 Esc 键停止绘图，然后选择"选择" > "取消选择"。

9 从绿色点 A 开始向右绘制植物路径。

10 按 Esc 键停止绘图，然后选择"选择" > "取消选择"。

11 绘制最左边的植物路径，从橙色点 A 开始，如图 6-75 所示。

12 按 Esc 键停止绘制。

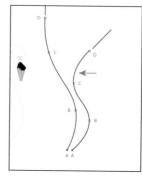

图6-75

Ai | **注意** 图 6-75 显示的是天鹅右边的植物路径。

6.5.1 使用曲率工具进行编辑

"曲率工具" 可用于创建新路径以及编辑使用绘图工具创建的任何类型的路径。现在，您将使用"曲率工具" 创建和编辑叶子。

1 在文档窗口左下角的"画板导航"菜单中选择"2 Leaf"。

2 选中"曲率工具" ，单击标记为 A 的蓝色点，设置第一个锚点。

3 将指针移动到点 B 上，然后单击。单击后将鼠标指针移开，您看到的路径是弯曲的，如图 6-76 所示。B 点处需要一个边角。

4 将鼠标指针移动到点 B 上。当指针变为 时，双击将其转换为角部锚点，如图 6-77 所示。

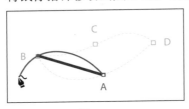

图6-76

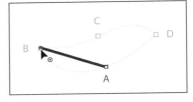

图6-77

5 单击点 C，并将鼠标指针移开以查看曲线路径，如图 6-78 所示。
   点 D 需要一个角部锚点。您还可以在创建时按住 option 键（macOS）或 Alt 键（Windows），使其成为一个角部锚点。

6 按住 option 键（macOS）或 Alt 键（Windows），指针将变为 。将指针移动到点 D 上，然后单击创建一个新锚点，如图 6-79 所示。单击后松开 option 键或 Alt 键。

7 按住鼠标左键将点 C 向右上方拖动，调整路径使其与靠近点 D 的虚线模板路径匹配，如图 6-80 所示。

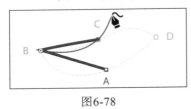

图6-78

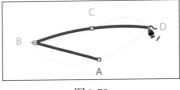

图6-79

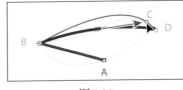

图6-80

8 将指针移动到点 B 和点 C 之间的路径上，然后单击以添加新锚点。按住鼠标左键并拖动新锚点，直到点 B 和点 D 之间的路径与虚线模板路径的左上部分匹配，如图 6-81 所示。

9 将指针移回到点 A 上，当您再次看到指针变为 时，单击以闭合路径，如图 6-82 所示。您可能需要使用"曲率工具" 来拖动锚点，以便路径更准确地匹配模板。

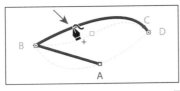

图6-81

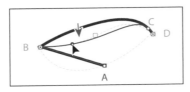

图6-82

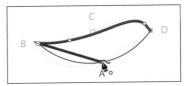

6.5.2　完成叶子绘制

现在您将改变叶子的颜色以及变换它，并把它移动到合适的位置。

1　在工具栏中选中"选择工具" ▶。选中叶子后，单击"属性"面板中的"填色"框█，然后选择名为"Plant green"的绿色色板。

2　按住 Shift 键，然后按住鼠标左键并拖动叶子图形的一个角，使叶子缩小。松开鼠标左键，然后松开 Shift 键，如图 6-83 所示。

现在，您将创建一个叶子形状的副本并对其进行对称处理。

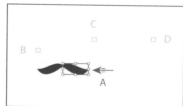

图6-83

3　选中叶子后，选择"对象">"变换">"分别变换"。在"分别变换"对话框中，选中"对称 X"复选框，使形状以 x 轴为对称轴，单击参考点设置器中的右中间点▦，然后单击"复制"按钮，如图 6-84 所示。

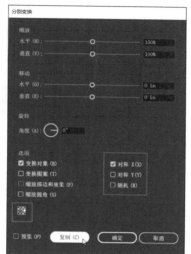

图6-84

4　拖框选中 2 个绿色叶形状，然后单击"属性"面板中的"编组"按钮将它们编组在一起。

5　选择"视图">"全部适合窗口大小"，以查看所有对象。

6　按住鼠标左键并将叶子拖到您画的植物路径的顶端，即天鹅的右边的位置，如图 6-85 所示。

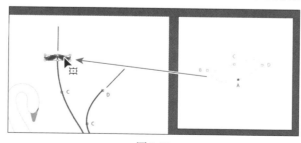

图6-85

7　按住 option 键（macOS）或 Alt 键（Windows），按住鼠标左键并将一个叶子副本拖到右边的植物路径上。松开鼠标左键，然后松开 option 键或 Alt 键。

8　将鼠标指针移到边界框的一个角外，当鼠标指针变为旋转箭头时，按住鼠标左键并拖动以旋转叶片组，如图 6-86 所示。

9　重复步骤 7 和步骤 8 以完成天鹅左侧的植物路径。

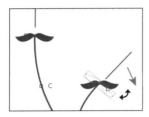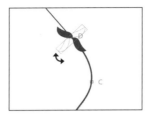

图6-86

6.6　创建虚线

虚线常用于对象描边，可以添加到闭合路径或开放路径。虚线是通过指定一系列短线长度和它们之间的间隙来创建的。接下来，您将在线条中添加一条虚线。

1　在"图层"面板中，单击名为"Background"的图层的"切换可视性"列，显示图层内容，然后单击"Plants template"图层的眼睛图标  将其隐藏，如图 6-87 所示。

2　选中"缩放工具" Q，然后拖框圈住位于天鹅下方、画板底部附近的路径。

3　选中"选择工具" ▶ 后，单击图 6-88 中的一条路径，按住 Shift 键，然后选中第二条路径，如图 6-88 箭头所指。

图6-87

Ai | **注意**　您将选中的路径不是图 6-88 所示虚线。

4　单击"属性"面板选项卡，显示该面板。单击"属性"面板中的"描边"一词，显示"描边"面板，更改"描边"面板中的图 6-88 所示的选项。

- 粗细：10 pt。
- "虚线"复选框：选中。
- 第一个虚线值：150 pt（这将创建一个长 150 pt 的短线和 150 pt 间隙的重复模式）。
- 第一个间隙值：30 pt（这将创建一个长 30 pt 的短线和 30 pt 间隙的重复模式）。
- "使虚线与边角和路径终端对齐，并调整到适合长度"选项 ：选中。

Ai | **提示**　"保留虚线和间隙的精确长度"选项 允许您保留虚线的外观，可以不与边角或虚线终端对齐。

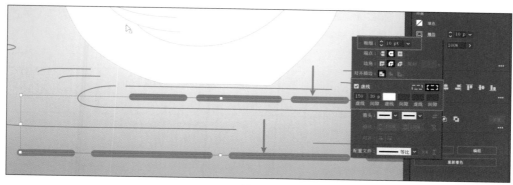

图6-88

5　将"描边粗细"更改为"1 pt"，然后按 Esc 键隐藏"描边"面板。

 注意　当您更改面板中的值后，按 Esc 键要小心，就像您刚才所做的那样。因为，有时更改的值可能还没被应用。您可以按回车键应用面板中最后输入的值同时隐藏面板。

6　选择"选择" > "取消选择"，然后选择"文件" > "存储"。

6.7　为路径添加箭头

您可以使用"描边"面板给路径两端添加箭头。在 Illustrator 中，有许多不同的箭头样式可供选择，还有很多编辑箭头的选项。接下来，您将给在背景中构成植物的三条路径添加箭头。

1　选择"视图" > "画板适合窗口大小"。

2　单击选中天鹅左侧的植物路径。按住 Shift 键，然后单击天鹅右侧的两条植物路径。

3　选中路径后，单击"属性"面板中的"描边"一词，打开"描边"面板。在"描边"面板中，更改图 6-89 所示选项。

图6-89

- 从右侧的"箭头"菜单中选择"箭头 13"。这将在线条的末尾（顶部）添加一个箭头。
- 缩放（所选"箭头 13"的正下方）：120%。
- 单击"将箭头提示扩展到路径终点外"按钮 →。

Ai | **注意** 如果您需要移动以前创建的叶子，可以使用"选择工具" ▶。

---

4 选择"选择">"取消选择"。

6.8 使用铅笔工具

"铅笔工具" ✐允许您自由绘制包含曲线和直线的开放路径或闭合路径。当您使用"铅笔工具" ✐绘制时，将根据您设置的"铅笔工具" ✐选项在路径上创建必要的锚点。路径完成后，还可以轻松调整路径。

6.8.1 使用铅笔工具绘制自由路径

接下来，您将使用"铅笔工具" ✐绘制和编辑一段简单的路径。

1 从文档窗口左下角的"画板导航"菜单中选择"3 Plant"。
2 在"图层"面板中，单击名为"Plants template"的图层的可视性列，显示图层内容。单击"Artword"图层将其选中，确保在该图层绘制新图稿，如图 6-90 所示。
3 从工具栏中的"画笔工具"组中选中"铅笔工具" ✐。
4 双击"铅笔工具" ✐。在"铅笔工具选项"对话框中，设置图 6-91 所示的选项，其余选项保持默认设置。

图6-90

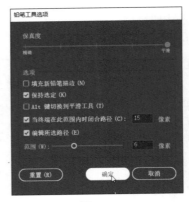

图6-91

- 将"保真度"滑块一直拖动到"平滑"侧。这将减少"铅笔工具" ✐绘制的路径上的锚点数，使路径更平滑。

- 保持选定复选框：选中（默认设置）。
- 当终端在此范围内时闭合路径复选框：选中（默认设置）。

5　单击"确定"按钮。

6　在"属性"面板中，确保填色为"[无]"▨，并且描边颜色为"black"。还要确保"属性"面板中的描边粗细为"1 pt"。

"铅笔工具"指针旁边的星号（*）表示您即将创建新路径。

7　从模板底部标记为 A 的红色点开始，按住鼠标左键并根据箭头方向沿着虚线模板路径拖动，按照模板上的虚线路径绘制，如图 6-92 所示。

当指针靠近路径开始的位置（红色点）时，它旁边会显示一个小圆圈。这意味着如果松开鼠标左键，路径将被闭合。当您看到此圆圈时，松开鼠标左键闭合路径。

请注意，绘制时路径可能看起来并不完全平滑。松开鼠标左键后，将根据您在"铅笔工具选项"对话框中设置的"保真度"值来平滑路径。接下来，您将使用"铅笔工具"✐重绘一部分路径。

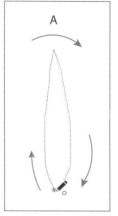

图6-92

8　移动鼠标指针到路径附近以重新绘制该路径。当鼠标指针旁边的星号消失时，按住鼠标左键并拖动以重绘路径，这会使得底部变短一点，如图 6-93 所示。重绘一定要回到原始路径上。

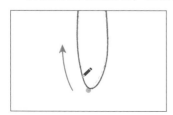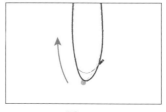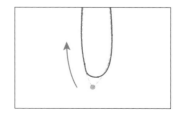

图6-93

9 选中路径后，将"属性"面板中的"填色"框■改为选择"Plant green"色板，将"描边粗细"更改为"0 pt"。

6.8.2 使用铅笔工具绘制直线段

除了绘制更自由的路径外，您还可以使用"铅笔工具" ✐创建角度约束为45°整数倍的直线。请注意，您要绘制的形状可以通过圆角矩形来创建，但由于这是植物的一部分，我们希望它看起来更像手绘。

1 将指针移到标记为 B 的路径底部的红色点上。按住鼠标左键并围绕形状底部拖动，到达蓝点时松开鼠标左键，如图 6-94 所示。
   您绘制的下一段路径将是直线。使用"铅笔工具" ✐进行绘制时，您可以轻松地继续绘制路径。

2 把指针移到您画的路径的末端。当"铅笔工具"指针旁边出现一条线✐，表示您可以继续绘制路径时，按住 option 键（macOS）或 Alt 键（Windows），按住鼠标左键并向上拖动到橙色点。当您到达橙色的点时，松开 option 键或 Alt 键，但不要松开鼠标左键，如图 6-95 所示。

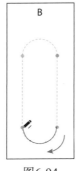

图6-94

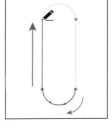

图6-95

使用"铅笔工具" ✐绘图时按住 option 键（macOS）或 Alt 键（Windows），可让您沿任何方向创建直线。

3 仍按住鼠标左键，继续在模板路径的顶部进行绘制。到达紫色点时，按住鼠标左键，然后按住 option 键（macOS）或 Alt 键（Windows）。继续向下绘制，直到到达红色点处，即路径的起点。当"铅笔工具" ✐指针旁边显示一个小圆圈✐时，松开鼠标左键，然后松开 opiton 键或 Alt 键，闭合路径，如图 6-96 所示。

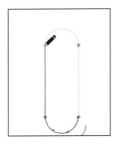
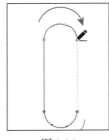
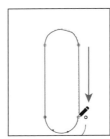

图6-96

4　选中路径后，在"属性"面板中将"填色"更改为名为"Cattail"的橙色色板，并将"描边粗细"更改为"0 pt"。

5　选中"选择工具" ▶，然后按住 Shift 键同时按住鼠标左键并拖动所选图形的一角，使其大小约为当前大小的一半。松开鼠标左键，然后松开 Shift 键。对绿叶形状也做同样处理，如图 6-97 所示。

6　选择"视图">"全部适合窗口大小"，查看所有对象。

7　将形状拖到天鹅图稿上，如图 6-98 所示。

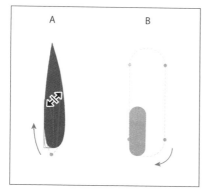

图6-97

图6-98

8　对于每个图形，通过按住 option 键（macOS）或 Alt 键（Windows）然后按住鼠标左键并拖动，可以复制图稿的不同部分，从而生成一系列副本。确保在拖动复制后松开鼠标左键和 option 键或 Alt 键，如图 6-99 所示。

图6-99

9　选中每个副本，然后将鼠标指针移出定界框的一角。当指针变为旋转箭头时，按住鼠标左键并拖动旋转箭头调整方向。

6.9 使用连接工具连接

在前面的课程中，您使用了连接命令（"对象"＞"路径"＞"连接"）来连接并闭合路径。您还可以使用"连接工具" 连接路径。使用"连接工具" 时，还可以使用擦除手势连接交叉、重叠或具有开放端点的路径。

1　选择"视图"＞"Eye"。这条视图命令将放大天鹅头部形状，并隐藏模板图层。

2　选中"选择工具" 。按住 Shift 键，按住鼠标左键将您在图 6-100 中看到的形状拖到右侧。当它与右侧的形状重叠时，松开鼠标左键，然后松开 Shift 键。

3　选择"选择"＞"取消选择"。

4　单击工具栏底部的"编辑工具栏" 。在出现的菜单中滚动进度条，然后按住鼠标左键将"连接工具" 拖到左侧工具栏中的"铅笔工具" 上，将其添加到工具列表中，如图 6-101 所示。

Ai | **注意**　您可能需要按 Esc 键来隐藏多余的工具菜单。

5　选中"连接工具" ，按住鼠标左键拖过两条路径的顶端，如图 6-102 左图所示。

图6-100

图6-101

当拖过（也称为擦过）路径时，路径将被"扩展并连接"或"修剪并连接"。在本例中，路径被"修剪并连接"。您不需要选中路径并使用"连接工具" ⋗ 将路径连接在一起，也不需要选择生成的连接路径来继续处理其他路径。

6　按住鼠标左键拖过两条路径的底端，如图 6-102 右图所示。

图6-102

7　选中"选择工具" ▶，然后单击选择新眼睛形状的描边。单击"属性"面板中的"填色"框██，然后选择"black"色板。

8　选择"视图" > "Leaf"，该保存视图命令将视图放大到叶子图形。

9　选中"连接工具" ▶ 后，按住鼠标左键在"U"形路径顶部的两端拖过，如图 6-103 所示。该路径是被"扩展并连接"。

图6-103

10　选中"选择工具" ▶，然后单击连接的路径。按"Shift + X"组合键将填色颜色（无）和描边颜色（绿色）互换。

11　按住鼠标左键将叶子拖到右边的植物路径上。

12　选择"选择" > "取消选择"。

13 选择"视图">"画板适合窗口大小",欣赏您在本课完成的所有图稿(见图6-104)!

14 选择"文件">"存储",然后选择"文件">"关闭"。

图6-104

复习题

1 描述如何使用"钢笔工具" ✐绘制垂直直线、水平直线或对角线。
2 如何使用"钢笔工具" ✐绘制曲线？
3 指出两种将曲线上的平滑锚点转换成角部锚点的方法。
4 哪种工具可以用于编辑曲线上的线段？
5 如何更改"铅笔工具" ✐的工作方式？
6 "连接工具" ✐与"连接"命令（"对象">"路径">"连接"）有何不同？

参考答案

1 要绘制一条直线，请使用"钢笔工具" ✐单击，然后移动鼠标指针并再次单击。第一次单击设置直线段的起始锚点，第二次单击设置直线段的结束锚点。要约束直线为垂直、水平或沿 45°对角线，请在使用"钢笔工具" ✐单击创建第二个锚点时按住 Shift 键。

2 使用"钢笔工具" ✐绘制曲线，可按住鼠标左键创建起始锚点，再拖动设置曲线的方向，然后单击设置曲线的终止锚点。

3 若要将曲线上的平滑锚点转换为角部锚点，请使用"直接选择工具" ▷选中锚点，然后使用"锚点工具" ⊦按住鼠标左键拖动方向手柄更改方向。另一种方法是使用"直接选择工具" ▷选中一个或多个点，然后单击"属性"面板中的"将所选锚点转换为尖角"按钮⊾。

4 要编辑曲线上的线段，请选中"直接选择工具" ▷，然后按住鼠标左键拖动线段将其移动，或按住鼠标左键拖动锚点上的方向手柄，调整线段的长度和形状。按住 option 键（macOS）或 Alt 键（Windows）并使用"钢笔工具" ✐按住鼠标左键拖动路径段是调整路径的另一种方式。

5 要更改"铅笔工具" ✐的工作方式，请双击工具栏中的"铅笔工具" ✐，或单击"属性"面板中的"工具选项"按钮打开"铅笔工具选项"对话框，即可在其中更改"保真度"和其他选项。

6 与"连接"命令不同，"连接工具" ✐可以在连接时修剪重叠的路径，而不是简单地在要连接的锚点之间创建一条直线，它考虑了连接的两条路径之间的角度。

第7课 使用颜色来改善标志

本课概览

在本课中，您将学习如何执行以下操作。

- 了解"颜色模式"和主要颜色控件。
- 使用多种方法创建、编辑和给对象上色。
- 命名和存储颜色。
- 设计自定义色板。
- 使用颜色组。
- 使用"颜色参考"面板。
- 了解"编辑颜色 / 重新着色图稿"的功能。
- 将上色和外观属性从一个对象复制到另一个对象。
- 使用实时上色。

 完成本课程大约需要 90 分钟。

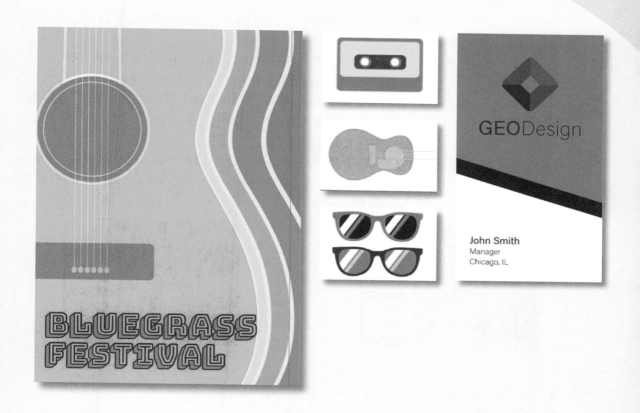

　　您可以使用 Adobe Illustrator CC 中的
颜色控件来给您的插图增添趣味。在内容丰
富的本课中，您将学习如何创建和使用颜色
来填色和描边、使用"颜色参考"面板获取
灵感、使用颜色组、使图稿重新着色等。

7.1 开始本课

在本课中，您将通过使用"色板"面板等创建和编辑节日标志图稿的颜色，来学习颜色的基础知识。

1 若要确保工具的功能和默认值完全如本课所述，请删除或停用（通过重命名）Adobe Illustrator CC 首选项文件。请参阅本书开头的"前言"部分中的"恢复默认设置"。

Ai | **注意** 如果您还没有将本课的项目文件从您的"账户"页面下载到本地计算机，请立即下载。具体请参阅本书开头的"前言"部分。

2 打开 Adobe Illustrator CC。

3 选择"文件">"打开"，打开"Lessons">"Lesson07"文件夹中的"L7_end1.ai"文件，查看图稿的最终版本。

4 您可以将文件保持为打开状态以供参考，也可以选择"文件">"关闭"，将其关闭。

5 选择"文件">"打开"，在"打开"对话框中定位到"Lessons">"Lesson07"文件夹，然后在您的硬盘中选择"L7_start1.ai"文件，单击"打开"按钮，打开文件，如图 7-1 所示。该文件已经包含了所有的部件，只需要再次上色，如图 7-2 所示。

6 选择"视图">"全部适合窗口大小"。

7 选择"文件">"存储为"，在"存储为"对话框中，定位到"Lecon07"文件夹，并将其命名为"Festival. ai"。从"格式"菜单中选择"Adobe Illustrator（ai）"（macOS）或从"保存类型"菜单中选择"Adobe Illustrator（*.AI）"（Windows），然后单击"保存"按钮。

图7-1

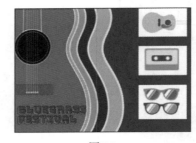

图7-2

8 在"Illustrator 选项"对话框中，将选项保持为默认设置，然后单击"确定"按钮。

9 选择"窗口">"工作区">"重置基本功能"。

Ai | **注意** 如果在菜单栏中没有看到"重置基本功能"，请在选择"窗口">"工作区">"重置基本功能"之前，先选择"窗口">"基本功能"。

7.2 了解颜色模式

在 Adobe Illustrator CC 中，有多种方法可以将颜色应用到您的图稿中。在使用颜色时，您需要考虑将在哪种媒介中发布图稿，比如是"打印"还是"Web"。因为您创建的颜色需要适合相应的媒介，所以这通常要求您使用正确的"颜色模式"和颜色定义。下面将介绍"颜色模式"。

在开始一个新文档之前，您应该确定作品应该使用哪种"颜色模式"："CMYK 颜色模式"还是"RGB 颜色模式"。

- CMYK 颜色模式——青色、品红、黄色和黑色，是四色印刷中使用的油墨颜色。这 4 种颜色以点的形式组合和重叠，创造出大量其他颜色。
- RGB 颜色模式——红色、绿色和蓝色以不同方式添加在一起合成一系列颜色。如果图像需要在屏幕演示、互联网或移动应用程序中使用，请选择此模式。

当您选择"文件">"新建"创建新文档时，每个新建文档预设（如"打印"或"Web"）都有一个特定的"颜色模式"。例如，"打印"配置文件使用"CMYK 颜色模式"，如图 7-3 所示。您可以通过在"颜色模式"菜单中选择不同的选项来更改"颜色模式"。

图7-3

Ai | **提示** 要了解有关颜色和图形的详细信息，请在"Illustrator 帮助"（"帮助">
"Illustrator 帮助"）中搜索"关于颜色"。

Ai | **注意** 您在"新建文档"对话框中看到的预设模板可能与图 7-3 不一样，但没关系。

一旦选择了一种"颜色模式"，文档就将以该"颜色模式"显示和创建颜色。创建文档后，可以通过选择"文件">"文档颜色模式"，然后从菜单中选择"CMYK 颜色"或"RGB 颜色"，从而更改文档的"颜色模式"。

7.3 使用颜色

在本节中，您将学习在 Illustrator 中结合使用面板和工具为对象着色（也称为上色）的传统方法，如"属性"面板、"色板"面板、"颜色参考"面板、拾色器和工具栏中的上色选项。

在前面的课程中，您了解到 Illustrator 中的对象可以有填色、描边或两者兼而有之。请注意工具栏的底部"填色"框█和"描边"框◻，"填色"框█是白色的（本例），而"描边"框◻为黑色，如图 7-4 所示。如果您单击其中一个框，单击的框（已选中）将位于另一个框的前面。选择一种颜色后，它将应用于所选对象的填色或描边。当您对 Illustrator 了解更多时，您将在其他地方看到这些"填色"框█和"描边"框◻，如"属性"面板、"色板"面板等。

图7-4

 注意 您看到的工具栏可能是一列，具体取决于屏幕的分辨率。

正如本节所述，Illustrator 提供了很多方法来获得您所需的颜色。您可以先将现有颜色应用到形状，然后通过一些常用的方法来创建和应用颜色。

7.3.1 应用现有颜色

Illustrator 中的每个新建文档都有其默认的一系列颜色，可供您在"色板"面板中挑选以应用到图稿。您要学习的第一种上色方法就是将现有颜色应用到形状。

 注意 在本小节中，您将在"颜色模式"为 CMYK 的文档中工作。这意味着，您创建的颜色默认将由青色、洋红色、黄色和黑色组成。

1 如果未关闭"L7_end1.ai"文档的话，请单击文档窗口顶部的"Festival. ai"文档选项卡。

2 从文档窗口左下角的"画板导航"菜单中选择"1 Festival Sign"（如果还没有选中的话），然后选择"视图">"画板适合窗口大小"。

3 选中"选择工具"▶，单击红色吉他形状，将其选中。

4 单击右侧"属性"面板中的"填色"框█以显示面板。如果尚未选中面板中的"色板"选项▦，请单击该选项显示默认色板（颜色）。当您将指针移动到任意色板上时，提示标签会显示每个色板的名称。单击名为"Orange"的橙色色板来更改所选图稿的填充颜色，如图 7-5 所示。

图7-5

5 按 Esc 键隐藏面板。

7.3.2 创建自定义颜色

在 Illustrator 中有很多方法可以创建自定义颜色。使用"颜色"面板（"窗口">"颜色"）或
"颜色混合器"（您将在本节中学习该功能的更多内容），可以将创建的自定义颜色应用于对象的填
色和描边，还可以使用不同的"颜色模式"（如 CMYK 模式）编辑和
混合颜色。"颜色"面板和"颜色混合器"会显示所选内容的当前填色和
描边色，您可以直接从面板底部的色谱条中选择一种颜色，也可以以各
种方式混合自己的颜色。接下来，您将使用"颜色混合器"创建自定义
颜色。

1 选中"选择工具" ▶，单击选中灰色吉他形状，如图 7-6 所示。
2 单击右侧"属性"面板中的"填色"框█以显示面板。在出现
   的面板中选择"颜色混合器"选项🎨。
3 在色谱的黄橙色部分中单击以选取一种黄橙色，并将其应用于
   "填色"，如图 7-7 所示。
   由于色谱条很小，可能很难获得与书中相同的颜色。没关系，
   稍后您会编辑颜色让它完全一致。

图7-6

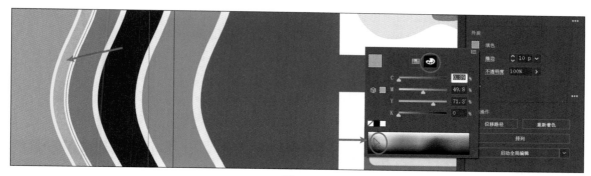

图7-7

Ai | **提示**　若要放大色谱，可以打开"颜色"面板（"窗口">"颜色"）并按住鼠标
左键向下拖动面板底边。

如果以这种方式创建颜色时已经选中了图稿，则图稿会自动应用该颜色。

4 在"颜色混合器"面板中的"CMYK"字段对应输入框中键入值"C=3，M=2，Y=98，
   K=0"。这将确保我们使用相同的黄色，如图 7-8 所示。

Ai | **提示**　每个"CMYK"值都显示为百分数的形式。

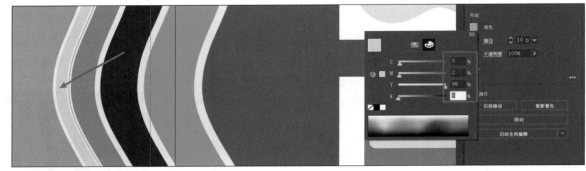

图7-8

在"颜色混合器"面板中创建的颜色仅保存在所选图稿的填色或描边中。如果您想轻松地在本文档其他位置重复使用您创建的颜色,可以将其保存在"色板"面板中。如前所述,所有文档都以默认的色板开始。默认情况下,您在"色板"面板中保存或编辑的任何颜色仅适用于当前文档,因为每个文档都有自己的自定义色板。

7.3.3 将颜色存储为色板

您可以将文档中不同类型的颜色、渐变和图案命名并保存为色板,以便稍后应用和编辑它们。"色板"面板按创建顺序列出色板,但您可以根据需要重新排序或编组色板。

接下来,您会将刚才创建的颜色保存为色板,以便可以轻松地重复使用它。

1 选中"选择工具" ▶后,单击选中黑色圆形。

2 单击右侧"属性"面板中的"填色"框■,显示面板。选择"颜色混合器"选项◎后,将"CMYK"对应值更改为"C=0,M=84,Y=100,K=0",如图 7-9 所示。

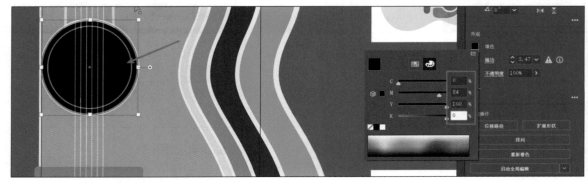

图7-9

3 选择面板顶部的"色板"选项■查看色板。单击面板底部的"新建色板"按钮■,根据所选图稿的填色创建新色板,如图 7-10 所示。

图7-10

4 在弹出的"新建色板"对话框中,更改以下选项。

• 色板名称:Dark Orange。

• "添加到我的库"复选框:取消选择(在第 13 课中,您将了解有关"库"的更多信息),
如图 7-11 所示。

请注意,默认会选中"全局色"复选框,即您创建的新色板默认是全局色。这意味着,如
果以后编辑此色板,无论是否选中图稿,应用此色板的位置的颜色都会自动更新。

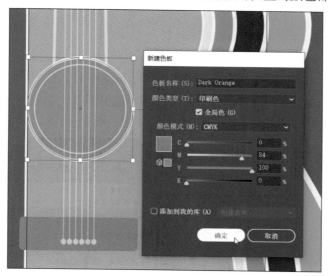

图7-11

| | 提示 命名颜色是一种艺术。您可以根据它们的数值(C=45,……)、外观(light orange)、用途(如"文本标题")或其他属性来命名。 |

---

5 单击"确定"按钮,保存色板。

请注意,新建的"Dark Orange"色板会在"色板"面板中高亮显示(它周围有一个白色边框)。

这是因为它已自动应用于所选形状。若色板右下角有白色小三角形，则表明它是一个全局色板，如图7-12所示。

保持选中橙色圆形和显示面板，以便7.3.4节使用。

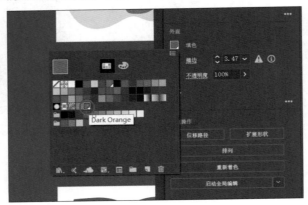

图7-12

> ![Ai] **注意** 如果此面板隐藏了，请单击"属性"面板中的"填色"框▉。

7.3.4 创建色板副本

创建颜色并将其保存为色板的一种简单方法是制作色板的副本并编辑该副本。接下来，您将通过复制和编辑名为"Dark Orange"的色板来创建另一个色板。

1 仍选中此圆形和显示"色板"面板，从面板菜单▤中选择"复制色板"，如图7-13所示。这将创建所选"Dark Orange"色板的副本。新色板现在也应用于所选圆形。

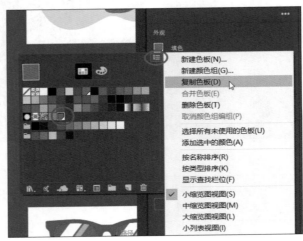

图7-13

2　单击将原始的"Dark Orange"色板应用于所选圆圈，如图 7-14 所示。

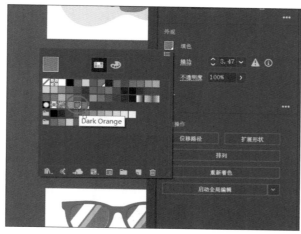

图7-14

3　选中"选择工具" ▶，单击浅蓝色吉他形状，将其选中。

4　单击"属性"面板中的"填色"框■，然后双击"Dark Orange- 副本"色板，将其应用到
所选图稿并编辑该颜色设置，如图 7-15 所示。

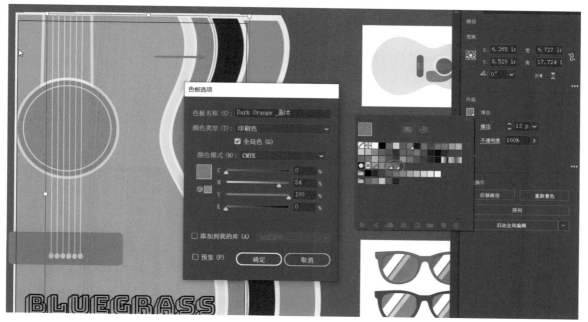

图7-15

> **提示**　在"色板选项"对话框中，"颜色模式"菜单允许您更改指定颜色的"颜色模式"为"RGB""CMYK""灰度"或其他模式。

5 在"色板选项"对话框中，将名称更改为"Mustard"，将值更改为"C=11，M=23，Y=100，K=0"，并确保取消选中"添加到我的库"复选框，选中"预览"复选框，然后单击"确定"按钮，如图 7-16 所示。

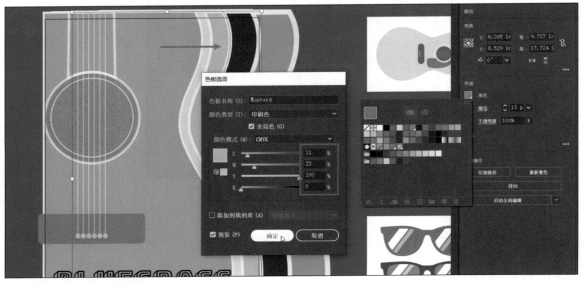

图7-16

确保新的"Mustard"色板应用于所选形状。

7.3.5 编辑全局色板

接下来，您将保存一种颜色作为色板，并了解全局色。编辑全局色时，无论是否选中相应图稿，都会更新应用了该色板的所有图稿的颜色。

1 选中"选择工具"▶，单击选中"BLUEGRASS FESTIVAL"文本上方的灰色形状。按住 Shift 键，然后单击选中绿色吉他形状，如图 7-17 所示。

2 单击"属性"面板中的"填色"框 ?，然后单击名为"Dark Orange"的色板，应用该色板。

3 双击"Dark Orange"色板。在"色板选项"对话框中，将"M"值（洋红色）更改为"64"，选中"预览"复选框以查看更改，然后单击"确定"按钮，如图 7-18 所示。

应用了全局色的所有形状都将更新其颜色，即使未选中的形状（圆形）也是如此。

图7-17

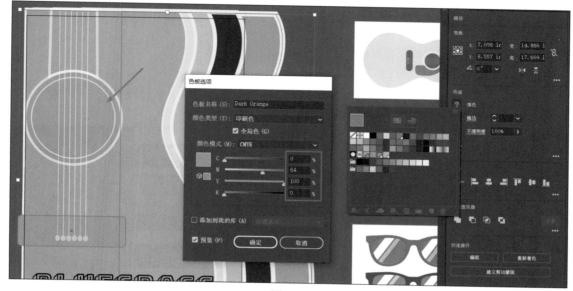

图7-18

7.3.6　编辑非全局色板

默认情况下，每个 Illustrator 文档自带的颜色色板默认不会保存为全局色板。因此，当您编辑其中一个颜色色板时，只有选中了该图稿，才会更新其使用的颜色。接下来，您将应用和编辑未保存为全局色板的色板。

1　选中"选择工具" ▶后，单击选中首先应用橙色填色的吉他形状。

2　单击"属性"面板中的"填色"框 █，您将看到名为"Orange"的色板应用于"填色"，如图 7-19 所示。这是您在本课开始时应用于内容的第一种颜色。

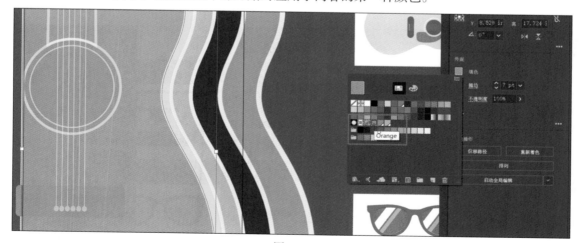

图7-19

可以看出，您应用的橙色色板不是全局色板，因为在"色板"面板中该色板的右下角没有白色小三角形。

3　按 Esc 键隐藏"色板"面板。

4　选择"选择">"取消选择"。

5　选择"窗口">"色板"，将"色板"面板作为单独的面板打开。双击名为"Orange"的色板对其进行编辑，如图 7-20 所示。

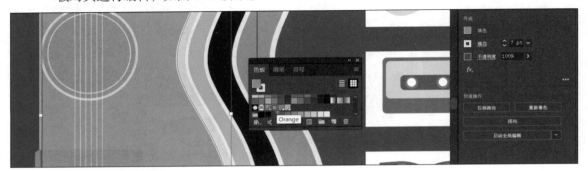

图7-20

> **注意**　您可以将现有色板更改为全局色板，但这需要更多的操作。您需要在编辑色板之前选中应用了该色板的所有形状，使其成为全局形状，然后再编辑色板；或者先编辑色板使其成为全局色板，然后将色板重新应用到所有内容。

"属性"面板中的大多数格式选项也可以在单独的面板中找到。例如，打开"色板"面板是一种无须选择图稿即可使用颜色的有效方法。

6　在"色板选项"对话框中，将名称更改为"Guitar Orange"，并将值更改为"C= 0，M=29，Y=100，K=0"，选中"全局色"复选框以确保它是全局色板，然后选中"预览"复选框，如图 7-21 所示。

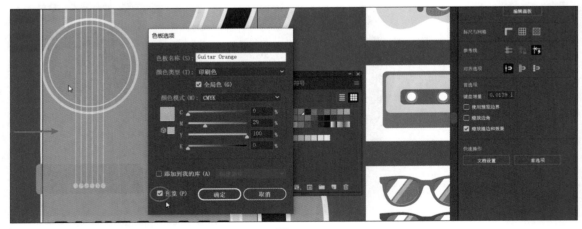

图7-21

请注意，吉他的颜色不会改变。这是因为在将颜色应用于吉他形状时，未在"色板选项"对话框中选择全局色。更改非全局色板后，您需要将其重新应用于编辑时未选中的图稿。

7   单击"确定"按钮。

8   单击"色板"面板组右上角的"×"将其关闭。

9   再次单击选中吉他形状。单击"属性"面板中的"填色"框，并注意应用的不再是橙色色板。

10 单击刚才编辑的"Guitar Orange"色板，再次应用它，如图 7-22 所示。

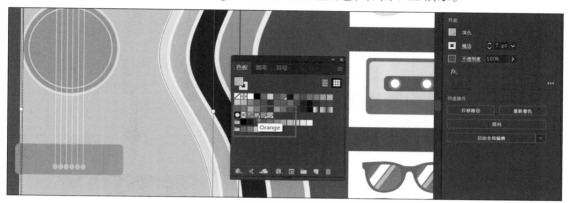

图7-22

11 选择"选择">"取消选择"，然后选择"文件">"存储"。

使用Adobe颜色主题

"Adobe颜色主题"面板（"窗口">"颜色主题"）显示您创建的颜色主题并同步到Adobe Color CC网站上。您在Illustrator CC中使用的Adobe ID将自动登录到Adobe Color CC网站，并且"Adobe颜色主题"面板将显示最新的Adobe颜色主题。

Ai | **注意**　关于使用"颜色主题"面板的更多详细信息，请在"Illustrator 帮助"（"帮助">"Illustrator 帮助"）中搜索"颜色主题"。

7.3.7　使用拾色器创建颜色

另一种创建颜色的方法是使用"拾色器"。您可以使用"拾色器"在色域、色谱带中直接输入颜色值，或者单击色板来选择颜色。您也可以在 Adobe 的其他应用程序（如 InDesign 和 Photoshop）中找到"拾色器"。接下来，您将使用"拾色器"创建一种颜色，然后在"色板"面板中将该颜色存储为色板。

1   选中"选择工具" ▶，单击蓝色吉他形状，如图 7-23 左图所示。

2 双击文档左侧的工具栏底部的蓝色"填色"框■，打开"拾色器"，如图 7-23 右图所示。在"拾色器"对话框中，较大的色域显示饱和度（水平方向）和亮度（垂直方向），而色域右侧的色谱条则显示色相，如图 7-24 所示。

3 在"拾色器"对话框中，按住鼠标左键并向上和向下拖动色谱条滑块，更改颜色范围。确保最终滑块在浅橙色上，如图 7-24 所示。

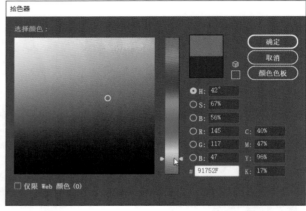

图7-23   图7-24

4 在色域中按住鼠标左键并拖动，如图 7-25 的圆圈所示。当您左右拖动时，可以调整饱和度，而上下拖动时，可以调整亮度。当您单击（此处先不要单击）"确定"按钮后创建的颜色将显示在"新建颜色"矩形中，如图 7-25 中箭头所指。

图7-25

> **Ai** | **提示**   您还可以通过输入"H""S""B""R""G"或"B"值来更改所看到的色谱。

5 在 CMYK 色域中，将值更改为"C=8，M=50，Y=100，K=0"，如图 7-26 所示。

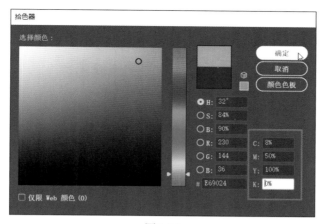

图7-26

6　单击"确定"按钮,您会看到橙色应用于形状填色。

7　单击"属性"面板中的"填色"框█,显示"色板"面板。单击面板底部的"新建色板"按钮█,并更改"新建色板"对话框中的选项。

• 　色板名称:Burnt Orange。

• 　"全局色"复选框:选中(默认设置)。

• 　"添加到我的库"复选框:不选中。

8　单击"确定"按钮,可以看到颜色在"色板"面板中显示为新色板,如图 7-27 所示。

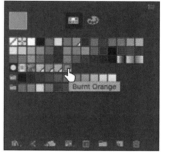

9　选择"选择">"取消选择"。

10　选择"文件">"存储"。

图7-27

7.3.8　使用 Illustrator 色板库

色板库是预设的颜色组(如 PANTONE、TOYO)和主题库(如"大地色调""冰淇淋")的集合。当您打开 Illustrator 默认色板库时,这些色板库将显示为独立面板,并且不能对其进行编辑。将色板库中的颜色应用于图稿时,该颜色将随当前文档一起保存在"色板"面板中。因此,创建颜色时以色板库为基础,是非常不错的选择。

接下来,您将使用"PANTONE+ 库"创建一种专色,该专色需使用专色油墨进行打印。然后,您将此颜色应用于图稿。在 Illustrator 中定义的颜色在后期被打印时,颜色外观可能会有所不同。因此,大多数打印机和设计人员使用如 PANTONE 系统这样的颜色匹配系统,来保持颜色一致性,并在某些情况下为专色提供更多种颜色。

7.3.9 添加专色

在本节中，您将学习如何打开颜色库（如 PANTONE 颜色系统），以及如何将 PANTONE 配色系统（PANTONE MATCHING SYSTEM，PMS）颜色添加到"色板"面板中。

1. 选择"窗口">"色板库">"色标簿">"PANTONE+ Solid Coated"，"PANTONE + Solid Coated"库出现在独立面板中，如图 7-28 所示。

2. 在"查找"输入文本框中键入"137"。随着键入，Illustrator 会对列表进行过滤，显示越来越少的色板。

3. 单击"查找"输入文本框下方的色板"PANTONE 137 C"，将其添加到此文档的"色板"面板中，如图 7-29 所示。单击"查找"输入文本框右侧的"×"停止筛选。

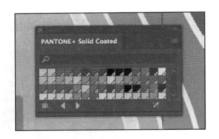

图7-28

图7-29

4. 关闭"PANTONE+ Solid Coated"面板。

 注意 如果在"PANTONE"库面板打开的情况下退出并重启 Illustrator，则该面板不会重新打开。若要在 Illustrator 重启后自动打开该面板，请在"PANTONE+Solid Coated"面板菜单 ≡ 中选择"保持"。

5. 从文档窗口左下角的"画板导航"菜单中选择"2 Pantone"。
   画板将适合文档窗口大小。如果没有的话，您可以在窗口中选择"视图">"画板适合窗口大小"。

6. 选中"选择工具" ▶，单击浅灰色吉他形状。

7. 单击"属性"面板中的"填色"框 ▢，显示色板，然后选择"PANTONE 137 C"色板并填色到所选形状，如图 7-30 所示。

8. 选择"选择">"取消选择"，然后选择"文件">"存储"。

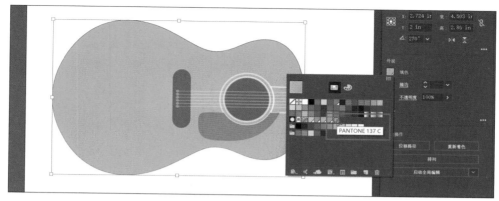

图7-30

PANTONE色板 vs "色板"面板中的其他色板

在"色板"面板中,当面板显示为"列表视图"时,您可以通过专色图标 来识别专色色板,或通过面板的"缩览图"视图中的角点 来识别专色色板。而印刷色没有专色图标或角点。

7.3.10 创建和保存淡色

淡色是一种颜色与白色的混合,颜色更浅。您可以从全局印刷色(如 CMYK)或专色来创建淡色。接下来,您将创建添加到文档中的 PANTONE 色板的一种淡色。

1 选中"选择工具" ，按住 Shift 键,然后单击吉他形状上两个深灰色形状,将它们都选中。
2 单击右侧"属性"面板中的"填色"框 。选择"PANTONE 137 C"色板填色这两个形状,如图 7-31 所示。

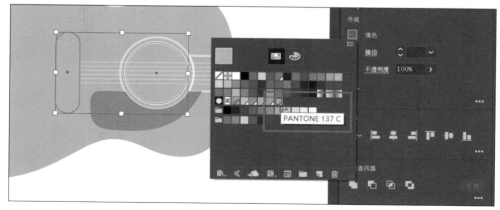

图7-31

3 选择面板顶部的"颜色混合器"选项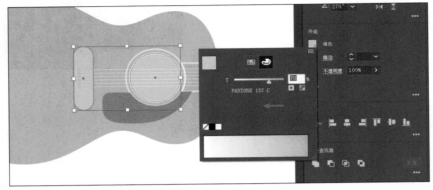。

在 7.3.2 节中，您使用"颜色混合器"滑块创建了一种自定义颜色。在那一节中，您从头开始创建一种自定义颜色,这就是使用 CMYK 滑块的原因。现在,你会看到一个标记为"T"的单色滑块,用于调整淡色。当使用"颜色混合器"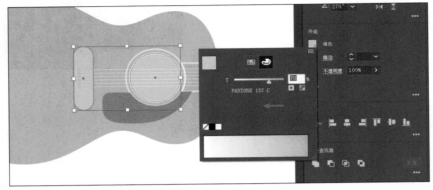设置全局色板时,您将创建一个淡色,而不是混合"CMYK"值的颜色。

4 按住鼠标左键向左拖动色调滑块，将"色调"值更改为"70%"，如图 7-32 所示。

图7-32

5 单击面板顶部的"色板"按钮，显示色板。单击面板底部的"新建色板"按钮，保存该淡色，如图 7-33 左图所示。

6 将鼠标指针移动到色板图标上，将显示其名称，即"PANTONE 137 C 70%"，如图 7-33 右图所示。

图7-33

7 选择"选择">"取消选择"，然后选择"文件">"存储"。

7.3.11 转换颜色

Illustrator 提供了"编辑颜色"命令（"编辑">"编辑颜色"）,允许您为所选图稿转换颜色模式、混合颜色、反相颜色等。接下来，您将使用 CMYK 颜色（而不是 PANTONE 颜色）来转换应用了 PANTONE 137 C 色的吉他颜色。

1 选择"选择">"现用画板上的全部对象",选择画板上的所有图稿,包括应用了 Pantone 颜色和淡色的形状。

2 选择"编辑">"编辑颜色">"转换为 CMYK"。

 注意 当前"编辑颜色"菜单中的"转换为 RGB"是灰色的(您无法选择它)。这是因为文档"颜色模式"是 CMYK。若要使用此方法将所选内容颜色转换为"RGB 颜色模式",请首先选择"文件">"文档颜色模式">"RGB 颜色"。

选定形状中应用的 Pantone 颜色现在都转换为 CMYK 颜色了。使用这种方式将图稿中的颜色都转换为 CMYK 颜色并不会影响"色板"面板中的 Pantone 颜色(本例中为"PANTONE 137 C"和淡色),因为它只是将选定的图稿颜色转换为 CMYK 颜色。而"色板"面板中的色板不再应用于图稿。

3 选择"选择">"取消选择"。

7.3.12 复制外观属性

有时,您可能只需将外观属性(如文本格式、填色和描边)从一个对象复制到另一个对象。这可以使用"吸管工具" ✐ 来完成,使用这种方法会加快您的创作过程。

1 选中"选择工具" ▶,选中粉红色的形状。

2 在左侧的工具栏中选中"吸管工具" ✐。单击应用了淡色的圆形,如图 7-34 所示。粉红色的形状现在具有圆形形状的属性了,还包括了一个 2 pt 的白色描边。

 提示 在取样之前,您可以双击工具栏中的"吸管工具" ✐,更改吸管拾色和应用的属性。

3 单击"属性"面板中的"描边"颜色框▣,并将颜色更改为"[无]" ☑。

4 在工具栏中选中"选择工具" ▶。

5 选择"选择">"取消选择",然后选择"文件">"存储",如图 7-35 所示。

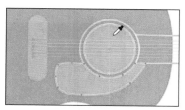

图7-34

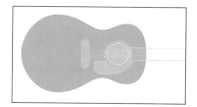

图7-35

7.3.13 创建颜色组

在 Illustrator 中,您可以把颜色存储到颜色组中,颜色组由"色板"面板中的一系列相关色板组成。根据用途(如编组徽标的所有颜色)来组织颜色,有助于组织和管理文档等,您很快就会看到这一点。颜色组不能包含图案、渐变、"无"颜色或"注册"颜色。接下来,您将创建一个颜色组,使您创建的一些色板保持条理。

1　选择"窗口">"色板"，打开"色板"面板。

　　在"色板"面板中，单击选中名为"Guitar Orange"的色板。按住 Shift 键，单击名为
"PANTONE 137 C"的色板，这将选中 5 种色板，如图 7-36 所示。

> **Ai** | **提示**　您可能需要按住鼠标左键向下拖动"色板"面板底边，以便查看更多内容。

2　单击"色板"面板底部的"新建颜色组"按钮█，如图 7-37 所示。在"新建颜色组"对
话框中将名称更改为"Guitar colors"，然后单击"确定"按钮，保存颜色组。

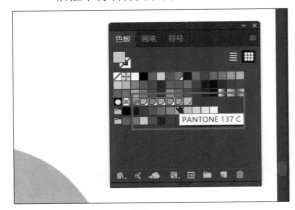
图7-36

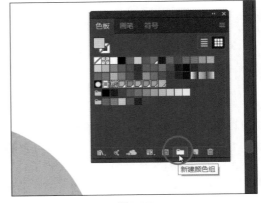
图7-37

> **Ai** | **注意**　如果在单击"新建颜色组"按钮时还选中了图稿中的对象，则会出现一个
> 扩展的"新建颜色组"对话框。在此对话框中可以根据图稿中的颜色创建颜色组，
> 并将颜色转换为全局色。

3　选中"选择工具" ▶ 后，单击"色板"面板的空白区
域，取消选中面板中的所有内容，如图 7-38 所示。
通过双击颜色组中的色板并编辑"色板选项"对话
框中的值，仍然可以单独编辑颜色组中的每个色板。

4　按住鼠标左键将颜色组中名为"PANTONE 137 C"
的色板拖到"PANTONE 137 C 70%"色板的右侧，
如图 7-39 所示。使"色板"面板保持为打开状态。
您可以按住鼠标左键将颜色拖入或拖出颜色组。拖
入到颜色组时，请确保在该组中的色板右侧出现了
一条短粗线。否则，您可能会将色板拖动到错误的
位置。您可以随时选择"编辑">"还原移动色板"，
然后重试。

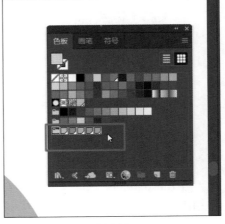
图7-38

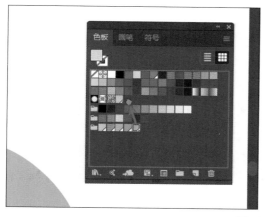
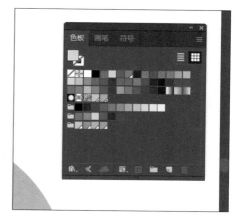

图7-39

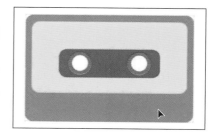

> **提示** 除了将颜色拖入或拖出颜色组外，还可以重命名颜色组、重新排序组内的颜色等。

7.3.14 使用颜色参考面板提供创意灵感

"颜色参考"面板可以在您创作图稿时为您提供色彩灵感。您可以使用它来选取颜色淡色、近似色等，然后将它们直接应用于图稿，再使用多种方法对其进行编辑，或将它们保存为"色板"面板中的一个颜色组。接下来，您将使用"颜色参考"面板从图稿中选择不同的颜色，然后将这些颜色存储为"色板"面板中的颜色组。

1　从文档窗口左下角的"画板导航"菜单中选择"3 Cassette"。

2　选中"选择工具" ▶，单击深绿色圆角矩形，如图7-40所示。确保在工具栏的底部选择了"填色"框■。

3　选择"窗口">"颜色参考"，打开面板。单击"将基色设置为当前颜色"按钮■，如图 7-41 左图所示。
这会让"颜色参考"面板根据"将基色设置为当前颜色"按钮■的颜色来推荐颜色。您在"颜色参考"面板中看到的颜色可能与您在图7-41左图中看到的有所差异，这没有关系。
接下来，您将使用"协调规则"来创建颜色。

图7-40

4　从"颜色参考"面板中的"协调规则"菜单中选择"近似色"，如图 7-41 中图所示。
这会在基色(深绿色)的右侧创建一组基色，并在面板中显示这组基色的一系列暗色和淡色，如图 7-41 右图所示。这里有很多协调规则可供选择，每种规则都会根据您需要的颜色立即生成配色方案。设置基色（深绿色）是生成配色方案的基础。

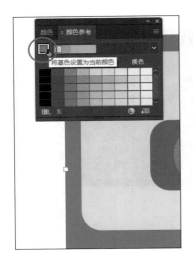
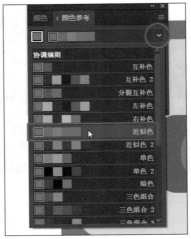
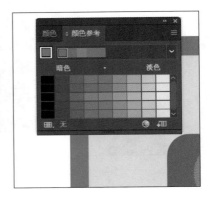

图7-41

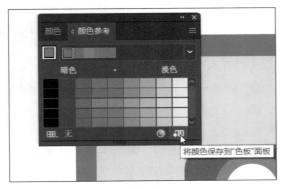

Ai　**提示**　您还可以通过单击"颜色参考"面板菜单图标▤选择不同的颜色变体（不同于默认的"显示淡色 / 暗色"），例如"显示冷色 / 暖色"。

5　单击"颜色参考"面板底部的"将颜色保存到'色板'面板"按钮▣，将"色板"面板中的这些基色（顶部的 5 种颜色）存储为一个颜色组，如图 7-42 所示。使面板保持为打开状态。

6　选择"选择" > "取消选择"。

在"色板"面板中，您应该会看到添加了一个新组，如图 7-43 所示。您可能需要在面板中向下滚动进度条以查看您新创建的颜色组。

接下来，您将使用刚刚创建的颜色组来创建另外的颜色组。

图7-42　　　　　　　　　　　　　　　　　　图7-43

7　在"颜色参考"面板的色板列表中，从第 2 行左侧开始选择第 6 列的颜色，如图 7-44 所示。如果仍选中绿色盒式磁带，它现在将被填充蓝色。

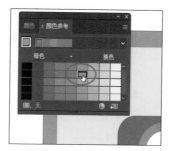

图7-44

---

8 单击"将基色设置为当前颜色"按钮■（图 7-45 左图中的圆圈所示），确保面板创建的所有颜色都基于此蓝色。

9 从"协调规则"菜单中选择"互补色 2"，如图 7-45 中图所示。

10 单击"将颜色保存到'色板'面板"按钮■，这些颜色将作为一个颜色组存储到"色板"面板中，如图 7-45 右图所示。

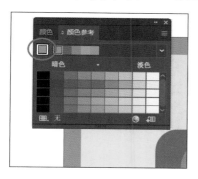 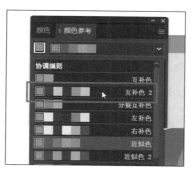 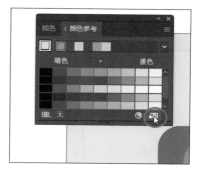

图7-45

7.3.15　在编辑颜色对话框中编辑颜色组

在"色板"面板或"颜色参考"面板中创建颜色组后，可以编辑色板组也可以单独编辑组中的色板（通过双击"色板"面板中的每个色板）。在本节中，您将了解如何使用"编辑颜色"对话框编辑保存在"色板"面板中的颜色组的颜色。稍后，您将用这些颜色对图稿上色。

1 选择"选择">"取消选择"（如果可用的话）。
   现在"取消选择"这步很重要！如果在编辑颜色组时选中了图稿，正在编辑的颜色将应用于所选图稿。

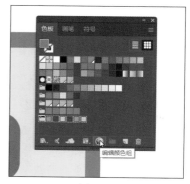

图7-46

2　在"色板"面板中，单击底部颜色组（刚刚保存的颜色组）中色板左边的"颜色组"图标■，确保选中了它，如图7-46左边圆圈所示。

3　单击"色板"面板底部的"编辑颜色组"按钮⦿，打开"编辑颜色"对话框，如图7-46右边圆圈所示。

Ai | **提示**　在未选中图稿的情况下，还可以双击"色板"面板中的"颜色组"图标⦿来打开"编辑颜色"对话框。

"编辑颜色组"按钮⦿出现在多个位置，如"色板"面板和"颜色参考"面板。"编辑颜色"对话框允许您以各种方式编辑一组颜色，甚至创建新的颜色组。在"编辑颜色"对话框的右侧，在"颜色组"部分的下方，将列出"色板"面板中的所有现有颜色组。

4　如果尚未选中本小节第2步所述的"颜色组"图标的话，请在"颜色组"部分下方中选中"颜色组2"，并将该颜色组重命名为"Cassette colors"，如图7-47所示。这是重命名颜色组的一种方法。

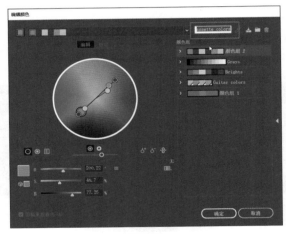

图7-47

接下来，您将对该组中的颜色进行一些更改。在"编辑颜色"对话框的左侧，您可以单独或整体编辑每个颜色组的颜色，还可以直观地编辑或使用特定的颜色值精确地编辑这些颜色。在色轮中，您将看到表示所选颜色组中每种颜色的标记（圆圈）。

5　在对话框左侧的色轮中，按住鼠标左键拖动色轮左下角最大的蓝色圆圈（即色标圈），使其向左下方移动一点，如图7-48所示。

Ai | **提示**　您会注意到颜色组中的所有颜色都一起移动和改变。这是因为它们默认是链接在一起的。

Ai | **注意**　最大的蓝色标记是最初在"颜色参考"面板中设置的颜色组的基色。

将最大的色标圈拖离色轮中心会提高其饱和度，而将其拖到靠近中心则会降低饱和度。在色轮周围拖动颜色标记（顺时针或逆时针）则会调整颜色色相。

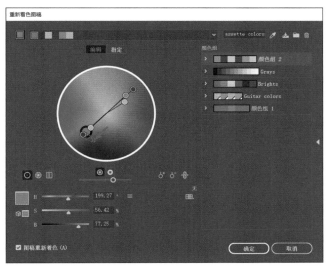

图7-48

6　按住鼠标左键将"调整亮度"滑块拖到右侧，以便同时提亮所有颜色，如图 7-49 所示。接下来，您将独立编辑颜色组中的每种颜色，然后将这些颜色存储为新颜色组。

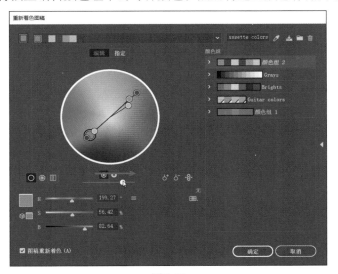

图7-49

> **Ai** | **注意**　如果您想要将颜色完全匹配本课的颜色，您可以在"编辑颜色"对话框中，将色轮下方的"H"（色相）、"S"（饱和度）、"B"（亮度）值调成图 7-49 所示的数值，以模拟您在图中看到的效果。

7 在"编辑颜色"对话框中，单击"取消链接协调颜色"按钮，使其看起来像独立编辑颜色标志，如图 7-50 所示。

色标圈（圆）和色轮中心之间的线条变成虚线，这表明您可以独立编辑每种颜色了。接下来，您可以只编辑其中一种颜色，因为它们现在没有链接在一起。您将通过输入特定颜色值来编辑颜色，而不是拖动色轮中的色标圈。

图7-50

8 如果"CMYK"滑块不可见的话，单击色轮下方"HSB"值右边的"指定颜色调整滑块模式"图标，从菜单中选择"CMYK"，如图 7-51 所示。

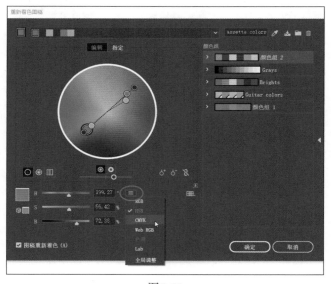

图7-51

9 单击选中色轮右侧顶部的红 / 紫色色标圈，将"CMYK"值更改为"C=48，M=74，Y=21，K=0"，如图 7-52 所示。

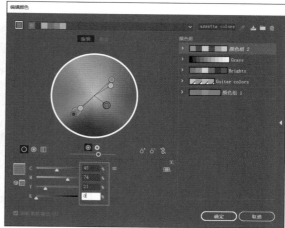

图7-52

请注意，仅有该色标圈在色轮中移动。这是因为您单击了"取消链接协调颜色"按钮。将对话框保持为打开状态。

10 单击"编辑颜色"对话框右上角的"将更改保存到颜色组"按钮，保存对颜色组所作的更改，如图 7-53 所示。

如果您决定对另一个颜色组的颜色进行更改，则可以在"编辑颜色"对话框的右侧选择要编辑的颜色组，并在左侧编辑颜色。然后，您可以通过单击对话框右上角的"将更改保存到颜色组"按钮，将保存对颜色组所做的更改。

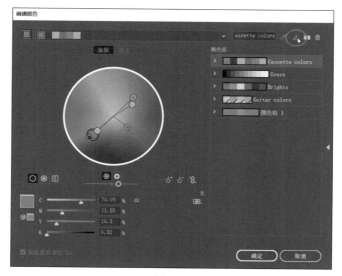

图7-53

11 单击"确定"按钮以关闭"编辑颜色"对话框。颜色组中颜色的更改都显示在了"色板"面板中，如果您看到的颜色与图 7-54 不完全一致，请不用担心。

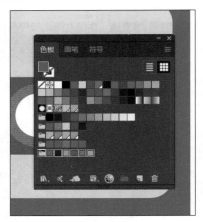

图7-54

> **Ai** | **注意**　如果单击"确定"按钮后出现对话框，请单击"是"按钮，将修改保存到"色板"面板中的颜色组。

12 关闭"色板"面板组和"颜色参考"面板组。

13 选择"文件" > "存储"。

7.3.16　编辑图稿颜色

您还可以使用"重新着色图稿"命令来编辑选定图稿中的颜色。当图稿中没有应用全局色板时，这非常有用。因为在图稿中没有使用全局色的情况下，更新选定图稿中的系列颜色往往需要大量时间。接下来，您将编辑用非全局色板颜色创建的盒式磁带图稿的颜色。

1 选择"选择" > "现用画板上的全部对象"，选中所有的图稿，如图 7-55 所示。

2 单击"属性"面板中的"重新着色"按钮，打开"重新着色图稿"对话框。

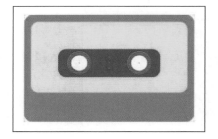

图7-55

> **Ai** | **提示**　您也可以选择"编辑" > "编辑颜色" > "重新着色图稿"。

"重新着色图稿"对话框中的选项允许您编辑、重新指定颜色或减少所选图稿中颜色种类，还可以创建和编辑颜色组。您可能会注意到，它看起来非常类似于"编辑颜色"对话框。最大的区别在于，此对话框不是编辑颜色和颜色组，也不是创建以后应用的颜色组，而是动态编辑当前所选图稿的颜色。

和"编辑颜色"对话框相似，"色板"面板中的所有颜色组都显示在"重新着色图稿"对话框的右侧（在"颜色组"存储区域中）。在"重新着色图稿"对话框中，可以将这些颜色组中的颜色应用于所选的图稿。在本节中，您只需要编辑所选图稿中的颜色。

3　在"重新着色图稿"对话框中，单击对话框右侧的"隐藏颜色组存储区"图标◀，暂时隐藏颜色组，如图 7-56 所示。

4　单击"重新着色图稿"对话框右上角的"从所选图稿获取颜色"按钮，确保所选图稿中的颜色显示在"重新着色图稿"对话框中。

5　单击"编辑"选项卡，使用色轮编辑图稿中的颜色。

6　确保禁用了"链接协调颜色"图标，以便您可以独立编辑各个颜色。"链接协调颜色"图标应该是图 7-56 圆圈里的，而不是。

色标圈（圆）与色轮中心之间的直线应该是虚线。创建颜色组时，可以使用色轮和"CMYK"滑块来编辑颜色。本次，您将使用另外的方法来调整颜色。

7　单击"显示颜色条"按钮，将所选图稿中的颜色显示为条形图，如图 7-57 所示。

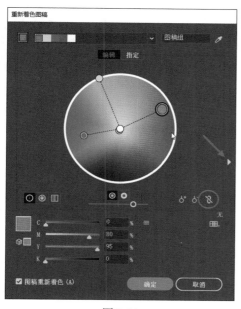

图7-56

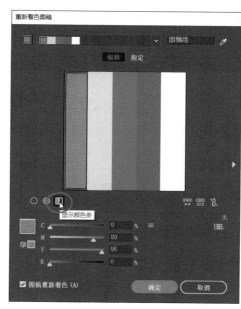

图7-57

8　单击选中图 7-58 左图红框圈住的橙色颜色条。

9　在对话框的底部，将"Y"值（黄色）更改为"20"，如图 7-58 左图所示。如果"重新着色图稿"对话框实时起效，则应该会看到图稿发生了变化。

Ai ┃ **提示**　如果您要返回到原始颜色，请单击"从所选图稿获取颜色"按钮图标。

10 将鼠标指针放在灰色颜色条上,右击并从弹出的菜单中选择"选择底纹"。在底纹拾色器中按住鼠标左键并拖动,以更改该颜色条的颜色,如图 7-58 中图和右图所示。在底纹菜单以外单击以将其关闭。

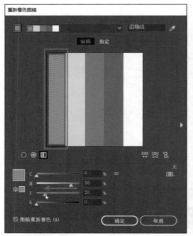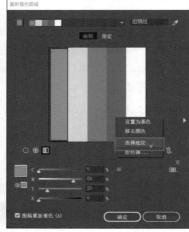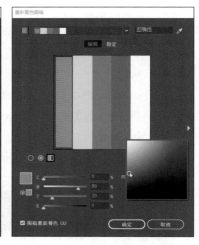

图7-58

以颜色条的形式编辑颜色只是编辑颜色的多种方法之一。若要了解有关这些选项的详细信息,请在"Illustrator 帮助"("帮助">"Illustrator 帮助")中搜索"颜色组(协调)"。

11 在"重新着色图稿"对话框中单击"确定"按钮,结果如图 7-59 所示。

12 选择"选择">"取消选择",然后选择"文件">"存储"。

图7-59

7.3.17 为图稿指定颜色

在 7.3.16 节中,您了解到可以在"重新着色图稿"对话框中编辑选中的图稿中的颜色。您还可以在"重新着色图稿"对话框中,从现有颜色组"指定"颜色到您的图稿。接下来,您将为其他图稿指定一个颜色组。

1 从文档窗口左下角的"画板导航"菜单中选择"4 Sunglasses"。

2 选中"选择工具" ▶ 后，单击选中绿色太阳镜，如图 7-60 所示。

3 单击"属性"面板中的"重新着色"按钮，打开"重新着色图稿"对话框。

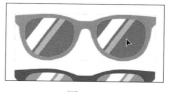

图7-60

提示 您还可以选择"编辑" > "编辑颜色" > "重新着色图稿"。

---

4 如果颜色组尚未显示的话，单击对话框右侧的"显示颜色组存储区"图标 ▶，显示颜色组存储区。确保在对话框的左上角选中了"指定"选项卡，如图 7-61 所示。

在"重新着色图稿"对话框的左侧，注意所选太阳镜图稿的颜色列在"当前颜色（4）"列中，而且是按"色相 - 向前"排序。这意味着它们是按照色轮的顺序排列的，从上到下的颜色为：红色、橙色、黄色、绿色、蓝色、靛蓝和紫色。

5 在"重新着色图稿"对话框右侧的"颜色组"中，选择之前创建的"Cassette colors"颜色组，如图 7-61 所示。画板上选定的太阳镜图稿将改变颜色。

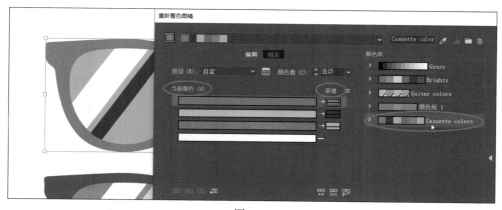

图7-61

注意 如果图稿颜色未改变，请选中"重新着色图稿"对话框左下角的"图稿重新着色"复选框。

在"重新着色图稿"对话框的左侧，我们注意到来自"Cassette colors"颜色组的颜色被指定给了太阳镜图稿。"当前颜色（4）"列显示了太阳镜图稿的原始颜色，而每一种颜色右边的箭头指向"新建"列，"新建"列中显示的是现在太阳镜图稿的颜色。

注意 在指定颜色组时，白色、黑色和灰色通常会被保留，或保持不变。

---

6 单击"隐藏颜色组存储区"图标 ◀，隐藏颜色组。在顶部的标题栏处按住鼠标左键拖动对话框，以便查看图稿变化。

7 单击"当前颜色（4）"列中绿色颜色条右侧的小箭头，如图 7-62 所示。

这会告诉 Illustrator 不要更改所选图稿中的该颜色。您可以在画板上的图稿中看到结果反馈。

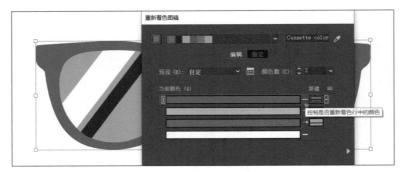

图7-62

您可能并不喜欢指定给图稿的"Cassette colors"颜色组。您可以用不同的方式编辑"新建"列中的颜色，甚至重新指定当前颜色。这就是您接下来要做的。

8 在"当前颜色（4）"列中，按住鼠标左键向上拖动红色颜色条到粉红色颜色条处，如图 7-63 所示。

图7-63

本质上，您只是告诉 Illustrator 使用"新建"列的蓝绿色来替换红色和粉红色。在此过程中，Illustrator 将使用原始颜色的色调来指定这两种颜色（即原来的红色和粉红色的深浅决定了变换成蓝绿色之后的深浅）。

9 单击"新建"列中的蓝绿色框（如图 7-64 中红框所示），将"M"值（洋红色）更改为"100"。

 | 提示　您也可以双击"新建"列中的某种颜色，然后在"拾色器"中编辑该颜色。

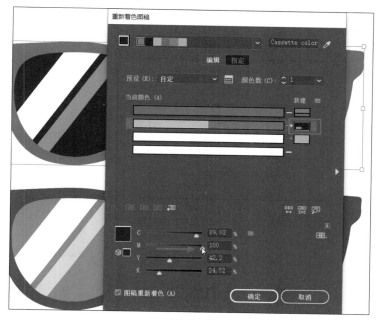

图7-64

10 单击对话框右侧的"显示颜色组存储区"图标▶，显示颜色组。

11 单击"重新着色图稿"对话框右上角的"将更改保存到颜色组"按钮▣，将更改保存到颜色组而不关闭对话框。

12 单击"确定"按钮以关闭"重新着色图稿"对话框，太阳镜颜色被更改，如图 7-65 所示。您刚才对颜色组中的颜色所做的更改已被保存在"色板"面板中。

13 选择"选择">"取消选择"，然后选择"文件">"存储"。在"重新着色图稿"对话框中，可以对选定的图稿进行许多编辑颜色的操作，包括减少颜色数量、应用其他颜色（如 PANTONE 颜色）等。如果"颜色参考"面板组和"色板"面板组仍处于打开状态，则可以关闭它们。

图7-65

14 选择"文件">"关闭"。

7.4 使用实时上色

"实时上色"能够自动检测和纠正可能影响填色和描边色应用的间隙，直观地给矢量图形上色。"实时上色"中的路径将绘图表面划分为可以上色的不同区域，而且无论该区域是由一条路径构成的，还是由多条路径段构成的，都可以上色。使用"实时上色工具"▣给对象上色，就像填充色标簿或使用水彩给草图上色一样，并不会编辑基础形状。

在本节中，您将绘制一些图稿，然后使用"实时上色工具"  进行上色。

1 选择"文件"＞"打开"，然后打开"Lessons"＞"Lesson07"文件夹中的"L7_start2.ai"文件。

2 选择"文件"＞"存储为"，在"存储为"对话框中，定位到"Lesson07"文件夹，并将其命名为"GeoDesign.ai"。从"格式"菜单中选择"Adobe Illustrator（ai）"（macOS）或从"保存类型"菜单中选择"Adobe Illustrator（*.AI）"（Windows），然后单击"保存"按钮。

3 在"Illustrator 选项"对话框中，将 Illustrator 选项保持为默认设置，然后单击"确定"按钮。

4 选择"视图"＞"全部适合窗口大小"。

5 单击选中左侧画板顶部的白色圆角正方形，如图 7-66 所示。

图7-66

6 按"command＋＋"（macOS）或"Ctrl＋＋"（Windows）组合键，重复几次，放大图稿。

7 选择"选择"＞"取消选择"。

您将绘制几条直线，方便使用"实时上色工具"  以不同的颜色对标志进行实时上色。

8 从工具栏中的"矩形工具" 组中选择"直线段工具" ／。

9 按下 D 键，将您要绘制的线条设置为默认的白色填色和黑色描边。

10 将鼠标指针移动到较小的黑色正方形的顶角上。按住鼠标左键向上拖动可将线条拉到较大的白色正方形的顶角，如图 7-67 左图和中图所示。

11 对较小的黑色正方形的其他 3 个角重复此操作，如图 7-67 右图所示。

 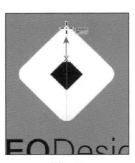 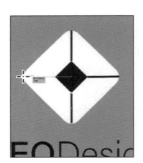

图7-67

7.4.1 创建实时上色组

接下来，您将把刚刚创建的徽标图稿转换为"实时上色"组。

1 选择"视图"＞"轮廓"，查看"轮廓模式"下的图稿。

2　选中"选择工具" ▶，并拖框选中徽标图稿，如图 7-68 所示。

3　选择"视图">"预览"（或者"GPU 预览"），查看所选中的图稿。

4　单击工具栏底部的"编辑工具栏" ***。在出现的菜单中滚动下
拉菜单，按住鼠标左键拖动"实时上色工具" 🖌️到左边的工具栏
中，如图 7-69 所示，将其添加到工具栏中。确保它在工具栏中被
选中。

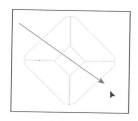

图7-68

Ai | **注意**　您可以按 Esc 键隐藏多余的工具菜单。

5　单击右侧"属性"面板中的"填色"框▦以显示面板。单击面板顶部的"色板"选项▦以
查看色板。单击选择名为"Purple 1"的紫色色板。

6　选中"实时上色工具" 🖌️后，将鼠标指针移到所选图稿中心较小的黑色正方形上，如图
7-70 所示。单击将所选形状转换为"实时上色"组，并用紫色填充形状。

图7-69

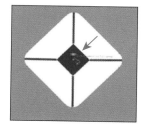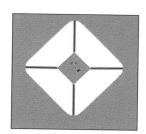

图7-70

Ai | **提示**　您可以通过选择"对象">"实时上色">"建立"将选定的图稿转换为一个"实
时上色"组。

您可以单击任何形状将其转换为"实时上色"组。您单击选中的形状将被填充当前所选的紫色。使用"实时上色工具" 🔲 单击形状后，将创建一个"实时上色"组，您可以使用该工具对其上色。创建"实时上色"组后，路径仍是可编辑的，但它们会被视为一个对象组。移动路径或调整其形状后，颜色将自动重新应用到编辑后形成的新区域。

7.4.2 使用实时上色工具进行绘制

把对象转换为"实时上色"组后，可以使用多种方法对其上色，这是您接下来要执行的操作。

1 将鼠标指针移动到图 7-71 左图所示区域上。将被上色的区域周围会出现一个红色高亮的边框，指针上方会出现 3 个色板标志。所选颜色"Purple 1"位于中间，"色板"面板中的两个相邻颜色则位于两侧。

2 按一次向右箭头键选择"Purple 2"色板（指针上方的三个色板标志会有所显示）。单击可将该颜色应用于该区域，如图 7-71 右图所示。

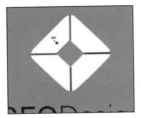

图7-71

Ai **注意** 当您按箭头键更改颜色时，颜色将在"色板"面板中突出显示。您可以按向上或向下箭头键以及向右或向左箭头键来选择要上色的新色板。

---

3 按一次向右箭头键选择"Purple 3"色板（指针上方的三个色板标志会有所显示）。单击将颜色应用于中心正方形右上方区域，如图 7-72 左图所示。

4 单击右侧"属性"面板中的"填色"框 🔲，再次单击选中名为"Purple 2"的色板。在中心正方形右下方的区域中单击，如图 7-72 中图所示。

5 单击右侧"属性"面板中的"填色"框 🔲，然后单击选中名为"Purple 4"的色板。在中心正方形左下方区域单击，如图 7-72 右图所示。

图7-72

默认情况下，只能使用"实时上色工具" 🖌 进行填色。接下来，您将学习如何使用"实时上色工具" 🖌 绘制描边。

6 双击工具栏中的"实时上色工具" 🖌。这将打开"实时上色工具选项"对话框。选中"描边上色"复选框，然后单击"确定"按钮，如图 7-73 所示。

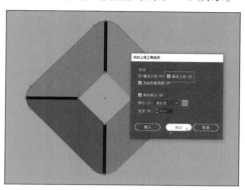

图7-73

Ai | **提示** 在工具栏中选中"实时上色工具" 🖌 后，还可以单击"属性"面板顶部的"工具选项"按钮，打开"实时上色工具选项"对话框。

---

7 单击右侧"属性"面板中的"描边"框 ▣，如果尚未选择描边颜色的话，请选择"[无]" ☑。按 Esc 键隐藏面板。

8 将鼠标指针移动到徽标图稿中间的任何一条黑色描边上，如图 7-74 左图所示。当指针变为一个画笔图标 ↘ 时，单击描边，删除描边颜色（通过应用"[无]"色板），如图 7-74 中图所示。对其他 3 条描边执行相同的操作，如图 7-74 右图所示。

  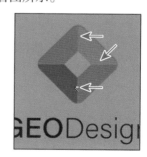

图7-74

9 选择"选择">"取消选择"，然后选择"文件">"存储"。
10 选择"视图">"画板适合窗口大小"。

7.4.3 修改实时上色组

当您建立"实时上色"组后，每个路径都将处于可编辑状态。当您移动或调整路径时，以前应用的颜色并不像在自然媒介绘画或图像编辑应用程序中那样停留在原来的区域。相反，颜色会自动重新应用于由编辑后的路径形成的新区域。接下来，您将在"实时上色"组中编辑路径。

1 选中"选择工具" ▶，单击左侧画板背景中的浅紫色矩形形状。

2 选择"对象">"实时上色">"建立"。

3 使用"选择工具" ▶，按住 Shift 键，单击穿过背景的紫色路径，同时选中这两个对象。

Ai | **注意** 紫色路径是一条画得很粗的线条。要选中它，你需要单击路径中央，而不是紫色区域的任何地方。

---

4 选择"对象">"实时上色">"合并"，将新的紫色路径添加到"实时上色"组，如图 7-75 所示。

5 在工具栏中选中"实时上色工具" 🖌。单击"属性"面板中的"填色"框 ▨，然后选择白色。将鼠标指针移动到紫色路径下方的浅紫色背景上。当您看到红色轮廓线时，单击将其上色为白色，如图 7-76 所示。

6 选中"选择工具" ▶，并在选择"实时上色"对象后，双击"实时上色"对象，进入"隔离模式"。

7 选中"直接选择工具" ▷。将指针移动到紫色路径的左边锚点上，按住鼠标左键并向上拖动该锚点，重新调整该路径，如图 7-77 所示。请注意，每次松开鼠标左键时，填色和描边的颜色都会发生改变。

图7-75

图7-76

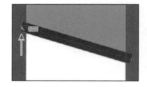

图7-77

8 选择"选择">"取消选择"，按 Esc 键退出"隔离模式"。

9 选择"文件">"存储"，然后选择"文件">"关闭"，如图 7-78 所示。

图7-78

复习题

1 描述什么是全局色。

2 如何保存颜色？

3 描述什么是淡色。

4 如何选择"颜色协调"作为色彩灵感？

5 指出"重新着色图稿"对话框允许的两项操作。

6 解释"实时上色"能够做什么。

参考答案

1 全局色是一种颜色色板，当您编辑全局色时，会自动更新应用了它的所有图稿的颜色。所有专色都是全局色，作为色板保存的印刷色默认是全局色，但它们也可以是非全局色。

2 可以将颜色添加到"色板"面板来存储它，以便使用它给图稿中的其他对象上色。选择要存储的颜色，并执行以下操作之一。

- 将颜色从"填色"框■中拖动到"色板"面板中。
- 单击"色板"面板底部的"新建色板"按钮■。
- 从"色板"面板菜单■中选择"新建色板"。
- 从"颜色"面板菜单■中选择"创建新色板"。

3 淡色是混合了白色的较淡的颜色。您可以从全局印刷色（如"CMYK"）或专色来创建淡色。

4 可以从"颜色参考"面板中选择颜色"协调规则"。颜色"协调规则"可根据选择的基色来生成配色方案。

5 可以使用"重新着色图稿"对话框更改选定图稿中使用的颜色、创建和编辑颜色组、重新指定或减少图稿中的颜色数等功能。

6 "实时上色"能够自动检测和纠正可能影响填色和描边应用的间隙，直观地给矢量图形上色。路径将绘图表面划分为多个区域，不管区域是由一条路径还是由多条路径段所构成，任何一个区域都可以上色。

第8课 为海报添加文字

本课概览

在本课中，您将学习如何执行以下操作。

- 创建和编辑区域文字和点状文字。
- 导入文本。
- 更改文本格式。
- 修复缺少的字体。
- 用修饰文字工具修改文本。
- 使用字形。
- 创建列文本。
- 创建和编辑段落样式及字符样式。
- 文本绕排对象。
- 使用变形调整文本形状。
- 在路径和形状上创建文本。
- 创建文本轮廓。

 完成本课程大约需要 75 分钟。

作为一种设计元素，文本在插图中发挥着重要作用。与其他对象一样，文本可以进行上色、缩放、旋转等操作。在本课中您将了解如何创建基本文本和其他有趣的文本效果。

8.1 开始本课

在本节课中，您将向海报添加文本，但在开始之前，请恢复 Adobe Illustrator CC 的默认首选项。然后打开本课已完成的图稿文件，以查看最终插图效果。

1　若要确保工具的功能和默认值完全如本课所述，请删除或停用（通过重命名）Adobe Illustrator CC 首选项文件。请参阅本书开头的"前言"部分中的"恢复默认设置"。

> **Ai** | **注意**　如果您还没有将本课的项目文件从您的"账户"页面下载到您的计算机，请马上下载。具体请参阅本书开头的"前言"部分。

2　启动 Adobe Illustrator CC。

3　选择"文件">"打开"，在"Lessons">"Lesson08"文件夹中找到名为"L8_end.ai"的文件，单击"打开"按钮，如图 8-1 所示。

您很可能会看到"缺少字体"对话框，因为该文件使用的是特定的 Adobe 字体。只需在"缺少字体"对话框中单击"关闭"按钮即可。在本课后面部分，您将学习有关 Adobe 字体的所有内容。

图8-1

> **Ai** | **注意**　由于您的计算机中最有可能缺少最后的课程文件中使用的字体，因此文件中的文本可能看起来与图 8-1 中所示不同。

如果您愿意，可把该文件保持为打开状态，以便参考。

4　选择"文件">"打开"，在"打开"对话框中，找到"Lessons">"Lesson 08"文件夹，然后选择硬盘上的"L8_start.ai"文件，单击"打开"按钮，如图 8-2 所示。

此文件已包含非文本内容。您将添加所有文本元素以完成海报（正面和背面）。

5　选择"文件">"存储为"，在"存储为"对话框中，找到"Lesson08"文件夹，并将文件命名为"FoodTruck.ai"。从"格式"菜单中选择"Adobe Illustrator（ai）"（macOS）或从"保存类型"菜单中选择"Adobe Illustrator（*.AI）"（Windows），然后单击"保存"按钮。

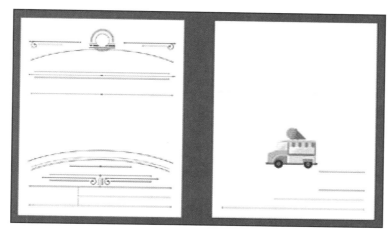

图8-2

6　在"Illustrator 选项"对话框中，保留 Illustrator 选项的默认设置，然后单击"确定"按钮。

7　选择"窗口">"工作区">"重置基本功能"。

> **Ai** | **注意**　如果在"工作区"菜单中看不到"重置基本功能"，请在选择"窗口">"工作区">"重置基本功能"之前，先选择"窗口">"工作区">"基本功能"。

8.2　向海报添加文字

"文本工具" **T** 是 Illustrator 中的一个强大工具。与 Adobe InDesign 一样，您可以创建文本列和行、置入文本、随形状或沿路径排列文本、将字母用作图形对象等。在 Illustrator 中，可以创建3 种类型的文本：点状文字、区域文字和路径文字。

8.2.1　添加点状文字

点状文字是水平或垂直的文本行，从单击的位置开始并在输入字符时展开。每一行文本都是独立的——当您编辑它时，行会扩展或收缩，除非手动添加段落标记或换行符，否则不会切换到下一行。在您的作品中添加标题或少量的几个单词时，可以使用这种方式。接下来，您将为海报添加一些点状文字。

1　确保在文档窗口左下角的"画板导航"菜单中选择了"1
Poster 1"画板。

2　选择"视图">"画板适合窗口大小"，按"command + +"
（macOS）或"Ctrl + +"（Windows）组合键3 次左右，放大
视图。

3　选择"窗口">"图层"，显示"图层"面板。如果尚未选中名
为"Text"的图层，请选中该图层，如图 8-3 所示。

图8-3

选中一个图层意味着以后添加到文档中的内容都将位于该图层上。

> **Ai** | **注意** 您将在第 9 课中了解有关图层以及如何使用图层的所有信息。

4 在左边的工具栏中选中"文本工具"**T**，单击画板上的空白区域（不要拖动）。画板上会出现一些占位符文本"滚滚长江东逝水"，并将自动选中。输入"Pie Oh Pie•123 Cheese•Plus Many More!"，如图 8-4 所示。

图8-4

若要在单词之间的光标所在处添加项目符号点，请选择"文字" > "插入特殊字符" > "符号" > "项目符号"。

5 在工具栏中选中"选择工具" ▶，按住鼠标左键并向左下方拖动文本的右下角边界点，如图 8-5 所示。

 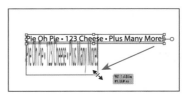

图8-5

> **Ai** | **注意** 这种通过拖动任何边界点来缩放点状文字的方法将拉伸文本。这可能导致字体大小不再是一个整数（例如 12.93 pt）。

6 选择"编辑" > "还原缩放"。
7 选择"视图" > "画板适合窗口大小"。

8.2.2　添加区域文字

区域文字使用对象（如矩形）的边界来控制字符的流动，可以是水平方向的，也可以是垂直方向的。当文本到达边界时，它会自动换行以适应定义的区域。当您想要创建一个或多个段落（例如海报或小册子）时，可以使用这种方式输入文本。

要创建区域文字，您可以使用"文本工具"**T**在需要添加文本的位置，按住鼠标左键拖动以创建区域文字对象（也称为文字区域、文字对象或文本对象）。您还可以使用"文本工具"**T**单击对象的边缘（或内部），将现有形状或对象转换为区域文字对象。接下来，您将创建一个区域文字对象并输入更多文本。

1. 选中"缩放工具" 🔍，然后在同一画板的左下角按住鼠标左键从左到右拖动进行放大。

2. 选中"文本工具" **T**。将鼠标指针移动到画板的空白区域。按住鼠标左键并朝右下角拖动，以创建宽度约为 1 in（24.4 mm）的文本区域，高度应大概与图 8-6 一致，如图 8-6 所示。

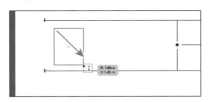 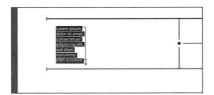

图8-6

默认情况下，文本对象用选定的占位符文本填充，您可以将其替换为您自己的占位符文本。

 提示 使用占位符文本填充文本对象是可以改变的首选项。选择"Illustrator CC">"首选项"（macOS）或"编辑">"首选项"（Windows），选择"文字"，然后取消选中"用占位符文本填充新文字对象"复选框来关闭该选项。

3. 选择占位符文本后，输入"Sat/Sun 2pm Highview Park"，如图 8-7 所示。请留意文本是如何水平换行以适应该区域文字对象的。

4. 选中"选择工具" ▶，按住鼠标左键并将右下角的定界点向左拖动，然后向右拖动，查看文本在其中的换行方式，如图 8-8 所示。

您可以拖动区域文字对象上的 8 个定界点中的任意一个来调整其大小。

在继续操作之前，请确保文本看起来和图 8-9 所示的一致。

图8-7

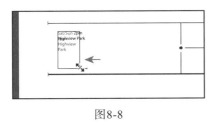

图8-8

图8-9

8.2.3 使用自动调整大小

默认情况下，当您通过使用"文本工具" **T** 来创建区域文字对象时，区域文字对象将不会自动调整大小以适应其中的文本（类似于 InDesign 在默认情况下处理文本框的方式）。如果文本过多，则任何不适应的文本都将被视为溢出文本，并且不可见。对于每个区域文字对象，您可以启用名为"自动调整大小"的功能，以便区域文字对象能自动调整大小以适应其中的文本，这也是您接下来要执行的操作。

1　选中区域文字对象后，查看底部中间定界点，您将看到一个小部件↓，这表示区域文字对象未设置为"自动调整大小"。将指针移到小部件末尾的框上（指针将变为↖），然后双击，如图 8-10 所示。

通过双击小部件，将开启文本框"自动调整大小"的功能。在编辑文本时，文本框会缩小和纵向变长，以适应不断增加的文本，这样可以在无须手动调整框架大小的情况下消除溢出文本（超出文本框的内容），如图 8-11 所示。

> **Ai** | **注意**　该图显示了双击前的区域文字对象。

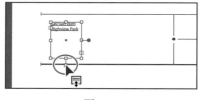

图8-10

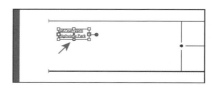

图8-11

> **Ai** | **提示**　如果为选定的区域文字对象启用了"自动调整大小"，则拖动区域文字对象底部任一个定界点将禁用区域文字对象"自动调整大小"。

2　选中"文本工具" **T**，并将指针移动到紧贴单词"Park"之后。确认您看到的鼠标指针是Ⅰ，而不是Ⅰ，如图 8-12 左图所示。单击以插入光标，按回车键，输入"Raleigh, North Carolina"，如图 8-12 右图所示。

图8-12

> **Ai** | **提示**　如果使用"选择工具" ▶或"直接选择工具" ▷双击文本，则"文本工具" **T** 将被选中。

> **Ai** | **注意**　在本例中，如果您看到此指针Ⅰ时单击，将创建一个新的点状文字对象。

区域文字对象将纵向扩展以适应新文本。如果双击"自动调整大小"小部件，则区域文字对象的"自动调整大小"将被关闭。然后，无论添加了多少文本，区域文字对象都将保持当前大小。

3　选择并删除"Raleigh, North Carolina"文本，如图 8-13 所示。

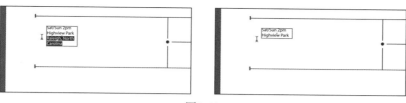

图8-13

![Ai] **注意** 您也可以选择"编辑">"还原输入"以删除文本。

请注意，区域文字对象会纵向收缩以适合文本，因为区域文字对象启用了"自动调整大小"。

8.2.4 在点状文字和区域文字之间转换

您可以轻松地在区域文字对象和点状文字对象之间进行转换。如果您通过单击（创建点状文字）输入标题，但稍后希望在不拉伸其中文本的情况下调整大小和添加更多文本，这将非常有用。如果将 InDesign 中的文本粘贴到 Illustrator 中，此方法也很有用，因为从 InDesign 粘贴到 Illustrator 中的文本（未选择任何内容）都将粘贴为点状文字。但是大多数情况下，作为区域文字对象会更好，因为区域文字会随着文本框换行。接下来，您将把区域文字转换为点状文字。

1 选中"选择工具" ▶后，按住 option 键（macOS）或 Alt 键（Windows），然后按住鼠标左键将在 8.2.3 节中创建的区域文字对象拖到画板的右侧。松开鼠标左键，然后松开 opiton 键或 Alt 键进行复制，如图 8-14 所示。

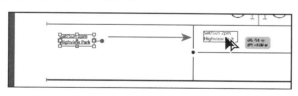

图8-14

![Ai] **注意** 请确保将指针放在文本上拖动。如果不这样做，则可能会选中其他内容。

2 将鼠标指针移到左侧的区域文字对象上，然后单击以插入光标并切换到"文本工具" **T**。按"command + A"（macOS）或"Ctrl + A"（Windows）组合键选择区域文字对象中的所有文本，然后输入"AUG 19th/20th"。

![Ai] **提示** 使用"文本工具" **T**在文本中单击将插入光标，双击将选择一个单词，连续单击三次可选择整个段落。

3 在"19th"中"1"的正前面单击，按 Backspace 键或 Delete 键可以删除"AUG"和"19"

之间的空格，如图 8-15 左图所示。

4   按"Shift + Return"（macOS）或"Shift + Enter"（Windows）组合键，添加软返回（换行），如图 8-15 右图所示。

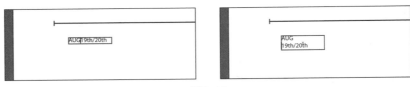

图8-15

> **Ai** | **提示**   若要查看软返回，可以通过选择"文字"＞"显示隐藏字符"来显示隐藏字符。

软返回可以使一行文本中断，而硬返回或段落返回则用于表示段落的结尾。插入软返回意味着所有文本仍然是同一段的一部分。

5   按 Esc 键，选中"选择工具" ▶。

6   将指针移到区域文字对象的右边缘的注释器 ——● 上。注释器上的填充端表示它是区域文字。当指针变为 ▶_ᴛ 时，单击会看到提示消息"双击以转换为点状文字"。双击注释器可将区域文字转换为点状文字，如图 8-16 所示。

图8-16

> **Ai** | **提示**   选择区域文字对象后，还可以选择"文字"＞"转换为点状文字"或"转换为区域文字"，具体取决于所选区域文字对象的内容。

注释器端现在应该是空心的 ——O，表示它是点状文字对象。如果调整边界框的大小，文本也会相应地缩放。

7   按住 Shift 键，然后朝着右下方拖动右下角的定界点，直到文本正好位于上下两条线之间。松开鼠标左键，然后松开 Shift 键，如图 8-17 所示。

    因为现在文本是点状文字，所以当文本区域调整大小时，它会被拉伸。按住 Shift 键非常重要，否则文本可能会被扭曲。

图8-17

8   选择"文件"＞"存储"。

8.2.5 导入纯文本文件

您可以将其他应用程序中创建的文件中的文本导入图稿中。在写本书时，Illustrator 支持 DOC、DOCX、RTF（富文本格式）、含 ANSI 的纯文本（ASCII）、Unicode、Shift JIS、GB2312、中文 Big 5、西里尔语、GB18030、希腊语、土耳其语、波罗的语和中欧语。同复制和粘贴文本相比，从文件导入文本的优点之一是导入的文本会保留其字符和段落格式（默认情况下）。例如，在 Illustrator 中，除非您在导入文本时选择删除格式，否则来自 RTF 文件中的文本将保留其字体和样式规范。在本小节中，您将在设计图稿中置入纯文本文件中的文本。

 提示 如果尚未准备好最终文本，则可以向文档中添加占位符文本。将光标放在文字对象或路径上的文本中，选择"文字">"用占位符文本填充"。

1 从文档窗口左下角的"画板导航"菜单中选择"2 Poster 2"。
2 选择"文件">"置入"。找到"Lessons">"Lesson08"文件夹，选择"L8_text.txt"文档。如有必要，在 macOS 上的"置入"对话框中，单击"选项"按钮以查看导入选项。选中"显示导入选项"对话框，然后单击"置入"按钮。
  在出现的"文本导入选项"对话框中，您可以在导入文本之前设置一些选项，如图 8-18 所示。
3 保持默认设置，然后单击"确定"按钮。

 提示 您也可以将文本置入现有文字对象中。

4 将加载文本图标移动到参考线上。当"参考线"一词出现时，按住鼠标左键并向右下方拖动，然后松开鼠标左键，如图 8-19 所示。

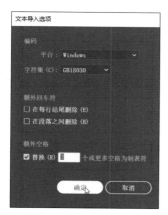

图8-18

图8-19

如果您只用加载文本的指针单击，则将创建一个比画板小的区域文字对象。
5 使用"选择工具" ▶，按住鼠标左键向上拖动区域文字对象的底部定界点，直到在输出端口中看到溢出文本图标 ⊞，如图 8-20 所示。

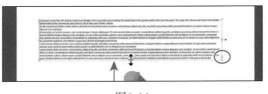

图8-20

8.2.6　串接文本

当使用区域文字（不是点状文字）时，每个区域文字对象都包含一个输入端口和一个输出端口。 您可以通过端口链接区域文字对象并在它们之间流动文本， 如图 8-21 所示。

空输出端口表示所有文本都是可见的，且区域文字对 象尚未链接。端口中的箭头表示将区域文字对象链接到另 一个区域文字对象。输出端口中的红色加号田表示对象包 含额外的文本，即溢出文本。要显示所有溢出文本，您可 以将文本串接到另一个区域文字对象、调整区域文字对象 的大小或调整文本。若要将文本串接或延伸到另一个对象， 您必须链接这些对象。链接文本对象可以是任意形状，但 文本必须输入到对象或路径中，而不能是点状文字（仅用 鼠标单击而创建的文本）。

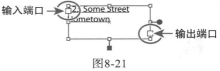

输入端口　　　　　　　　输出端口

图8-21

图8-22

接下来，您将在两个区域文字对象之间串接文本。

1　选中 "选择工具" ▶，单击区域文字对象的右下角的 输出端口（较大的框），该对象中包含红色加号田。 当鼠标指针从原始区域文字对象移开时，鼠标指针 将变为加载文本的图标，如图 8-22 所示。

2　将鼠标指针移到冰激凌卡车下方，与置入的文本的左边缘对齐。当指针与文本的左边缘对 齐时，将显示垂直智能参考线。单击此处可创建与原始对象大小相同的区域文字对象，如

图 8-23 左图所示。

在仍选中第二个区域文字对象的情况下，请注意连接这两个区域文字对象的线条。此线条（不会打印）是告诉您这两个对象是相连的串接文本。如果看不到此串接（线），请选择"视图"＞"显示文本串接"，如图 8-22 右图所示。

画板顶部区域文字对象的输出端口▶和底部区域文字对象的输入端口▶中有小箭头，指示文本如何从一个对象流向另一个对象。

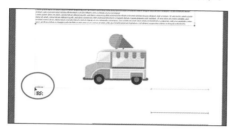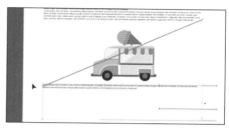

图8-23

> **提示** 在对象之间对文本进行串接处理的另一种方法是选择区域文字对象，再选择要链接的一个或多个对象，然后选择"文字"＞"串接文本"＞"创建"。

3 在顶部区域文字对象处，按住鼠标左键并向上拖动下中间点，使其更短，如图 8-24 所示。

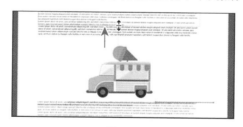

图8-24

文本将在区域文字对象之间流动。如果删除第二个区域文字对象，文本将作为溢出文本返回到原始文本对象。溢出文本虽然不可见，但并没有被删除。

> **提示** 通过选择一个串接区域文字对象，并选择"文字"＞"串接文本"＞"移去串接文字"，可以拆分串接文本，以便将每个区域文字对象与下一个区域文字对象断开连接，并将文本保留在各自区域中。选择"文字"＞"串接文本"＞"释放所选文字"将从串接文本中删除选定的文本区域。

4 选择"选择"＞"取消选择"。

8.3 格式化文本

您可以使用字符和段落格式设置文本格式，对其应用"填充"和"描边"属性，并更改其透明度。

可以将这些更改应用于您选择的区域文字对象中的单个字符、一系列字符或所有字符。正如您很快就会看到的，选中区域文字对象而不是选中内部的文本，可以将格式选项应用到对象中的所有文本，包括"字符"和"段落"面板中的选项、"填充"和"描边"属性以及透明度设置。

在本节中，您将了解如何更改文本属性（如大小和字体），随后了解如何将该格式存储为文本样式。

8.3.1 更改字体和字体样式

在本小节中，您将对文本应用字体。除了将本地字体应用于您的计算机文本之外，Creative Cloud 成员还可以访问字体库，并将其应用于桌面应用程序（如 InDesign 或 Microsoft Word）和网站。Creative Cloud 试用成员可以从 Adobe 获得一些字体，供网站和桌面使用。您选择的字体将被激活，并与其他本地安装的字体一起出现在 Illustrator 中的字体列表中。默认情况下，Adobe 字体已经在 Creative Cloud 桌面应用程序中打开，以便它可以激活字体并使它们在桌面应用程序中可用。

 注意 Creative Cloud 桌面应用程序必须安装在您的计算机上，并且必须连入互联网，才能激活字体。Creative Cloud 桌面应用程序是在安装第一个 Creative Cloud 应用程序（如 Illustrator）时安装的。

激活 Adobe 字体

接下来，您将选择并激活 Adobe 字体，以便在 Illustrator 中使用它们。

1　确保 Creative Cloud 桌面应用程序已启动，并且已使用 Adobe ID 登录（这需要连接互联网），如图 8-25 所示。

2　按"command + +"（macOS）或"Ctrl + +"（Windows）组合键放大画板中央的文本。

3　在工具栏中选中"文本工具" **T**，将鼠标指针移到文本上，然后单击以将光标插入任一串接文本对象中。

4　选择"选择">"全部"，或者按"command + A"（macOS）或"Ctrl + A"（Windows）组合键选中两个串接文本对象中的所有文本。

5　在"属性"面板中，单击"字体系列"菜单右侧的箭头，并注意菜单中显示的字体。
　　默认情况下，您看到的字体是本地安装的字体。在字体菜单中，在列表中的字体名称右侧会出现一个图标，该图标指示该字体为何种字体（ ↻ 是 Adobe 字体、 ◯ 是 OpenType、 𝕋 是 TrueType、 𝒂 是 Adobe PostScript），如图 8-26 所示。

6　单击"查找更多"以查看可供选择的 Adobe 字体列表，如图 8-27 所示。

图8-25

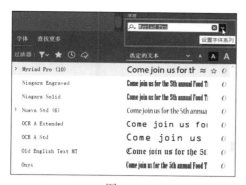

图8-26   图8-27

7 单击 "字体筛选器" 图标 打开菜单。您可以通过选择分类和属性选项来筛选字体列表。单击 "分类" 下的 "无衬线字体" 选项对字体进行排序，如图 8-28 所示。

8 在字体列表中向下滚动进度条找到 "Roboto" 字体。

> **Ai** | **提示** 除了在字体列表中滚动,您还可以开始在"字体系列"字段中输入"Roboto",
> 以查看所有样式。

9 单击名为 "Roboto" 字体左侧的箭头可查看所有字体样式。

10 单击 "Roboto Light" 字体最右边的 "激活" 按钮 △。在弹出的警告对话框中单击 "确定" 按钮，如图 8-29 所示。

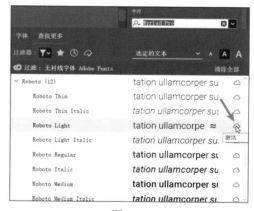

图8-28   图8-29

> **Ai** | **注意** 您可能会看到字体名称右侧的一系列点，这表示字体预览正在加载。

11 对 "Roboto Italic" 和 "Roboto Bold" 字体进行同样操作。

12 单击名为"Roboto Condensed"字体左边的箭头以查看所有字体样式。

13 单击"Roboto Condensed Regular"字体最右边的"激活"按钮◯，如图 8-30 所示。

14 激活"Roboto"字体样式后，单击菜单顶部的"清除全部"字样，删除"无衬线字体"筛选条件，然后再次查看所有字体。

15 接下来，在字体列表中找到"Colt"字体，然后单击字体名称最右侧的"激活"按钮◯以激活所有样式，如图 8-31 所示。

一旦字体被激活（耐心等待，可能需要一些时间），您就可以开始使用它们。

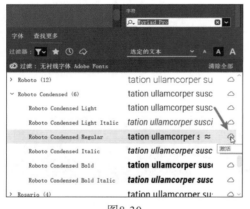

图8-30

图8-31

在 Illustrator 中对文本应用字体

现在，Adobe 字体已被激活，您可以在任何应用程序中使用它们。这就是您接下来要做的。

1 当串接文本仍然被选中，"字体系列"菜单仍然显示时，单击"显示已激活的字体"按钮过滤字体列表，只显示已激活的 Adobe 字体，如图 8-32 所示。

2 将鼠标指针移到菜单中的字体上，您会看到指针所在字体应用于选定的文本的预览。单击菜单中"Roboto"左侧的箭头，然后选择"Light"（或"Roboto Light"），如图 8-33 所示。

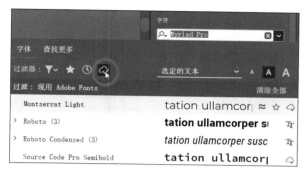

图8-32

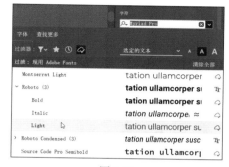

图8-33

3 从文档窗口左下角的"图板导航"菜单中选择"1 Poster 1"画板。

4 选中"选择工具" ▶后，单击画板底部的"AUG 19th/20th"文本以选中文字对象。按住 Shift 键，然后单击右侧的区域文字对象以选中这两个对象，如图 8-34 所示。

如果要将同一种字体应用于点状文字或区域文字对象中的所有文本，只需选中对象，而不是文本，然后应用该字体。

5 选中区域文字对象后，单击"属性"面板中的"字体名称"字段，输入字母"col"，如图 8-35 所示。

您输入位置下方会出现一个菜单。Illustrator 在字体列表中筛选并显示包含"col"的字体名称，不考虑"col"在字体名称中所处位置和是否大写。"显示已激活的字体" 过滤器当前仍处于打开状态，因此您将在下一步将其关闭。

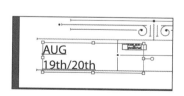

图8-34

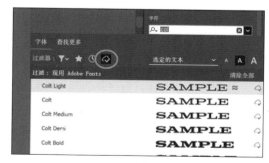

图8-35

8.3 格式化文本 **273**

6 在显示的菜单中单击"清除过滤器"图标以查看所有可用字体，而不仅仅是 Adobe 字体。在您输入位置下方出现的菜单中，将指针移动到列表中的字体上，Illustrator 将显示文本的实时字体预览。单击选择"Colt Bold"以应用字体，如图 8-36 所示。

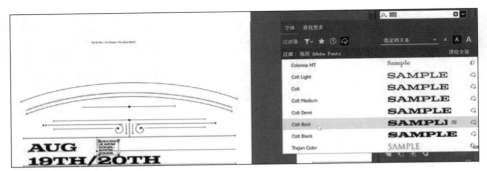

图8-36

> **Ai** 提示　您可以单击"字体名称"字段左侧的"放大镜"图标Q，然后选择"仅搜索第一个词"。您还可以打开"字符"面板（"窗口">"文字">"字符"），并通过输入字体名称在系统上进行搜索。

7 在远离内容的空白区域单击以取消选中所有。

8.3.2　修复缺少的字体

若要了解如何修复缺少的字体，请查看 Web 版其中一部分的视频"修复缺少的字体"。

8.3.3　更改字体大小

默认情况下，字体大小以 pt 为单位（1 pt 等于 1/72 in）。在本节中，您将更改文本的字体大小，并查看缩放点状文字会发生什么情况。

1 单击以选中包含"SAT/SUN"的文本对象。
2 从"属性"面板的"字体大小"菜单中选择"36 pt"，如图 8-37 所示。

> **Ai** 提示　您可以使用键盘快捷键动态更改所选文本的字体大小。要以 2 pt 为增量增大字体，请按"command + shift + >"（macOS）或"Ctrl + Shift + >"（Windows）组合键。若要减小字体，请按"command + shift + <"（macOS）或"Ctrl + Shift + <"（Windows）组合键。

3 单击"属性"面板中"字体大小"字段左侧的向下箭头两次，使字体大小为"34 pt"。
4 选择"视图">"放大"，以查看所选点状文字对象中的所有文本。
5 按住鼠标左键拖动文本对象的右下角，使其更宽，如图 8-38 所示。
6 选择"视图">"画板适合窗口大小"。

图8-37

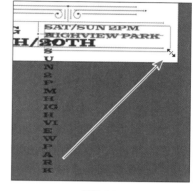

图8-38

7 双击"AUG 19TH/20TH"文本切换到"文本工具" **T** 并插入光标，然后按住鼠标左键拖选文本"19TH/20TH"。

查看"属性"面板的"字符"部分，您将看到字体大小不是一个整数，这是因为之前通过拖动缩放了点状文字。

8 在"字体大小"输入框中输入"20"。这样做的目的是使"19TH/20TH"文本与"AUG"文本一样宽，因此如果不是，请输入合适的字体大小使它们一样宽。按回车键确定，如图 8-39 所示。

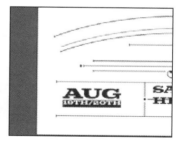

图8-39

9 选中"选择工具" ▶，同时按住 Shift 键，然后按住鼠标左键拖动"AUG"点状文字对象的一角，使其（以及其中的文本）变大，将其拖到您在图 8-40 中看到的位置。

8.3.4 更改字体颜色

您可以通过应用填充、描边等来更改文本的外观。在本节中，您只

图8-40

需通过选中文字对象来更改所选文本的填充色。您还可以使用"文字工具" **T** 选择文本，以便将不同颜色的填充和描边应用于文本。

1　选中"选择工具" ▶ 并选中点状文字对象，其次按住 Shift 键，然后单击选中右侧以"SAT/SUN"开头的文本。

2　单击"属性"面板中的"填色"框 ■。在出现的面板中选择"色板"选项 ■ 后，选择名为"Pink"的色板，如图 8-41 所示。

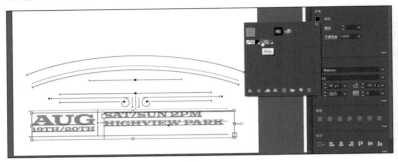

图8-41

3　选择"选择">"取消选择"，然后选择"文件">"存储"。

8.3.5　更改其他字符格式

在 Illustrator 中，除字体、字体大小和颜色外，还可以改变很多文本属性。在 InDesign 中，文本属性分为字符格式和段落格式，主要位于"属性"面板、"控制"面板和两个主要面板（"字符"面板和"段落"面板）。您可以通过单击"属性"面板中"字符"部分的"更多选项" ■■■ 或选择"窗口">"文字">"字符"来访问"字符"面板，该面板包含所选文本的格式，如字体、字体大小、字距等。在本节中，您将应用其中一些属性，来尝试各种不同的设置文本格式的方法。

1　选中"选择工具" ▶ 后，单击"SAT/SUN"区域文字对象。

2　在"属性"面板中，将"行距" ■ 更改为"63 pt"，如图 8-42 所示。

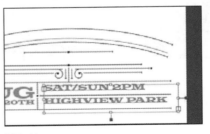

图8-42

　　行距是文本行与行之间的垂直距离，调整行距有助于文本适应文本区域。在本例中，在文本行与行之间添加距离，以便文本更好适应画板上的装饰线条。

3　按住鼠标左键将"AUG 19TH/20TH"点状文字对象拖到图 8-43 左边所示的位置，然后将

"SAT/SUN"区域文字对象拖到图 8-43 中右边所示的位置。

图8-43

4   选中"文本工具" **T**，然后按住鼠标左键拖动选中"2 PM"中的"PM"，如图 8-44 左图所示。
5   选中文本后，单击"属性"面板的"字符"部分中的"更多选项" ••• （见图 8-44 中图圆圈）以显示"字符"面板。单击"上标"按钮 **T'** 以上标单词，如图 8-44 中图和右图所示。

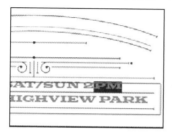  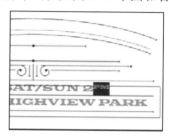

图8-44

> **Ai**   **注意**   如果文本在文本对象中换行方式不同，请选中"选择工具" **▶** 并按住鼠标左键向左或向右拖动中间右侧键以匹配图形。

6   选中"选择工具" **▶**，然后单击包含"AUG 19TH/20TH"文本的点状文字对象。
7   选择"编辑">"复制"，然后选择"编辑">"粘贴"，以粘贴副本。
8   双击文本以插入光标。按住"command + A"（macOS）或"Ctrl + A"（Windows）组合键选中所有文本。输入大写字母"CORRAL"，如图 8-45 所示。
    在本课后面使用"修改文字工具" **🗊** 修改文本时，您将使用此文本。

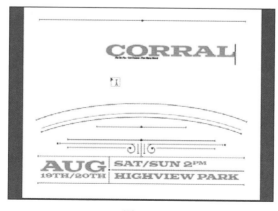

图8-45

8.3.6　更改段落格式

与字符格式一样，您可以在输入新文本或更改现有文本的外观之前就设置段落格式，如对齐或缩进。段落格式适用于整个段落，而不是选定的内容。大多数的段落格式可以在"属性"面板、"控制"面板或"段落"面板中完成。您可以通过单击"属性"面板"段落"部分中的"更多选项" ▪▪▪ 或选择"窗口">"文字">"段落"来访问"段落"面板选项。

1　从文档窗口左下角的"画板导航"菜单中选择"2 Poster 2"画板。
2　选中"文字工具" **T** 后，在串接文本中单击。按"command + A"（macOS）或"Ctrl + A"（Windows）组合键，选中两个区域文字对象之间的所有文字。
3　单击"属性"面板的"段落"部分中的"两端对齐，末行右对齐"按钮 ▤，将文本对齐，如图 8-46 所示。

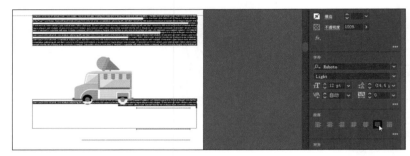

图8-46

4　单击"属性"面板的"段落"部分中的"更多选项" ▪▪▪ 以显示"段落"面板选项。
5　将"段落"面板中的"段后间距" ▤ 更改为"6 pt"，如图 8-47 所示。
在段落后设置间距值，而不是按回车键，可利于保持文本一致性，方便以后编辑。
6　按 Esc 键隐藏"段落"面板。
7　从"属性"面板的"字体大小"菜单中选择"18 pt"，效果如图 8-48 所示。

图8-47

图8-48

8　选择"选择">"取消选择"，然后选择"文件">"存储"。
如果您在区域文字对象底部中看到了溢出文本图标囲，暂时不用管它，我们稍后再处理。

8.3.7 使用修饰文字工具修改文本

使用"修饰文字工具" ![图标]，您可以使用鼠标光标或触摸控件修改字符的属性，例如大小、缩放和旋转。这是一种应用字符格式化属性（基线偏移、水平和垂直缩放、旋转以及调整字距）的直观的（和有趣的）方式。接下来，您将修改"CORRAL"中的第一个"R"，使其看起来像被文本下面的食品卡车上的绳子套住并拉下来的样子。

1　从文档窗口左下角的"画板导航"菜单中选择"1 Poster 1"画板。

2　单击"图层"面板选项卡以显示"图层"面板。单击名为"Background"的图层左侧的可视性列，如图 8-49 所示。

3　单击"属性"面板选项卡以再次显示该面板。

4　选中"选择工具" ▶，单击以选中前面创建的"CORRAL"文本对象，并在右边的"属性"面板中将字体大小更改为"118 pt"。按住鼠标左键拖到指定位置，如图 8-50 所示。

图8-49

5　选择"视图">"放大"，并重复几次。

6　单击工具栏底部的"编辑工具栏" ![图标]。在菜单中滚动进度条直到看到标记为"类型"的部分。将"修饰文字工具" ![图标]拖到左侧工具栏中的"文本工具" **T** 上，将其添加到工具列表中，如图 8-51 所示。

选中"修饰文字工具" ![图标]后，文档窗口顶部会出现一条消息，告知您要单击一个字符才能选中它。

图8-50

图8-51

7　单击"CORRAL"中的第一个"R"字母将其选中。选中字母后，字母周围会出现一个边框，边框周围的点允许您以不同的方式调整字符，如图 8-52 所示。

8　按住鼠标左键将边框的右上角朝外拖开，使字母变大一点。当在测量标签上看到"水平比例"和"垂直比例"大约为 105% 时停止拖动，如图 8-53 所示。

注意，宽度和高度是等比例变化。您只是调整了字母"R"的水平比例和垂直比例。如果您查看"字符"面板（"窗口">"文字">"字符"），您会看到"水平缩放"和"垂直缩放"值大约为"105%"。

9　将鼠标指针移动到旋转手柄上（字母"R"上方的旋转圆圈）。当指针变为双向箭头 ↰ 时，按住鼠标左键顺时针拖动，直到在测量标签中看到大约"–17°"为止，如图 8-54 所示。

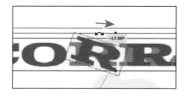

图8-52　　　　　　　　　　图8-53　　　　　　　　　　图8-54

10　按住鼠标左键将所选字母"R"向左下方拖动一点，如图 8-55 所示。

通过向上或向下拖动字母，可调整基线偏移。一定要把字母盖在下面的棕色绳子上。

11　单击以选中右侧的第二个"R"字母。按住鼠标左键将字母从中心向左拖动一点，以缩小两个"R"字母之间的距离，如图 8-56 所示。

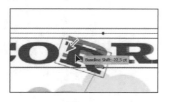

图8-55　　　　　　　　　　　　　　　图8-56

8.4 重新调整区域文字对象的大小和形状

有各种方法可以重新调整区域文字对象的形状和创建独特的区域文字对象形状，包括使用"直接选择工具" ▷向区域文字对象添加列或重新调整区域文字对象形状。开始本节之前，把第一个画板底部的一些文本复制到第二个画板，这样您就拥有更多的文本进行处理。

1 选择"视图">"全部适合窗口大小"。
2 选中"选择工具" ▶，按住 option 键（macOS）或 Alt 键（Windows），然后将包含文本"AUG 19TH/20TH"的点状文字对象的副本拖到右侧画板上的任意位置。松开鼠标左键，然后松开 option 键或 Alt 键，如图 8-57 所示。

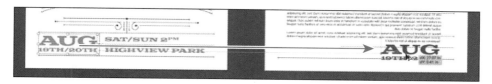

图8-57

3 按住 option 键（macOS）或 Alt 键（Windows），同时按住鼠标左键拖动包含文本"SAT/SUN"的区域文字对象到右边画板上的任何地方。松开鼠标左键，然后松开 option 键或 Alt 键。
4 按住鼠标左键将区域文字对象拖动到图 8-58 所示的位置。

串接文本将覆盖该区域文字对象，但您很快就会解决这个问题。

图8-58

8.4.1 创建列文本

通过使用"文字">"区域文字选项"命令，可以轻松地创建文本列和行。对于创建具有多列单文字对象或组织文本（例如表或简单图表），该命令非常有用。接下来，您将向区域文字对象添加列。

1 选择"视图">"画板适合窗口大小"。
2 选中"选择工具" ▶，单击卡车上方的文本以选择顶部区域文字对象。
3 选择"文字">"区域文字选项"。在"区域文字选项"对话框中，将"列"部分中的"数量"更改为"2"，然后选中"预览"复选框。单击"确定"按钮，如图 8-59 所示。

现在，顶部区域文字对象中的文本分处两列。

Ai | **提示** 若要了解"区域文字选项"对话框中大量选项的详细信息，请在"Illustrator帮助"（"帮助">"Illustrator 帮助"）搜索"创建文本"。

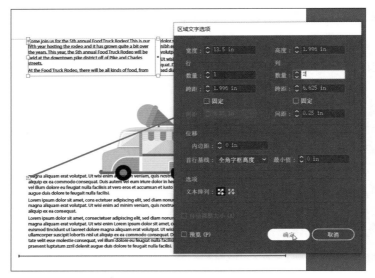

图 8-59

4 按住鼠标左键上下拖动底部中间的定界点，可以查看文本在两列和下方的串接文本之间的流动。按住鼠标左键拖动定界点直到文本与卡车图稿重叠，如图 8-60 所示。

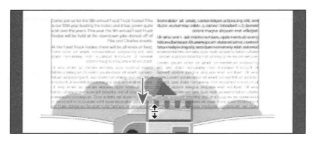

图 8-60

8.4.2 调整区域文字对象形状

在本节中，您将调整区域文字对象的形状和大小，使其更好地容纳文本。

1 选中"选择工具" ▶ 后，单击冰激凌卡车下方的区域对象中的文本。按住鼠标左键将右侧中间的控点向左拖动。当文本对象的右边缘与卡车后部对齐时，停止拖动，如图 8-61 所示。

图 8-61

2 　按 "command + +"（macOS）或 "Ctrl + +"（Windows）组合键几次，放大选定的区域文字对象。

3 　选中 "直接选择工具" ▷。单击区域文字对象的右下角以选中定界点。

4 　按住鼠标左键开始向左拖动该点以调整路径的形状，使文字围绕文本 "SAT/SUN..." 排列。拖动时，按住 Shift 键。完成后，松开鼠标左键和 Shift 键，如图 8-62 所示。

图8-62

8.5 创建和应用文本样式

样式可以确保文本格式的一致性，并且在需要全局更新文本属性时非常有用。创建样式后，您只需要编辑保存的样式，然后应用了该样式的所有文本都会自动更新。Illustrator 有两种文本样式。

- 段落样式：包含了字符和段落属性，并将其应用于整个段落。
- 字符样式：只有字符属性，并将其应用于所选文本。

 注意 　如果你置入 Microsoft Word 文档，并选择保留格式，那么 Word 文档中使用的样式可能会带进 Illustrator 文档中，并显示在 "段落样式" 面板中。

8.5.1 　创建和应用段落样式

首先，您将为正文副本创建段落样式。

1 　选择 "视图" > "全部适合窗口大小"。

2 　在工具栏中选择并长按 "修饰文字工具" 🔟，其次选中 "文本工具" **T**，然后将光标插入串接文本中的任意位置。
　　创建段落样式时要在文本中插入光标，光标所在段落的格式属性才能保存下来。

3 　选择 "窗口" > "文字" > "段落样式"，然后单击 "段落样式" 面板底部的 "创建新样式" 按钮 🔳，如图 8-63 所示。
　　这将在面板中创建一个新的段落样式，名为 "段落样式 1"。光标所在段落中的字符样式和段落样式已被 "捕获"，并保存在新建的样式中。

4 　双击样式列表中的样式名称 "段落样式 1"。将样式的名称更改为 "Body"，然后按回车键确认修改名称，如图 8-64 所示。
　　您可以通过双击样式名称来编辑名称，还可以将新样式应用到段落（光标所在的段落）。这意味着，如果您编辑 "Body" 段落样式，这一段也将更新样式。

图8-63

图8-64

5　将光标放在文本中，选择"选择" > "全部"，以选中所有文本。

6　单击"段落样式"面板中的"Body"样式，将样式应用于文本，如图 8-65 所示。
文本的外观不会改变，因为目前所有文本的格式都是相同的。

 注意　正如你所看到的，在此步骤之后，文本的外观没有变化。现在，您只是在做一些额外的工作，让您稍后可以更快速地工作。如果您决定稍后更改"Body"样式，则当前选定的所有文本都将更新以与其样式保持一致。

7　选中"选择工具" ▶，然后单击第一个画板上以"Pie Oh Pie"开头的文本。单击"段落样式"面板中的"Body"，将样式应用于文本，如图 8-66 所示。

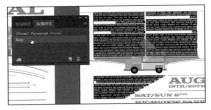

图8-65

图8-66

8　选中"Pie Oh Pie..."区域文字对象，在"属性"面板中将字体大小改为"24 pt"。单击"填色"框 ■，确保在出现的面板中选择了"色板"选项 ■，然后选择"Pink"。

9　按住鼠标左键将文本向下拖动到图 8-67 所示的位置。

图8-67

8.5.2　编辑段落样式

创建段落样式后，您可以轻松地编辑段落样式格式。然后应用了段落样式的任何位置，格式都将自动更新。接下来，您将编辑"Body"样式，以亲自体验段落样式为什么可节省时间并保持一致性。

1　选择"视图">"全部适合窗口大小"。

2　选中"选择工具"▶后，单击其中一个串接区域文字对象。

3　双击"段落样式"面板列表中名为"Body"的样式右侧，打开"段落样式选项"对话框，选择对话框左侧的"缩进和间距"类别，然后从"对齐方式"菜单中选择"左"，如图 8-68 所示。

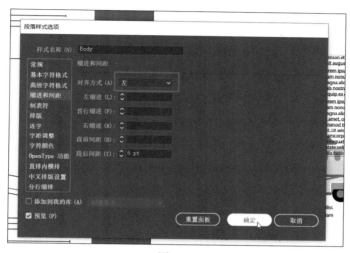

图8-68

 提示　段落样式选项还有很多，其中大部分都可以在"段落样式"面板菜单中找到，包括复制、删除和编辑段落样式。若要了解有关这些选项的详细信息，请在"Illustrator 帮助"（"帮助">"Illustrator 帮助"）中搜索"段落样式"。

由于默认情况下选中了"预览"复选框，因此您可以将对话框移开，以便查看应用"Body"样式的任何位置的文本变化。

4　单击"确定"按钮。

5　选中区域文字对象，然后选择"文件">"存储"。

8.5.3　创建和应用字符样式

与段落样式不同，字符样式只能应用于选定的文本，并且只能包含字符格式。接下来，您将从列文本中的文本样式创建字符样式。

1　选择"视图">"放大"，放大选定的区域文字对象。

2　选中"文本工具"**T**，在左侧文本列中选中第一次出现的"Food Truck Rodeo"字样。

3　单击"属性"面板中的"填色"框▉，然后单击名为"Brown"的色板。从"设置字体样式"菜单中选择"Italic"，如图 8-69 所示。

图8-69

4 在"段落样式"面板组中，单击"字符样式"面板选项卡。

5 在"字符样式"面板中，按住 option 键（macOS）或者 Alt 键（Windows），同时单击"字符样式"面板底部的"创建新样式"按钮，如图 8-70 所示。

按住 option 键（macOS）或者 Alt 键（Windows）的同时单击样式面板中"创建新样式"按钮，可以在将样式添加到面板之前编辑样式选项。

6 在打开的对话框中，更改以下选项。

• 样式名称：EventName。

• "添加到我的库"复选框：不选中。

7 单击"确定"按钮。样式记录的属性将应用到您所选文本。

8 在仍选中文本的情况下，单击"字符样式"面板中名为"EventName"的样式，将样式应用于该文本，以便在样式格式更改时进行更新，如图 8-71 所示。

图8-70

图8-71

 注意 如果应用字符样式时有"+"显示在样式名称旁边，表明应用到文本的格式与系统格式不同，您可以使用按住 option 键（macOS）或 Alt 键（Windows）的同时单击样式名称的方式来应用它。

9 在文本的其余部分，选中所有的"Food Truck Rodeo"，然后单击"字符样式"面板中的"EventName"样式以应用它，如图 8-72 所示。

图8-72

10 选中"选择">"取消选择"。

8.5.4 编辑字符样式

创建字符样式后,您可以轻松地编辑其样式格式,而在应用该字符样式的任何位置,格式都将自动更新。

1 在"字符样式"面板中双击"EventName"样式名称的右侧(不是样式名称本身)。在 "字符样式选项"对话框中,单击对话框左侧的"字符颜色"类别,并更改如下选项,如 图 8-73 所示。

- 字符颜色:黑色。
- "添加到我的库"复选框:取消选中。
- "预览"复选框:选中。

图8-73

2 单击"确定"按钮。查看结果,如图 8-74 所示。

图8-74

3 关闭"字符样式"面板组。

8.5.5　对文本格式进行取样

使用"吸管工具" ✐，您可以快速采集文本属性并将其复制到其他文本中，而无须创建文本样式。

1　在文档窗口左下角的"画板导航"菜单中选择"1 Poster 1"画板。

2　选中"文本工具" T后，单击"CORRAL"文本上方的空白区域，输入"FOOD TRUCK RODEO"，如图 8-75 所示。

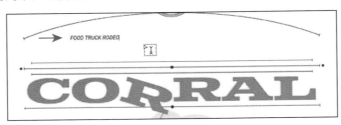

图8-75

3　连续单击新文本 3 次以将其选中。

您输入的文本可能是斜体，这意味着名为"EventName"的字符样式已应用到了新文本上。

4　在工具栏中选中"吸管工具" ✐，然后单击"CORRAL"文本中的"C"，将相同的格式应用于所选文本。注意，不要单击任何一个"R"字母，因为您使用"修饰文字工具" ㅂ 进行的文本修改也会被取样，如图 8-76 所示。

图8-76

5　将文档右侧"属性"面板中的字体大小更改为"55 pt"。

6　选中"选择">"取消选择"。

8.6　文本绕排

在 Illustrator 中，您可以轻松地将文本环绕在对象（如文本对象、导入的图像和矢量图稿）周围，以创建有趣的设计效果，或避免文本与这些对象重叠。接下来，您将围绕部分图稿排列文本。与 InDesign 一样，在 Illustrator 中您可以使文本围绕图稿排列。

1　从文档窗口左下角的"画板导航"菜单中选择"2 Poster 2"。

2　选中"选择工具" ▶，然后单击冰激凌卡车图稿，如图 8-77 所示。

3　选择"对象">"文本绕排">"建立"。如果出现对话框，单击"确定"按钮。

若要将文本环绕在对象周围，则该对象必须与环绕对象的文本位于同一图层，且在图层层次结构中该对象还必须位于文本之上。

4　选中卡车后，单击"属性"面板中的"排列"按钮，然后选择"置于顶层"。

卡车现在应该置于文本层上方，且文本环绕着冰激凌卡车图稿排列，如图8-78所示。

图8-77　　　　　　　　　　　　　　　　　　　　图8-78

5　选择"对象">"文本绕排">"文本绕排选项"，在"文本绕排选项"对话框中，将"位移"更改为"20 pt"，然后选中"预览"复选框以查看更改。单击"确定"按钮，如图8-79所示。

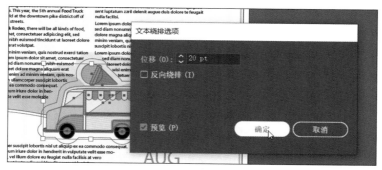

图8-79

Ai　**注意**　您的文本绕排方式可能不同，这没关系。

您现在可以在底部区域文字对象中看到一个红色加号。文本在卡车图稿周围流动，所以其中一部分文本被推到底部区域文字对象中。通常，您需要通过更改区域文字对象的外观属性（如字体大小和引导或编辑文本）来"适应"文本。

8.7　文本变形

通过使用封套将文本变成不同的形状，可以创建一些出色的设计效果。您可以用画板上的对象制作封套，也可以使用预设的变形形状或网格作为封套。当您探索如何使用封套时，您还会发现除了图形、参考线或链接对象之外，您可以在任何对象上使用封套。

8.7.1 使用预设封套扭曲调整文本形状

Illustrator 附带了一系列预设的变形形状，您可以用这些形状来扭曲文本。接下来，您将应用 Illustrator 提供的一个预设变形形状。

> **Ai** **注意** 有关封套的详细信息，请在"Illustrator 帮助"（"帮助" > "Illustrator 帮助"）中搜索"使用封套进行重塑"。

1　从文档窗口左下角的"画板导航"菜单中选择"1 Poster 1"海报。
2　选中"选择工具"▶单击并选中"FOOD TRUCK RODEO"文字对象。
3　选择"对象" > "封套扭曲" > "用变形建立"。
4　在出现的"变形选项"对话框中，选中"预览"复选框。默认情况下，文本显示为"弧形"。确保从"样式"菜单中选择"上弧形"。拖动"弯曲"以及"扭曲"中的"水平"和"垂直"滑块，查看文本变形效果。
　完成实验后，将两个"扭曲"滑块拖动到"0%"，确保"弯曲"滑块为"30%"，然后单击"确定"按钮，如图 8-80 所示。

图8-80

8.7.2 编辑封套变形

如果要进行任何更改，可以分别编辑构成封套扭曲对象的文本和形状。接下来，您将先编辑文本，然后编辑扭曲形状。

1　在仍选中封套对象的情况下，单击"属性"面板顶部的"编辑内容"按钮🖾，如图 8-81 所示。
2　选中"文本工具"**T**，并将指针移到扭曲的文本上。请注意，未扭曲的文本显示为蓝色。双击"RODEO"一词将其选中。

图8-81

按 Delete 键或 Backspace 键两次以删除"RODEO"文本及其前面的空格，如图 8-82 所示。

图8-82

您还可以编辑预设形状，这是您接下来要做的。

3　选中"选择工具" ▶，并确保封套对象仍处于选中状态。单击"属性"面板顶部的"编辑封套"按钮 图，如图 8-83 所示。

> **提示**　如果使用"选择工具" ▶ 而不是"文本工具" **T** 双击则会进入"隔离模式"。这是编辑封套变形对象中文本的另一种方法。如果是这种情况，请按 Esc 键退出"隔离模式"。

4　单击"属性"面板中的"变形选项"按钮，显示与首次应用"变形"时相同的"变形选项"对话框。

将"弯曲"改为"20%"，确保"扭曲"中的"水平"和"垂直"滑块为"0"，然后单击"确定"按钮，如图 8-84 所示。

图8-83

图8-84

> **注意**　若要将文本从变形形状中取出，请使用"选择工具" ▶ 选中文本，然后选择"对象">"封套扭曲">"释放"。该操作将为您提供两个对象：文本对象和上弧形形状。

> **注意**　当您编辑"变形选项"时，扭曲对象很可能会缩小。这是因为您正在编辑其中的文本。

5 选中"选择工具"▶，按住 Shift 键，同时按住鼠标左键拖动文本框的一个角，使封套对象（变形的文本）变大，并将其拖到图 8-85 所示的位置。

图8-85

8.8　使用路径文本

除在点状文本和区域文本中排列文本外，还可以沿路径排列文本。文本可以沿着开放或闭合的路径排列，以一些独具创意的方式来显示文本。

8.8.1　创建开放路径文本

在本小节中，您将向开放路径添加一些文本。

1 选中"选择工具"▶，选中两辆卡车下方的棕色弯曲路径。

2 按"command＋+"（macOS）或"Ctrl＋+"（Windows）组合键几次放大视图。

3 选中"文字工具"**T**，将光标移动到路径的中间，会看到一个交叉波浪形路径插入点（见图 8-86 左图圆圈），并在此光标出现时单击。

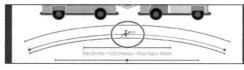 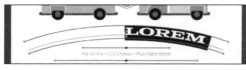

图8-86

从您单击的位置开始，占位符文本将添加到路径中。您的文本可能具有与图 8-86 右图不同的格式，这没关系。此外，路径的"描边"属性要改为"[无]"。

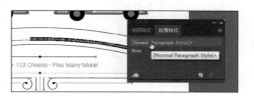

4 选择"窗口">"文字">"段落样式"，打开"段落样式"面板。单击"[Normal Paragraph Style]＋"以应用此样式，如图 8-87 所示。关闭此面板组。

图8-87

Ai　**注意**　您可能会在路径上看到较少的文本，这没关系。

---

5 输入"Over 30 Local food truck vendors"，新文本将沿着路径排布。

6 按 "command + A" (macOS) 或 "Ctrl + A" (Windows) 组合键, 选中所有文本。

7 在文档窗口右侧的 "属性" 面板中, 更改图 8-88 所示格式选项。

· 填色: Pink。

· 字体系列: Roboto。

· 字体样式: Bold。

· 字体大小: 40 pt。

8 选择 "文字" > "更改大小写" > "大写"。

图8-88

9 按 "command + +" (macOS) 或 "Ctrl + +" (Windows) 组合键, 进一步放大。

10 选中 "选择工具" ▶, 并将指针移到文本左边缘的线上 ("OVER" 中 "O" 的左侧), 如图 8-89 左图所示。当您看到光标▸时, 按住鼠标左键并向左拖动, 尝试尽可能让文本在路径上居中, 如图 8-89 右图所示。

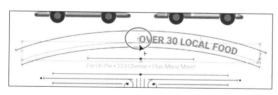 

图8-89

文本会沿着您单击路径的位置向路径末尾流动。如果左对齐、居中对齐或右对齐文本, 则该文本将在路径上的该区域内对齐。

Ai | **提示** 选中路径或路径上的文本后, 可以选择 "文字" > "路径文字" > "路径文字选项", 设置更多选项。

---

11 选择 "选择" > "取消选择", 然后选择 "文件" > "存储"。

8.8.2 创建闭合路径文本

下面, 您将在一个圆圈上添加文本, 并了解一些可用的路径文字选项。

1 按 "command + 0" (macOS) 或 "Ctrl + 0" (Windows) 组合键, 使画板适应窗口大小。

2 在工具栏中选中 "缩放工具" Q, 然后放大到使画板顶部的白色圆圈清晰可见 (在

"FOOD TRUCK" 文本上方)。

3　选中"文字工具" **T**，并将指针放在白色圆圈的上边缘。"文字工具"光标更改为带有圆圈的文字光标。这表示如果单击（此时不单击），文本将置入圆内，创建圆形的文本对象，如图 8-90 所示。
我们想要将文本添加到路径上，而不是将文本添加到圆形的内部，这是接下来要执行的操作。

图8-90

4　按住 option 键（macOS）或 Alt 键（Windows），将指针放在白色圆圈的顶部，出现带有交叉波浪形路径标志插入点 时单击，然后显示占位符文本，如图 8-91 所示。

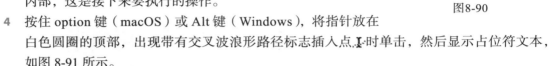

> **注意** 您可以通过按住工具栏中的"文本工具" **T** 来选中"路径文字工具"，而不是按 option 键（macOS）或 Alt 键（Windows），以允许在路径上输入。

5　输入大写字母"CELEBRATING LOCAL"，如图 8-92 所示。

6　在文本上连续单击 3 次以将其选中。将字体大小改为"16 pt"，将字体改为"Roboto Bold"（如果尚未更改）。

图8-91

图8-92

接下来，将通过设置路径文字选项来编辑文本。

7　在工具栏中选中"选择工具"。选中路径文字对象后，选择"文字">"路径文字">"路径文字选项"，在"路径文字选项"对话框中，选中"预览"复选框，然后将"间距"更改为"20 pt"，如图 8-93 所示。

> **注意** 若要了解"路径文字选项"（如"翻转"），请在"Illustrator 帮助"（"帮助">"Illustrator 帮助"）中搜索"在路径上创建文本"。

8　单击"确定"按钮。

9　将指针移到"CELEBRATING"一词左侧的短线上，你看到的这一条线被称为括号线，如图 8-94 左图所示。当您看到带有向左箭头的光标 时，按住鼠标左键以逆时针的方向向左下方沿圆圈拖动。这将移动文本的结束点，让您有足够的空间移动文本起始位置，如图 8-94 左图和中图所示。

图8-93

10 再次将指针移到"CELEBRATING"一词左侧的另一条短线上，当您看到带有向右箭头的光标▸时，按住鼠标左键以逆时针的方向向左下方沿圆圈稍微拖动。这将移动文本的起始点，如图 8-94 右图所示。

图8-94

8.9 创建文本轮廓

将文本转换为轮廓，意味着将文本转换为矢量形状，这样可以像对待任何其他图形对象一样编辑和操作它。文本轮廓对于更改较大的显示文本非常有用，但对于正文文本或其他小号文本，这种轮廓化用处就不大了。如果将所有文本转换为轮廓，则文件收件人不需要安装相应字体即可正确打开和查看该文件。

将文本转换为轮廓后，该文本将不再可以被编辑。此外，位图字体和受轮廓保护的字体不能转换为轮廓，且不建议将小于 10 pt 的文本轮廓化。当文本转换为轮廓时，该文本将丢失其内置到轮廓字体中的控制指令，以调整其形状，使其在不同尺寸下以最佳方式显示或打印。另外，您必须将所选文本对象中的文字全部转换为轮廓，而不能仅转换文本对象中的单个字母。接下来，您将把主标题转换为轮廓。

1 选择"视图">"全部适合窗口大小"。

2 单击"图层"面板选项卡以显示面板。单击名为"Frames"图层的左侧可视性列以显示它，如图 8-95 所示。单击"属性"面板选项卡，再次显示它。

3   选中"选择工具" ▶ 后，单击左侧画板上的标题文本"CORRAL"将其选中。

 注意　原始文本仍然存在，它只是隐藏起来。如果需要进行更改，您始终可以选择"对象"＞"显示全部"以查看原始文本。

4   选择"编辑"＞"复制"，然后选择"对象"＞"隐藏"＞"所选对象"。

5   选择"编辑"＞"贴在前面"。

6   选择"文字"＞"创建轮廓"，图 8-96 所示的文本不再链接到某个特定字体。相反，现在它已经是图稿，就像您设计稿中的其他矢量图稿一样。

图8-95

图8-96

7   选择"视图"＞"参考线"＞"隐藏参考线"，然后选中"选择"＞"取消选择"。

8.10 完稿

要完成右边的海报还有几件事要做，这也是您接下来要做的。

1   选中"选择工具" ▶，单击选中"FOOD TRUCK"文本。按住 Shift 键，然后单击"FOOD TRUCK"文本周围的某条线以选中整个线条组，然后单击"CORRAL"文本，如图 8-97 所示。

2   单击"属性"面板中的"编组"按钮对所选内容进行编组。

3   选择"编辑"＞"复制"。

4   从文档窗口左下角的"画板导航"菜单中选择"2 Poster 2"画板。

图8-97

5   选择"编辑"＞"就地粘贴"，按住鼠标左键将粘贴的组向上拖到空白区域中。

6   选择"选择"＞"取消选择"。

7   选择"视图"＞"全部适合窗口大小"，看到所有图稿，如图 8-98 所示。

8   选择"文件"＞"存储"，然后选择"文件"＞"关闭"。

图8-98

复习题

1 指出几种在 Adobe Illustrator 中创建文本的方法。
2 什么是溢出文本？
3 什么是文本串接？
4 "修饰文字工具" 🔳 的作用是什么？
5 字符样式和段落样式的区别是什么？
6 将文本转换为轮廓有什么优点？

参考答案

1 可使用以下方法来创建文本。

- 使用"文字工具" **T** 在画板中单击，并在光标出现后开始输入。这将创建一个点状文字对象以容纳文本。

- 使用"文字工具" **T**，拖动选框创建一个区域文字对象。在光标出现时输入文本即可。

- 使用"文字工具" **T**，单击一条路径或闭合形状将其转换为路径文本，或在文本区域内单击。按住 option 键（macOS）或 Alt 键（Windows）时，单击闭合路径的描边，沿形状创建绕排文本。

2 溢出文本是指不适应于区域文本对象或路径的文字。输出端口中的红色加号 ⊞ 表示该对象包含额外的文本。

3 文本串接允许链接文字对象，使文本从一个对象流到另一个对象。链接的文字对象可以是任意形状的，但文本必须是区域文字或者路径文字（而不是点状文字）。

4 "修饰文字工具" 🔳 允许您直观地编辑文本中单个字符的某种字符格式选项。您可以编辑文本的字符旋转、间距、基线偏移，以及水平和垂直比例，并且文本仍然是可编辑的。

5 字符样式只能应用于选定的文本，而段落样式可应用于整个段落。段落样式最适合调整缩进、边距和行间距。

6 将文本转换为轮廓，就不需要在与他人共享 Illustrator 文件时再发送字体，并可添加在编辑（实时）状态时无法添加的文本效果。

第9课　使用图层组织图稿

课程概览

在本课中，您将学习如何执行以下操作。

- 使用"图层"面板。
- 创建、重排和锁定图层、子图层。
- 在图层之间移动对象。
- 将多图层合并为单个图层。
- 在图层面板中定位对象。
- 隔离图层中的内容。
- 将对象及其图层从一个文件复制粘贴到另一个文件。
- 将外观属性应用于对象和图层。
- 建立图层剪切蒙版。

 完成本课程大约需要 45 分钟。

您可以使用图层将图稿组织为不同层级，利用这些层级可以单独或整体编辑和浏览图稿。每个 Adobe Illustrator CC 文档至少包含一个图层。通过在图稿中创建多个图层，您可以轻松控制图稿的打印、显示、选择和编辑方式。

9.1 开始本课

在本课中，您将组织一个房地产 App 设计图稿，了解在"图层"面板中使用图层的各种方法。

1 若要确保工具的功能和默认值完全如本课所述，请删除或停用（通过重命名）Adobe Illustrator CC 首选项文件。请参阅本书开头的"前言"部分中的"恢复默认设置"。

2 启动 Adobe Illustrator CC。
3 选择"文件" > "打开"，然后打开您硬盘"Lessons" > "Lesson09"文件夹中的"L9_end.ai"文档。
4 选择"视图" > "全部适合窗口大小"。
5 选择"窗口" > "工作区" > "重置基本功能"。

6 选择"文件" > "打开"。在"打开"对话框中，找到"Lessons" > "Lesson09"文件夹，然后选择"L9_start.ai"文件。单击"打开"按钮。
可能会出现"缺少字体"对话框，表明 Illustrator 无法在您的计算机上找到文件中使用的字体（"Proxima Nova"）。该文件使用的 Adobe 字体很可能是您尚未激活的，因此，您需要在继续进行操作之前修复丢失的字体。

7 在"缺少字体"对话框中，确保选中"激活"列中的所有字体，然后单击"激活字体"按钮，如图 9-1 所示。一段时间后，将激活字体，并且您会在"缺少字体"对话框中看到一条提示成功的消息。单击"关闭"按钮。

图9-1

注意 如果您无法激活字体，则可能是没有连接互联网或可能需要您启动 Creative Cloud 桌面应用程序，使用 Adobe ID 登录，并确保 Adobe 字体在首选项中启用（"首选项" > "Creative Cloud" > "字体"）。如果您已学过第 8 课，"激活字体"选项是可以使用的。

这将激活 Adobe 字体，并确保该字体显示在 Illustrator 中。

 注意 如果在"缺少字体"对话框中看到一条警告消息，或者无法选择"激活字体"，则可以单击"查找字体"将字体替换为本地字体。在"查找字体"对话框中，确保在"文档中的字体"部分中选择了"Proxima Nova"字体，然后从"替换字体来自"菜单中选择"系统"。这将显示 Illustrator 中可用的所有本地字体。从"系统中的字体"部分中选择一种字体，然后单击"全部更改"按钮来替换该字体。对"Proxima Nova Bold"字体执行同样的操作，单击"完成"按钮。

8 选择"文件" > "存储为"，将文件命名为"RealEstateApp.ai"，然后选择"Lesson09"文件夹。从"格式"菜单中选择"Adobe Illustrator（ai）"（macOS）或从"保存类型"菜单中选择"Adobe Illustrator（*.AI）"（Windows），然后单击"保存"按钮。

9 选择"选择" > "取消选择"（如果可用）。

10 选择"视图" > "全部适合窗口大小"。

了解图层

图层就像不可见的文件夹，可帮助您保存和管理构成图稿的所有项目（甚至是那些可能难以选择或跟踪的对象）。如果重排这些"文件夹"，则会改变图稿中各项目的堆叠顺序（您已在第 2 课中了解了堆叠顺序）。

文档中图层的结构可以简单，也可以复杂。创建新的 Illustrator 文档时，您创建的所有内容都默认在一个图层中组织。但是，您也可以像本课将要学习的那样创建新图层和子图层（类似于子文件夹）来组织您的图稿。

1 单击文档窗口顶部的"L9_end.ai"选项卡，显示该文档。

2 单击工作区右侧的"图层"面板选项卡，或选择"窗口" > "图层"。

除了可以组织内容外，"图层"面板还可以方便地选择、隐藏、锁定和更改图稿的外观属性。在图 9-2 中，"图层"面板显示"L9_end.ai"文件的内容。它与您在"RealEstateApp. ai"文件中看到的内容并不完全一致。在整个课程进行过程中，您都可以参考图 9-2。

 注意 图 9-2 中显示了图层面板的顶部和底部。"基本功能"工作区中的"图层"面板非常高，这就是为什么图 9-2 中显示为断裂面板效果。

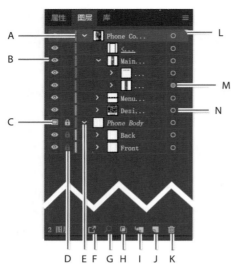

A. 图层颜色
B. 可视性列（眼睛图标）
C. 模板层图标
D. 编辑列（锁定/解除锁定）
E. 显示三角形（展开/折叠）
F. 收集以导出
G. 定位对象
H. 建立/释放剪切蒙版
I. 创建新子图层
J. 创建新图层
K. 删除所选图层
L. 当前图层指示器（三角形）
M. 目标列
N. 选择列

图9-2

9.2 创建图层和子图层

默认情况下，每个文档都以一个名为"图层 1"的图层开始。但在创建图稿时，您可以随时重命名该图层，还可以添加图层和子图层。通过将对象放置在独立的图层中，您可以更轻松地选择和编辑它们。例如，通过将文字放置在单独的图层上，可以集中修改文字，而不会影响图稿的其余部分。

9.2.1 创建新图层

接下来，您将更改默认图层名称，然后使用不同的方法创建新图层。本例旨在组织图稿，稍后就可以更轻松地使用它。在实际情况中，需要在 Illustrator 中开始创建或编辑图稿之前就设置图层。但在本课中，您将在创建图稿后使用图层来组织图稿，这可能更具挑战性。

  注意 创建多少图层、如何命名以及怎样组织这些图层中的内容，取决于您正在处理的项目。在本课中，我考虑了对层级组织有意义的内容，因此您将基于此创建层级。没有所谓的"错误"层级结构，但是，随着您层级使用经验的积累，您将了解何种方式对您更有意义。

1 单击文档窗口顶部的"RealEstateApp. ai"选项卡。
2 如果"图层"面板不可见，请单击工作区右侧的"图层"面板选项卡，或选择"窗口">"图层"。"图层 1"（第一层的默认名称）将高亮显示，表示它处于活动状态。
3 在"图层"面板中，直接双击图层名称"图层 1"即可编辑该名称。键入"Phone Body"，然后按回车键确定，如图9-3所示。

与将所有内容放在一个图层上相反，您将创建多个图层和子图层，以便更好地组织内容并使之后的选择更容易。

4 单击"图层"面板底部图9-4圆圈圈住的"创建新图层"按钮 。

未命名的图层和子图层按顺序编号。例如，新图层名为"图层2"，如图9-4所示。当"图层"面板中的图层或子图层包含其他项目时，图层或子图层名称的左侧将显示一个"显示三角形" ⟩。您可以单击"显示三角形" ⟩显示或隐藏内容。如果没有三角形出现，则表示图层内没有内容。

Ai **提示** 通过选中图层或子图层并单击"图层"面板底部的"删除所选图层"按钮 可以轻松删除图层。这将删除图层或子图层及其包含的所有内容。

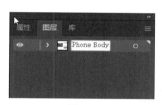

图9-3

图9-4

5 双击图层名称"图层2"左侧的白色图层缩略图或名称"图层2"右侧空白处，以打开"图层选项"对话框。将名称更改为"Phone Content"，并注意所有其他可用选项。单击"确定"按钮，如图9-5所示。

Ai **注意** "图层选项"对话框包含许多您已经使用过的选项，包括"名称""预览""锁定""显示"复选框。您还可以取消选中"图层选项"对话框中的"打印"复选框，则该图层上的任何内容将都不会打印出来。

图9-5

默认情况下，新图层将添加到当前选定图层（本例中为"Phone Body"图层）的上方，并处于活动状态。请注意，新图层名称的左侧具有不同的图层颜色（浅红色）。当您选择图稿的内容时，这将变得十分重要。下面，您将使用 option 键（macOS）或 Alt 键（Windows）一步创建一个新图层并命名它。

6 在"图层"面板底部，按住 option 键（macOS）或 Alt 键（Windows），单击"创建新图层"按钮 。在"图层选项"对话框中，将名称更改为"Menu Icons"，然后单击"确定"按钮，如图 9-6 所示。

Ai | **提示** 从"图层"面板菜单 中选择"新建图层"也可以新建一个图层，并打开"图层选项"对话框。

图9-6

7 在"图层"面板中选择"Menu Icons"图层后，单击"图层"面板菜单 ，然后选择"复制'Menu Icons'"以创建图层副本，如图 9-7 所示。

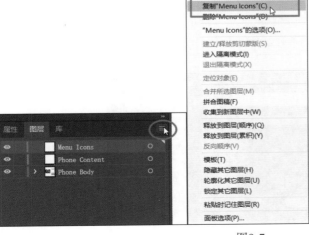

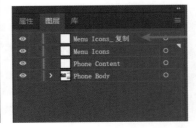

图9-7

8 双击面板中的新图层名称，并将其更改为"Design Content"，按回车键确认更改。

9.2.2 创建子图层

接下来，您将创建一个嵌套在图层中的子图层。子图层可用于组织图层中的内容，而无须编组或取消编组内容。

1 单击名为"Phone Content"的图层以将其选中，然后单击"图层"面板底部的"创建新子图层"按钮，如图 9-8 所示。

这样会在"Phone Content"图层上创建一个新的子图层并将其选中。您可以将这个新的子图层视为名为"Phone Content"的"父"图层的"子"图层。

图9-8

2 双击新的子图层名称（本例中是"图层 5"），将名称更改为"Main Menu"，然后按回车键确定。

创建的新子图层将展开所选图层，显示其现有子图层和内容，如图 9-9 所示。

3 单击"Phone Content"图层左侧的"显示三角形"以隐藏图层的内容，如图 9-10 所示。

4 按住鼠标左键将"图层"面板的左边缘往左侧拖动，使其更宽，如图 9-11 所示。

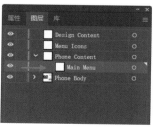

图9-9

图9-10

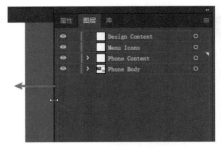

图9-11

9.3 编辑图层和对象

通过重新排列"图层"面板中的图层，可以更改图稿中对象的堆叠顺序。在画板中，"图层"面板列表中位于顶部图层中的对象在位于底部图层中的对象前面。在每个图层内部，也有应用于该图层中对象的堆叠顺序。图层有多种用途，比如能够在图层和子图层之间移动对象以组织图稿，并更轻松地选择您的图稿。

9.3.1 定位图层

在图稿中进行操作时，时常会需要选中画板中的内容，并在"图层"面板中找到与之相同的内容。这样有助于查看各内容之间的组织方式。

1 选中"选择工具"▶，单击以选中左侧画板底部的绿色矩形。单击"图层"面板底部的"定位对象"按钮🔍，以显示"图层"面板中的对象组，如图 9-12 所示。

图9-12

单击"定位对象"按钮🔍，将打开内容所在的图层。然后，如有必要，您可以在"图层"面板中滚动进度条以显示所选内容。

在"图层"面板中，您将在所选内容所在的图层、所在编组（＜编组＞）以及组中对象的最右边看到一个选择指示器■，如图 9-13 所示。

2 在"图层"面板中，双击所选＜编组＞名称，然后将其重命名为"Description"，按回车键确认，如图 9-14 所示。

编组内容时，会创建一个包含编组内容的编组对象（＜编组＞）。在"属性"面板的顶部，可以看到选择指示器中有"<编组>"一词。重命名不会取消编组，但是有助于在"图层"
面板中更容易找到它。

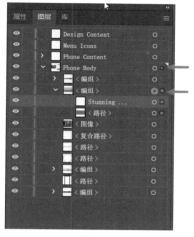

图9-13

图9-14

3　选择"选择">"取消选择"。

4　单击"Description"组左侧的"显示三角形" ，折叠该组，然后单击"Phone Body"图
层名称左侧的"显示三角形" ，折叠并隐藏整个图层的内容，如图 9-15 所示。

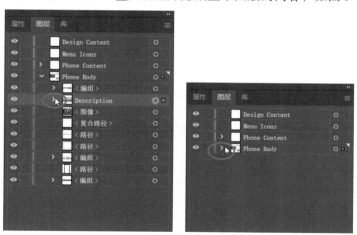

图9-15

保持图层、子图层和组折叠是使"图层"面板整齐的好方法。"Phone Content"图层和
"Phone Body"图层是带有"显示三角形"的图层，因为它们是包含有内容的图层。

9.3.2　在图层间移动内容

接下来，您将利用已创建的图层和子图层，将图稿移动到不同的图层。

1 在图稿中，选中"选择工具" ▶，单击"FOR SALE $450,000"以选中该组内容。

请注意，在"图层"面板中，"Phone Body"图层名称右侧出现选定图稿指示器（彩色方块），如图 9-16 所示。

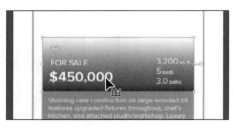

图9-16

还要注意，所选图稿的定界框、路径和锚点的颜色与图层颜色相同。

如果要将选定的图稿从一个图层移动到另一个图层，可以拖动每个子图层右侧的选定图稿指示器，也可以拖动每个图层名称右侧的选定图稿指示器。这是您接下来要做的。

2 按住鼠标左键将"Phone Body"图层名称最右侧的选定图稿指示器（蓝色小框）直接拖动到"Design Content"图层上的目标图标 ◎ 右侧，如图 9-17 所示。

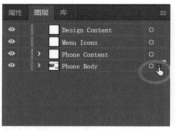

图9-17

> **Ai** | **提示** 您还可以按住 option 键（macOS）或 Alt 键（Windows），并按住鼠标左键将选定图稿指示器复制到另一个图层。请记住先松开鼠标左键，然后松开 option 键或 Alt 键。

此操作将所有选定的图稿移动到"Design Content"图层。图稿中边界框、路径和锚点的颜色将变为"Design Content"图层的颜色，也就是绿色（本例中），如图 9-18 所示。

3 选择"选择">"取消选择"。

4 单击"Phone Body"图层左侧的"显示三角形" ▶，显示图层内容。

5 单击包含顶部导航图稿的顶部的"<编组>"对象，按住 Shift 键，然后单击"<图像>"对象，以选中"<编组>""Description"和"<图像>"3个图层，而不是选中画板上的图稿。

图9-18

6　按住鼠标左键将选定的对象拖到列表顶部的"Design Content"图层。当"Design Content"图层高亮显示时，松开鼠标左键，如图 9-19 所示。

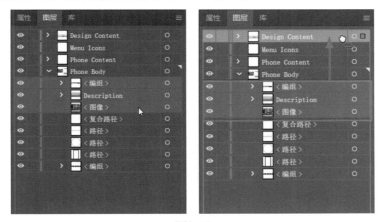

图9-19

> **Ai** | **注意**　这是在图层之间移动图稿的另一种方法。拖动到另一个图层的任何内容都将自动位于该图层上堆栈层的顶部。

7　单击"Phone Body"图层左侧的"显示三角形" 以隐藏图层内容。

9.3.3　查看图层

通过"图层"面板，您可以从视图中隐藏图层、子图层或单个对象。隐藏图层时，图层上的内容也将被锁定，无法选中或打印。您还可以使用"图层"面板在"预览 / 轮廓模式"下单独显示图层或对象。本小节将介绍如何在"轮廓模式"下查看图层，这可以使图稿选择变得更简单。

1　选择"视图">"轮廓"，这将仅显示轮廓（或路径）。您应该能够看到隐藏在绿色形状下的菜单图标，如图 9-20 所示。

请注意"图层"面板中的眼睛图标 ，它们表示该图层上的内容处于"轮廓模式"，如图 9-21 所示。

图9-20

图9-21

2　选择"视图">"预览"（或"GPU 预览"），以查看图稿。

有时，您可能想要在"轮廓模式"下查看部分图稿，同时保留图稿其余部分描边和填充。当您需要查看指定图层、子图层或组中的所有图稿时，这将非常有用。

3 在"图层"面板中，单击"Design Content"图层的"显示三角形" ▶️，显示图层内容。按住 option 键（macOS）或 Ctrl 键（Windows），单击"Design Content"图层名称左侧的眼睛图标 👁️，将该图层的内容在"轮廓模式"下显示，如图 9-22 所示。

图9-22

> **Ai** 提示　若要在"轮廓模式"下查看图层图稿，还可以在图层缩略图或仅在图层名称右侧双击打开"图层选项"对话框。然后，您可以取消选择"预览"复选框，然后单击"确定"按钮。

在"轮廓模式"下显示图层有助于选择对象的锚点或中心点。

4 选中"选择工具" ▶，然后单击其中一个手机图标以选中图标组，如图 9-23 所示。
5 单击"图层"面板底部的"定位对象"按钮 🔍，在"图层"面板中查看所选组的位置。
6 选择"编辑" > "剪切"，从文档中剪切手机图标组。
   剪切或删除内容将使内容从"图层"面板中移除。
7 单击"Design Content"图层和"Phone Body"图层左侧的"显示三角形" ▾，折叠每个图层内容。
8 单击选中"Menu Icons"图层，然后选择"编辑" > "就地粘贴"，将手机图标组粘贴到该图层中，如图 9-24 所示。

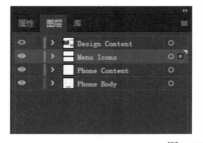

图9-23　　　　　　　　　　　　　　　　　图9-24

> **Ai** 注意　在图 9-24 左图中，所有图层都被切换为关闭。你的看起来可能不一样，没关系。

在 Illustrator 中，新建或粘贴内容之前经常会选中图层。这可以组织内容，并将它放在您认为最佳的图层上。

9   按住 command 键（macOS）或 Ctrl 键（Windows），单击"Design Content"图层名称左侧的眼睛图标，以便在"预览模式"下再次显示该图层的内容，如图 9-25 所示。

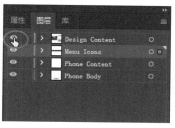

图9-25

现在，手机菜单图标将位于所有设计内容的后面，因为在"图层"面板中，"Menu Icons"图层现在位于"Design Content"图层之下。下面您会解决这个问题。

9.3.4　重新排列图层

在前面的课程中，您了解到对象具有堆叠顺序，其堆叠顺序具体取决于它们的创建时间和方式。该堆叠顺序适用于"图层"面板中的每个图层。通过在图稿中创建多个图层，可以控制重叠对象的显示方式。接下来，您将重新排列图层来改变堆叠顺序。

1   单击"Design Content"图层左侧的"显示三角形"，显示图层内容。

2   按住 option 键（macOS）或 Alt 键（Windows），单击"Design Content"图层左侧的眼睛图标，隐藏其他所有图层，如图 9-26 所示。

图9-26

隐藏除您要使用的图层以外的所有图层可能很有用，您可以专注于手头的内容。

3 选中"选择工具" ▶后，单击图稿之外的空白区域以取消选中。按住 Shift 键，并按住鼠标左键将图像从画板的左边缘拖到画板的中心。松开鼠标左键，然后释放 Shift 键，如图 9-27 所示。

请注意"图层"面板的"Design Content"图层中的"<图像>"对象，如图 9-28 所示。

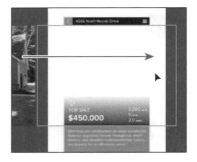

图9-27

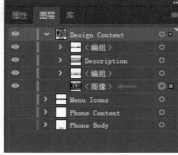

图9-28

4 选择"对象">"排列">"置于底层"。

 提示 您还可以在"图层"面板中，按住鼠标左键将"<图像>"对象拖到其下方的"<编组>"对象下方。当出现高亮线时，松开鼠标左键，即可重新排序图层。"排列"命令在所选内容所在的图层内起作用。

5 选择"选择">"取消选择"。

6 单击"Design Content"图层左侧的"显示三角形" ☑，隐藏图层内容。采用折叠图层是一个很好的做法，以便您以后在"图层"面板中更轻松地查找内容并使用图层。

7 从"图层"面板菜单 ☰ 中选择"显示所有图层"，或按住 option 键（macOS）或 Alt 键（Windows），并单击"Design Content"图层左侧的眼睛图标 ◉，以再次显示所有图层。

8 如有必要，在"图层"面板单击选中"Design Content"图层，按住 Shift 键并单击"Menu Icons"图层，以选中这两个图层，如图 9-29 左图所示。

9 按住鼠标左键向下拖动选中的任一图层到"Phone Content"图层上。图层高亮显示时，松开鼠标左键将图层移动到"Phone Content"图层中。它们现在是名为"Phone Content"的"父"图层的"子"图层，如图 9-29 中图和右图所示。

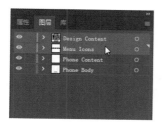  

图9-29

9.3.5 合并到新图层

若要简化图稿，可以合并图层、子图层、内容或组，以便将内容合并到一个图层或子图层中。请注意，对象将合并到最后选中的那个图层或对象组中。接下来，将会把内容合并到新图层中，然后将几个子图层合并为一个图层。

1 单击"Phone Content"图层左侧的"显示三角形" ，隐藏图层内容。

2 单击"Phone Body"图层左侧的"显示三角形" ，显示图层内容。

3 按住 option 键（macOS）或 Alt 键（Windows），然后单击缩略图中包含一个圆圈的"< 路径 >"对象以选中画板上的内容，如图 9-30 所示。

 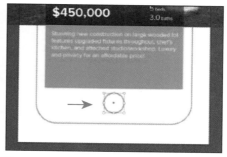

图9-30

Ai **提示** 您还可以按住 command 键（macOS）或 Ctrl 键（Windows），单击"图层"面板中的图层或子图层，以选中多个不连续的图层。

如果您正在查看"图层"面板中的内容，并且需要选中该内容，或者至少需要查看该内容在文档中的位置时，这将很有用。您还可以单击"选择"列（选择指示器出现的位置），在不选择图层的情况下选中内容。

Ai **提示** 从"图层"面板菜单中选择"合并所选图层"，即可将所选内容合并到一个图层中。您选中的最后一个图层决定了合并图层的名称和颜色。图层只能与"图层"面板中位于同一层次的其他图层合并。同样，子图层只能与位于同一图层和同一层次的其他子图层合并。对象不能与其他对象合并。

---

4 在"Phone Body"图层内容中，在选中"＜路径＞"图层的情况下，按住 Shift 键并单击其上方的"＜路径＞"对象，同时选中这两个对象，如图 9-31 所示。

5 单击"图层"面板菜单图标█，然后选择"收集到新图层中"以创建新的子图层（在本例中），并将所选内容放入其中，如图 9-32 所示。

新的子图层中的对象仍将保持其原始堆叠顺序。

图9-31

图9-32

6 双击新的子图层名称（本例中是"图层 6"），并将名称改为"Front"。按回车键确定，如图 9-33 所示。

您电脑上看到的图层颜色可能与您在图 9-33 中看到的颜色不一样，这没关系。

7 选择"选择"＞"取消选择"。

8 选择"文件"＞"存储"。

图9-33

9.3.6 复制图层内容

您还可以使用"图层"面板来复制图层和其他内容。接下来，您将复制"Front"子图层，然后将内容移动到右侧的画板上，最后在图层之间复制内容。

1 按住鼠标左键将"Front"子图层向下拖动到"创建新图层"按钮█，创建图层副本。

2 双击新图层名称"Front_复制"，并将其命名为"Back"，如图 9-34 所示。

"Phone Body" 图层顶部的 "＜复合路径＞" 对象也需要位于 "Front" 子图层和 "Back" 子图层中。接下来,将副本拖到 "Back" 子图层中,然后将原始对象拖到 "Front" 子图层中。

图9-34

3 单击选中 "＜复合路径＞" 对象。按住 option 键（macOS）或 Alt 键（Windows）, 并按住鼠标左键将此对象拖到 "Back" 子图层上。当 "Back" 子图层高亮显示时, 松开鼠标左键, 然后松开 option 键或 Alt 键, 如图 9-35 所示。

这将 "＜复合路径＞" 内容（手机的形状）复制到 "Back" 子图层上。拖动时, 按住 option 键（macOS）或 Alt 键（Windows）会复制所选内容。这与下列选择画板内容的方式有相同的效果：选择 "编辑" ＞ "复制"、选择 "图层" 面板中的 "Back" 子图层, 然后选择 "编辑" ＞ "就地粘贴"。

 提示 您还可以按住 option 键（macOS）或 Alt 键（Windows）, 按住鼠标左键拖动选定图稿指示器以复制内容。您还可以在 "图层" 面板中选择 "＜复合路径＞" 行, 然后从 "图层" 面板菜单中选择 "复制 '＜复合路径＞'", 以创建相同内容的副本。

接下来, 您将移动 "Back" 子图层上的内容到右侧的画板上。

4 单击 "Back" 子图层名称最右侧的 "选择" 列。即使您已经看到颜色框, 也请再次单击它以选中图层上的所有内容, 如图 9-36 所示。

图9-35

图9-36

5 从文档窗口左下角的"画板导航"菜单中选择"2 Phone Back"画板，使该画板在文档窗口中居中显示，然后选中它。

6 单击"属性"面板选项卡打开"属性"面板。从"属性"面板的"对齐所选对象"菜单中选择"对齐画板"，然后单击"水平居中对齐"按钮██，将"Back"子图层的内容对齐到"2 Phone Back"画板的水平中心，如图 9-37 所示。

7 单击"图层"面板选项卡，再次显示"图层"面板。在"图层"面板中单击选中原始的"＜复合路径＞"对象，按住鼠标左键将其拖到"Front"子图层上，使其移动到该子图层中，如图 9-38 所示。

图9-37

图9-38

Ai | **注意** 按住鼠标左键向左拖动"图层"面板的左侧边缘，可查看更多图层名称。

---

8 单击"Phone Body"图层左侧的"显示三角形"██，隐藏内容。

9 选择"视图"＞"全部适合窗口大小"。

10 选择"选择"＞"取消选择"，然后选择"文件"＞"存储"。

9.3.7 粘贴图层

若要完成此 App 设计，您还需要从另一个文件中复制并粘贴所需的其余图稿。您可以将分层文件粘贴到另一个文件中，并保持所有图层不变。在本节中，您还将学习一些新内容，包括如何对图层应用外观属性和重新排列图层。

1 选择"窗口"＞"工作区"＞"重置基本功能"。

2 选择"文件"＞"打开"，打开硬盘上的"Lessons"＞"Lesson09"文件夹中的"Menu.ai"文件。

3 选择"视图"＞"画板适合窗口大小"。

4 单击"图层"面板选项卡，显示该面板。若要查看每个图层中对象的组织方式，请按住 option 键（macOS）或 Alt 键（Windows），依次单击"图层"面板中每个图层的眼睛图标 👁️，以显示本图层而隐藏其他图层。您还可以单击每个图层名称左侧的"显示三角形" ▶，展开和折叠图层以便进一步查看。完成后，请确保所有图层都显示，且它们的子图层都已折叠，如图 9-39 所示。

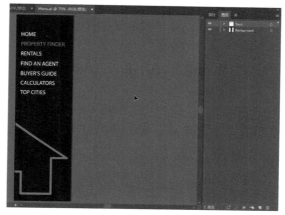

图9-39

5 选择"选择" > "全部"，然后选择"编辑" > "复制"来选中内容并将其复制到剪贴板。
6 选择"文件" > "关闭"，关闭"Menu. ai"文件而不保存任何更改。如果出现警告对话框，请单击"否"（Windows）或"不保存"（macOS）按钮。
7 在"RealEstatApp.ai"文件中，从"图层"面板菜单 ≡ 中选择"粘贴时记住图层"。选项旁边的复选标记表明它已被选中，如图 9-40 所示。

Ai **注意** 启用"粘贴时记住图层"时，如果目标文档具有相同名称的图层，则 Illustrator 将粘贴的内容合并到同名的图层中。

选中"粘贴时记住图层"后，无论"图层"面板中的哪个图层处于活动状态，都会将图稿独立粘贴成复制时的图层。如果没有选中该选项，则所有对象都将粘贴到活动图层中，并且不会粘贴到图来源的原始文件。

8 选择"编辑" > "粘贴"，将内容粘贴到文档窗口的中心，如图 9-41 所示。

"粘贴时记住图层"选项使得"Menu. ai"文件作为 2 个单独的图层（"Text"和"Background"）被粘贴到"RealEstatApp.ai"文件的"图层"面板顶部。现在，您可以按住鼠标左键将新粘贴的图层拖动到"Phone Content"图层的"Main Menu"子图层中，然后更改这些图层的顺序。

图9-40

 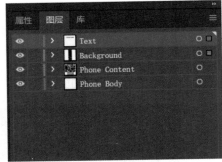

图9-41

9　选中 "Text" 图层（如果尚未选中），然后按住 Shift 键单击 "图层" 面板中的 "Background" 图层名称，以选中这两个图层。

10　单击 "Phone Content" 图层左侧的 "显示三角形" ▶以显示图层内容。

11　按住鼠标左键将任何一个所选图层（"Text" 或 "Background"）向下拖动到 "Main Menu" 子图层上，将此内容移动到新图层，如图 9-42 所示。

这两个粘贴的图层将成为 "Main Menu" 子图层的子图层。请注意，它们将保留各自的图层颜色。

12　选择 "选择" > "取消选择"。

图9-42

9.3.8　更改图层顺序

如您所见，您可以在 "图层" 面板中按住鼠标左键轻松地拖动图层、子图层、组和其他内容，以重新组织图层顺序。还有几个 "图层" 面板选项命令，如 "反向顺序" 等，这些选项可以让重新排列图层顺序变得更简单。

1　单击 "Main Menu" 子图层左侧的 "显示三角形" ✓，隐藏该层内容。

2　单击 "Design Content" 子图层，然后按住 Shift 键单击 "Main Menu" 子图层名称，选中 3 个子图层（"Design Content" "Menu Icons" 和 "Main Menu"）。

3　从 "图层" 面板菜单■中选择 "反向顺序"，以反转图层排序，如图 9-43 所示。

图9-43

4　单击"Main Menu"图层名称最右侧的"选择"列，选中图层内容。

5　选中"选择工具" ▶ 后，按住鼠标左键将内容拖到左侧的画板上。确保它就在"4566 North Woods Drive"黑条的下方，如图 9-44 所示。

图9-44

6　选择"选择" > "取消选择"（如果可用）。

9.3.9　将外观属性应用于图层

您可以使用"图层"面板将外观属性（如样式、效果和透明度）应用于图层、组和对象。将外观属性应用于图层时，该属性将应用到图层上的所有对象。如果外观属性仅应用于图层上的特定对象，则它只影响该对象，而不是整个图层。接下来，您会将效果应用到一个图层中的所有图稿。

注意 若要了解有关使用外观属性的详细信息，请参阅第 12 课。

1 如有必要，单击 "Main Menu" 子图层左侧的 "显示三角形" ▶以显示图层内容，单击 "Background" 子图层右侧的目标图标◉，如图 9-45 所示。

注意 您可以按住鼠标左键向左拖动 "图层" 面板的左边缘，以便查看图层名称。

注意 单击目标图标还会选中画板上的对象。您也可以只在画板上选中内容，对其应用效果。

单击目标图标，表示要对该图层、子图层、组或对象应用效果、样式或更改透明度。换句话说，这图层、子图层、组或对象被选中了，而在文档窗口中，其对应的内容也被选中了。当目标图标◉变成双环图标（◉或◉）时，表明该对象被选中了，而单环图标◉则表示该对象还未被选中。

图9-45

2 单击 "属性" 面板选项卡，显示 "属性" 面板。在 "属性" 面板中，将 "不透明度" 更改为 "75%"，如图 9-46 所示。
如果到 "图层" 面板中查看，就会发现 "Background" 子图层的目标图标◉现在填充了阴影，这表示该图层至少应用了一个外观属性（不透明度）。本例中，图层上的所有内容都更改了不透明度。

图9-46

3 选择 "选择" > "取消选择"。

9.4 创建剪切蒙版

通过 "图层" 面板，您可以创建剪切蒙版，以控制隐藏或显示图层中（或组中）的图稿。剪切蒙版是一个或一组（使用其形状）屏蔽自身同一图层或子图层下方图稿的对象，剪切蒙版只显示该形状中的图稿。第 14 课将介绍如何在不使用"图层"面板的情况下创建剪切蒙版。现在，您将从图层内容创建剪切蒙版。

1　单击"图层"面板选项卡，显示"图层"面板。单击"Phone Body"图层左侧的"显示三角形" ▶以显示其内容，然后单击"Phone Content"图层左侧的"显示三角形" ⌄以隐藏其内容。

> **Ai** | **注意**　折叠"Phone Content"图层将使"图层"面板保持整洁。

2　按住鼠标左键将名为"＜路径＞"的图层拖到"Phone Content"图层上，将其移动到该图层，如图 9-47 所示。

此路径将用作图层上所有内容的剪切蒙版。

3　单击"Phone Content"图层左侧的"显示三角形" ▶，以显示图层内容。

在"图层"面板中，蒙版对象必须位于它要遮罩对象的上层。在本例的图层蒙版中，遮罩对象必须是图层中最顶层的对象。您可以为整个图层、子图层或一组对象创建剪切蒙版。您想要遮罩"Phone Content"图层中的所有内容，因此剪切对象要位于"Phone Content"图层的顶部。

图9-47

4　按住 option 键（macOS）或 Alt 键（Windows），单击"Phone Content"图层顶部的"＜路径＞"对象以选中画板上的内容，如图 9-48 所示。

图9-48

您不需要选择该形状来制作蒙版。我只是想让您了解它的大小，并注意它的位置。

5　选择"选择"＞"取消选择"。

6 在"图层"面板中选中"Phone Content"图层，以高亮显示它。单击"图层"面板底部的"建立 / 释放剪切蒙版"按钮，如图 9-49 所示。

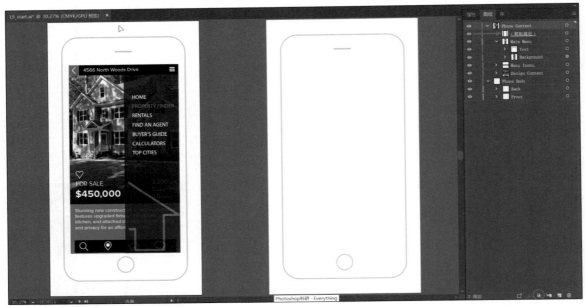

图9-49

Ai **提示** 若要释放剪切蒙版，您可以选中"Phone Content"图层，然后单击相同的"建立 / 释放剪切蒙版"按钮。

"< 路径 >"子图层的名称带有下划线，表示它是一个蒙版形状，并且已重命名为"< 剪贴路径 >"。在画板上，"< 路径 >"子图层将位于本身形状之外的手机内容隐藏起来了。

现在，图稿已经完成，您可能想把所有图层合并到一个图层中，然后删除空图层，即"拼合图稿"。在单个图层文件中交付已完成的图稿可以防止意外发生，例如在打印过程中隐藏图层或省略部分图稿会干扰打印。要在不删除隐藏图层的情况下拼合特定图层，可以选中要拼合的图层，然后从"图层"面板菜单中选择"合并所选图层"。

Ai **注意** 有关可与"图层"面板一起使用的完整快捷键列表，请参阅"Illustrator 帮助"（"帮助">"Illustrator 帮助"）中的"键盘快捷键"。

7 选择"文件">"存储"，然后选择"文件">"关闭"。

复习题

1 指出至少两个在创建图稿时使用图层的好处。

2 描述如何调整文件中的图层排列顺序。

3 更改图层颜色有什么用途？

4 如果将分层文件粘贴到另一个文件中，会发生什么情况？"粘贴时记住图层"选项有什么用处？

5 如何创建图层剪切蒙版？

参考答案

1 在创建图稿时使用图层的好处，包括方便组织内容、便于选择内容、保护不想修改的图稿、隐藏不使用的图稿以免分散注意力，以及控制打印内容。

2 通过在"图层"面板中选中图层名称并按住鼠标左键将图层拖动到新的位置，可以对图层进行重新排序。"图层"面板中图层的顺序控制着文档中的图层顺序——面板中最顶部的对象是图稿中最上层的对象。

3 图层颜色控制所选锚点和方向线在图层上的显示方式，并有助于识别所选对象驻留在文档的哪个图层。

4 默认情况下，粘贴命令将从不同图层复制而来的分层文件或对象粘贴到当前活动图层中。而"粘贴时记住图层"选项将保留各粘贴对象对应的原始图层。

5 通过选中图层并单击"图层"面板中的"建立 / 释放剪切蒙版"按钮▣，可以在图层上创建剪切蒙版。该图层中最上层的对象将成为剪切蒙版。

第10课 渐变、混合和图案

课程概览

在本课中，您将学习如何执行以下操作。

- 创建并保存渐变填充。
- 应用和编辑描边上的渐变。
- 应用和编辑径向渐变。
- 调整渐变方向。
- 调整渐变中颜色的不透明度。
- 创建和编辑任意形状渐变。
- 按指定步数混合对象的形状。
- 创建对象之间的平滑颜色混合。
- 修改混合及其路径、形状和颜色。
- 创建图案并使用图案绘制。

 完成本课程大约需要 60 分钟。

在 Illustrator 中，要为您的作品增加深度和趣味性，可以应用渐变填充。渐变填充是由两种或两种以上颜色、图案、形状和颜色组成的过渡混合。在本课中，您将了解如何使用它们来完成多个项目。

10.1 开始本课

在本课中，您将了解使用渐变、混合形状和颜色，以及创建和应用图案的各种方法。在开始本课之前，您将恢复 Adobe Illustrator CC 的默认首选项。然后，您将为本课的第一部分打开一个已完成的图稿文件，以查看您将创建的内容。

1 若要确保工具的功能和默认值完全如本课所述，请删除或停用（通过重命名）Adobe Illustrator CC 首选项文件。请参阅本书开头的"前言"部分中的"恢复默认设置"。

 注意 如果您还没有将本课的项目文件从您的"账户"页面下载到您的计算机，请立即下载。请参阅本书开头的"前言"部分。

---

2 启动 Adobe Illustrator CC。

3 选择"文件">"打开"，并打开硬盘上的"Lessons">"Lesson10"文件夹中的"L10_end1.ai"文件，如图 10-1 所示。

4 选择"视图">"全部适合窗口大小"。如果您不想在工作时让文档保持为打开状态，请选择"文件">"关闭"。

要学习本课，您应先打开一个需要完成的图稿文件。

5 选择"文件">"打开"，在"打开"对话框中，找到硬盘上的"Lessons">"Lesson10"文件夹，然后选择"L10_start1.ai"文件。单击"打开"按钮，打开该文件，如图 10-2 所示。别担心，到本课结束时，您会让它看起来好多了！

图10-1 图10-2

6 选择"视图">"全部适合窗口大小"。

7 选择"文件">"存储为"，将文件命名为"Jellyfish_poster.ai"，并在"存储为"菜单中选择"Lessons">"Lesson10"文件夹。从"格式"菜单中选择"Adobe Illustrator（ai）"（macOS）或从"保存类型"菜单中选择"Adobe Illustrator（*.AI）"（Windows），然后单击"保存"按钮。

8 在"Illustrator 选项"对话框中，保持 Illustrator 选项的默认设置，然后单击"确定"按钮。

9 选择"窗口">"工作区">"重置基本功能"。

10.2 使用渐变

渐变填充是由两种或两种以上颜色组成的过渡混合,它通常包含一个起始颜色和结束颜色。您可以在 Illustrator 中创建不同类型的渐变填充:线性渐变,其中起始颜色沿直线混合到结束颜色;径向渐变,其中起始颜色从中心点向外辐射到结束颜色;任意形状渐变,您可以在形状中按一定顺序或随机顺序创建渐变颜色混合,使颜色混合看起来平滑且自然。如图 10-3 所示。您可以使用 Adobe Illustrator CC 提供的渐变,也可以创建自己的渐变,并将其保存为色板供以后使用。

Ai | **注意** 在撰写本书时,还不能将任意形状渐变保存为稍后使用的样例。

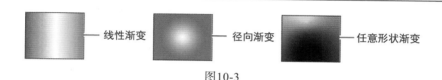

图10-3

您可以使用"渐变"面板("窗口">"渐变")或工具栏中的"渐变工具" ■应用、创建和修改渐变。在"渐变"面板中,渐变"填充"框■或"描边"框□显示了应用于当前对象的填充或描边的渐变颜色和渐变类型,如图 10-4 所示。

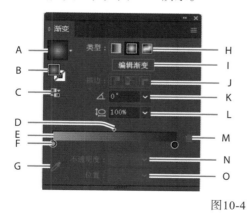

A. 渐变
B. 填充框/描边框
C. 反向渐变
D. 渐变中点
E. 渐变滑块
F. 色标
G. 拾色器
H. 渐变类型
I. 编辑渐变
J. 描边渐变类型
K. 角度
L. 长宽比
M. 删除色标
N. 不透明度
O. 位置

图10-4

Ai | **注意** 您看到的"渐变"面板可能与图 10-4 不一致,没关系。

在"渐变"面板中,"渐变滑块"(在图 10-4 中标记为"E")下最左侧的渐变色标(标记为"F")称为色标。该色标表示起始颜色,右侧的色标表示结束颜色。色标是渐变从一种颜色变为另一种颜色的点。您可以通过在"渐变滑块"下方单击来添加色标。双击色标将打开一个面板，让用户能够自行通过色板或颜色滑块来选择颜色。

10.2.1 将线性渐变应用于填色

使用最简单的双色线性渐变，起始颜色（最左边的色标）沿直线混合到结束颜色（最右边的色标）。首先，您将 Illustrator 自带的渐变填充应用到黄色形状上。

1 选中"选择工具" ▶后，单击黄色的小水母形状。
2 单击"属性"面板中的"填色"框▨，确保选中了"色板"选项▧，然后选择名为"White，Black"的渐变色板，如图 10-5 所示。保持色板的显示状态。

图10-5

默认的黑白渐变会应用于所选形状的填色。

10.2.2 编辑渐变

接下来，您将编辑刚应用的默认黑白渐变。

1 如果色板仍未显示，请再次单击"属性"面板中的"填色"框▨以显示色板。单击面板底部的"渐变选项"按钮▰，打开"渐变"面板（"窗口">"渐变"），如图 10-6 所示。然后执行以下操作。

• 双击"渐变滑块"最右侧的黑色色标，编辑"渐变"面板中的颜色（图 10-6 中的圆圈所示）。在弹出的面板中，选择"颜色"选项▨打开"颜色"面板。

• 如果"CMYK"值未显示，请单击菜单图标▤，然后从菜单中选择"CMYK"。

• 将"CMYK"值更改为"C=1，M= 97，Y=21，K= 0"。

Ai | **提示** 输入"CMYK"值时，按 Tab 键，可以在各文本框之间移动。输入最后一个值后，按回车键确定。

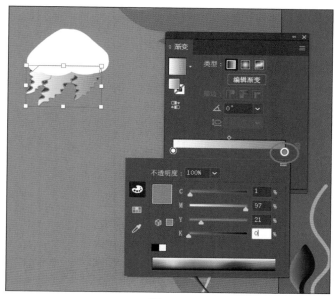

图10-6

2　在"渐变"面板的空白区域中单击，隐藏"色板"面板。

Ai **注意**　您可以按 Esc 键隐藏面板，但要小心，如果在这种情况下按 Esc 键，"K"
值可能会恢复到修改之前的值。

3　在"渐变"面板中，执行以下操作。

* 确保选中了"填色"框☐（见图 10-7 中圆圈），以便编辑填充颜色而不是描边颜色。
* 双击最左侧的白色渐变色标，选择渐变的起始颜色（见图 10-7 中箭头）。
* 选择弹出面板中的"色板"选项▦，单击选择名为"Dark purple"的深紫色色板。

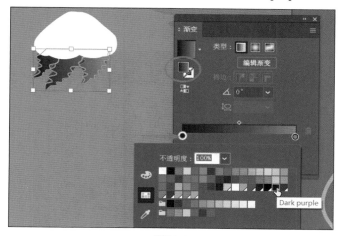

图10-7

10.2.3 保存渐变

接下来，您将在"色板"面板中将刚刚编辑的渐变保存为色板。保存渐变是将渐变轻松地应用于其他图稿，并保持渐变外观的一致性的好方法。

1. 在"渐变"面板中，单击"类型"一词左侧的"渐变"菜单箭头 ，然后在弹出的面板底部单击"添加到色板"按钮 ，如图 10-8 所示。

 提示 和 Illustrator 中的大多数内容一样，保存渐变样本的方法不止一种。您还可以通过选中具有渐变填充或描边的对象，单击"色板"（无论应用了哪种渐变）面板中的"填充"框 或"描边"框 ，然后单击"色板"面板底部的"新建色板"按钮 来保存渐变。

您刚才看到的"渐变"菜单列出了您可以应用的所有默认渐变和已保存渐变。

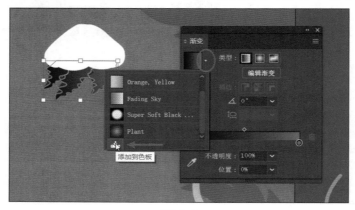

图10-8

2. 单击"渐变"面板右上角的"×"，将其关闭。

3. 在仍选中水母形状的情况下，单击"属性"面板中的"填色"框 。选择"色板"选项 ，双击"新建渐变色板 1"缩略图，如图 10-9 所示。打开"色板选项"对话框。

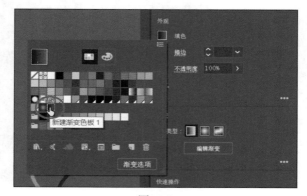

图10-9

4 在"色板选项"对话框的"色板名称"字段
中输入"Jelly1"，然后单击"确定"按钮。

5 单击"色板"面板底部的"显示'色板类
型'菜单"按钮 ，然后从菜单中选择
"显示渐变色板"，以便在"色板"面板中
仅显示渐变色板，如图 10-10 所示。

在"色板"面板上，您可以根据类型（如
渐变色板）对颜色进行排序。

6 仍选中画板上形状，在"色板"面板中选
择其他不同的渐变，填充到所选形状。

7 单击"色板"面板中名为"Jelly1"的渐变
（刚刚保存的渐变），以确保在继续执行下一步之前已应用该渐变。

8 单击"色板"面板底部的"显示'色板类型'菜单"按钮，然后从菜单中选择"显示所
有色板"。

9 选择"文件">"存储"，并保持所选形状的选中状态。

图10-10

10.2.4 调整线性渐变填充

使用渐变填充对象后，可以使用"渐变工具" 调整图稿的渐变方向、原点、起点和终点。现在，
您将在原形状中调整渐变填充。

1 选中"选择工具" 后，双击该形状以将其隔离。这是单个形状进入"隔离模式"的好方
法，这样您就可以专注于此形状，而无须考虑在其之上的其他内容（在本例中）。

2 选择"视图">"放大"，并重复几次。

3 单击"属性"面板中的"编辑渐变"按钮，如图 10-11 所示。

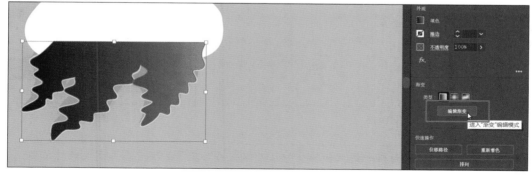

图10-11

这将选中工具栏中的"渐变工具" ，并进入"编辑渐变模式"。通过"渐变工具" ，
您可以为对象的填色应用渐变，或者编辑现有的渐变填充。请注意，出现在形状中间的水
平渐变滑块，很像"渐变"面板中的滑块。渐变滑块指示渐变的方向和长短。不需要打开"渐

变"面板，使用图稿上的渐变滑块就可以编辑渐变。两端的两个圆圈表示色标，左边较小的圆圈表示渐变的起点（起始色标），右边较小的正方形表示渐变的终点（结束色标）。您在滑块中间看到的菱形是渐变的中点。

> **提示** 您可以通过选择"视图">"隐藏渐变批注者"来隐藏渐变批注者（渐变条）。若要再次显示，可选择"视图">"显示渐变批注者"。

4 选中"渐变工具" ■后，按住鼠标左键从形状底部向上拖动到形状顶部，以更改渐变的起始颜色和结束颜色的位置和方向，如图 10-12 所示。

图10-12

开始拖动的位置是渐变起始颜色的位置，结束拖动的位置是渐变结束颜色的位置。拖动时，对象中将显示调整渐变的实时预览。

5 选中"渐变工具" ■，将鼠标指针移出渐变批注者顶部的黑色小正方形，将出现一个旋转图标 ↻。按住鼠标左键向右拖动可旋转矩形中的渐变，然后松开鼠标左键，如图 10-13 所示。

6 双击工具栏中的"渐变工具" ■以打开"渐变"面板（如果尚未打开）。确保在面板中选择了"填色"框 ■（图 10-14 中圆圈所示），然后将"角度"值改为"80"，按回车键确认更改，如图 10-14 所示。

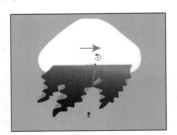

图10-13   图10-14

> **注意** 当您想要获得一致性和精度时，可以在"渐变"面板中输入渐变旋转角度，而不是直接在画板上调整它。

7 选择"对象">"锁定">"所选对象"可锁定形状，这样稍后就不会意外移动该形状，并且选中其他图稿也更容易。

8 选中"选择工具" ▶，然后按 Esc 键退出"隔离模式"，您将能再次选中其他图稿。

10.2.5 将线性渐变应用于描边

您还可以将渐变混合应用于对象的描边。与应用于对象填色的渐变不同，应用于描边的渐变不能使用"渐变工具" ▊▊编辑。但是，描边上的渐变在"渐变"面板中具有比渐变填充更多的选项。接下来，您将向描边中添加颜色，以创建一些海藻。

> **Ai** **提示** 想知道淡橙色的小路末端是如何逐渐变细的吗？先用"铅笔工具" ✏ 画一条路径，然后在"控制"面板（"窗口" > "控制"）中应用一个可变宽度的配置文件！

1 选择"视图" > "画板适合窗口大小"。

2 选中"选择工具" ▶后，单击右下角的浅橙色曲线以选中该路径，如图 10-15 所示。您将把这条简单的路径变成海藻，看起来像它上一层的紫色弯曲形状。

3 单击工具栏底部的"描边"框▣，然后单击"描边"框▣下的"渐变（>）"框▊以应用上次使用的渐变，如图 10-16 所示。

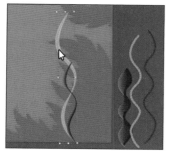

图10-15   图10-16

> **Ai** **注意** 根据屏幕的分辨率您可能会看到工具栏为双栏面板。

> **Ai** **注意** "颜色"面板组可能会打开，关闭就行。

4 按"command+ +"（macOS）或"Ctrl + +"（Windows）组合键几次，放大视图。

10.2.6 编辑描边的渐变

对于应用于描边的渐变，您可以选择用以下几种方式将渐变与描边对齐：在描边中应用渐变、沿描边应用渐变或跨描边应用渐变。在本节中，您将了解如何将渐变与描边对齐，并编辑渐变的颜色。

1 在"渐变"面板（"窗口" > "渐变"）中，单击"描边"框▣（如果尚未选中，它在图 10-17 左边圆圈所示位置），可编辑应用于描边的渐变。将"类型"保持为"线性渐变"

（图 10-17 右边圆圈），然后单击"跨描边应用渐变"按钮▉以更改渐变类型，如图 10-17 所示。

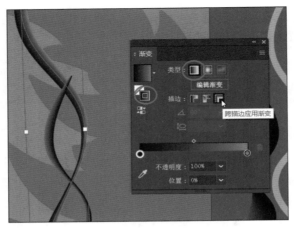

图10-17

> **Ai** **注意** 您有三种方式可以将渐变应用于描边：在描边中应用渐变（默认）▉，沿描边应用渐变▉，以及跨描边应用渐变▉。

2 在"渐变"面板中，将鼠标指针移动到渐变滑块下方两个色标之间。当出现带有加号的鼠标指针⊾时，单击以添加另一个色标，如图 10-18 所示。

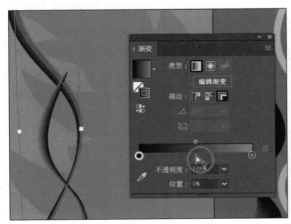 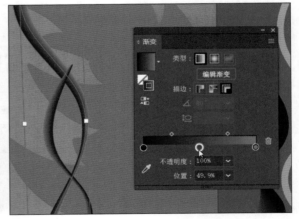

图10-18

3 双击新的色标，并在选中"色板"选项▉后，单击名为"Pink"的色板。按 Esc 键，隐藏"色板"面板并返回到"渐变"面板，如图 10-19 所示。

4 在色标仍然被选中的情况下（它周围有一圈蓝色的高光），将"位置"值更改为"50%"，如图 10-20 所示。您还可以按住鼠标左键沿"渐变滑块"拖动色标以更改"位置"值。

在接下来的几个步骤中，您将了解如何通过在"渐变"面板中拖动创建色标副本来向渐变中添加新的颜色。

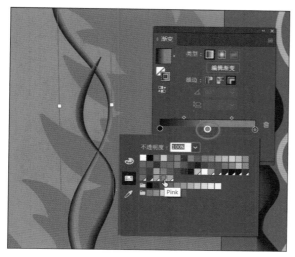

图10-19

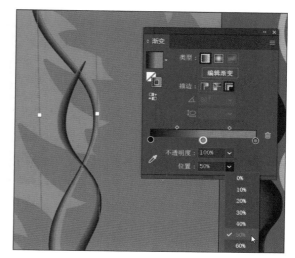

图10-20

5　按住option键（macOS）或Alt键（Windows），按住鼠标左键将最深的色标向右拖动，当您在"位置"值中看到大约90%时松开鼠标左键，然后松开option键或Alt键，如图10-21所示。

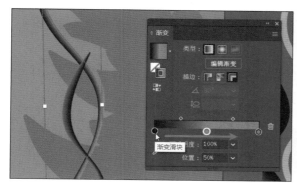

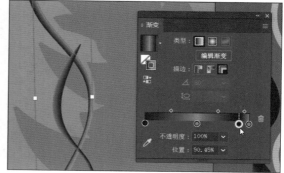

图10-21

> **Ai** | **提示**　当通过按option键（macOS）或Alt键（Windows）复制色标时，如果您在另一个色标处松开鼠标左键，您将交换两个色标，而不是创建色标副本。

> **Ai** | **注意**　图10-21右图显示拖动产生的色标副本，然后松开鼠标左键和option键或Alt键。

现在有4个色标。接下来，您将学习如何删除色标。

6 按住鼠标左键将最右侧较浅的色标向下拖离"渐变滑块"。当您看到它从滑块中消失时，松开鼠标左键以将它删除，如图 10-22 所示。

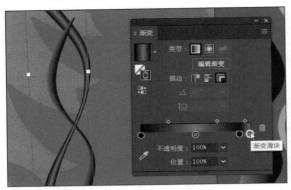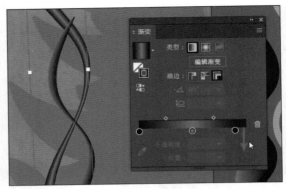

图10-22

7 双击之前新建的色标，并选中"色板"选项 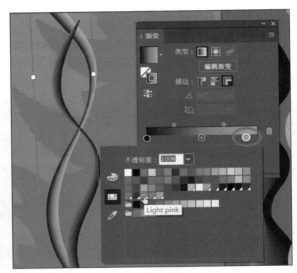 后，选择"Light pink"以应用它，如图 10-23 所示。

图10-23

8 单击"渐变"面板顶部的"×"将其关闭。

9 选择"文件">"存储"。

10.2.7 将径向渐变应用于图稿

如前所述，对于径向渐变，渐变的起始颜色（最左侧色标）位于填充的中心处，并向外辐射到结束颜色（最右侧的色标）。接下来，您将创建径向渐变填充，并将其应用于背景。

1 选择"视图">"画板适合窗口大小"。

2 选中"选择工具"▶后，单击背景中的粉红色形状。

3 确保在工具栏底部选择了"填色"框■，如图 10-24 所示。

4 在"属性"面板中，将"填色"更改为"White，Black"渐变。按 Esc 键隐藏"色板"面板，如图 10-25 所示。

5 在"属性"面板中，单击"径向渐变"按钮，将线性渐变转换为径向渐变，如图 10-26 所示。

图10-24

图10-25

图10-26

> **Ai** **注意** 您需要在工具栏中选择"填色"框■，才能查看"属性"面板中的"渐变"选项。您还可以单击"色板"面板中的"渐变选项"按钮，打开"渐变"面板并更改渐变类型。

10.2.8　编辑径向渐变中的颜色

本课之前介绍了在"渐变"面板中编辑渐变颜色。您还可以使用"渐变工具" 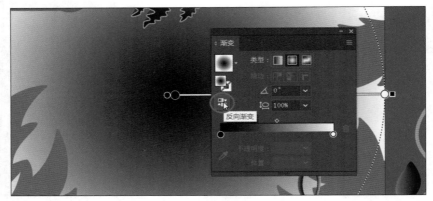 来编辑图稿上的渐变颜色，这是您接下来要执行的操作。

1　双击工具栏中的"渐变工具" ，选中该工具并打开"渐变"面板。

2　在仍选中矩形的情况下，单击"渐变"面板中的"反向渐变"按钮 以交换渐变中的白色和黑色位置，如图 10-27 所示。

图10-27

3　将鼠标指针移动到椭圆的渐变批注者上，并执行以下操作。

- 双击椭圆中心的黑色色标（见图 10-28 圆圈）来编辑颜色。
- 在弹出的面板中，选择"色板"选项 （如果尚未选中它的话）。
- 选择名为"Light blue"的色板。

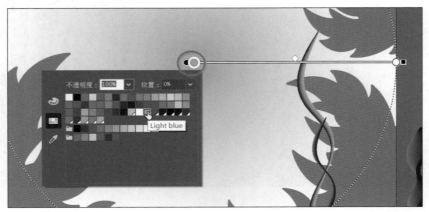

图10-28

Ai | **注意**　您可能需要移动"渐变"面板。

请注意，渐变批注者从椭圆的中心开始，指向右侧。渐变批注者周围的虚线圆表明这是径向渐变。稍后可以为径向渐变设置其他选项。

4 按 Esc 键隐藏面板。

5 将鼠标指针移动到中间的渐变滑块下方。当出现带有加号的鼠标指针时，单击向渐变添加另一种颜色，如图 10-29 左图所示。

6 双击新的色标。在弹出的面板中，确保选中了"色板"选项，然后选择名为"Blue"的色板，如图 10-29 右图所示。

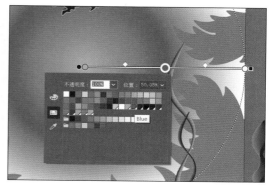

图10-29

7 将"位置"值更改为"45%"，如图 10-30 所示。按回车键确认更改并隐藏面板。

8 双击最右侧的白色色标，在弹出的面板中，确保选中了"色板"选项，然后选择名为"Dark blue"的色板，如图 10-31 所示。

9 按 Esc 键隐藏面板。

10 选择"文件">"存储"。

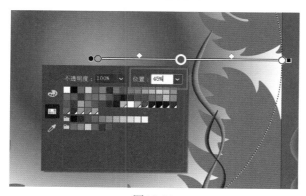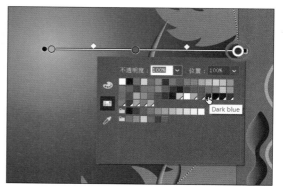

图10-30   图10-31

10.2.9 调整径向渐变

接下来，您将更改径向渐变的长宽比，并更改径向渐变的半径和起始点。

1. 在仍选中矩形和"渐变工具" 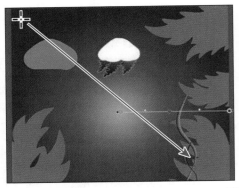 的情况下，将鼠标指针移动到画板左上角附近，然后按住鼠标左键拖动到画板的右下角，更改矩形中的渐变，如图 10-32 所示。

图10-32

2. 将鼠标指针移动到图稿的渐变批注者上，可以在渐变周围看到虚线圆圈。按"option + −"（macOS）或"Ctrl + −"（Windows）组合键，重复几次，以便您可以看到整个虚线圆圈。

> **Ai** | **注意** 缩小后，您可能需要将鼠标指针移回渐变滑块上，来查看虚线圆圈。

3. 将鼠标指针移到虚线圆圈上的双圆点（不是黑色点）上（见图 10-33 左图）。当指针变为 时，按住鼠标左键向画板的中心拖动一点，松开鼠标左键，缩小渐变半径，如图 10-33 右图所示。

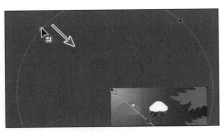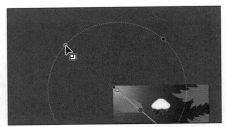

图10-33

4. 在"渐变"面板中，确保选中"填色"框 ，然后从"长宽比"菜单 中选择"80%"。将鼠标指针移动到渐变批注者上，以再次查看虚线圆，如图 10-34 所示。保持此"渐变"面板为打开状态。

> **Ai** | **提示** 您也可以拖动渐变批注者，来重新定位椭圆中的渐变。

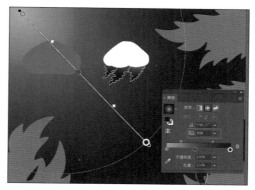

图10-34

提示 您可以将小点拖动到渐变中心大圆点左侧,以重新定位渐变的中心,而无须移动整个渐变条。

Ai **注意** 长宽比的值为 0.5% ~ 32.767% 之间。长宽比越小,椭圆越扁、越宽。

长宽比可将径向渐变变为椭圆渐变,使渐变可以更好地适应图稿的形状。编辑长宽比的另一种方法是直观地进行更改。在选中"渐变工具" ■的情况下,移动鼠标指针放在所选图稿的渐变上,然后将鼠标指针移动到虚线椭圆上的黑色圆点上,鼠标指针将变为↘。然后,您就可以按住鼠标左键并拖动来更改渐变的长宽比了。

5 选择"视图">"画板适应窗口大小"。

6 选择"选择">"取消选择",然后选择"文件">"存储"。

10.2.10 将渐变应用于多个对象

通过选中所有对象,应用一种渐变颜色,然后使用"渐变工具" ■在对象之间拖动,就可以将渐变应用于多个对象。

现在,您将对海藻形状应用线性渐变填充。

1 选中"选择工具"▶后,单击左下角的紫色海藻图稿(图 10-35 中箭头指向的区域)。

2 选择"选择">"相同">"填充颜色",可选中具有相同紫色填充的所有对象。

3 单击"属性"面板中的"填色"框■,在弹出的面板中,确保选中了"色板"选项■,然后选择"Plant"渐变色板。

4 在工具栏中选中"渐变工具" ■。您可以看到,现在每个对象都分别应用了渐变填充。

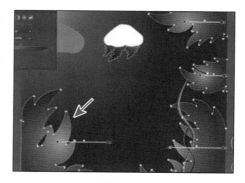

图10-35

选中"渐变工具" 后，您可以看到每个对象都有自己的渐变标注者，如图 10-35 所示。

5　按住鼠标左键从画板的右上角拖到左下角。使用"渐变工具" 在多个形状之间拖动，可以对这些形状应用渐变，如图 10-36 所示。

6　在仍选中形状的情况下，将"属性"面板中的"不透明度"值更改为"30%"，如图 10-37 所示。

图10-36

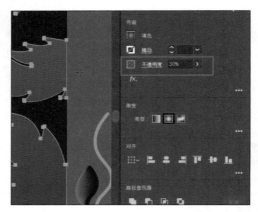

图10-37

10.2.11　为渐变添加透明度

为渐变中的不同色标指定不同的不透明度值，可以创建淡入、淡出、显示或隐藏底层图稿的渐变效果。接下来，您将为水母形状应用淡入的透明渐变。

1　选中"选择工具" ，然后单击选中图稿中的绿色形状。

2　在"渐变"面板中，确保选中"填色"框 。单击"渐变"菜单箭头 ，然后选择"White，Black"，将该通用渐变应用于填色，如图 10-38 所示。

3　在工具栏中选中"渐变工具" ，然后按住鼠标左键从形状顶部边缘向下，以某个小角度拖动到刚好经过底部边缘，如图 10-39 所示。

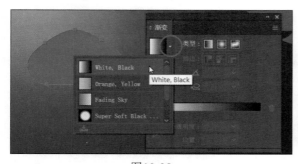

图10-38

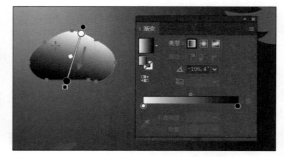

图10-39

4　将鼠标指针放在形状上，双击底部的黑色色标。在确保选中了"色板"选项 的情况下，从色板中选择名为"Light blue"的颜色色板，从"不透明度"菜单中选择"0%"，按回车键隐藏色板，如图 10-40 所示。

5　双击渐变滑块另一端的白色色标，从色板中选择"Light blue"颜色色板，从"不透明度"菜单中选择"70%"，按回车键隐藏色板，如图 10-41 所示。

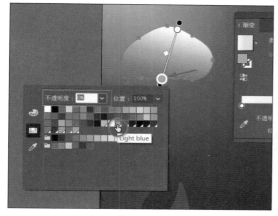 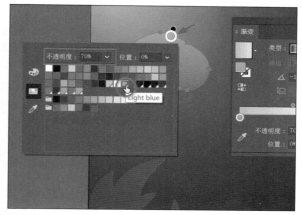

图10-40　　　　　　　　　　　　　　　图10-41

6　按住鼠标左键向上拖动底部淡蓝色色标，缩短一点渐变，如图 10-42 所示。

7　按住鼠标左键将渐变中点（菱形）向上拖动一点，更大部分的形状将变得透明，如图 10-43 所示。

图10-42　　　　　　　　　　　　　　　图10-43

8　选择"文件">"存储"。

10.2.12　创建任意形状渐变

除了创建线性渐变和径向渐变外，您还可以创建任意形状渐变。任意形状渐变由一系列色标组成，您可以将这些色标放在形状的任何位置。颜色在色标之间混合，从而可以创建任意形状渐变。接下来，您将对水母顶部应用并编辑任意形状渐变。

1　选中"选择工具" ▶，然后单击水母顶部的白色形状将其选中。

2　按"option＋＋"（macOS）或"Ctrl＋＋"（Windows）组合键几次，进行放大。

3 在工具栏中选中"渐变工具" 。

4 单击右侧的"属性"面板中"任意形状渐变"按钮。应用任意形状渐变后，您可以选择使用"点"或"线"选项。

5 确保在"属性"面板的"渐变"部分中选中了"点"选项。（见图 10-44 中箭头所指区域。）

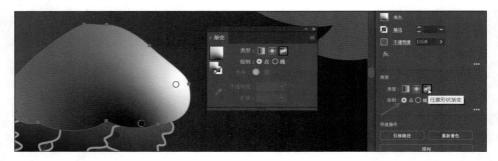

图10-44

将任意形状渐变应用于选定内容时，Illustrator 会自动向对象添加色标。色标的数量取决于形状，并且每个色标都应用不同的纯色。选中"点"选项后，您可以单独添加、移动、编辑或删除色标以改变整体渐变效果，具体取决于您的设计。如果选中"线"选项，则可以沿路径绘制渐变颜色点。

Ai | **注意** 您在形状中看到的颜色可能与图 10-44 不一样，但没关系。

Ai | **注意** 默认情况下 Illustrator 会从周围的图稿中选择颜色。这是由于首选项设置中选中了"启用内容识别默认设置"复选框，即"Illustrator CC">"首选项">"常规">"启用内容识别默认设置"（macOS）或"编辑">"首选项">"常规">"启用内容识别默认设置"（Windows）。您可以取消选中此选项，创建自己的色标。

10.2.13 编辑任意形状渐变

在本节中，您将编辑任意形状渐变中的色标。

1 双击您在图 10-45 中看到的色标，然后选择"Dark purple"色板以应用该色板，如图 10-45 所示。

选中每种色标颜色后，您可以拖动它，还可以双击编辑其颜色等。

2 按住鼠标左键将深紫色色标拖动到形状的底部中心，如图 10-46 所示。

接下来，您将编辑并移动其他色标。

3 在顶部附近的形状中单击，添加另一个色标，如图 10-47 左图所示。

4 双击新色标，并将颜色更改为"Yellow"色板，如图 10-47 右图所示。

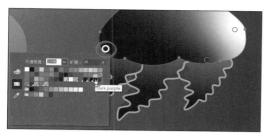

图10-45

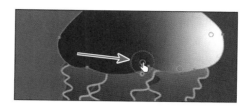

图10-46

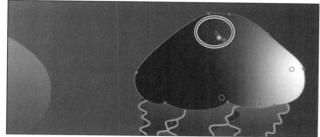

图10-47

渐变的深紫色区域需要变得更大或分布更广。要做到这一点，您可以调整颜色的扩散范围。

5   将鼠标指针移动到形状底部的深紫色色标。当您看到虚线圆圈出现时，按住鼠标左键将圆圈底部的小控件拖离色标。深紫色的颜色将从色标扩散到更远，如图 10-48 所示。

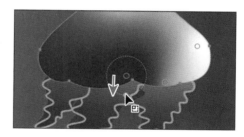

图10-48

6   在形状中图 10-49 箭头所指的位置单击以添加新的色标。双击刚刚添加的新色标，然后选择"Pink"色板。

7   单击图 10-50 中圆圈所示色标。在"渐变"面板中，单击"拾色器" ✐，在所选形状下方的粉红色区域中单击以拾取颜色，并将颜色应用于该色标，如图 10-50 所示。

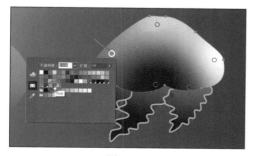

图10-49

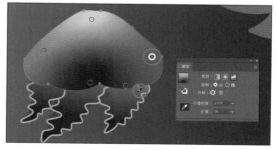

图10-50

10.2.14　在线上应用色标

除了添加渐变点，您还可以在一条线上创建渐变色标，以便使用"渐变工具" █对所绘制线条周围的区域着色。

1　在仍选中"渐变工具" █的情况下，按住鼠标左键将图 10-51 左图圆圈所示的色标拖动到形状的左侧。

2　双击色标显示颜色选项。选中"色板"选项█后，单击以应用名为"Purple"的色板，如图 10-51 右图所示。

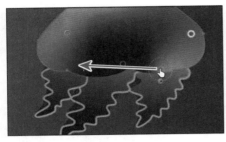

图10-51

3　在"渐变"面板中选中"线"选项，以便能够沿路径绘制渐变，如图 10-52 所示。

4　单击刚刚更改颜色的紫色色标，这样你就可以从该点开始绘制了，如图 10-52 所示。

5　在仍选中色标的情况下，将鼠标指针移动到形状的中心，您将看到路径预览，如图 10-53 左图所示。单击以创建新色标，双击新色标并确保应用了紫色色板，如图 10-53 中图所示。

6　在右侧形状底部的位置单击以创建最后一个色标，它应该已经是紫色的了，如图 10-53 右图所示。

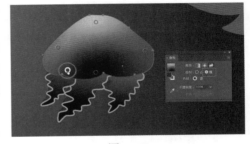

图10-52

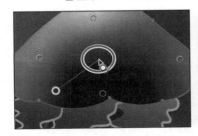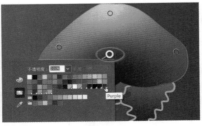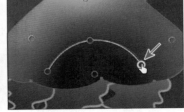

图10-53

Ai　｜　**注意**　图 10-53 的左图显示的是单击添加下一个色标之前的情形。

7　按住鼠标左键将中间色标向左上方拖动一点，以查看对渐变的影响，如图 10-54 所示。

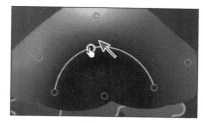

图10-54

8 关闭"渐变"面板。

9 选择"选择">"取消选择"。

10.3 使用混合对象

您可以混合两个不同的对象,从而在这两个对象之间创建多个形状并均匀分布它们。用于混合的两个形状可以相同,也可以不同。您还可以混合两个开放路径,从而在两个对象之间创建平滑的颜色过渡,也可以同时混合颜色和形状,以创建一系列颜色和形状平滑过渡的对象。

图 10-55 是您可以创建的不同混合对象的示例。

混合两个相同形状

混合两个形状相同但填色不同的对象

混合两个填色和形状都不同的对象

沿着路径混合两个相同的形状

两条描边线线条之间的平滑颜色混合(左侧为初始线条,右侧为线条混合效果)

图10-55

混合时,混合的对象将被视为一个整体对象,称为混合对象。如果移动其中一个原始对象或编辑原始对象的锚点,混合对象将自动改变。您还可以扩展混合,将其分解为不同的对象。

10.3.1 创建具有指定步数的混合

接下来,您将使用"混合工具"混合两个形状,为水母创建图案。

1 在"图层"面板("窗口">"图层")中,单击名为"Blends"的图层的可视性列,显示图层内容,如图 10-56 所示。现在,您应该会在任意形状渐变对象的顶部看到 3 个较小的圆圈。

2 在工具栏中选中"混合工具"。将鼠标指针的小框部分移动到最左边圆圈的中心,然后单击,如图 10-57 所示。

单击是为了确定混合的起点。当然仅仅单击不会有任何改变。

图10-56

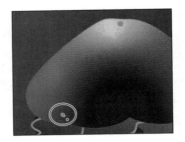

图10-57

Ai | **提示** 您可以在混合时添加两个以上的对象。

Ai | **注意** 如果您想结束当前路径并混合其他对象，首先单击工具栏中的"混合工具" ，然后单击其他对象，一次一个，将它们混合。

3 将鼠标指针移动到任意形状渐变顶部小圆的中心上，当指针变成 时，单击创建这两个对象之间的混合，如图 10-58 所示。

4 在仍选中混合对象的情况下，选择"对象">"混合">"混合选项"。在"混合选项"对话框中，从"间距"菜单中选择"指定的步数"，将"指定的步数"更改为"10"。选中"预览"复选框，然后单击"确定"按钮，如图 10-59 所示。

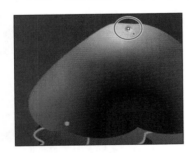

图10-58

图10-59

Ai | **提示** 若要编辑对象的混合选项，还可以选中混合对象，然后双击"混合工具" 。您还可以在创建混合对象之前，双击工具栏中的"混合工具"工具 来设置工具选项。

10.3.2 修改混合

现在，您将编辑混合中的一个形状以及您刚刚创建的混合轴，以便形状沿着曲线混合。

1 在工具栏中选中"选择工具" ，然后双击混合对象上的任意位置进入"隔离模式"。

这将暂时取消混合对象的编组，并允许您编辑每个原始形状以及混合轴。混合轴是混合对象中的各步骤形状对齐的路径。默认情况下，混合轴是一条直线。

2 选择"视图">"轮廓"。

在"轮廓模式"下，您可以看到两个原始形状的轮廓以及它们之间的直线路径（混合轴），如图 10-60 所示。默认情况下，这三者构成了混合对象。在"轮廓模式"下，可以更容易地编辑原始对象之间的路径。

3 单击顶部圆圈的边缘将其选中。按住 Shift 键，然后按住鼠标左键拖动定界框的一个角，使其大小大约变为原形状的一半。松开鼠标左键，然后松开 Shift 键，如图 10-61 所示。

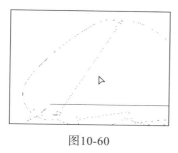

图10-60

图10-61

Ai | **提示** 顶部圆圈刚开始是一个小圆圈，所以您可能需要先放大视图，然后再缩小它。

---

4 选择"选择">"取消选择"，并保持隔离模式。

5 在工具栏中选中"钢笔工具" ✐。按住 option 键（macOS）或 Alt 键（Windows），并将鼠标指针放在形状之间的路径上。当鼠标指针变为▶时，按住鼠标左键将路径向左上方拖动，如图 10-62 所示。

图10-62

Ai | **提示** 重塑混合轴的另一种方法是沿另一条路径混合形状。您可以绘制另一条路径，用其混合形状，即选择"对象">"混合">"替换混合轴"。

---

6 选择"视图">"预览"（或"GPU 预览"）。

7 按 Esc 键退出"隔离模式"，如图 10-63 所示。现在，您将继续混合直到混合最后一个圆。

8 选中"混合工具" 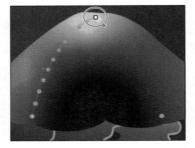，单击顶部圆圈，然后在右下角的圆圈中单击，继续混合路径，如图 10-64 所示。

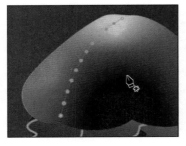

图10-63

图10-64

Ai 注意 圆圈很小，您可能需要放大视图以完成此步骤，在完成后再缩小视图。

9 在工具栏中选中"钢笔工具" ✒。按住 option 键（macOS）或 Alt 键（Windows），并将鼠标指针放在形状之间的路径上。当鼠标指针更改为▶时，按住鼠标左键将路径向右上方稍微拖动，如图 10-65 所示。

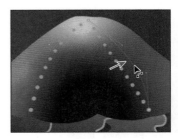

10 选中"选择">"取消选择"，然后选择"文件">"存储"。

图10-65

10.3.3 创建和编辑平滑的颜色混合

混合两个及以上的对象形状和颜色以创建新对象时，您可以选择多个选项。当您选择"混合选项"对话框中的"平滑颜色"选项时，Illustrator 将会混合对象的形状和颜色，创建多个中间对象，从而在原始对象之间创建过渡平滑的混合效果，如图 10-66 所示。

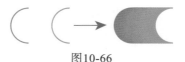

图10-66

如果对象以不同的颜色填充或描边，则 Illustrator 会计算获得平滑颜色过渡的最佳步数。如果对象包含相同的颜色，或者它们包含渐变或图案，则 Illustrator 会基于两个对象的定界框边缘之间的最长距离计算步数。现在，您将根据两个形状组合成平滑的颜色混合，绘制海藻。

1 选择"视图">"画板适应窗口大小"。从画板的右边缘往外看，您会看到一条波浪形的粉红色路径和一条波浪形的紫色路径。您要把它们混合在一起，让它们变成它们左边的形状。粉红色和紫色路径具有描边颜色，没有填充。与没有描边的对象相比，描边对象的混合方式完全不同。

2 选中"选择工具" ▶，然后单击画板右边缘的粉红色路径，按住 Shift 键，然后单击其右侧的紫色路径，选中这两个路径。

3 选择"对象">"混合">"建立"。这是另一种创建混合的方法。在直接使用"混合工具"🖌️创建混合有难度时，这种方法很有用。您创建该混合使用的是"混合选项"对话框中最后一个设置（"平滑颜色"），如图 10-67 所示。

Ai | **注意** 开始时，混合对象可能看起来不同，这没关系。下一步会调整它。

4 在仍选中混合对象的情况下，双击工具栏中的"混合工具"🖌️。在"混合选项"对话框中，确保"间距"选择"平滑颜色"。选择"预览"复选框，然后单击"确定"按钮，如图 10-68 所示。

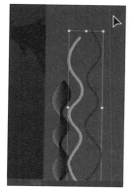
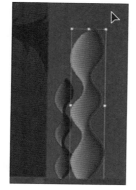

图10-67

图10-68

Ai | **提示** 您还可以单击"属性"面板中的"混合选项"按钮，编辑所选混合对象的选项。

Ai | **注意** 在某些情况下，在路径之间创建平滑的颜色混合是很困难的。例如，如果这些线相交或线太弯曲，可能会发生意外的结果。

5 选择"选择">"取消选择"。
   接下来，您将编辑构成混合的路径。

6 选中"选择工具"▶，双击颜色混合对象，进入"隔离模式"。单击以选中它右侧的路径，按住鼠标左键将其向左拖动，如图 10-69 所示。注意颜色现在是如何混合的。

7 在混合对象以外双击以退出"隔离模式"。按住鼠标左键拖框选中两个海藻对象，将它们拖到画板上，如图 10-70所示。

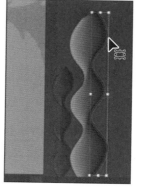
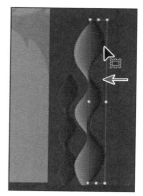

图10-69

8 按住鼠标左键将透明渐变形状拖到水母上，如图 10-71 所示。

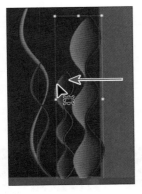
图10-70

图10-71

9 单击"属性"面板中的"排列"按钮，然后选择"置于顶层"，将所选形状放在任意形状渐变图稿的顶层。

10 单击"图层"面板中当前隐藏的每个图层的可视性列，使所有图层可见，如图 10-72 所示。

图10-72

11 选择"文件">"存储"，然后选择"文件">"关闭"。

10.4 创建图案

除了印刷色、专色和渐变外，"色板"面板还可以包含图案色板。在 Illustrator 默认"色板"面板中，以单独的库提供各种类型的示例色板，并允许您创建自己的图案和渐变色板。在本节中，您将重点学习创建、编辑和应用图案。

10.4.1 应用现有图案

图案是保存在"色板"面板中的图稿，可应用于对象的描边或填充。您可以使用 Illustrator 工具定制现有图案和设计图案。图案都是由单个形状平铺拼贴形成的，平铺时从标尺原点开始一直向右延伸。接下来，您将对形状应用现有图案。

1. 选择"文件">"打开"，在"打开"对话框中，找到"Lessons">"Lesson10"文件夹，然后选择硬盘上的"L10_start2.ai"文件。单击"打开"按钮，打开该文件，如图 10-73 所示。

2. 选择"文件">"存储为"，将文件命名为"Cake_poster.ai"，并导航到"Lessons">"Lesson10"文件夹。从"格式"菜单中选择"Adobe Illustrator（ai）"（macOS）或从"保存类型"菜单中选择"Adobe Illustrator（*.AI）"（Windows），然后单击"保存"按钮。

3. 在"Illustrator 选项"对话框中，保持 Illustrator 选项的默认设置，然后单击"确定"按钮。

4. 选择"视图">"全部适合窗口大小"。

5. 选中"选择工具" ▶，单击以选中所有其他图稿后面的棕褐色矩形。

6. 在"属性"面板的"外观"部分单击"更多选项" ***，打开"外观"面板（或选择"窗口">"外观"）。单击此面板底部的"添加新填色"按钮 ▣，如图 10-74 所示。这将为矩形添加第二个渐变填充，并将其层叠在第一个矩形的顶层。

图10-73

图10-74

Ai | **注意** 您将在第 12 课中了解"外观"面板的所有知识。

---

7. 在"外观"面板中，单击顶部"填色"一词右侧的"填色"框 ▮，以显示"色板"面板，选择"Pompadour"色板，如图 10-75 红圈所示。

此图案色板将作为第一个矩形顶层的第二个填充来填充形状。名为"Pompadour"的色板包含在打印文档的色板中，您可以通过选择"窗口">"色板库">"图案"，并选择一种图案库以找到更多的图案色板。

8. 在"外观"面板顶部的"填色"一词下方，单击"不透明度"一词，打开"透明度"面板（或选择"窗口">"透明度"），将"不透明度"值更改为"20%"，如图 10-76 所示。在"外观"面板的空白区域中单击以隐藏"透明度"面板。

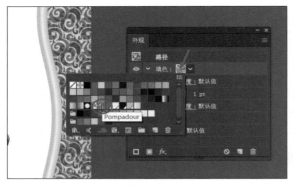

图10-75   图10-76

 | **注意** 如果在"填色"一词下方看不到"不透明度"一词，请单击顶部"填色"左侧的▶（图 10-75 圆圈所示）以显示它。

9 关闭"外观"面板。

10 选择"对象">"锁定">"所选对象"，然后选择"文件">"存储"。

10.4.2　创建自定义图案

在本小节中，您将创建自己的自定义图案。您创建的图案将作为色板保存在您正在使用的文档的"色板"面板中。

图10-77

1 在未选中任何内容的情况下，从"属性"面板的"画板"菜单中选择画板"2"，以显示右侧较小的画板，如图 10-77 所示。如果它已处于活动状态（已选择），请选择"视图">"画板适合窗口大小"。

2 选中"选择工具"▶后，选择"选择">"现用画板上的全部对象"，选择用于创建图案的图稿。

3 选择"对象">"图案">"建立"，在出现的对话框中单击"确定"按钮。

 | **注意** 创建图案时，不需要选中任何内容。在"图案编辑模式"下编辑图案时，您可以向图案添加内容。

与您在之前的课程中使用过的"隔离模式"类似，创建图案时，Illustrator 将进入"图案编辑模式"。"图案编辑模式"允许您以交互方式创建和编辑图案，同时在画板上预览对图案的更改。在此模式下，所有其他图稿都会变暗，无法进行编辑。"图案选项"面板（"窗口>图案选项"）也会打开，为您提供创建图案所需的选项，如图 10-78 所示。

4 选择"选择">"现用画板上的全部对象"以选中图稿。

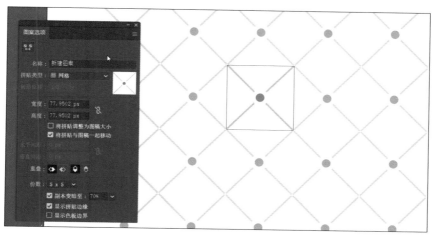

图10-78

5 按"command ++"（macOS）或"Ctrl ++"（Windows）组合键几次，进行放大。
围绕图稿中心的一系列浅色对象是图案的重复，它们可供预览并会变暗，让您可以专注于原始图案。原始图案周围的蓝框是图案拼贴（重复的区域）的接合处，如图 10-79所示。

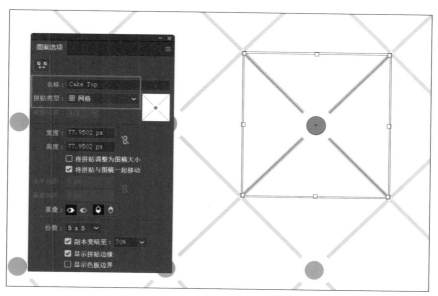

图10-79

> **注意**　图案可以由形状、符号或嵌入的栅格图像以及可在"图案编辑模式"下添加的其他对象组成。例如，要为衬衫创建法兰绒图案，您可以创建 3 个彼此重叠、外观选项各不相同的矩形或直线。

6 在"图案选项"面板中，将图案名称更改为"Cake Top"，并尝试从"拼贴类型"菜单中选择不同的选项以查看图案效果。在继续之前，请确保"拼贴类型"选择了"网格"。

"图案选项"面板中的名称将成为色板名称保存在"色板"面板中，名称可用于区分一个图案色板的多个版本。"拼贴类型"决定图案的平铺方式，有 3 个主要的拼贴类型可供选择：网格（默认）、砖形和十六进制。

7 从"图案选项"面板底部的"份数"菜单中选择"1×1"。这将删除重复图案，让您暂时专注于主要图案图稿。

8 在空白区域中单击，以取消选择图稿。

9 按住"option + shift"（macOS）或"Alt + Shift"（Windows）组合键，然后按住鼠标左键将中心的蓝色圆圈向蓝色图案拼贴框右上角之外拖动一点，如图 10-80 所示。

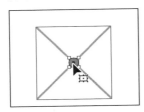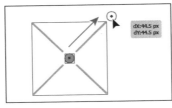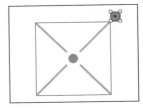

图10-80

> **Ai** **注意** 不要忘记先释放鼠标，然后释放键盘按键。

10 在空白区域中单击，取消选择图稿。

11 在"图案选项"面板中，更改以下选项。

• 从"份数"菜单中选择"5×5"，可以再次看到重复，如图 10-81 所示。

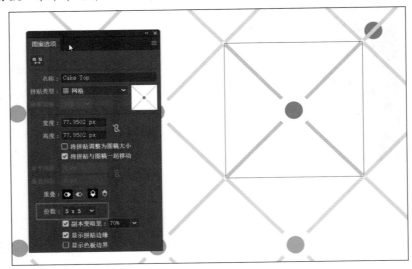

图10-81

请注意，拖动到图案拼贴以外的圆不会重复。这是因为它不在图案拼贴中，只有在图案拼贴中的图稿才会重复。

- 在"图案选项"面板中，选中"将拼贴调整为图稿大小"复选框，如图 10-82 所示。

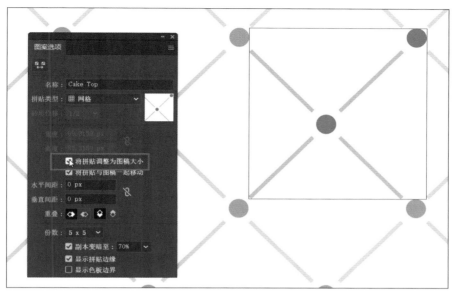

图10-82

"将拼贴调整为图稿大小"复选框可以将拼贴区域（蓝色正方形）调整为适合图稿大小，从而改变重复对象之间的间距。取消选中"将拼贴调整为图稿大小"复选框后，您还可以在"宽度"和"高度"框中手动更改图案的宽度和高度值，以包含更多内容或编辑图案拼贴之间的间距。您还可以使用"图案选项"面板左上角的"图案拼贴工具" 来手动编辑拼贴区域。

如果将间距值（水平间距或垂直间距）设置为负值，则图案拼贴中的图稿将重叠。默认情况下，当对象水平重叠时，左侧对象位于顶层；当对象垂直重叠时，上方对象位于顶层。您可以设置重叠值："左侧在前"或"右侧在前"以更改水平重叠，"顶部在前"或"底部在前"以更改垂直重叠（它们是"重叠"部分中的小按钮）。

 提示 水平间距和垂直间距值可以是正值或负值，它们会以水平（H）或垂直（V）的方式，将拼贴分开或靠近。

注意 若要了解有关"图案选项"面板的详细信息，请在"Illustrator 帮助"（"帮助" > "Illustrator 帮助"）中搜索"创建和编辑图案"。

12 单击文档窗口顶部栏中的"完成"，如图 10-83 所示。如果出现对话框，请单击"确定"按钮。

图10-83

Ai 提示 如果要创建图案变体,可以在"图案编辑模式"下单击文档窗口顶部的"存储副本",这将以副本形式保存当前图案到"色板"面板中,并允许您继续对该图案进行编辑。

---

13 选择"文件">"存储"。

10.4.3 应用自定义图案

指定图案的方法有很多,在本小节中,您将使用"属性"面板中的"填色"框■来应用图案。

1 在未选中任何内容的情况下,单击"属性"面板中的"上一个画板"按钮◀,显示左侧较大的画板。

2 选中"选择工具"▶,单击顶部蛋糕形状(如图 10-84 左图所示)。选择"编辑">"复制",然后选择"编辑">"贴在前面"。

Ai 注意 您可以像之前那样对形状应用第二个填充色板,而不需要复制形状。

---

3 从"属性"面板的"填色"框■中选择名为"Cake Top"的图案色板,如图 10-84 右图所示。

图10-84

10.4.4 编辑图案

接下来,您将在"图案编辑模式"下编辑"Cake Top"图案色板。

1 在仍选择形状的情况下,单击"属性"面板中的"填色"框■。双击"Cake Top"图案色板,在"图案编辑模式"下对其进行编辑。

2 按"command++"(macOS)或"Ctrl++"(Windows)组合键几次,放大视图。

3 在"图案编辑模式"下，选中"选择工具" ▶，单击其中一个蓝色圆圈，然后按住 Shift
   键，单击以选中另一个蓝色圆圈。

4 在"属性"面板中，在"填色"框■中选择名为"BG"的棕色色板，如图 10-85 所示。

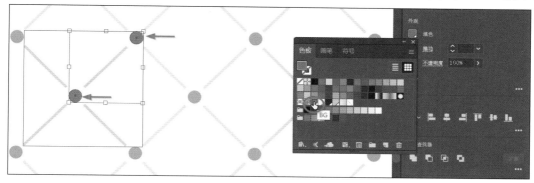

图10-85

5 单击文档窗口顶部的灰色栏中的"完成"，退出"图案编辑模式"。

6 选择"视图">"画板适应窗口大小"。

7 如有必要，单击带有图案填充的顶部蛋糕形状以将其选中。

8 选中形状后，选择"对象">"变换">"缩放"，缩放图案而不是形状。在"比例缩放"
   对话框中，更改以下选项（如果尚未设置的话）。

• 等比：50%。

• "缩放圆角"复选框：不选中（默认设置）。

• "比例缩放描边和效果"复选框：不选中（默认设置）。

• "变换对象"复选框：不选中。

• "变换图案"复选框：选中。

 提示 在"比例缩放"对话框中，如果要缩放图案和形状，您可以选中"变换对象"
和"变换图案"复选框，还可以在"变换"面板（"窗口">"变换"）中变换图案，
即在应用变换之前从面板菜单■中选择"仅变换图案""仅变换对象"或"变换两者"。

9 选中"预览"复选框以查看更改。单击"确定"按钮，如图 10-86
   所示。

10 选择"选择">"取消选择"，然后选择"文件">"存储"。

11 选择"文件">"关闭"。

图10-86

复习题

1 什么是渐变?
2 如何调整线性渐变或径向渐变中的颜色混合?
3 列举两种添加颜色到线性渐变或径向渐变的方式。
4 如何调整线性渐变或径向渐变的方向?
5 渐变和混合之间有什么区别?
6 在 Illustrator 中保存图案时,它被保存在哪里?

参考答案

1 渐变是由两种或两种以上颜色或相同颜色的不同色调组成的逐步混合。渐变可应用于对象的描边或填色。

2 若要调整线性渐变或径向渐变中的颜色混合,请选中"渐变工具" ■,并在渐变批注者上或"渐变"面板中,按住鼠标左键拖动菱形图标或渐变滑块的色标。

3 若要将颜色添加到线性渐变或径向渐变,请在"渐变"面板中,单击渐变滑块下方以添加渐变色标。然后双击色标,在弹出的面板中使用新的混合颜色或直接应用现有颜色色板,以达到编辑颜色的目的。您还可以在工具栏中选中"渐变工具" ■,将鼠标指针移动到填充渐变的对象上,然后单击图稿中显示的渐变滑块下方,添加或编辑色标。

4 要调整线性渐变或径向渐变的方向,直接使用"渐变工具" ■拖动即可。长距离拖动会逐渐改变颜色,而短距离拖动则会使颜色变化更剧烈。您还可以使用"渐变工具" ■旋转渐变,并更改渐变半径、长宽比、起点等。

5 渐变和混合之间的区别在于颜色组合在一起的方式——渐变时,颜色直接混合在一起,而混合时,颜色则以对象逐步变化的方式组合在一起。

6 在 Illustrator 中保存图案时,该图案将被保存为"色板"面板中的色板。默认情况下,色板与当前活动文档一起保存。

第11课 使用画笔创建海报

课程概览

在本课中，您将学习如何执行以下操作。

- 使用 4 种类型的画笔：书法画笔、艺术画笔、毛刷画笔和图案画笔。
- 将画笔应用于路径。
- 使用 "画笔工具" 绘制和编辑路径。
- 更改画笔颜色并调整画笔设置。
- 从 Adobe Illustrator 图稿中创建新画笔。
- 使用 "斑点画笔工具" 和 "橡皮擦工具"。

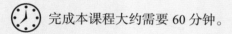 完成本课程大约需要 60 分钟。

Adobe Illustrator CC 中提供了各种类型的画
笔，您只需使用画笔工具或绘图工具进行上色
或绘画，即可创建无数种效果。您可以使用斑点
画笔工具，或者选择艺术、书法、图案、毛刷或
散点画笔，还可以根据您的图稿创建新画笔。

11.1 开始本课

在本课中，您将学习如何使用"画笔"面板中不同类型的画笔，以及如何更改画笔选项和创建自定义画笔。在开始本课之前，您将还原 Adobe Illustrator CC 的默认首选项。然后，您将打开课程的已完成文件，查看最终的图稿效果。

1 若要确保工具的功能和默认值完全如本课所述，请删除或停用（通过重命名）Adobe Illustrator CC 首选项文件。请参阅本书开头"前言"部分中的"恢复默认设置"。

 注意 如果您还没有将本课的项目文件从您的"账户"页面下载到您的计算机，请立即下载。请参阅本书开头的"前言"部分。

---

2 启动 Adobe Illustrator CC。

3 选择"文件">"打开"，在"打开"对话框中，找到您的硬盘上"Lessons">"Lesson11"文件夹，然后选择"L11_end.ai"文件。单击"打开"按钮打开该文件，如图 11-1 所示。

4 如果需要，请选择"视图">"缩小"，使完成的图稿变小，然后调整窗口大小并保持图稿展示在您的屏幕上。可以使用"抓手工具" 🖐将图稿移动到文档窗口中的目标位置。如果不想让图稿保持为打开状态，请选择"文件">"关闭"。

接下来，您将打开一个已有的图稿文件。

5 选择"文件">"打开"，在"打开"对话框中，找到您硬盘的"Lessons">"Lesson11"文件夹，然后选择"L11_start.ai"文件。单击"打开"按钮，打开该文件，如图 11-2 所示。

图11-1   图11-2

6 选择"视图">"全部适合窗口大小"。

7 选择"文件">"存储为"，在"存储为"对话框中将文件命名为"Vacation Poster.ai"，然后选择"Lesson11"文件夹。从"格式"菜单中选择"Adobe Illustrator（ai）"（macOS）或从"保存类型"菜单中选择"Adobe Illustrator（*.AI）"（Windows），然后单击"保存"按钮。

8 在"Illustrator 选项"对话框中，保持 Illustrator 选项的默认设置，然后单击"确定"按钮。

9 从应用程序栏的工作区切换器中选择"重置基本功能"，以重置工作区。

11.2 使用画笔

通过使用画笔,您可以用图案、图形、画笔描边、纹理或角度描边来装饰路径。您可以修改 Illustrator 提供的画笔,并创建自定义画笔。您可以将画笔描边应用于现有路径,也可以在使用"画笔工具" ✐ 绘制路径的同时应用画笔描边。您可以更改画笔的颜色、大小和其他属性,也可以在应用画笔后再编辑路径(包括添加填充)。

"画笔"面板("窗口">"画笔")中有 5 种类型的画笔:书法画笔、艺术画笔、毛刷画笔、图案画笔和散点画笔,如图 11-3 所示。在本课中,您将了解如何使用除散点画笔之外的所有画笔,"画笔"面板如图 11-4 所示。

画笔的类型

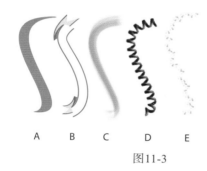

A. 书法画笔
B. 艺术画笔
C. 毛刷画笔
D. 图案画笔
E. 散点画笔

图11-3

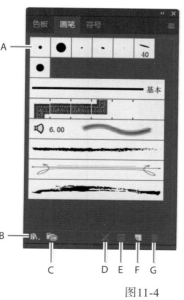

A. 画笔
B. 画笔库菜单
C. 库面板
D. 移去画笔描边
E. 所选对象的选项
F. 新建画笔
G. 删除画笔

图11-4

注意 您看到的"画笔"面板看起来很可能与图 11-4 不同，该图显示了新建文档的默认"画笔"面板。

提示 若要了解有关散点画笔的详细信息，请在"Illustrator 帮助"（"帮助">"Illustrator 帮助"）中搜索"散点画笔"。

11.3 使用书法画笔

您将了解的第一种类型的画笔是书法画笔。书法画笔类似于用书法钢笔的笔尖绘制的描边，书法画笔由椭圆形定义，其中心跟随路径移动。您可以使用这种画笔创建类似于使用扁平、倾斜的笔尖绘制的手绘描边，如图 11-5 所示。

图11-5

11.3.1 为图稿应用书法画笔

首先，您将过滤"画笔"面板中显示的画笔类型，使其仅显示书法画笔。

1 选择"窗口">"画笔"，显示"画笔"面板。单击"画笔"面板菜单图标▤，然后选择"列表视图"，如图 11-6 所示。

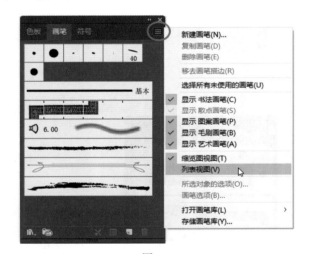

图11-6

注意 "画笔"面板菜单中画笔类型左侧的复选标记指示画笔类型在面板中可见。

2 单击"画笔"面板菜单图标▤，然后取消选择"显示艺术画笔""显示毛刷画笔"和"显示图案画笔"，使得"画笔"面板中仅保留"显示书法画笔"。您不能一次取消选择它们，因此必须不停单击菜单图标▤来访问菜单。

3 在工具栏中选中"选择工具" ▶，然后单击其中一个弯曲的粉红色路径以将其选中。若要选中其余部分，请选择"选择">"相同">"描边颜色"。

4 在"画笔"面板中选择"40 pt. Flat"画笔，将其应用于粉红色路径，如图 11-7 所示。

图11-7

> **Ai** **通知** 与实际使用书法钢笔绘图一样，当您应用书法画笔（如"40 pt. Flat"）时，绘制路径越垂直，路径的描边就会越细。

5 将"属性"面板中的"描边粗细"改为"3 pt"。

6 单击"属性"面板中的"描边"框◻，确保选中了"色板"选项▦，然后选择"White"。如有必要，按 Esc 键隐藏"色板"面板，如图 11-8 所示。

图11-8

7 单击"属性"面板中的"不透明度"值右侧的箭头，然后按住鼠标左键拖动"不透明度"滑块，将"不透明度"值更改为"20%"，如图 11-9 所示。

8 选择"选择">"取消选择"，然后选择"文件">"存储"。

图11-9

11.3.2　使用画笔工具绘制

如前所述，您可以在绘制时应用"画笔工具" ✒ 中的各种画笔。通过"画笔工具" ✒ 绘制创建的矢量路径，可以使用"画笔工具" ✒ 或其他绘图工具来编辑。接下来，您将使用"画笔工具" ✒ 以默认画笔库中的书法画笔在水中绘制波浪。您绘制的波浪可能和您在本课中看到的不一样。

1 在工具栏中选中"画笔工具" ✒。

2 单击"画笔"面板底部的"画笔库菜单"按钮 📖，然后选择"艺术效果" > "艺术效果 _ 书法"，如图 11-10 所示。此时将显示具有各种画笔的画笔库面板。

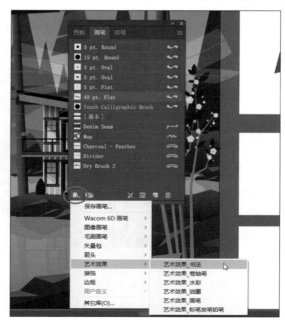

图11-10

Illustrator 配备了大量的画笔库，供您在作品中使用，每种画笔类型（包括前面讨论过的画笔）都有一系列库可供选择。

3 单击"艺术效果_书法"面板菜单图标▤，然后选择"列表视图"。单击名为"15点扁平"的画笔，将其添加到"画笔"面板，如图11-11所示。

图11-11

4 关闭"艺术效果_书法"画笔库面板。

从画笔库（如"艺术效果_书法"画笔库）中选择画笔，会将该画笔添加到为活动文档的"画笔"面板中。

5 确保"填色"为"无"☑，将描边颜色更改为"Water"色板，并在"属性"面板中将"描边粗细"更改为"1 pt"。

6 将"属性"面板中的"不透明度"值更改为"100%"。

将画笔指针置于文档窗口中后，注意画笔指针旁边有一个星号✐∗，表示您要绘制新路径。

7 把画笔指针移到湖中的水面上，按住鼠标左键画一条从左到右的短弯曲路径，如图11-12所示。

图11-12

8 尝试从左到右绘制更多路径。

9 选择"选择">"取消选择"（如有必要），然后选择"文件">"存储"，如图 11-13 所示。

图11-13

11.3.3 使用画笔工具编辑路径

现在，您将使用"画笔工具" ∠ 编辑所绘制的某条路径。

1 在工具栏中选中"选择工具" ▶，然后单击以选中在水上绘制的某条路径。

2 在工具栏中选中"画笔工具" ∠，将画笔指针移动到选定的路径上。当指针位于选定路径上时，它旁边不会出现星号。拖动指针可重新绘制路径，所选路径将根据重新绘制的点进行编辑，如图 11-14 所示。

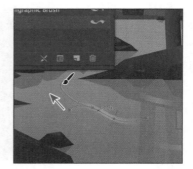

图11-14

3 按住 command 键（macOS）或 Ctrl 键（Windows），以切换到"选择工具" ▶，然后单击以选中使用"画笔工具" ∠ 绘制的另一条曲线路径。单击后，松开 command 键或 Ctrl 键，返回到"画笔工具" ✐，如图 11-15 所示。

4 使用"画笔工具" ✐，将画笔指针移动到选定路径的某个部分，当星号在画笔指针旁边消失时，按住鼠标左键向右拖动以重新绘制路径。

5 选择"选择">"取消选择"（如有必要），然后选择"文件">"存储"。

接下来，您将编辑"画笔工具选项"，更改画笔绘制方式。

6 双击工具栏中的"画笔工具" ✐，显示"画笔工具选项"对话框，并进行以下更改。

• 保真度：将滑块一直拖动到"平滑"（向右）。

• "保持选定"复选框：不选中。

7 单击"确定"按钮，如图 11-16 所示。

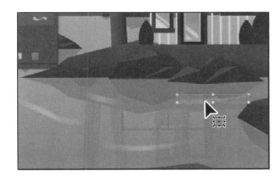

图11-15

图11-16

"画笔工具选项"对话框可以更改"画笔工具" ✐的工作方式。对于"保真度"选项，拖动滑块越接近"平滑"，路径就越平滑，并且点越少。此外，由于选中了"保持选定"复选框，因此在完成绘制路径后，这些路径仍将处于选中状态。

8 在"属性"面板中，将"描边粗细"更改为"2 pt"。

9 选中"画笔工具" ✐后，在水中从左到右或从右到左绘制更多路径，如图 11-17 所示。请注意，在绘制每条路径后，仍然会选中该路径，因此您可以根据需要对其进行编辑。

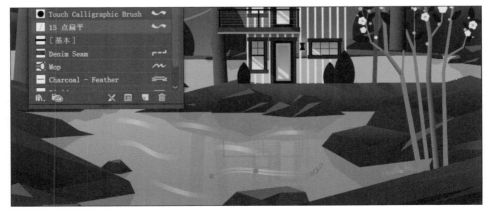

图11-17

10 双击工具栏中的"画笔工具" 。在"画笔工具选项"对话框中，取消选中"保持选定"复选框，然后单击"确定"按钮。

现在，在绘制完路径后，这些路径将不会保持为选中状态，您可以在不改变之前绘制的路径的情况下绘制重叠路径

11 选择"选择" > "取消选择"，然后选择"文件" > "存储"。

11.3.4 编辑画笔

若要更改画笔选项，可以在"画笔"面板中双击该画笔。编辑画笔时，还可以选择是否更新已应用了该画笔的对象。接下来，您将修改您一直在使用的"15 点扁平"画笔的外观。

1 在"画笔"面板中，双击文本"15 点扁平"左侧的画笔缩略图或名称右侧，如图 11-18 所示。打开"书法画笔选项"对话框。

2 在对话框中，进行图 11-19 所示的更改。

• 名称：20 pt. Angled。
• 角度：20°。
• 从"角度"右侧的菜单中选择"固定"（选择"随机"时，每次绘制时画笔角度会随机变化）。
• 圆度：0%（默认设置）。
• 大小：20 pt。

图11-18

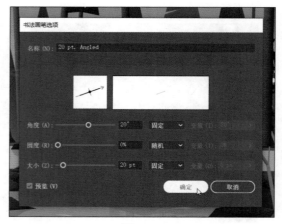

图11-19

提示 对话框中的"预览"窗口(位于"名称"字段下方)将显示对画笔所做的更改。

3 单击"确定"按钮。

4 在弹出的对话框中,单击"保留描边"按钮,这样就不会将画笔修改应用到该画笔绘制的波浪上,如图 11-20 所示。

图11-20

5 选择"选择">"取消选择"(如有必要),然后选择"文件">"存储"。

 注意 这时图稿应该已经取消选中,而且"选择">"取消选择"命令也已变暗(您不能选择它)。

11.3.5 删除画笔描边

您可以轻松删除图稿上应用的不需要的画笔描边。现在,您将从路径的描边中删除画笔描边效果。

1 选中"选择工具" ▶,然后单击应用了紫色描边的紫色路径。
在创作图稿时,我在图稿上尝试了不同的画笔。现在需要移去应用于所选路径的画笔描边。

2 单击"画笔"面板底部的"移去画笔描边"按钮 ⊠,如图 11-21 所示。

图11-21

删除画笔描边不会删除所应用的描边颜色和粗细，它只是删除所应用的画笔效果。

3 将"属性"面板中的"描边粗细"更改为"10 pt"，如图 11-22 所示。

图11-22

4 选择"选择">"取消选择"，然后选择"文件">"存储"。

11.4 使用艺术画笔

艺术画笔可沿着路径均匀地拉伸图稿或嵌入栅格图像。与其他画笔一样，您也可以编辑艺术画笔选项，来修改艺术画笔工作的方式，如图 11-23 所示。

11.4.1 应用现有的艺术画笔

图11-23

接下来，您将应用现有的艺术画笔在湖岸绘制蕨类植物。

1 在"画笔"面板中，单击"画笔"面板菜单图标，取消选择"显示书法画笔"，然后从同一面板菜单中选择"显示艺术画笔"，在"画笔"面板中显示各种艺术画笔。

2 单击"画笔"面板底部的"画笔库菜单"按钮 ，选择"艺术效果">"艺术效果 _ 粉笔炭笔铅笔"。

3 单击"艺术效果 _ 粉笔炭笔铅笔"菜单图标 ，选择"列表视图"。单击列表中名为"Charcoal"的画笔，将画笔添加到此文档的"画笔"面板，如图 11-24 所示。关闭"艺术效果 _ 粉笔炭笔铅笔"面板组。

4 在工具栏中选中"画笔工具" 。

图11-24

5 确保填充颜色为"[无]"□，描边颜色为"Fern green"
   色板，并在"属性"面板中将"描边粗细"更改为
   "10 pt"。

6 从湖左侧（图 11-25 中用 × 标记）按住鼠标左键拖动
   画笔指针 ✐ 创建植物路径。盯着图片，了解植物是怎
   样被绘制的。不用担心它是否绘制精确，因为您始终
   可以选择"编辑">"还原艺术描边"并重新绘制路径。

图11-25

> **Ai** | 提示　选中"画笔工具" ✐ 后，按 Caps Lock 键可查看精确的光标（×），在某些
> 情况下，这可以帮助您更精确地进行绘画。

7 尝试绘制更多的路径来添加蕨叶（叶子），且每次绘制都从之前绘制的原始路径的起点开
   始，如图 11-26 所示。

8 选中"选择工具" ▶，然后单击选中其中一条路径。若要选中构成蕨类植物的其余路径，
   请选择"选择">"相同">"描边颜色"。

9 单击"属性"面板中的"编组"按钮，将它们编组在一起，如图 11-27 所示。

图11-26

图11-27

10 选择"选择">"取消选择",然后选择"文件">"存储"。

11.4.2 创建艺术画笔

在本小节中,您将从已有的图稿中创建新的艺术画笔。

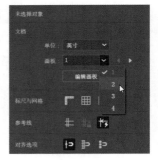

> **注意** 若要了解创建画笔的规则,请参阅"Illustrator 帮助"("帮助">"Illustrator
> 帮助")中的"创建或修改画笔"。

1 从"属性"面板的"画板"菜单中选择"2",定位到带有树图稿的第 2 个画板,如图 11-28 所示。

2 选中"选择工具" ▶后,单击树图稿将其选中。
接下来,您将从所选图稿中创建艺术画笔。您可以从矢量图稿或嵌入的栅格图像中创建艺术画笔,但该图稿不得包含渐变、混合、画笔描边、网格对象、图形、链接文件、蒙版或尚未转换为轮廓的文本。

图11-28

> **提示** 您也可以从栅格图像中创建艺术画笔,但用于创建画笔的图像必须嵌入
> Illustrator 文档中。

3 选择"窗口">"画笔",打开"画笔"面板(如果尚未打开)。在仍选中树图稿的情况下,单击"画笔"面板底部的"新建画笔"按钮 ,如图 11-29 所示。
这将开始从所选图稿中创建新画笔。

4 在"新建画笔"对话框中,选择"艺术画笔",然后单击"确定"按钮,如图 11-30 所示。

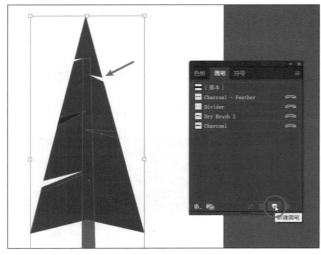

图11-29

图11-30

提示 您还可以通过将图稿拖到"画笔"面板中，然后在出现的"新建画笔"对话框中选择"艺术画笔"来创建艺术画笔。

5 在"艺术画笔选项"对话框中，将画笔名称更改为"Tree"。单击"确定"按钮，如图 11-31 所示。

6 选择"选择">"取消选择"。

7 从"属性"面板中的"画板"菜单中选择"1"，以定位到具有主场景的第 1 个画板。

8 选中"选择工具" ▶ 后，单击选中小屋图稿右侧的紫色线条。

9 单击"画笔"面板中名为"Tree"的画笔来应用它，如图 11-32 所示。

图11-31

图11-32

请注意，原始的树图稿沿路径拉伸了，这是艺术画笔的默认操作。

11.4.3 编辑艺术画笔

接下来，您将编辑应用于路径的"Tree"艺术画笔，并更新画板上树的外观。

1 仍选中画板上路径的情况下，在"画笔"面板中，双击文本"Tree"左侧的画笔缩略图或名称右侧，以打开"艺术画笔选项"对话框，如图 11-33 所示。

图11-33

 提示 要了解有关"艺术画笔选项"对话框的详细信息，请参阅"Illustrator 帮助"（"帮助">"Illustrator 帮助"）中的"艺术画笔选项"。

2 在"艺术画笔选项"对话框中，选中"预览"复选框以便观察所做的更改，然后移动对话框，以便可以看到应用画笔的线条，进行图 11-34 所示的更改。

- 在参考线之间伸展：选择。

- 起点：5.875 in。

- 终点：7.5414 in（默认设置）。

3 单击"确定"按钮。

4 在弹出的对话框中，单击"应用于描边"按钮，将修改应用了"Tree"画笔的路径，如图 11-35 所示。

5 选择"选择">"取消选择"，然后选择"文件">"存储"。

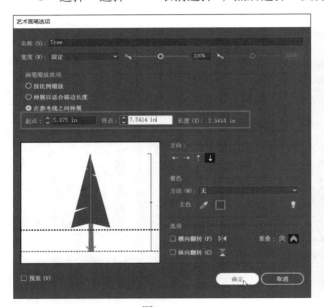

图11-34

图11-35

11.5 使用毛刷画笔

毛刷画笔允许您创建一个与带鬃毛的自然毛刷外观相同的描边。使用"画笔工具" 中的毛刷画笔绘制的是带有毛刷画笔效果的矢量路径，如图 11-36 所示。

在本节中，您将首先设置画笔的选项以调整其在图稿中的外观，然后使用"画笔工具" 的毛刷画笔绘制烟雾效果。

图11-36

11.5.1 修改毛刷画笔选项

如您所见，无论是在画笔应用于图稿之前还是之后，您都可以通过在"画笔选项"对话框中调整画笔的设置来更改画笔的外观。对于毛刷画笔，最好在绘画前就调整画笔设置，因为更新毛刷画笔描边可能需要较长时间。

Ai **注意** 要了解更多关于"毛刷画笔选项"对话框及其设置的信息，请参阅"Illustrator 帮助"（"帮助" > "Illustrator 帮助"）中的"使用毛刷画笔"。

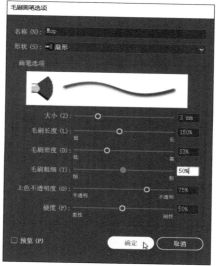

1 在"画笔"面板中，单击面板菜单图标，选择"显示毛刷画笔"，然后取消选择"显示艺术画笔"。

2 在"画笔"面板中，双击默认"Mop"画笔的缩略图或名称右侧以更改该画笔的选项，在"毛刷画笔选项"对话框中，进行图 11-37 所示的更改。

• 形状：扇形。

• 大小：3 mm（画笔大小是画笔的直径）。

• 毛刷长度：150%（这是默认设置。毛刷长度是从刷毛与手柄相接的地方开始算）。

• 毛刷密度：33%（这是默认设置。毛刷密度是刷颈指定区域的刷毛数量）。

• 毛刷粗细：50%（毛刷粗细可以从细到粗［介于 1% 和 100% 之间］）。

• 上色不透明度：75%（这是默认设置。使用此选项可以设置所使用的颜料的不透明度）。

• 硬度：50%（这是默认设置。硬度是指刷毛的软硬程度）。

图11-37

Ai **提示** Illustrator 附带一系列默认的毛刷画笔。单击"画笔"面板底部的"画笔库菜单"按钮，然后选择"毛刷画笔" > "毛刷画笔库"。

3 单击"确定"按钮。

11.5.2 使用毛刷画笔绘制

现在，您将使用"Mop"毛刷画笔绘制小屋烟囱上的一些烟雾，使用毛刷画笔可以绘制生动流畅的路径。

1 在工具栏中选中"缩放工具"Q，然后在小屋顶部的烟囱上缓慢地单击几次，放大视图。

2 在工具栏中选中"选择工具"▶，然后单击选中烟囱。这将选择烟囱形状所在的图层，以便您绘制的图稿都将位于同一图层上。

3 选择"选择" > "取消选择"。

4 在工具栏中选中"画笔工具" ✏。如果尚未选中"Mop"画笔，请在"属性"面板中的"画笔"菜单中选中该画笔，如图 11-38 所示。

图11-38

5 确保填充颜色为"[无]"□，描边颜色为"White"。按 Esc 键隐藏"色板"面板，在"属性"面板中将描边粗细更改为"4 pt"。

> **Ai** **提示** 如果要在绘制时编辑路径，您可以在"画笔工具选项"中选中"保持选定"复选框，也可以使用"选择工具"▶选中路径。

6 将画笔指针移到烟囱顶部，按住鼠标左键沿 S 形向上拖动绘制，到达要绘制的路径的末尾时，松开鼠标左键，如图 11-39 所示。

7 试着在烟囱的顶部（即您开始绘制第一条路径的地方），使用"画笔工具"✐以"Mop"画笔绘制更多路径。这是为了绘制来自小屋烟囱的烟雾，如图 11-40 所示。

图11-39

图11-40

11.5.3 整理形状

接下来，您将更改您绘制的几条路径的描边颜色。

1 选择"视图">"轮廓"，查看您刚刚绘制的所有路径。

2 选中工具栏中的"选择工具"▶，然后单击选中其中的一条路径。

3 将描边颜色更改为名为"Light gray"的色板，如图 11-41 所示。

4 选择"视图">"预览"（或"GPU 预览"）。
接下来，您将选中绘制的所有毛刷路径，并将它们编组在一起。

5 选择"选择">"对象">"毛刷画笔描边"，以选择使用"画笔工具"✐中的"Mop"画笔创建的所有路径。

6 单击"属性"面板中的"编组"按钮，将它们组合在一起。

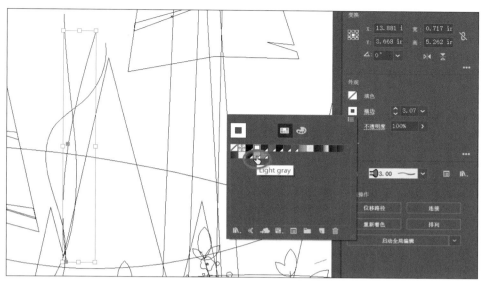

图11-41

7 在"属性"面板中将"不透明度"值更改为"50%",如图 11-42 所示。

图11-42

8 选择"选择">"取消选择",然后选择"文件">"存储"。

11.6 使用图案画笔

图案画笔用于绘制由不同部分或拼贴组成的图案。当您将图案画笔应用于图稿时,将根据所处的路径位置(边缘、中点或拐点)绘制由不同部分(拼贴)组成的图案,如图 11-43 所示。

创建自己的项目时，有数百种有趣的图案画笔可供选择，如草、城市风景等。接下来，您可以将现有的图案画笔应用到路径上，使小屋的一侧具有木材的外观。

1　选择"视图">"画板适合窗口大小"。
2　在"画笔"面板中，单击面板菜单图标▤，选择"显示图案画笔"，然后取消选择"显示毛刷画笔"。
3　选中"选择工具"▶，双击小屋上的黄色路径以进入"隔离模式"，然后单击其中一个黄色路径来选中整个编组，如图 11-44 所示。

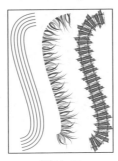

图11-43

图11-44

4　在"画笔"面板的底部单击"画笔库菜单"按钮▨，然后选择"边框">"边框_框架"。

![Ai] **提示**　与其他画笔类型一样，Illustrator 附带了一系列默认图案画笔库。若要访问它们，请单击"画笔库菜单"按钮▨，然后从其中一个菜单（例如"边框"菜单）中选择一个库。

5　单击画笔列表中名为"红木色"的画笔，将其应用于所选路径，并将该画笔添加到此文档的"画笔"面板中，如图 11-45 所示。关闭"边框_框架"面板组。
6　单击"属性"面板中"所选对象的选项"按钮▤，以便仅编辑画板上选定路径的画笔选项，如图 11-46 所示。

图11-45

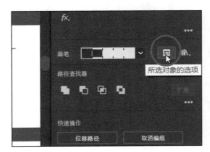

图11-46

7 在"描边选项（图案画笔）"对话框中勾选"预览"复选框。通过拖动"缩放"滑块或键入值，将"缩放"更改为"70%"。单击"确定"按钮，如图 11-47 所示。

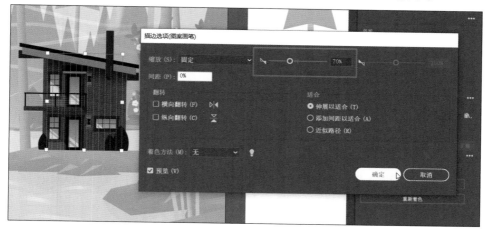

图11-47

Ai | **提示** 您还会在"画笔"面板的底部看到"所选对象的选项"按钮▦。

编辑所选对象的画笔选项时，您只能看到一部分画笔选项。"描边选项（图案画笔）"对话框仅用于编辑所选画笔路径的属性，而不会更新相应的画笔本身。

8 按 Esc 键，退出"隔离模式"。

9 选择"选择"＞"取消选择"，然后选择"文件"＞"存储"。

11.6.1　创建图案画笔

您可以通过多种方式创建图案画笔。例如，对于应用于直线的简单图案，您可以选择用于该图案的图稿，然后单击"画笔"面板底部的"新建画笔"按钮▣。

若要创建具有曲线和角部对象的更复杂的图案，可以在文档窗口中选择需要用于创建图案画笔的图稿，再在"色板"面板中创建相应的色板，甚至可以令 Illustrator 自动生成图案画笔的角部。

在 Illustrator 中，只有边线拼贴需要定义。Illustrator 会根据用于边线拼贴的图稿，自动生成 4 种不同类型的角部拼贴，并完美地适合角部。接下来，您将为小屋上的灯创建图案画笔。

图11-48

1 从"属性"面板中的"画板"菜单中选择"3"，定位到带有灯泡图稿的第 3 个画板。

2 选中"选择工具"▶后，单击以选中黄色灯泡组，如图 11-48 所示。

3 单击"画笔"面板中的面板菜单图标 ≡，然后选择"缩览图视图"。

请注意，"画笔"面板中的图案画笔在"缩览图视图"中进行了分段，每段对应于一个图案拼贴。

4 在"画笔"面板中，单击"新建画笔"按钮 🔲，根据电线来创建图案，如图 11-49 所示。

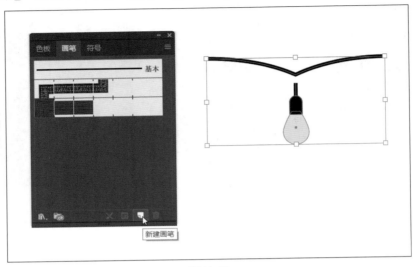

图11-49

5 在"新建画笔"对话框中，选择"图案画笔"，单击"确定"按钮。

无论是否选择了图稿，您都可以创建新的图案画笔。如果在未选择图稿的情况下创建图案画笔，则假定您将在稍后通过将图稿拖到"画笔"面板或在编辑画笔时从图案色板中选择图稿来添加图稿。您将在本节后面看到后一种方法。

6 在"图案画笔选项"对话框中，命名画笔为"Lights"。

图案画笔最多可以有 5 个拼贴：边线拼贴、起点拼贴、终点拼贴，再加上用于在路径上绘制锐角的外角拼贴和内角拼贴。

Ai | **注意** 有些笔刷不需要角部拼贴，因为它们是为平滑曲线路径设计的。

您可以在对话框中"间距"字段下看到这 5 种拼贴按钮，如图 11-50 所示。拼贴按钮允许您将不同的图稿应用于路径的不同部分。您可以单击拼贴按钮来定义所需拼贴，然后从弹出的菜单中选择自动生成选项（如果可用）或图案色板。

图11-50

Ai | **提示** 在创建图案画笔时，所选图稿将默认成为边线拼贴。

7　在"间距"字段下，单击"边线拼贴"框（左起第 2 个拼贴）。可以发现，除了"无"和其图案色板选项，最开始选择的"原始"图案色板也出现在菜单中，如图 11-51 所示。

8　单击"外角拼贴"框，显示菜单，如图 11-52 所示。

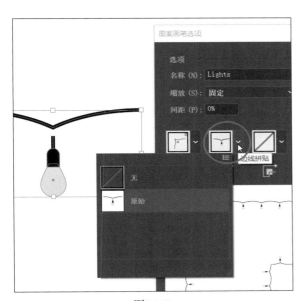

图11-51

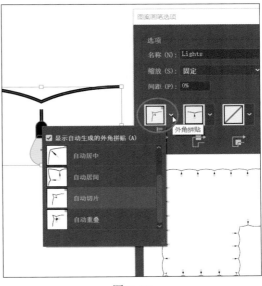

图11-52

外角拼贴是由 Illustrator 根据原始电线图稿自动生成的。在菜单中，您可以从自动生成的 4 种类型的外角拼贴中选择。

- 自动居中：边线拼贴沿角部拉伸，并且在角部以单个拼贴副本为中心。
- 自动居间：边线拼贴副本一直延伸到角部，且角部每边各有一个副本，然后通过折叠消除的方式将副本拉伸成角部形状。
- 自动切片：边线拼贴沿着对角线分割，再将切片拼接到一起，类似于木质相框的边角。
- 自动重叠：拼贴的副本在角部重叠。

9　从菜单中选择"自动居间"，这将使用灯泡图稿为图案画笔绘制的路径生成外角拼贴。

10　单击"确定"按钮，"Lights"画笔将显示在"画笔"面板中，如图 11-53 所示。

11　选择"选择">"取消选择"。

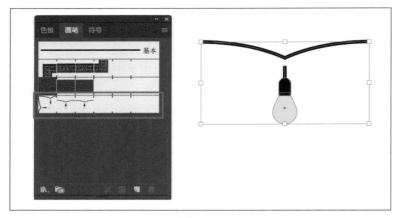

图11-53

11.6.2 应用图案画笔

在本节中，您将把图案画笔应用到小屋的路径上。正如您所看到的，当您使用绘图工具将画笔应用于图稿时，首先使用绘图工具绘制路径，然后在"画笔"面板中选择画笔将画笔应用于路径。

1 从"属性"面板中的"画板"菜单中选择"1"，定位到第 1 个包含主场景图稿的画板。

2 选中"选择工具" ▶ 后，单击小屋上的绿色直线路径。

3 选择"视图" > "放大"，重复几次，放大视图。

4 在工具栏中，单击"填色"框，并确保选中"［无］" ☑，然后单击"描边"框 ■ 并选择"［无］" ☑。

5 选中路径后，单击"画笔"面板中的"Lights"画笔以应用到该路径，如图 11-54 所示。

图11-54

6　选择“选择”＞“取消选择”。

这条路径是用“Lights”画笔画的，由于路径不包括角部，因此也不会有外角拼贴和内角拼贴。

11.6.3　编辑图案画笔

现在，将使用您创建的图案色板来编辑“Lights”图案画笔。

> **提示**　有关创建图案色板的详细信息，请参阅“Illustrator 帮助”中的“关于图案”。

1　从“属性”面板中的“画板”菜单中选择“3”，定位到带有灯泡图稿的第 3 个画板。

2　选择“窗口”＞“色板”，打开“色板”面板。

3　使用“选择工具”▶，按住鼠标左键将带有白光灯泡的图稿拖到“色板”面板中，如图 11-55 所示。

图稿将在“色板”面板中保存为新的图案色板。创建了图案画笔后，如果您不打算将图案色板用于其他图稿，也可以在“色板”面板中将其删除。

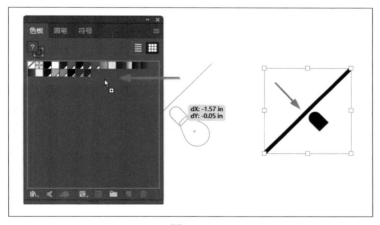

图11-55

4　选择“选择”＞“取消选择”。

5　从“属性”面板的“画板”菜单中选择“1”，定位到第 1 个包含主场景图稿的画板。

6　在“画笔”面板（“窗口”＞“画笔”）中，双击“Lights”图案画笔以打开“图案画笔选项”对话框。

7　将“缩放”更改为“20%”。单击“外角拼贴”框，然后从出现的菜单中选择刚刚创建的名为“新建图案色板 1”的图案色板（您需要滚动进度条），单击“确定”按钮，如图 11-56 所示。

> **提示**　您还可以通过按住 option 键（macOS）或 Alt 键（Windows）并按住鼠标左键将图稿从画板拖到要在“画笔”面板中更改的图案画笔拼贴上，更改图案画笔中的图案拼贴。

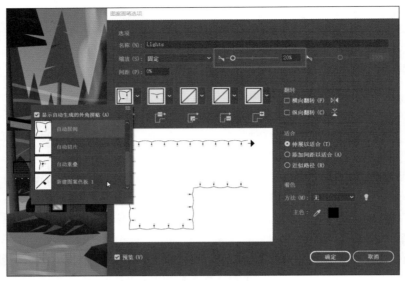

图11-56

8   在出现的对话框中，单击"应用于描边"按钮以更新小屋上的灯光。

9   选中"选择工具" ▶，单击以选中小屋门上的绿色矩形路径（您可能需要放大视图）。
     单击"画笔"面板中的"Lights"画笔以应用它，如图 11-57 所示。

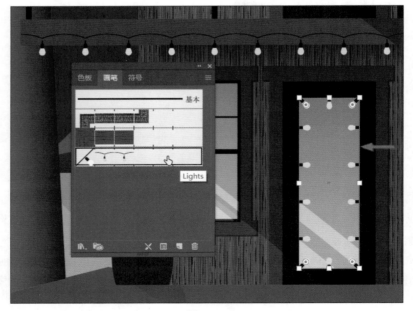

图11-57

请注意，白光灯泡将应用到路径，该路径将由"Lights"画笔的外角拼贴和边线拼贴绘制。

10   选择"选择" > "取消选择"，然后选择"文件" > "存储"。

11.7 使用斑点画笔工具

您可以使用"斑点画笔工具" 来绘制有填色的形状，并可将其与其他同色形状相交或合并。

您可以像使用"画笔工具" 那样使用"斑点画笔工具" 进行艺术创作。但是，"画笔工具" 可以创建开放路径，而"斑点画笔工具" 只允许您创建只有填色（无描边）的闭合形状（见图11-58右图）。然后您还可以使用"橡皮擦工具" 或"斑点画笔工具" 轻松编辑该闭合形状，但不能使用"斑点画笔工具" 编辑具有描边的形状。

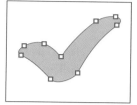

图11-58

11.7.1 使用斑点画笔工具绘图

接下来，您将使用"斑点画笔工具" 来创建一朵花。

1 从"属性"面板的"画板"菜单中选择"4"，以定位到第 4 个画板，该画板为空。

2 在"色板"面板中，选择"填色"框 ，然后选择名为"Flower"的色板，再选择"描边"框 ，然后选择"〔 无 〕" ，删除描边，如图 11-59 所示。使用"斑点画笔工具" 进行绘图时，如果在绘图前设置了填色和描边，则描边颜色将成为由"斑点画笔工具" 绘制形状的填充颜色；如果在绘图之前只设置了填色，该填色将成为创建形状的填充颜色。

3 长按"画笔工具" ，然后选中"斑点画笔工具" 。双击工具栏中的"斑点画笔工具"，在"斑点画笔工具选项"对话框中更改图 11-60 所示的内容。

- "保持选定"复选框：选中。

- 大小：70 pt。

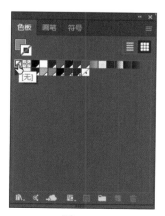

图11-59

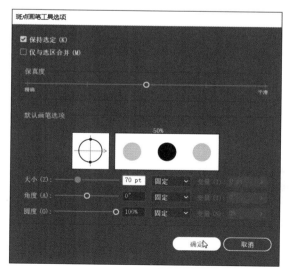

图11-60

4 单击"确定"按钮。

5 按住鼠标左键并拖动以创建花形，如图 11-61 所示。

使用"斑点画笔工具"  绘制时，将创建有填色的、闭合的形状。这些形状可以包含多种类型的填充，包括渐变、纯色、图案等。请注意，在开始绘制之前，画笔指针周围有一个圆圈，这表示绘图时画笔的大小（70 pt，您在前面步骤中设置的）。

图11-61

 注意 您可以松开鼠标左键，然后继续使用"斑点画笔工具" 进行绘制，只要新的图稿与已有的花图稿重叠，它就会自动合并。

 提示 您也可以通过按右中括号键（] ）或左中括号键（ [）数次来增加或减小斑点画笔大小。

使用斑点画笔工具合并路径

除了使用"斑点画笔工具" 绘制新形状外，您还可以使用它来连接、合并相同颜色的形状。通过"斑点画笔工具" 合并的对象需要具有相同的外观属性，即没有描边、位于同一图层或组上、在堆叠顺序中彼此相邻。

如果您发现形状未合并，则可能是它们具有不同的描边和填色。您可以使用"选择工具"选中这两个形状，确保填色相同，并且"属性"面板中的描边为"［无］" 。然后，您可以选中"斑点画笔工具" ，尝试从一个形状拖动到另一个形状。

11.7.2 使用橡皮擦工具进行编辑

当您使用"斑点画笔工具" 绘制和合并形状时，可能会绘制太多内容，然后希望编辑所做的操作。您可以将"橡皮擦工具" 与"斑点画笔工具" 结合使用，以调整形状，并纠正一些不理想的修改。

 提示 当您使用"斑点画笔工具" 和"橡皮擦工具" 绘制时，建议您拖曳较短的距离并经常松开鼠标左键。这样方便撤销所做的编辑，否则您在不松开鼠标左键的情况下长距离绘制，撤销时将删除整个描边。

1 使用"选择工具" ，单击以选中花形。在擦除选择形状之前，将"橡皮擦工具" 限制为只能擦除所选形状。

2 双击工具栏中的"橡皮擦工具" 。在"橡皮擦工具选项"对话框中，将"大小"更改为

“40 pt”，然后单击“确定”按钮，如图 11-62 所示。

注意 “橡皮擦工具”可能位于工具栏中的“剪刀工具”下方。

3 在选中“橡皮擦工具”后，将鼠标指针移动到花形的中心，按住鼠标左键并拖动以删除中心部分形状。尝试在“斑点画笔工具”和“橡皮擦工具”之间切换来编辑花形，如图 11-63 所示。

“斑点画笔工具”和“橡皮擦工具”都有一个带圆的指针，这个圆指示画笔的直径。

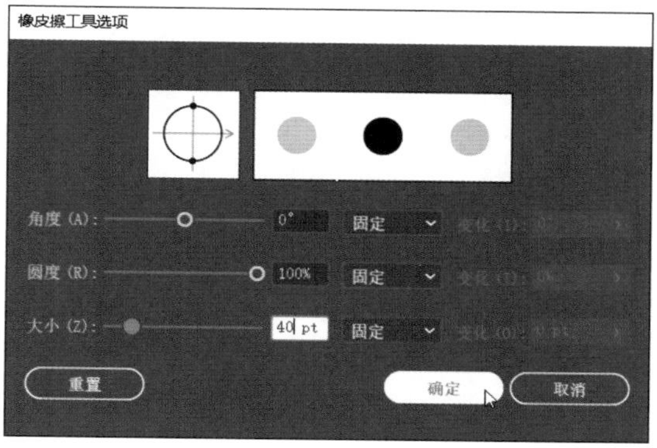

图11-62

4 选择“选择”>“取消选择”。

5 使用“选择工具”选中花形。

6 选择“编辑”>“复制”。

7 从状态栏中的“画板导航”菜单中选择“1 Lake scene”画板，定位到带有场景图稿的第 1 个画板。

8 单击画板右侧有鲜花的灌木丛，然后按“command + +”（macOS）或“Ctrl + +”（Windows）组合键几次，放大视图。

9 单击“属性”面板中的“排列”按钮，然后选择“置于顶层”。选择“编辑”>“粘贴”，粘贴花形状。

10 按住 Shift 键，并按住鼠标左键拖动一个角，使花变小。松开鼠标左键，然后松开 Shift 键，如图 11-64 所示。

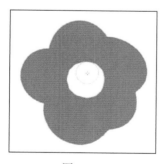

图11-63

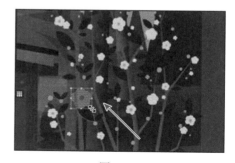

图11-64

11 按住 option 键（macOS）或 Alt 键（Windows），并按住鼠标左键拖动花形状到灌木丛的其他部分。松开鼠标左键，然后松开 option 键或 Alt 键，生成新的花朵副本。

12 重复上步数次，在灌木丛中绘制鲜花，如图 11-65 所示。

13 选择“选择”>“取消选择”，然后选择“视图”>“画板适合窗口大小”。最终效果如图 11-66 所示。

图11-65

图11-66

14 选择"文件">"存储",并关闭所有打开的文件。

复习题

1 使用"画笔工具" ✏ 将画笔应用于图稿和使用某个绘图工具将画笔应用于图稿有什么区别?

2 描述如何将艺术画笔中的图稿应用于内容。

3 描述在绘图时如何使用"画笔工具" ✏ 编辑绘制的路径。"保持选定"复选框是如何影响"画笔工具" ✏ 的?

4 在创建画笔时,哪些画笔类型必须在画板上先选定图稿?

5 "斑点画笔工具" 🖌 有什么作用?

参考答案

1 使用"画笔工具" ✏ 绘制时,如果在"画笔"面板中选择了某种画笔,然后在画板上绘制,则画笔将直接应用于所绘制的路径。若要使用绘图工具来应用画笔,请先选择绘图工具并在图稿中绘制路径,然后选中该路径并在"画笔"面板中选择某种画笔,即可将其应用于选定的路径。

2 艺术画笔是由图稿(矢量图或嵌入的栅格图像)创建的。将艺术画笔应用于对象的描边时,艺术画笔中的图稿默认会沿着所选对象的描边进行拉伸。

3 要使用"画笔工具" ✏ 编辑路径,请在选定路径上拖动,重绘该路径。使用"画笔工具" ✏ 绘图时,"保持选定"复选框将保持最后绘制的路径为选中状态。如果要便捷地编辑之前绘制的路径,请选中"保持选定"复选框;如果要使用"画笔工具" ✏ 绘制重叠路径而不修改之前路径,请取消选中"保持选定"复选框,取消选中"保持选定"复选框后,可以使用"选择工具" ▶ 选中路径,然后对其进行编辑。

4 对于艺术画笔以及散点画笔,您需要先选定图稿,再单击"画笔"面板中的"新建画笔"按钮 🔲 来创建画笔。

5 使用"斑点画笔工具" 🖌 可以编辑带填色的形状,使其与具有相同颜色的其他形状相交或合并,也可以从头开始创建图稿。

第12课 效果和图形样式的创意应用

课程概览

在本课中，您将学习如何执行以下操作。

- 使用外观面板。
- 编辑和应用外观属性。
- 复制、启用、禁用和删除外观属性。
- 调整外观属性的排列顺序。
- 应用和编辑效果。
- 应用各种效果。
- 以图形样式保存和应用外观。
- 将图形样式应用于图层。
- 缩放描边和效果。

 完成本课程大约需要 60 分钟。

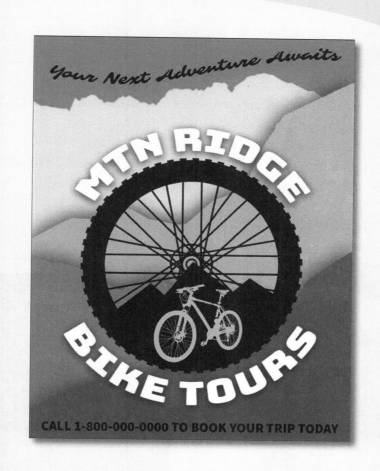

　　在不改变对象结构的情况下，您可以通过简单应用"外观"面板中的属性（如填色、描边和效果）来更改对象的外观。效果本身是实时的，所以可以随时修改或删除它们。这样就可以将外观属性保存为图形样式，并将它们应用于其他对象。

12.1 开始本课

在本课中，您将使用"外观"面板、各种效果和图形样式更改图稿的外观。在开始之前，您需要恢复 Adobe Illustrator CC 的默认首选项。然后，您将打开一个包含最终完成的图稿文件，查看您即将创建的内容。

1 若要确保工具的功能和默认值完全如本课所述，请删除或停用（通过重命名）Adobe Illustrator CC 首选项文件。请参阅本书开头的"前言"部分中的"恢复默认设置"。

 注意 如果您还没有将本课的项目文件从您的"账户"页面下载到您的计算机，请立即下载。请参阅本书开头的"前言"部分。

2 启动 Adobe Illustrator CC。
3 选择"文件">"打开"，然后打开您硬盘上"Lessons">"Lesson12"文件夹中的"L12_end.ai"文档。

 此文件展示了一个自行车旅游公司传单的完整插图，如图 12-1 所示。

4 在极有可能弹出的"缺少字体"对话框中，单击"激活字体"按钮以激活所有缺少的字体，如图 12-2 所示。激活它们并看到消息提示没有更多的缺少字体后，单击"关闭"按钮。

 注意 您将需要联网来激活字体。

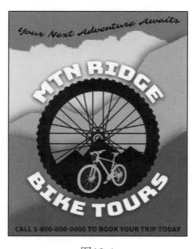

图12-1

图12-2

如果无法激活字体，则可以访问 Creative Cloud 桌面应用程序并选择"资产">"字体"，查看可能是什么问题。

您也可以只单击"缺少字体"对话框中的"关闭"按钮，然后在继续操作时忽略缺少字体。第三种方法是单击"缺少字体"对话框中的"查找字体"按钮，并将字体替换为计算机上的本地字体。您还可以访问"Illustrator 帮助"（"帮助">"Illustrator 帮助"）并搜索"查找缺少的字体"。

5 选择"视图">"画板适合窗口大小",将其保持为打开状态作为参考,或选择"文件">"关闭"来关闭它。

接下来开始绘图,您需要打开一个已有的图稿文件。

6 选择"文件">"打开",在"打开"对话框中,找到"Lessons">"Lesson12"文件夹,然后选择硬盘上的"L12_start.ai"文件。单击"打开"按钮打开该文件,如图 12-3 所示。"L12_start.ai"文件使用了与"L12_end.ai"文件相同的字体。如果您已经激活了字体,则无须再执行此操作。如果您没有打开"L12_end.ai"文件,则此步骤很可能也会出现"缺少字体"对话框。单击"激活字体"按钮以激活所有丢失的字体。激活字体后,您会看到消息提示没有缺少字体,请单击"关闭"按钮。

图12-3

 注意 有关解决任何缺失字体的帮助,请参阅步骤 4。

7 选择"文件">"存储为",将文件命名为"BikeTours.ai",然后选择"Lesson12"文件夹。从"格式"菜单中选择"Adobe Illustrator(ai)"(macOS)或从"保存类型"菜单中选择"Adobe Illustrator(*.AI)"(Windows),然后单击"保存"按钮。

8 在"Illustrator 选项"对话框中,保持 Illustrator 选项的默认设置,然后单击"确定"按钮。

9 从应用程序栏中的工作区切换器中选择"重置基本功能"以重置工作区。

 注意 如果在工作区切换器菜单中看不到"重置基本功能",请在选择"窗口">"工作区">"重置基本功能"之前,先选择"窗口">"工作区">"基本功能"。

10 选择"视图">"画板适合窗口大小"。

12.2 使用外观面板

外观属性(如填充、描边、透明度或效果)是一种美学属性,它影响对象的外观,但通常不会影响其基本结构。到目前为止,您一直在"属性"面板、"色板"面板等中更改外观属性,而这些外观属性,也可以在所选图稿的"外观"面板中找到。在本课中,您将重点使用"外观"面板来应用和编辑外观属性。

1 选中"选择工具" ▶,然后单击以选中背景中文本"CALL1-800..."后面的橙色形状。

2 在右侧"属性"面板的"外观"部分中单击"打开'外观'面板" ▦▦▦(图 12-4 箭头所指区域),打开"外观"面板,如图 12-4 所示。

 提示 您也可以选择"窗口">"外观"以打开"外观"面板。

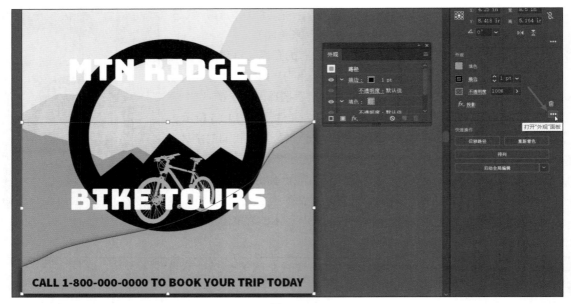

图12-4

"外观"面板显示所选内容的类型（在本例中为"路径"）以及应用于该内容的外观属性（"描边""填色""投影""不透明度"）。

"外观"面板中提供不同选项，如图 12-5 所示。

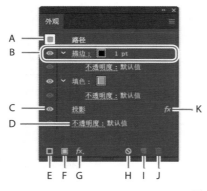

A. 选定的图稿和缩略图

B. 属性行

C. 可视性列

D. 链接到效果选项

E. 添加新描边

F. 添加新填色

G. 添加新效果

H. 清除外观

I. 复制所选项目

J. 删除所选项目

K. 指示应用了效果

图12-5

> **Ai** | **提示** 您可能需要按住鼠标左键将外观面板的底部向下拖动，使其更长。

"外观"面板（"窗口">"外观"）可用于查看和调整所选对象、编组或图层的外观属性。填色和描边按堆叠顺序列出，即面板里从上到下对应了图稿从前到后的顺序。应用于图稿的效果按照它们的应用顺序，从上到下列出。使用外观属性的优点是，可以随时修改或删除外观属性，而不会影响底层图稿或"外观"面板中应用于该对象的其他属性。

12.2.1 编辑外观属性

首先，您将使用"外观"面板来更改图稿的外观。

1 选中橙色形状后，在"外观"面板中，根据需要多次单击填色属性行中的橙色"填色"框 ■，直到"色板"面板出现，选择名为"Mountain1"的色板进行填色。按 Esc 键隐藏"色板"面板，如图 12-6 所示。

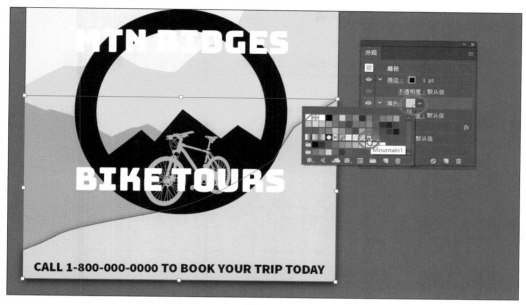

图12-6

> **Ai** **注意** 您可能需要多次单击"填色"框 ■ 才能打开"色板"面板。第一次单击"填色"框 ■ 选中面板中的填色行，然后再单击才显示色板面板。

2 单击"描边"行中的"1 pt"，显示"描边粗细"选项。将"描边粗细"更改为"0 pt"，移除描边（"描边粗细"字段将为空，或显示"0 pt"），如图 12-7 所示。

图12-7

3 在"外观"面板中，单击"投影"属性名称左侧的可视性列，如图 12-8 所示。

图12-8

Ai 提示　在"外观"面板中，可以按住鼠标左键将属性行（如"投影"）拖到"删除所选项目"按钮████将其删除，也可以选中属性行然后单击"删除所选项目"按钮████将其删除。

可以暂时隐藏或删除外观属性，它们就不再应用于所选图稿。

Ai 提示　从"外观"面板菜单中██选择"显示所有隐藏的属性"可以查看所有隐藏的属性（已关闭的属性）。

4 选中"投影"行（如果未选中，请单击"投影"一词的右侧）后，单击面板底部的"删除所选项目"按钮████，完全删除投影，而不仅仅是关闭可视性，如图 12-9 所示。保持形状为选中状态。

图12-9

12.2.2　为图稿添加新的描边和填色

Illustrator 中的图稿可以具有多个描边和填色，从而创作出有趣的设计效果。现在，您将使用"外观"面板向所选形状添加另一种填色。

1 在仍选中此形状的情况下，单击"外观"面板底部的"添加新填色"按钮████，如图 12-10 所示。图 12-10 中显示了单击"添加新填色"按钮████后的面板，"外观"面板中添加了第 2 个"填色"行。默认情况下，新的"填色"或"描边"属性行会直接添加到选定属性行之上；如果没有选定属性行，则添加到"外观"面板列表的顶部。

2 单击底部的"填色"属性行中的"填色"框■几次，直到"色板"面板出现。单击名为"USGS 22 Gravel Beach"的图案色板，将其应用到原来的填色，如图 12-11 所示。按 Esc 键隐藏"色板"面板。

图12-10

图12-11

该图案不会显示在所选图稿中，因为您在步骤 1 中添加的第 2 个填色覆盖了"USGS 22 Gravel Beach"填充。这两个填充堆叠在一起了。

> **提示** 要关闭那些单击带下划线字样后出现的面板，方法包括按 Esc 键、单击其属性行或按回车键。

3 单击顶部"填色"属性行左侧的眼睛图标●将其隐藏，如图 12-12 所示。

图12-12

现在，您应该会看到图案填充在形状中了。在 12.2.4 小节中，您将对"外观"面板中的属性行进行重新排序，以便使图案位于颜色填充的顶层。

4 单击顶部"填色"属性行左侧的眼睛图标●以显示它。

接下来，您将使用"外观"面板向形状添加另一个描边，这是使用单个对象就能实现独特设计效果的一种好方法。

5   选中"选择工具" ▶ 后，单击选中作为自行车轮胎的黑色圆圈。

6   单击"外观"面板底部的"添加新描边"按钮 ▣，如图 12-13 所示。

图12-13

所选圆圈将添加第 2 个描边（原始描边的副本）。这是一个无须复制形状就可以增加设计
趣味的好方法，即更改格式（本例中为"描边"），并将它们堆叠起来。

7   选择新的（顶部）"描边"属性行，将"描边粗细"更改为"10 pt"。

8   单击同一属性行中的"描边"一词以打开"描边"面板。单击"使描边居中对齐"按钮 ⫽，选中
"虚线"复选框，并使"虚线"设置为"12 pt"，按 Esc 键隐藏"描边"面板，如图 12-14 所示。

图12-14

像在"属性"面板中一样，单击"外观"面板中带有下划线的单词，将显示更多格式选项，
通常是"色板"或"描边"面板等。外观属性（如"填色"或"描边"）可以有其他选项，
如仅应用于该属性的"不透明度"或效果。这些附加选项作为子集列在属性行下方，并且
可以通过单击属性行左侧的显示三角形 ▶ 来显示或隐藏相关内容。

9   选择"选择" > "取消选择"，然后选择"文件" > "存储"。

12.2.3   为文本添加新的描边和填色

向文本中添加多个描边和填色是给文本添加趣味的好方法。接下来，您将向文本添加另一个
填色。

1　选中"文字工具" **T**，然后选中文本"MTN RIDGES"，如图 12-15 所示。

图12-15

请注意，"文字：无外观"出现在"外观"面板的顶部，这是指文字对象，而不是其中的文本。您还将看到"字符"一词，在该词下面列出了文本（而不是文字对象）的格式。您应该还看到了"描边"（无）和"填色"（白色）。另请注意，由于面板底部的"添加新描边"按钮和"添加新填色"按钮变暗，因此无法向文本添加其他描边或填色。若要为文本添加新描边或填色，您需要选中文字对象，而不是其内部的文本。

2　选中"选择工具" ▶，选中文字对象（而不是文本）。

Ai | **提示**　您还可以单击"外观"面板顶部的"文字：无外观"，选中文字对象（而不是其内部的文本）。

3　单击"外观"面板底部的"添加新填色"按钮，在"字符"一词上方添加"填色"行和"描边"行，如图 12-16 所示。

图12-16

"字符"在此表示文字对象中文本的格式设置。如果双击"字符"一词，您将选中文本并查看其格式选项（填色、描边等）。

4　单击"填色"属性行将其选中（如果尚未选中）。单击黑色的"填色"框，然后选择名为"USGS 8B Intermit. Pond"的图案色板。按 Esc 键隐藏"色板"面板，如图 12-17 所示。

Ai | **注意**　"USGS 8B Intermit. Pond"色板实际上并不是我命名的。默认情况下，该图案色板可以在 Illustrator 中找到（"窗口">"色板库">"图案">"基本图形">"基本图形_纹理"）。

图12-17

5 如有必要，单击同一"填色"行左侧的显示三角形以显示其他属性。单击"不透明度"一词，显示"透明度"面板，并将"不透明度"值更改为"20%"，如图12-18所示。按Esc键隐藏"透明度"面板。

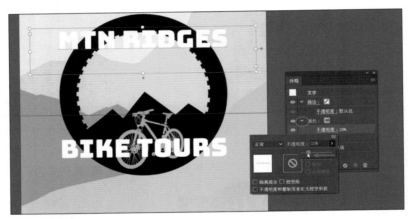

图12-18

Ai | **提示** 根据在"属性"面板中选择的属性行，面板（如"属性"面板、"渐变"面板等）中的选项将影响所选属性。

每个属性行（描边、填色）都有自己的不透明度，您可以对其进行调整。底部"不透明度"外观行会影响整个所选对象的透明度。

6 保持文字对象处于选中状态。

12.2.4 调整外观属性的排列顺序

改变外观属性行的顺序可以极大地改变您的图稿的外观。在"外观"面板中，"填色"和"描边"行按它们的堆叠顺序列出，即面板中从上到下对应了图稿从前到后的顺序。就像在"图层"面板中那样，可以在"外观"面板中拖动各属性行来重新排列其顺序。接下来，您将通过在"外观"

面板中调整属性行的排列顺序来更改图稿的外观。

1 选中"选择工具" ▶，单击选中"CALL 1-800..."文字后面的棕褐色形状。

2 在"外观"面板中，按住鼠标左键将底部"填色"属性行（应用了图案色板）向上拖动到原始"填色"属性行的上方。当原始"填色"属性行上方出现一条蓝线时，松开鼠标左键，查看结果，如图 12-19 所示。

图12-19

Ai | 注意 您可以拖动"外观"面板的底部，使其变长。

Ai | 提示 您还可以为每个填色行应用不同的混合模式和不透明度，获得不同的结果。

将新"填色"属性行移动到原始"填色"属性行上方会改变图稿的外观，如图 12-20 所示。图案填充现在位于纯色填充的顶层。

图12-20

3 选中"选择">"取消选择"，然后选择"文件">"存储"。

12.3 应用实时效果

在大多数情况下，效果会在不更改底层图稿的情况下修改对象的外观。效果将添加到对象的外观属性中，您可以随时在"外观"面板中编辑、移动、隐藏、删除或复制该属性。例如，可以将投影效果应用于图稿，如图 12-21 所示。

 注意 应用栅格效果时，使用文档的栅格效果设置会对原始矢量图进行栅格化，这些设置决定了生成图像的分辨率。若要了解文档栅格效果设置，请在"Illustrator 帮助"中搜索"文档栅格效果设置"。

Illustrator 中有两种类型的效果：矢量效果和栅格效果。在 Illustrator 中，单击"效果"菜单项可以查看可用的不同类型效果。

图12-21

- Illustrator 效果（矢量效果）。
  "效果"菜单的上半部分为矢量效果。在"外观"面板中，您只能将这些效果应用于矢量对象或对位图对象进行填色、描边。而以下矢量效果可以应用于矢量和位图对象：3D 效果、SVG 滤镜、变形效果、转换效果、投影、羽化、内发光和外发光。

- Photoshop 效果（栅格效果）。
  "效果"菜单的下半部分为栅格效果。您可以将它们应用于矢量对象或位图对象。

在本节中，您将首先了解如何应用和编辑效果。然后，您将了解 Illustrator 中一些常用的效果，以了解可用效果的应用范围。

12.3.1 应用效果

"属性"面板、"效果"菜单和"外观"面板都可以将效果应用于对象、编组或图层。下面，将先学习如何使用"效果"菜单应用效果，然后学习使用"属性"面板来应用效果。

1 选中"选择工具" ▶后，单击黄色背景形状，然后按住 Shift 键，在画板上单击其下方的灰褐色背景形状（图 12-22 中箭头所指区域）。

2 单击"属性"面板中的"编组"按钮，将它们组合在一起。在应用效果之前对对象进行编组，效果将应用于对象编组，而不是单个对象。稍后您将看到，如果取消编组，将会删除效果。

3 单击"外观"面板底部的"添加新效果"按钮 ⌐，或单击"属性"面板的"外观"部分中的"选取效果"按钮 ⌐。在弹出菜单的"Illustrator 效果"部分，选择"风格化">"投影"，如图 12-23 所示。

4 在"投影"对话框中，更改图 12-24 所示的选项。

- 模式：正片叠底（默认设置）。

图12-22

- 不透明度：50%。
- X 位移：0 in。
- Y 位移：0 in。
- 模糊：0.25 in。
- 颜色：选择。

5　选中"预览"复选框可查看应用于该编组的投影，单击"确定"按钮，如图 12-24 所示。

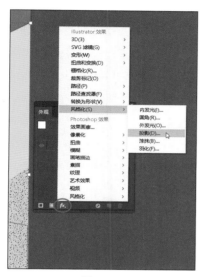

图12-23

图12-24

由于"投影"效果被应用于该编组，所以它出现在编组的周边，而不是单独出现在每个对象上。如果您现在查看"外观"面板，您将在面板顶部看到"编组"一词且应用了"投影"效果，如图 12-25 所示。"内容"一词是指编组中的内容。编组中的每个对象都可以有自己的外观属性。

6　选择"文件">"存储"，并保持编组为选中状态。

12.3.2　编辑效果

效果是实时的，因此可以在其应用于对象后对其进行编辑。您可以

图12-25

在"属性"面板或"外观"面板中编辑效果，方法是选中应用了效果的对象，然后单击效果的名称或者在"外观"面板中双击属性行，打开该效果的对话框。对图稿效果所做的修改将实时更新。在本小节中，您将编辑应用于背景形状组的"投影"效果。

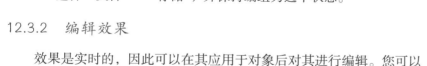

注意　如果您尝试将效果应用于已应用相同效果的图稿，Illustrator 将警告您即将应用相同的效果。

1 在仍选中该编组的情况下，单击"属性"面板中的"取消编组"按钮，取消对形状的编组，并对其保持选中。

请注意，编组的"投影"效果没有了。当效果应用于编组后，它将影响整个编组；如果取消编组，则不再应用效果。在"外观"面板中，您会看到"混合外观"字样，如图 12-26 所示。这意味着当前选中了多条路径，并且它们具有不同的外观，例如不同的填色。

2 选中这两个形状（已取消编组），选择"效果">"应用'投影'"，如图 12-27 所示。

图12-26

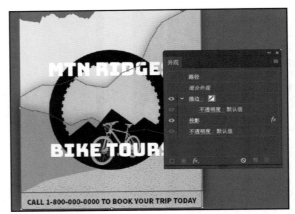

图12-27

Ai | **提示** 如果选择"效果">"投影"，则会出现"投影"对话框，允许您在应用效果之前进行更改。

Ai | **提示** 选中多个对象时，可以在"外观"面板中编辑共享属性。

"应用'投影'"菜单项应用了上次使用的效果（设置了相同的选项）。"投影"效果现在单独应用到每个所选对象。

Ai | **注意** 您还可以单独选中每个形状，编辑"外观"面板中的"投影"效果。

---

3 在仍选中这两个形状的情况下，单击"外观"面板中的文本"投影"。

4 在"投影"对话框中，将"不透明度"值更改为"75%"。选中"预览"复选框，查看更改，然后单击"确定"按钮。

12.3.3 使用变形效果风格化文本

许多效果可以应用于文本，包括类似于您在第 8 课所见的文本变形。接下来，您将使用"变形"效果来变形文本。第 8 课中应用的文本变形与本小节中的"变形"效果的区别在于，"变形"效果是一种效果，可以轻松打开、关闭、编辑和删除。

1　选中"选择工具" ▶后，单击"MTN RIDGES"文本，然后按住 Shift 键，再单击"BIKE TOURS"文本。

2　单击"属性"面板的"外观"部分中的"选取效果"按钮 fx.。选择"变形" > "弧形"，如图 12-28 所示。

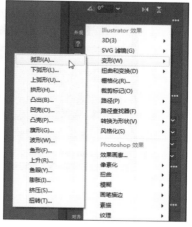

图12-28

Ai　提示　如前所述您还可以单击"外观"面板底部的"添加新效果"按钮 fx.。

3　在"变形选项"对话框中，将"弯曲"设置为"65%"以创建一种弧形效果。选中"预览"复选框以观察更改。尝试从"样式"菜单中选择其他样式，然后返回到"弧形"。尝试调整"扭曲"部分的"水平"和"垂直"滑块以查看效果。确保将"扭曲"中的"水平"和"垂直"均调回到"0%"，然后单击"确定"按钮，如图 12-29 所示。

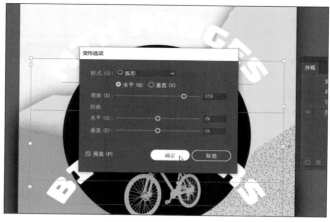

图12-29

4 选择"选择">"取消选择"。

5 选中"BIKE TOURS"文本。

6 在"外观"面板或"属性"面板中,单击"变形:弧形"文本以编辑效果。在"变形选项"对话框中,将"弯曲"更改为"–65%",如图12-30所示。单击"确定"按钮。

图12-30

12.3.4 编辑具有变形效果的文本

您可以编辑应用了"变形"效果的文本,但有时关闭效果再对文本进行更改,然后重新打开效果会更方便一些。

1 选中"选择工具"▶后,单击"MTN RIDGES"文字对象。单击"外观"面板中"变形:弧形"行左侧的可视性图标 ◉,暂时关闭效果,如图12-31所示。

请注意,画板上的文本此时没有变形(参见图12-32)。

2 在工具栏中选中"文字工具"**T**,将文本更改为"MTN RIDGE",如图12-32所示。

图12-31

图12-32

3 在工具栏中选中"选择工具"▶。这将选中文字对象,而不是文本。

 提示 您可以按Esc键选中"选择工具"▶,然后选中文字对象(而不是具体文本)。

4 在"外观"面板中，单击"变形：弧形"行左侧的可视性列，打开"变形"效果的可视性。注意，文本会再次变形。

5 在"外观"面板中，单击"变形：弧形"文本以编辑效果。在"变形选项"对话框中，将"弯曲"更改为64%。单击"确定"按钮。

6 选择"选择">"取消选择"，然后选择"文件">"存储"。

12.3.5 应用位移路径效果

接下来，您将移动应用于自行车轮胎（黑色圆圈）的虚线描边，这样可以创建多个形状堆叠的效果。

1 选中"选择工具" ▶ 后，单击黑色圆圈将其选中。

2 在"外观"面板中，单击选中"描边粗细"为"10 pt"的"描边"行。

3 在"外观"面板中，单击面板底部的"添加新效果"按钮 fx，如图12-33所示。然后选择"路径">"位移路径"。

图12-33

4 在"偏移路径"对话框中，将"位移"值更改为"0.57 in"，选中"预览"复选框，然后单击"确定"按钮，如图12-34所示。

图12-34

5 在"外观"面板中，单击"描边：▣ 10 pt 虚线"左侧的显示三角形 ❯，将其打开（如果尚未打开的话），如图 12-35 所示。

注意，"位移路径"效果是"描边"的子集，这表明"位移路径"
效果仅作用于该描边。

6　选择"选择">"取消选择"。

7　选择"文件">"存储"。

图12-35

12.4　应用 Photoshop 效果

如本课前面所述，Photoshop 效果（栅格效果）生成的是像素而不
是矢量数据。Photoshop 效果包括 SVG 滤镜，"效果"菜单下半部分的
所有效果，以及"效果">"风格化"子菜单中的"投影""内发光""外发光""羽化"命令。您
可以将它们应用于矢量对象或位图对象。接下来，您将对某些背景形状应用 Photoshop 效果。

1　在"图层"面板（"窗口">"图层"）中，单击"Mountains"图层右侧的选择列，选中图
层内容，如图 12-36 所示。

> **Ai**　**注意**　不要单击图层名称右侧的目标图标 ⊙，这样做将以图层为目标，而不是针
> 对图稿。

2　单击"属性"面板选项卡，再次显示该面板。

3　在"属性"面板的"外观"部分中，单击"选取效果"按钮 fx，
选择"纹理">"纹理化"。

当您选择大多数（不是全部）Photoshop 效果时，都会打开"滤
镜库"对话框。类似于在 Adobe Photoshop 中通过滤镜库使用
滤镜，在 Illustrator 滤镜库中，您也可以尝试不同的 Photoshop
效果，以了解它们对您作品的影响。

图12-36

4　打开"滤镜库"对话框后，您可以看到显示在顶部的"纹理
化"。从对话框左下角的视图菜单中选择"符合视图大小"，这将使得图稿适应预览区，以
便观察效果如何改变某个形状。

"滤镜库"对话框可调整大小，其中包含一个预览区（标记为 A）、可单击以应用的效果缩
略图（标记为 B）、当前选定效果的设置（标记为 C）以及已应用效果列表（标记为 D），
如图 12-37 所示。如果要应用其他效果，请展开对话框中间面板（标记为 B）中的各类别，
并单击效果缩略图。

5　按以下方式更改对话框右上角的纹理化设置（如有必要），如图 12-38 所示。

- 纹理：砂岩。

- 缩放：145%。

- 凸现：4（默认设置）。

- 光照：上（默认设置）。

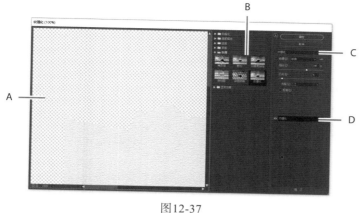

图12-37

图12-38

提示 您可以在标记为 D 的部分单击 "纹理化" 名称左侧的眼睛图标 👁，以查看没有应用效果的图稿。

注意 滤镜库只允许您一次应用一种效果。如果您想应用多个 Photoshop 效果，您可以单击 "确定" 按钮来应用当前效果，然后从 "效果" 菜单中选择另一种效果。

6 单击 "确定" 按钮将 Photoshop 效果应用于 4 个形状。

7 选择 "选择" > "取消选择"。

使用 3D 效果

若要了解其他 3D 效果的使用，请查看 Web 版章节 "*Working with 3D Effects*（使用 *3D* 效果）" 视频。有关详细信息，请参阅本书开头的 "前言" 部分。

12.5 使用图形样式

图形样式是一组已保存的、可以重复使用的外观属性。通过应用图形样式，您可以快速地全局修改对象和文本的外观。

在 "图形样式" 面板（"窗口" > "图形样式"）中，您可以为对象、图层和编组创建、命名、保存、应用和删除效果与属性，还可以断开对象和图形样式之间的链接，并编辑该对象的属性，而不影响使用了相同图形样式的其他对象。

图 12-39 介绍了 "图形样式" 面板中提供的不同选项。

例如，如果您有一幅使用形状来表示城市的地图，则可以创建一种图形样式并将形状填充为绿色且为其添加投影。然后，您就可以使用该图形样式绘制地图上的所有城市形状。如果决定使用其他颜色，则可以将图形样式的填色修改为蓝色。这样，使用该图形样式的所有对象的填色都将更新为蓝色。

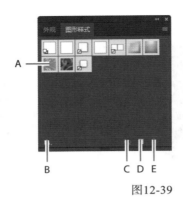

A. 图形样式缩略图
B. 图形样式库菜单
C. 断开图形样式链接
D. 新建图形样式
E. 删除图形样式

图12-39

12.5.1 应用现有的图形样式

您可以直接从 Illustrator 附带的图形样式库中选择图形样式，并应用到您的图稿。下面，您将了解一些内置的图形样式，并将其应用到图稿。

1　选择"窗口">"图形样式"。单击面板底部的"图形样式库菜单"按钮，然后选择"Vonster 图案样式"。

提示　单击"Vonster 图案样式"面板底部的箭头可加载面板中上一个或下一个图形样式库。

2　使用"选择工具"，选中底部背景山形。

3　在"Vonster 图案样式"面板中，单击"溅泼 2"图形样式，然后单击"溅泼 3"图形样式，如图 12-40 所示。关闭"Vonster 图案样式"面板。

图12-40

单击这些样式会将外观属性应用于所选图稿，并将这两种图形样式添加到活动文档的"图形样式"面板中。

4   仍选中图稿，单击"外观"面板选项卡查看应用于所选图稿的填色。还要注意面板顶部的"路径：溅泼 3"，如图 12-41 所示。这表示应用了名为"溅泼 3"的图形样式。

5   单击"图形样式"面板选项卡，再次显示该面板。

现在，您应该会看到面板中新列出的两种图形样式，即"溅泼 2"和"溅泼 3"。

6   鼠标右键单击并按住"图形样式"面板中"溅泼 2"图形样式缩略图，以预览所选图稿上的图形样式，如图 12-42 所示。完成预览后，松开鼠标左键。

预览图形样式是一种无需实际应用即可查看其如何影响所选对象的好方法。

图12-41

图12-42

12.5.2 创建和应用图形样式

现在，您将创建新的图形样式，并将该图形样式应用于图稿。

1   选中"选择工具" ▶ 后，单击背景中的黄色形状。

2   单击"图形样式"面板底部的"新建图形样式"按钮 🖿 ，如图 12-43 所示。所选形状中的外观属性将保存为图形样式。

图12-43

3 在在"图形样式"面板中，双击新图形样式缩略图。在"图形样式选项"对话框中，命名新样式为"Mountain"，单击"确定"按钮。

4 单击"外观"面板选项卡，在"外观"面板的顶部，您将看到"路径：Mountain"，如图 12-44 所示。这表示名为"Mountain"的图形样式已经应用到了所选图稿。

5 使用"选择工具" ▶，单击背景中的底部矩形形状（在"CALL 1-800..."文本下方）。在"图形样式"面板中，单击名为"Mountain"的图形样式以应用该样式，如图 12-45 所示。

图12-44

图12-45

6 保留所选形状，然后选择"文件">"存储"。

将图形样式应用于文本

当您将图形样式应用于文本区域时，图形样式的填充颜色将默认覆盖文本的填充颜色。如果从"图形样式"面板菜单 ≡ 中取消选择"覆盖字符颜色"，则文本中的填色（如果有）将覆盖图形样式的颜色。

如果从"图形样式"面板菜单 ≡ 中选择"使用文本进行预览"，则可以使用鼠标右键单击并按住图形样式，以预览文本上的图形样式。

12.5.3　更新图形样式

创建图形样式后，您还可以更新图形样式，这样应用了该样式的所有图稿也将更新其外观。如果编辑应用了图形样式的图稿外观，则图形样式将会被覆盖，并且在图形样式更新时该图稿不会变化。

1　在仍选中底部黄色形状的情况下，查看"图形样式"面板，您将看到"Mountain"图形样式缩略图高亮显示（它周围有边框），这表明它已被应用于该对象，如图 12-46 所示。

2　单击"外观"面板选项卡。请注意面板顶部的文本"路径：Mountain"，这表明应用了"Mountain"图形样式。正如您前面所看到的，这是判断图形样式是否应用于所选图稿的另一种方式。

3　单击黄色"填色"框 ■ 几次，打开"色板"面板。选择名为"Mountain2"的色板，如图 12-47 所示。按 Esc 键隐藏"色板"面板。

图12-46

图12-47

请注意，"外观"面板顶部的文本"路径：Mountain"现在变为了"路径"，这表示图形样式不再应用于所选图稿。

4　单击"图形样式"面板选项卡，查看"Mountain"图形样式，发现其周围不再有高亮显示（边框），这意味着底部黄色形状不再应用该图形样式，如图 12-48 所示。

5　按住 option 键（macOS）或 Alt 键（Windows），然后按住鼠标左键将所选形状拖动到"图形样式"面板中"Mountain"图形样式缩略图上，如图 12-49 所示。在图形样式缩略图高亮显示时，松开鼠标左键和 option 键或 Alt 键。现在两个山形看起来相同，因为这两个对象都应用了"Mountain"图形样式。

Ai | **提示**　您还可以通过选择要替换的图形样式来更新图形样式，即选择具有所需属性的图稿（或在"图层"面板中定位一个项目），然后从"外观"面板菜单中选择"重新定义图形样式"。

6　选择"选择"＞"取消选择"。

图12-48

图12-49

7 单击"外观"面板选项卡，您会在面板顶部看到文本"未选择对象：Mountain"（您可能需要向上滚动进度条）。

将外观设置、图形样式等应用于图稿后，绘制的下一个形状将具有与"外观"面板中列出的相同的外观设置。

8 单击选中背景中应用了"Mountain"图形样式的顶部形状（图 12-50 中的箭头所指区域）。

9 单击"填色"属性行中的"填色"框███，然后在出现的"色板"面板中，选择"Mountain1"色板，如图 12-50 所示。

图12-50

12.5.4 将图形样式应用于图层

将图形样式应用于图层后，添加到该图层中的所有内容都应用了相同的样式。现在，您将对名为"Block Text"的图层应用"投影"图形样式，这将一次性将该样式应用到该图层的所有内容。

注意 如果先将图形样式应用到对象，然后将图形样式应用于对象所在的图层（或子图层），图形样式格式将添加到对象的外观中，这是可以累积的。因为将图形样式应用于图层将添加到图稿格式中，所以这会以意想不到的方式更改图稿。

1 选择"选择">"取消选择",然后选择"文件">"存储"。

2 在"图层"面板中,单击"Block Text"图层的目标图标◎,如图 12-51 所示。这将选择图层中所有内容,并将该图层作为任何外观属性的作用目标。

> **提示** 在"图层"面板中,可以将目标图标拖动到底部的"删除所选图层"图标🗑上,删除外观属性。

3 单击"图形样式"面板选项卡,然后单击名为"Shadow"的图形样式,如图 12-52 所示。这将把样式应用于图层及其所有内容。"图层"面板中的"Block Text"图层的目标图标现在已填充阴影。

4 在"Block Text"图层上所有图稿仍处于选中状态的情况下,单击"外观"面板选项卡,您应该会看到,出现"图层:Shadow"字样,如图 12-53 所示。这表示在"图层"面板中选中了图层目标图标,且为此图层应用了"Shadow"图形样式。您可以关闭"外观"面板。

图12-51

图12-52

图12-53

> **提示** 在"图形样式"面板中,显示带有红色斜杠小框☒的图形样式缩略图表示该图形样式不包含描边或填色。例如,它可能只是一个"投影"或外发光效果。

应用多重图形样式

您可以将图形样式应用于已具有图形样式的对象。如果要向对象添加另一种图形样式属性,这将非常有用。将图形样式应用于所选图稿后,按住option键(macOS)或Alt键(Windows)并单击另一种图形样式缩略图,可将新的图形样式格式添加到现有图形格式,而不是替换它。

12.5.5　缩放描边和效果

在 Illustrator 中缩放（调整大小）内容时，默认情况下，应用于该内容的任何描边和效果都不会变化。例如，假设您将一个描边粗细为 2 pt 的圆圈放大到充满画板，虽然它变大了，但默认情况下描边粗细将保持 2 pt。这可能是以意料之外的方式改变缩放图稿的外观，所以在转换图稿的时候需要注意这一点。接下来，您将使描边也一起变粗。

1. 选择"选择">"取消选择"。
2. 选择"视图">"画板适合窗口大小"。
3. 在"图层"面板中，单击名为"Spokes"的图层的可视性列，显示图稿，如图 12-54 所示。这会在画板上显示一大组车轮辐条。
4. 单击辐条图稿，在"属性"面板中可以看到"描边粗细"为"6 pt"，如图 12-55 所示。

图12-54

图12-55

5. 在"属性"面板的"变换"部分中单击"更多选项" ▪▪▪，然后在弹出的面板底部选中"缩放描边和效果"复选框，如图 12-56 所示。按 Esc 键隐藏面板。

　　如果不选中此选项，则缩放辐条时不会改变描边粗细或效果。您选中此选项，这样在缩小辐条时描边也会等比例缩小，而不是保持相同的描边粗细。

6. 单击"保持宽度和高度比例"按钮▨，确保其处于活动状态▯。将"宽"更改为"5 in"。按 Tab 键移动到下一个字段，高度应随宽度按比例变化，如图 12-57 所示。

图12-56

图12-57

缩放辐条后，查看"属性"面板中的"描边粗细"，会看到它已经改变了。

7 选择"选择">"取消选择",如图 12-58 所示。

图12-58

Ai | **注意** 最后，我使用"选择工具" ▶选中了"MTN RIDGE"文本，并通过按几次箭头键将其移动到黑色车轮形状之上。

8 选择"文件">"存储",然后选择"文件">"关闭"。

复习题

1 如何给图稿添加第 2 种填色或描边?

2 指出两种对对象应用效果的方法。

3 当您将 Photoshop 效果(栅格效果)应用于矢量图稿时,图稿将有何变化?

4 在哪里可以访问应用于对象的效果选项。

5 将图形样式应用于图层与将其应用于所选图稿有什么区别?

参考答案

1 若要向图稿添加第 2 种填色或描边,请单击"外观"面板底部的"添加新描边"按钮█或"添加新填色"按钮█;也可以从"外观"面板菜单中选择"添加新描边"或"添加新填色"。这样将在"外观"面板的属性列表的顶部添加一个描边,它的颜色和描边粗细与原来的描边相同。

2 选中对象,然后从"效果"菜单中选择要应用的效果,可以将效果应用于对象。还可以选中对象,单击"属性"面板中的"选取效果"按钮█或"外观"面板底部的"添加新效果"按钮█,然后从弹出的菜单中选择要应用的效果。

3 Photoshop 效果应用于图稿后会生成像素而不是矢量数据。Photoshop 效果包括"效果"菜单下半部分的所有效果以及"效果">"风格化"子菜单中的"投影""内发光""外发光""羽化"命令。您可以将它们应用于矢量对象或位图对象。

4 通过单击"属性"面板或"外观"面板中的效果链接来访问效果选项,可以编辑应用于所选图稿的效果。

5 将图形样式应用于图层后,图层中的所有内容都将应用该样式。例如,如果在"图层 1"上创建一个圆,然后将该圆移动到"图层 2",如果"图层 2"应用了"投影"效果,则该圆也会有"投影"效果。

将图形样式应用于单个对象时,该图层上的其他对象不会受到影响。例如,如果将三角形对象路径应用"粗糙化"效果,并且将该三角形移动到另一个图层,该三角形将保留"粗糙化"效果。

第13课 创建T恤图稿

本课概览

在本课中，您将学习如何执行以下操作。

- 使用现有符号。
- 创建、修改和重新定义符号。
- 在"符号"面板中存储和获取图稿。
- 了解 Creative Cloud 库。
- 使用 Creative Cloud 库。
- 使用全局编辑。

 完成本课程大约需要 45 分钟。

在本课中，您将了解各种有用的概念，
这些概念有助您在 Illustrator 中更智能、更
快速地工作，包括使用符号，与 Creative
Cloud 库一起使用以使您的设计资源可在任
何地方使用，以及使用全局编辑来编辑内容。

13.1 开始本课

在本课中，您将通过创建 T 恤图稿来了解几个概念，如符号和"库"面板。在开始之前，您将还原 Adobe Illustrator CC 的默认首选项。然后，您将打开本课最终完成图稿文件，以查看您将创建的内容。

1 若要确保工具的功能和默认参数设置完全如本课中所述，请删除或停用（通过重命名）Adobe Illustrator CC 首选项文件。请参阅本书开头的"前言"部分中的"恢复默认设置"。

 注意 如果您还没有将本课的项目文件从您的"账户"页面下载到您的计算机，请立即下载。请参阅本书开头的"前言"部分。

2 启动 Adobe Illustrator CC。

3 选择"文件">"打开"，并打开您硬盘中"Lessons">"Lesson13"文件夹中的"L13_end1.ai"文件。

您将要为一件 T 恤设计图稿，如图 13-1 所示。

 注意 如果出现"缺少字体"对话框，请单击"关闭"按钮。

4 选择"视图">"画板适合窗口大小"，并保持文件打开以供参考，或者选择"文件">"关闭"。

5 选择"文件">"打开"，在"打开"对话框中，找到"Lessons">"Lesson13"文件夹，然后选择硬盘上的"L13_start1.ai"文件，单击"打开"按钮打开该文件，如图 13-2 所示。

图13-1

图13-2

6 选择"视图">"全部适合窗口大小"。

7 选择"文件">"存储为"，在"存储为"对话框中，找到"Lesson13"文件夹，并将文件命名为"TShirt. ai"。从"格式"菜单中选择"Adobe Illustrator（ai）"（macOS）或从"保存类型"菜单中选择"Adobe Illustrator（*.AI）"（Windows），然后单击"保存"按钮。

8 在"Illustrator 选项"对话框中，保持 Illustrator 选项的默认设置，然后单击"确定"按钮。

9 从应用程序栏中的工作区切换器中选择"重置基本功能"。

 注意 如果在工作区切换器菜单中看不到"重置基本功能"，请在选择"窗口">"工作区">"重置基本功能"之前，先选择"窗口">"工作区">"基本功能"。

13.2 使用符号

符号是存储在"符号"面板("窗口">"符号")中的可重复使用的图稿对象。例如，如果您使用所画的花朵形状创建符号，则可以快速将该花朵符号的多个实例添加到您的图稿中，从而不必绘制每个花朵形状。文档中的所有实例都链接到"符号"面板中的原始符号。编辑原始符号时，Illustrator 将更新链接到原始符号的所有实例（本例中的花），您可以立即把所有的花朵从白色变成红色。符号不仅可以节省时间，而且还能大大缩减文件大小。

 注意 Illustrator 自带了一系列符号库，从"提基"符号到"毛发和毛皮"符号再到"网页图标"符号。您可以在"符号"面板中访问这些符号库，也可以选择"窗口">"符号库"，轻松地将其合并到自己的图稿中。

- 选择"窗口">"符号"，打开"符号"面板。您在"符号"面板中看到的符号就是可用于当前文档的符号，每个文档都有自己的已保存的一组符号。"符号"面板中提供不同选项，如图 13-3 所示。

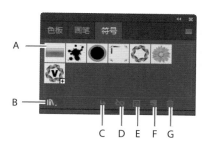

A. 符号缩略图　　　　E. 符号选项

B. 符号库菜单　　　　F. 新建符号

C. 置入符号实例　　　G. 删除符号

D. 断开符号链接

图13-3

13.2.1 使用 Illustrator 现有符号库

将现有符号库中的符号添加到图稿中。

1 从"属性"面板中的"画板"菜单中选择"1"，如图 13-4 所示。文档窗口中将显示带有黑色 T 恤的较大的画板。

2 单击"属性"面板中的"隐藏智能参考线"选项，暂时关闭智能参考线，如图 13-5 所示。

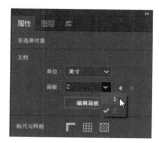

图13-4

图13-5

Ai | 提示　您也可以选择"视图">"智能参考线"将其关闭。

3　单击"图层"面板选项卡，显示"图层"面板。单击"Content"图层以确保选中该图层。
单击图层名称左侧的显示三角形 ▶（如有必要的话），确保这
两个图层都已折叠，如图 13-6 所示。

向文档中添加符号时，它们将放在当前所选图层中。

4　在"符号"面板（"窗口">"符号"）中，单击面板底部的
"符号库菜单"按钮 **▥**，然后从菜单中选择"提基"，如图 13-7
所示。

图13-6

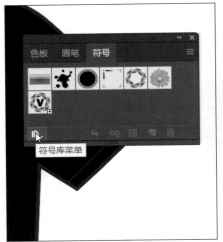

图13-7

"提基"库以自由浮动面板的形式打开。此库中的符号不在当前文件中，但您可以将任何
符号导入到文档中并在图稿中使用它们。

5　将鼠标指针移动到"提基"面板中的符号上，工具提示标签将显示该符号名称。单击名为
"吉他"的符号，将其添加到"符号"面板，如图 13-8 所示。关闭"提基"面板。

 | 提示　如果要查看符号名称以及符号图片，请单击"符号"面板菜单图标 **≡**，然
后选择"小列表视图"或"大列表视图"。

将符号添加到"符号"面板中时，它只保存在当前文档中。

6　选中"选择工具" ▶ 后，将"吉他"符号从"符号"面板拖到画板上黑色 T 恤的中心，如
图 13-9 所示。总共执行此操作两次，并在 T 恤上把两个吉他实例放在一起。

 | 提示　您还可以在画板上复制符号实例，并根据需要粘贴任意数量的符号实例，
这与将符号实例从"符号"面板拖到画板上相同。

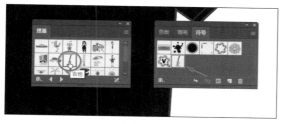

图13-8 图13-9

每次将类似吉他的符号拖到画板上时，都会创建原始符号的实例。接下来，您将调整其中一个符号实例的大小。

7 单击选中右侧的吉他实例（如果尚未选中的话），按住 Shift 键，同时按住鼠标左键从右上角的边界点向中心拖动，使其等比例变小一点，如图 13-10 所示。松开鼠标左键，然后松开 Shift 键。

符号实例被视为一组对象，并且只能更改某些变换和外观属性（如缩放、旋转、移动、透明度等）。如果不断开指向原始符号的链接，则无法编辑构成实例的图稿。注意，在画板上选中符号实例，在"属性"面板中就能看到"符号（静态）"和符号相关选项。

> **Ai** **注意** 虽然可以通过多种方式来变换符号实例，但无法编辑来自静态符号（如吉他）实例的特定属性。例如，填色将被锁定，因为它是由"符号"面板中的原始符号控制的。

8 仍选中同一实例，单击"属性"面板中的"水平轴翻转"选项 ，水平翻转吉他，如图 13-11 所示。

图13-10

图13-11

13.2.2 编辑符号

在本小节中，您将编辑原始"吉他"符号，并更新文档中的所有实例。编辑符号的方法有多种，在本小节中，将重点介绍其中一种方法。

1 选中"选择工具" ▶后，双击画板上刚才调整过的吉他实例。此时将出现一个警告对话框，表明您将编辑原始符号，并且所有实例都会更新。单击"确定"按钮，如图 13-12 所示。

这将进入"符号编辑模式",因此您无法编辑该图层上的任何其他对象。双击的吉他实例将显示得更大,且不再显示水平翻转之后的效果。这是因为在"符号编辑模式"下,看到的是原始符号图稿。现在,您可以编辑构成符号的图稿。

> **Ai** **提示** 编辑符号的另一种方法是选中画板上的符号实例,然后单击"属性"面板中的"编辑符号"按钮。

2 选中"缩放工具"🔍,在符号内容之间按住鼠标左键拖动,以进行连续缩放。
3 选中"直接选择工具"▷,单击选中吉他图稿的蓝色琴身(图 13-13 中箭头所指区域)。
4 单击"色板"面板中的"填色"框■,然后选择工具提示标签显示为"C= 25 M= 40 Y=65 K=0"的棕色色板,如图 13-13 所示。

图13-12

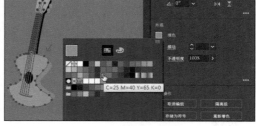

图13-13

5 在符号内容以外的位置双击,或单击文档窗口左上角"退出符号编辑模式"按钮◁,直到退出"符号编辑模式",以便编辑其他内容。
6 选择"视图">"画板适合窗口大小",注意,画板上的两个吉他实例都已发生改变。

13.2.3 使用动态符号

如您所见,编辑符号会更新文档中的所有实例。符号也可以是动态的,这意味着您可以使用"直接选择工具"▷更改实例的某些外观属性,而无须编辑原始符号。在本节中,您将编辑吉他符号的属性,使其变为动态的,然后可以分别编辑每个实例。

1 在"符号"面板中,单击"吉他"符号缩略图将其选中(如果尚未选中的话)。单击"符号"面板底部的"符号选项"按钮▦,如图 13-14 左图所示。
2 在"符号选项"对话框中,选择"动态符号",然后单击"确定"按钮,如图 13-14 中图所示。符号及其实例现在都是动态的。

> **Ai** **提示** 通过查看"符号"面板中的缩略图,您可以判断符号是否是动态的。如果缩略图的右下角有一个小的加号(+),它就是一个动态符号,如图 13-14 右图所示。

3 选中"缩放工具"🔍,然后在符号内容(吉他)之间按住鼠标左键拖动,放大视图。

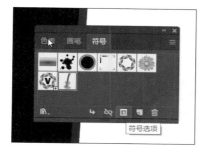
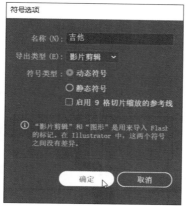

图13-14

4　在工具栏中选中"直接选择工具"▶。单击右侧吉他实例的蓝色弯曲琴身（图13-15箭头所指区域）。

选择部分符号实例后，请注意"属性"面板顶部的"符号（动态）"字样，这表明这是一个动态符号。

5　将填色更改为"色板"面板中的深棕色色板，如图13-15所示。

图13-15

现在，右边的吉他看起来和左边的有点不一样。要知道，如果您像之前一样编辑原始符号，则两个符号实例将同时更新，但现在右边吉他实例的深棕色部分将与左边吉他实例保持不同。

　提示　使用"直接选择工具"▶对动态符号实例进行编辑后，可以使用"选择工具"▶重新选中整个实例，然后单击"属性"面板中的"重置"按钮，将外观重置为与原始符号相同。

13.2.4　创建符号

Illustrator还允许您创建和保存自定义的符号。您可以使用对象来创建符号，包括路径、复合路径、文本、嵌入（非链接）的栅格图像、网格对象和对象编组。符号甚至可以包括活动对象，如画笔描边、混合、效果或其他符号实例。接下来，您将使用现有的图稿创建自定义符号。

1 从文档窗口下方状态栏中的"画板导航"菜单中选择"2 Symbol Artwork"画板。

2 选中"选择工具" ▶后，单击画板上顶部的音符形状将其选中。

3 单击"符号"面板底部的"新建符号"按钮 ，从所选图稿中创建符号，如图 13-16 所示。

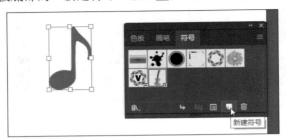

图13-16

 提示　您还可以将所选内容拖到"符号"面板的空白区域中，以创建符号。

4 在打开的"符号选项"对话框中，将名称更改为"Note1"。确保选择了"动态符号"，以防稍后要编辑其中某个实例的外观。单击"确定"按钮，创建符号，如图 13-17 所示。

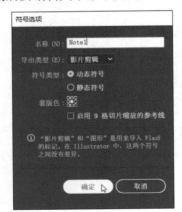

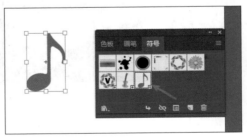

图13-17

在"符号选项"对话框中，您将看到一个提示，表明 Illustrator 中的"影片剪辑"和"图形"之间没有区别。如果您不打算将此内容导出到 Adobe Animate CC，则无须担心选择哪种导出类型。创建符号后，画板上的音符图稿将转换为"Note1"符号的实例。该符号也会出现在"符号"面板中。

提示　您可以在"符号"面板中拖动符号缩略图以更改其顺序。重新排序"符号"面板中的符号对图稿没有影响，这是一种组织符号的简单方式。

5　从文档窗口下方状态栏中的"画板导航"菜单中选择"1 T-Shirt"画板。

6　按住鼠标左键将"Note1"符号从"符号"面板拖到画板上，拖动4次，并将实例放置在吉他周围，如图 13-18 所示。

7　使用"选择工具" ▶ 调整画板上的几个 Note1 实例的大小。

8　选择"选择">"取消选择"，然后选择"文件">"存储"。

图13-18

13.2.5　复制符号

通常，您需要向图稿中添加一系列符号实例。使用符号的目的之一是存储和更新频繁使用的内容，比如树木或云朵。在本小节中，您将创建、添加和复制另一个音符符号。

1　从文档窗口下方的状态栏中的"画板导航"菜单中选择"2 Symbol Artwork"画板。

2　使用"选择工具" ▶，单击底部的音符形状，并按住鼠标左键将其从画板拖到"符号"面板的空白区域中，以创建新的符号。

3　在"符号选项"对话框中，将名称更改为"Note2"，并确保选择了"动态符号"。将其余设置保持为默认值，然后单击"确定"按钮，创建符号，如图 13-19 所示。

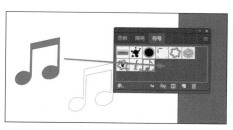  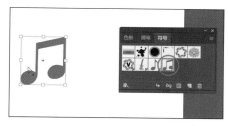

图13-19

4　从文档窗口下方状态栏中的"画板导航"菜单中选择"1 T-Shirt"画板，返回到 T 恤衫图稿。

5　将"Note2"符号从"符号"面板拖到 T 恤上，并靠近其他音符。

6　按住 option 键（macOS）或 Alt 键（Windows），然后按住鼠标左键拖动画板上的 Note2 实例以创建副本。当新实例就位后（图 13-20 箭头所指位置），松开鼠标左键，然后松开 option 键或 Alt 键。

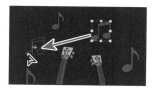

图13-20

Ai ｜ **注意**　您的符号实例在画板上的位置可能与图中不一样，没关系。

7 按住 option 键（macOS）或 Alt 键（Windows）并按住鼠标左键拖动任何音符实例以创建更多副本。

8 调整几个符号实例的大小，并移动位置，使它们大小不一，看起来彼此不同，如图 13-21 所示。如有必要，您还可以将吉他和音符拖入 T 恤的水平中心。

9 选择"文件">"存储"。

图13-21

13.2.6　替换符号

您可以轻松地将文档中的符号实例替换为另一个符号。接下来，您将替换其中一个 Note2 实例。

1 选中"选择工具" ▶，选中画板上一个 Note2 实例，如图 13-22 左图所示。

选中符号实例时，可以在"符号"面板中判断它来自哪个符号，因为所选实例的符号将呈高亮显示。

2 在"属性"面板中，单击"替换符号"字段右侧的箭头，在"符号"面板中显示符号，单击面板中的"Note1"符号，如图 13-22 中图所示。

 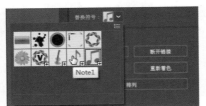 

图13-22

如果要替换的原始符号实例应用了变换（如旋转），则替换它的符号实例也将应用相同的变换，如图 13-22 右图所示。

3 双击"符号"面板中的"Note2"符号缩略图，编辑此符号，如图 13-23 所示。

在文档窗口的中心会临时出现一个符号实例。在"符号"面板

图13-23

中双击符号进行编辑，将隐藏除符号图稿以外的所有画板内容，这是编辑符号的另一种方式。

4 在工具栏中选中"选择工具" ▶，单击音符形状。按"command + +"（macOS）或"Ctrl + +"（Windows）组合键几次，放大视图。

5 将"属性"面板中的填色更改为浅灰色色板，工具提示标签显示为"C= 0 M=0 Y=0 K=30"，如图 13-24 所示。

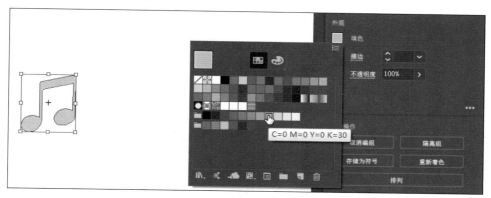

图13-24

6 在符号内容以外区域双击，退出"符号编辑模式"，这样就可以编辑其余内容了。

7 选择"视图">"画板适合窗口大小"。

8 选中"选择工具" ▶，单击其中一个音符实例，无论是哪个符号（"Note1"或"Note2"）都可以。选择"选择">"相同">"符号实例"。

这是在文档中选中符号的所有实例的好方法，您可以看到右侧画板上的符号实例也已选中。

图13-25

9 选择"选择">"取消选择"，最终效果如图 13-25 所示。

符号图层

使用前面介绍的方法来编辑符号时，打开"图层"面板，您可以看到该符号具有自己的分层，如图13-26所示。

与在"隔离模式"下处理编组类似，您只能看到与该符号关联的图层，而不会看到文档的图层。在"图层"面板中，可以重命名、添加、删除、显示或隐藏和重新排序符号图层。

图13-26

13.2.7 断开符号链接

有时，您需要编辑画板上的特定实例，这就要求您断开原始符号图稿和实例之间的链接。如您所见，您可以对符号实例进行更改，如缩放、设置不透明度和翻转，而将符号保存为动态符号时则只允许您使用"直接选择工具" ▶编辑某些外观属性。当您断开符号和实例之间的链接后，如果编辑了该符号，则其实例将不再更新。

接下来，您将断开吉他符号和它的一个符号实例之间的链接。

1 选中"选择工具" ▶后，单击选中左侧的吉他实例。在"属性"面板中，单击"断开链接"按钮，如图 13-27 所示。

 提示 您还可以选中画板上的符号实例，然后单击"符号"面板底部的"断开符号链接"按钮，断开指向符号实例的链接。

图13-27

这个对象现在是一系列路径，您能够直接编辑图稿。如果您单击选中图稿，您将在"属性"面板的顶部看到"编组"字样。如果编辑"吉他"符号，此内容将不再更新。

2 选中"缩放工具" Q，在画板上吉他图稿顶部处按住鼠标左键拖动，放大视图。

3 选择"选择" > "取消选择"。

4 选中"直接选择工具" ▶，单击吉他顶部的蓝色小圆圈。按住 option 键（macOS）或 Alt 键（Windows），并按住鼠标左键向上拖动圆圈，创建副本，如图 13-28 所示。松开鼠标左键，然后松开 option 键或 Alt 键。

图13-28

 注意 之所以选择"直接选择工具" ▶而不是"选择工具" ▶，是因为吉他是一个编组，使用"直接选择工具" ▶进行选择通常允许您在一个编组中选中各个图稿。

5　选中"选择">"取消选择"。

6　选择"文件">"存储"。

符号工具

　　工具栏中的"符号喷枪工具"允许您在画板上喷绘符号，创建符号组。

　　符号组是使用"符号喷枪工具"创建的一组符号实例。符号组是非常有用的，例如，如果你要使用单片草叶创建草丛，喷绘草叶会极大地加快这一过程，并使编辑单片草叶或喷绘的作为群体的草丛更容易。对一个符号使用"符号喷枪工具"，然后对另一个符号再次使用，可以创建混合符号实例组。

　　您可以使用符号工具修改符号组中的多个符号实例。例如，您可以使用"符号移位器工具"将实例分散到较大的区域，或逐步调整实例的颜色，使其看起来更加逼真。

——来自Illustrator帮助

Ai | **注意**　符号工具不在默认的工具栏中。若要访问它们，请单击工具栏底部的"编辑工具栏"，然后将需要的符号工具拖到工具栏中。

13.3　使用 Creative Cloud 库

　　使用 Creative Cloud 库（创意云库，CC 库）是在 Adobe Photoshop CC、Adobe Illustrator CC、Adobe Indesign CC 等许多 Adobe 应用程序和大多数 Adobe 移动应用之间创建和共享存储内容（如图像、颜色、文本样式、Adobe Stock 资源、Creative Cloud 市场资源等）的一种简单方法。

　　Creative Cloud 库连接您的 Creative Profile，使您关注的创意资源触手可及。当您在 Illustrator 中创建内容并将其保存到 Creative Cloud 库时，该资源可在所有 Illustrator 文件中使用。这些资源将自动同步，并可与任何使用 Creative Cloud 账户的用户进行共享。当您的创意团队跨 Adobe 桌面和移动应用工作时，您的共享库资源始终保持最新并可随时使用。在本节中，您将了解 Creative Cloud 库，并在项目中使用它们。

Ai | **注意**　要使用 Creative Cloud 库，您需要使用 Adobe ID 登录并连接互联网。

13.3.1　将资源添加到 CC 库

　　您首先要了解的是如何使用 Illustrator 中的"库"面板（"窗口">"库"），以及如何向 Creative Cloud 库添加资源。您将在 Illustrator 中打开一个现有文档，并从中捕获资源。

1　选择"文件">"打开"，在"打开"对话框中，找到"Lessons">"Lesson13"文件夹，然后选择硬盘上的"sample.ai"文件，单击"确定"按钮。

2　选择"视图">"全部适合窗口大小"。

您将获取此文件中的图稿、文本、颜色和文字格式，然后将它们用在"TShirt. ai"文档中。

3　选择"窗口">"库"，或单击"库"面板选项卡，打开"库"面板。默认情况下，您有一个名为"My Library"的库可以使用。您可以将设计资源添加到此默认库中，也可以创建更多库（您可能会根据客户或项目保存资源）。

4　选择"选择">"取消选择"（如果有必要的话）。

5　选中"选择工具" ▶，单击包含文本"Rock On"的文本对象，然后按住鼠标左键将文本拖到"库"面板中。当面板中出现加号时，松开鼠标左键以将文本对象保存在默认库中，如图 13-29 所示。如果看到警告对话框，单击"确定"按钮。

图13-29

文本对象将保存在当前选定的库中。在本例中，它被添加到名为"My Library"的默认库中。在"库"面板中保存资源和格式时，内容将按资源类型进行组织。

6　若要更改已保存文本对象的名称，请双击"库"面板中的名称"文本 1"，并将其更改为"Heading"。按回车键确认名称更改，如图 13-30 所示。

图13-30

在"库"面板中，您还可以更改保存的颜色、字符样式和段落样式的名称。对于保存的字符和段落样式，您可以将鼠标指针移动到资源上，并看到显示所保存格式的工具提示标签。

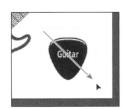

7 按住鼠标左键拖框选中右下角带有"Guitar"文本的黑色图稿，如图 13-31 所示。

图13-31

8 将所选图稿拖到"库"面板中。当出现加号（＋）和名称（如"图稿1"）时，松开鼠标左键，将该图稿作为图形添加进去，如图 13-32 所示。

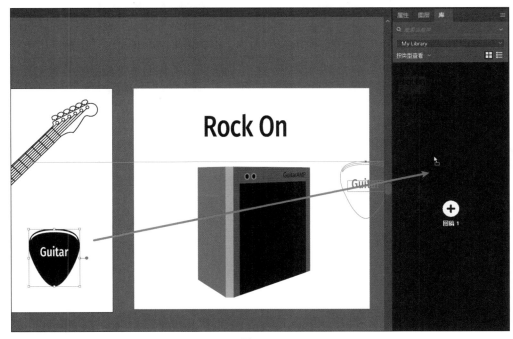

图13-32

在 Creative Cloud 库中，以图形形式存储的资源在任何使用图形的地方都会保留其矢量形式。

9　按住鼠标左键将音箱图稿拖到"库"面板中，将其另存为图形资源，如图 13-33 所示。

10　选择"文件">"关闭"，关闭"Sample.ai"文件并返回到"TShirt.ai"文件。如果弹出对话框，请选择不要保存该文件。

请注意，"库"面板仍会显示库中的资源。无论在 Illustrator 中打开哪个文档，库及其资源都是可用的。

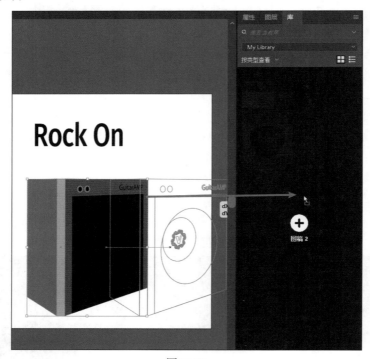

图13-33

提示　通过在"库"面板中选择想要共享的库，然后从面板菜单中选择"共享链接"，您可以与其他人共享您的库。

13.3.2　使用库资源

现在，您在"库"面板中有了一些资源，一旦同步，只要您使用相同的 Creative Cloud 账户登录，这些资源将可用于支持库的其他应用程序。接下来，您将在"TShirt. ai"文件中使用其中的一些资源。

1　仍在"1 T-Shirt"画板上，选择"视图">"画板适合窗口大小"。

2　按住鼠标左键将"Heading"文本资源从"库"面板拖到画板上，如图 13-34 所示。

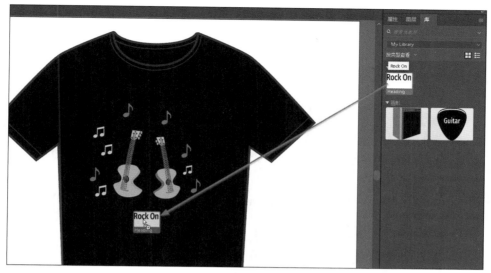

图13-34

Ai 提示 正如您将在 13.3.3 小节中了解到的那样，您从"库"面板中拖动的图形将是链接的。如果按住 option 键（macOS）或 Alt 键（Windows），并将图稿从"库"面板拖动到文档，则文档将默认嵌入该图稿。

Ai 提示 若要应用保存在"库"面板中的颜色或样式，请先选中图稿或文本，然后单击"库"面板中的颜色或样式以应用。对于"库"面板中的文本样式，如果将其应用于文档中的文本，则会在"段落样式"面板或"字符样式"面板（具体取决于您在"库"面板中选择的内容）中出现相同的名称和格式。

---

3 单击以置入文本，如图 13-35 所示。

4 按 Esc 键，选中"选择工具" ▶ 和文本对象。

5 单击"属性"面板选项卡，并将填充颜色改为白色。

6 双击"Rock On"文本，切换到"文字工具" **T**。按"command + A"（macOS）或"Ctrl + A"（Windows）组合键，选中文本。

7 将文本更改为"ROCK ON!"（带有感叹号），如图 13-36 所示。

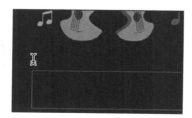

图13-35   图13-36

8 单击"库"面板选项卡，显示该面板。按住鼠标左键拖动"Cuitar"（"图稿 1"）图形资源和音箱（"图稿 2"）图形资源从"库"面板到画板上，如图 13-37 所示。现在不用担心位置问题。

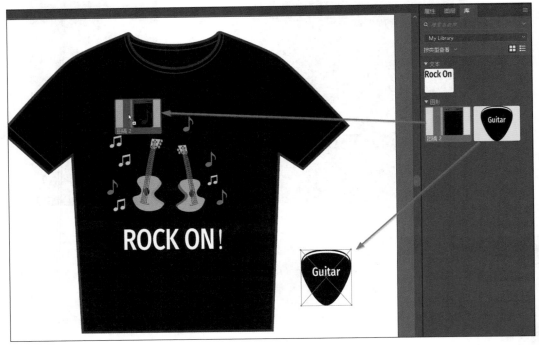

图13-37

> **Ai** | **注意** 您很可能需要单击来置入资源，就像您对文本所做的那样。

13.3.3 更新库资源

当您将图形从 Creative Cloud 库拖到 Illustrator 项目中时，它将自动作为链接资源置入。如果对库资源进行更改，项目中链接的实例将会更新。接下来，您将学习如何更新资源。

1 选中"选择工具"▶，单击画板上的"Guitar"资源，然后查看"属性"面板的顶部（您需要单击"属性"面板选项卡以显示它）。单击"链接的文件"一词打开"链接"面板，如图 13-38 所示。

在出现的"链接"面板中，您将看到"Guitar"资源的名称（"图稿 1"），以及名称右侧的云图标 ☁。云图标 ☁ 表示该图稿是一个链接的库资源。

图13-38

442 第13课 创建T恤图稿

2　回到"库"面板中,双击"图稿 1"资源缩略图,如图 13-39 左图所示。图稿将显示在新的临时文档中。

3　使用"直接选择工具" ▷,单击以选中黑色形状。使用"属性"面板中"填色"框■工具提示标签显示为"C=0 M= 0 Y =0 K=70"的色板,将填充颜色更改为灰色,如图 13-39 右图所示。

4　选择"文件" > "存储",然后选择"文件" > "关闭"。

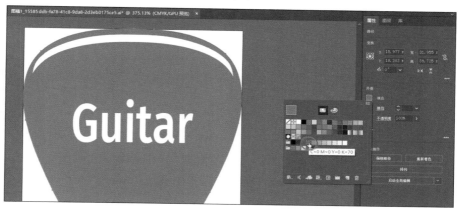

图13-39

在"库"面板中,图形缩略图会更新以反映所做的外观更改。回到"TShirt.ai"文档中,画板上的"图稿 1"图形应该已经更新。如果没有更新,选中画板上的"图稿 1"图稿,在"属性"面板中单击"链接的文件"链接。在弹出的"链接"面板中,选择"图稿 1"资源行,单击面板底部的"更新链接"按钮⟳。

5　选中图稿后,单击"属性"面板中的"嵌入"按钮,如图 13-40 所示。

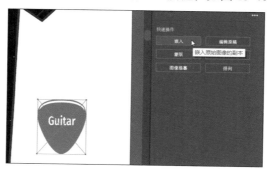

图13-40

图稿不再链接到原来的库项目，并且即使更新了库中的"图稿 1"，此图稿也不会更新，这
也意味着它现在可以在"TShirt.ai"文档中编辑。需要
知道的是，在置入后嵌入的库面板图稿通常会应用剪
切蒙版。

6 使用"选择工具" ▶，单击音箱图稿，单击"属性"
   面板中的"排列"按钮，然后选择"置于底层"。

7 拖动调整所有图稿位置，如图 13-41 所示。您可能还
   需要使图稿 1 和音箱图稿更小一些。如果要调整任一
   图稿的大小，确保按住了 Shift 键以在缩放时约束其比
   例。完成后松开鼠标左键和 Shift 键。

8 选择"文件" > "存储"，然后选择"文件" > "关闭"。

图13-41

13.3.4　使用全局编辑

有时，您需要创建多个插图的副本，并在文档的各画板中使用它们。如果需要在使用了该对
象的地方对其进行修改，则可以使用全局编辑来编辑所有类似的对象。在本节中，您将打开一个
带有图标的新文件，并对其内容进行全局编辑。

1 选择"文件" > "打开"，并打开您硬盘上的"Lessons" > "Lesson13"文件夹中的"L13_
   start2.ai"文件。

2 选择"文件" > "存储为"，在"存储为"对话框中，定位到"Lesson13"文件夹，并将文
   件命名为"Icons.ai"。从"格式"菜单中选择"Adobe Illustrator（ai）"（macOS）或从"保
   存类型"菜单中选择"Adobe Illustrator（*.AI）"（Windows），然后单击"保存"按钮。

3 在"Illustrator 选项"对话框中，保持 Illustrator 选项的
   默认设置，然后单击"确定"按钮。

4 选择"视图" > "全部适合窗口大小"。

5 选中"选择工具" ▶后，单击较大麦克风图标后面的圆
   圈，如图 13-42 所示。

   如果需要编辑每个图标后面的圆圈，可以使用多种方法
   来选中它们，包括"选择" > "相同"命令，前提是它们
   都具有相似的外观属性。若要使用全局编辑，可以在同
   一画板或所有画板上选中具有共同属性（如描边、填充
   或大小）的对象。

图13-42

6 在"属性"面板的"快速操作"部分中单击"启动全局编辑"按钮，如图 13-43 所示。

Ai | 提示　您也可以通过选择"选择" > "启动全局编辑"来开始全局编辑。

图13-43

现在，所有圆圈（本例中）都被选中了，您可以对其进行编辑。您最初选中的对象将用红色高亮显示，而类似的对象则用蓝色高亮显示。您还可以使用"全局编辑"选项进一步缩小需要选定的对象的范围，这是您接下来要执行的操作。

7　单击"停止全局编辑"按钮右侧的箭头 ✓，显示选项菜单。选中"外观"复选框，选中与所选圆圈具有相同外观属性的所有内容，如图 13-44 所示。保持菜单显示。

图13-44

Ai　**注意**　默认情况下，当所选内容包括插件图或网格图时，将启用"外观"复选框。

8　从"全局编辑"选项菜单中选中"大小"复选框，以进一步优化搜索，从而包含具有相同形状、外观属性和大小的对象。现在应该只选中了两个圆圈，如图 13-45 所示。

图13-45

您可以通过在指定画板上选择搜索类似对象，来进一步优化您的选择。

9 单击"属性"面板中的"描边"框，确保选中了"色板"选项 ■，并对描边应用图 13-46 所示颜色。如果看到警告对话框，请单击"确定"按钮。

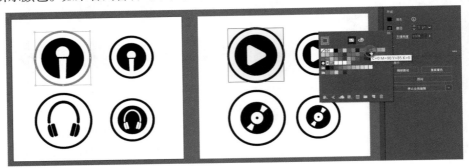

图13-46

10 在面板以外的区域单击，两个选定对象都应更改外观，如图 13-47 所示。

11 选择"选择" > "取消选择"，然后选择"文件" > "存储"。

12 选择"文件" > "关闭"。

图13-47

复习题

1 使用符号有哪 3 个优点？

2 如何更新现有的符号？

3 什么是动态符号？

4 在 Illustrator 中，哪种类型的内容可以保存在库中？

5 解释如何嵌入链接的库图形资源。

参考答案

1 使用符号的 3 个优点如下。

- 编辑一个符号，它所有的符号实例都将自动更新。
- 可以将图稿映射到 3D 对象（本课中未讨论该内容）。
- 使用符号可缩减整个文件的大小。

2 若要更新现有符号，请双击"符号"面板中该符号图标、双击画板上该符号的实例或选择画板上的实例然后单击"属性"面板中的"编辑符号"按钮。然后，就可以在"隔离模式"下进行编辑了。

3 当符号保存为"动态符号"时，可以使用"直接选择工具" ▶更改实例的某些外观属性，而无须编辑原始符号。

4 在 Illustrator 中，可以将颜色（填充和描边）、文字对象、图形资源和文字格式等内容保存的库中。

5 默认情况下，将图形资源从"库"面板拖到文档中时，会创建指向原始库资源的链接。若要嵌入图形资源，请在文档中选择该资源，然后在"属性"面板中单击"嵌入"。一旦嵌入，即使编辑了原始库资源，图形也将不再更新。

第14课 Illustrator与其他 Adobe应用程序联用

课程概览

在本课中，您将学习如何执行以下操作。

- 在 Illustrator 文件中置入链接和嵌入图形。
- 变换和裁剪图像。
- 创建和编辑剪切蒙版。
- 使用文本做图像的蒙版。
- 创建和编辑不透明蒙版。
- 使用"链接"面板。
- 嵌入和取消嵌入图像。
- 打包文件。

 完成本课程大约需要 60 分钟。

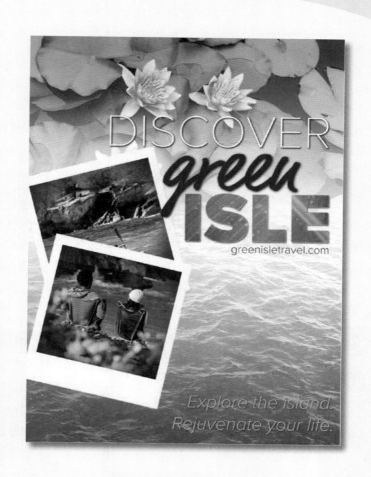

您可以轻松地将图像添加到 Illustrator 文件中，这是将栅格图像与矢量图稿合并的好方法。

14.1 开始本课

在开始本课之前，请还原 Adobe Illustrator CC 的默认首选项。然后，您将打开本课最终完成图稿文件，以查看您将创建的内容。

1. 若要确保工具的功能和默认参数设置完全如本课中所述，请删除或停用（通过重命名）Adobe Illustrator CC 首选项文件。请参阅本书开头的"前言"部分中的"恢复默认设置"。

 注意 如果您还没有将本课的项目文件从您的"账户"页面下载到您的计算机，请立即下载。请参阅本书开头的"前言"部分。

2. 启动 Adobe Illustrator CC。
3. 选择"文件">"打开"，打开您硬盘上"Lessons">"Lesson14"文件夹中的"L14_end. ai"文件。

   这是一个度假胜地的小海报，如图 14-1 所示。
4. 选择"视图">"画板适合窗口大小"，保持文件为打开状态以供参考，或者选择"文件">"关闭"。

 注意 为避免缺少字体，"L14_end.ai"文件中的字体已被转换为轮廓（"文字">"创建轮廓"），并且图像也是嵌入的。

5. 选择"文件">"打开"，在"打开"对话框中，找到"Lessons">"Lesson14"文件夹，然后选择硬盘上的"L14_start.ai"文件。单击"打开"按钮，打开该文件，如图 14-2 所示。这是一家旅游公司未完成的海报版本。在本课中，您将向其中添加和编辑图形。
6. 很可能会出现"缺少字体"对话框，单击"激活字体"按钮激活所有缺少的字体。激活字体后，您会看到消息提示没有缺少字体，单击"关闭"按钮，如图 14-3 所示。

图14-1

图14-2

图14-3

 注意 您需要联网来激活字体，此过程可能需要几分钟时间。

如果无法激活字体，则可以转到 Creative Cloud 桌面应用程序并选择"资产">"字体"以查看导致这个问题的原因（请参阅第 8 课中"为海报添加文字"一节，以获取有关如何解决该问题的更多信息）。您也可以只单击"缺少字体"对话框中的"关闭"按钮，然后在继续操作时忽略缺少的字体。还有一种方法是单击"缺少字体"对话框中的"查找字体"按钮，并将字体替换为计算机上的本地字体。

> **Ai** **注意** 您还可以转到"Illustrator 帮助"（"帮助" > "Illustrator 帮助"）并搜索"查找缺少字体"。

7 选择"文件" > "存储为"，在"存储为"对话框中，导航到"Lessons" > "Lesson14"文件夹，打开该文件夹，并将文件命名为"GreenIsle.ai"。从"格式"菜单中选择"Adobe Illustrator（ai）"（macOS）或从"保存类型"菜单中选择"Adobe Illustrator（*.AI）"（Windows），然后单击"保存"按钮。

8 在"Illustrator 选项"对话框中，将 Illustrator 选项参数保持为默认设置，然后单击"确定"按钮。

9 选择"视图" > "画板适合窗口大小"。

10 选择"窗口" > "工作区" > "重置基本功能"以重置基本工作区。

使用Adobe Bridge

Adobe Bridge CC是为Adobe Creative Cloud会员提供的应用程序。Bridge为您提供了一种集中访问创意项目所需的媒体资源的方式，如图14-4所示。

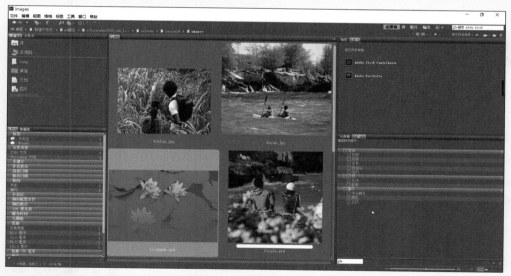

图14-4

Bridge简化了您的工作流程，并让您的工作保持井然有序。您可以轻松地批量编辑图片、为图片添加水印，甚至集中设置颜色首选项。您可以通过选择"文件" > "在Bridge中浏览"（如果它安装在您的计算机上的话）从Illustrator内部访问Adobe Bridge。

14.2　组合图稿

您可以通过多种方式将 Illustrator 图稿与其他图形应用程序中的图像组合起来，以获得各种创意效果。您可以通过在应用程序之间共享图稿将连续色调绘图、照片与矢量图稿结合起来。虽然 Illustrator 允许您创建某些类型的栅格图像，但是 Adobe Photoshop 更擅长多图像编辑。因此，您可以在 Photoshop 中编辑或创建图像，然后置入到 Illustrator。

本课将引导您创建一幅合成图，包括将位图图像与矢量图组合起来，以及使用不同应用程序。首先，您将把 Photoshop 中创建的照片图像添加到在 Illustrator 中创建的小型海报中；然后，您将给图像创建蒙版，更新置入的图像，最后打包该文件。

 注意　要了解有关使用矢量和栅格图像的详细信息，请参阅 1.1 节。

14.3　置入图像文件

您可以使用"打开"命令、"置入"命令、"粘贴"命令、拖放操作和"库"面板，将 Photoshop 或其他应用程序中的栅格图稿添加到 Illustrator。Illustrator 支持大多数 Adobe Photoshop 数据，包括图层、图层复合、可编辑的文本和路径。这意味着，您可以在 Photoshop 和 Illustrator 之间传输文件，并且仍然能够在 Illustrator 中编辑 Photoshop 绘制的图稿。

 注意　Illustrator 包括对 DeviceN 栅格的支持。例如，如果您在 Photoshop 中创建了一个双色调图像并将其置入到 Illustrator 中，则 Illustrator 将正确分离并打印专色。

使用"文件">"置入"命令置入文件时，无论图像文件是什么类型（JPG、GIF、PSD、AI 等），Illustrator 都可以嵌入或链接该图像。嵌入文件将在 Illustrator 文件中保存该图像的副本，这会增加 Illustrator 文件的大小。链接文件只在 Illustrator 文件中创建指向外部图像的链接，所以不会显著增加 Illustrator 文件的大小。链接到图像可确保 Illustrator 文件能够及时反映图像的更新。但是，链接的图像必须始终伴随着 Illustrator 文件，否则链接将中断，且置入的图像也不会再出现在 Illustrator 的图稿中。

14.3.1　置入图像

首先，您将向文档中置入一个 JPEG（.jpg）图像。

1　单击"图层"面板选项卡，打开"图层"面板，选择名为
"Pictures"的图层，如图 14-5 所示。
置入图像时，会将其添加到所选图层中。本文档中所选图层已
包含多个形状。

图14-5

> **Ai** **注意** 在 macOS 上,您可能需要单击"置入"对话框中的"选项"按钮来显示"链接"选项。

2 选择"文件">"置入"。

3 定位到"Lessons">"Lesson14">"images"文件夹,然后选择"Kayak.jpg"文件。确保在"置入"对话框中选中了"链接"复选框。单击"置入"按钮,如图 14-6 所示。

指针现在应显示一个加载图形的指针。你可以在指针旁边看到"1/1",指示即将置入的图像数量,还有一个缩略图,这样您就可以看到您置入的是什么图像。

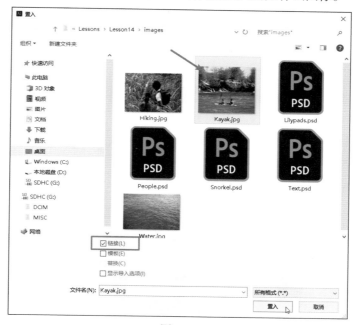

图14-6

4 将加载图形的指针移动到画板左上角附近,单击置入图像,如图 14-7 所示。保持图像为选中状态。

图14-7

这样图像将显示在画板上，而且图像的左上角将放置在您单击的位置。此时，图像显示其原始大小。您还可以在置入图像时，拖动载入图形指针形成一个区域，对置入图像的大小进行调整。

选中了图像后，请注意，在"属性"面板（"窗口">"属性"）中，您会看到"链接的文件"字样，表示该图像链接到其源文件（默认情况下，置入的图像是链接到源文件的）。因此，如果在 Illustrator 外编辑了源文件，则在 Illustrator 中置入的图像也会相应地更新。如果在置入时取消选中"链接"复选框，则图像文件会嵌入 Illustrator 文件中。

14.3.2 变换置入图像

像在 Illustrator 文件中操作其他对象那样，您也可以复制和变换置入的栅格图像。与矢量图稿不同的是，对于栅格图像，您需要考虑图像分辨率，因为分辨率较低的栅格图像在打印时可能会出现像素锯齿。在 Illustrator 中工作时，缩小图像可以提高其分辨率，而放大图像则会降低其分辨率。接下来，您将变换"Kayak.jpg"图像。

1 选中"选择工具" ▶ 后，按住 Shift 键并将置入图像右下角的边界点向图像中心拖动，直到测量标签显示宽度约为 5 in（127 mm）。松开鼠标按钮，然后松开 Shift 键，如图 14-8 所示。

图14-8

2 单击"属性"面板选项卡，显示该面板。

3 单击"属性"面板顶部的"链接的文件"，
查看"链接"面板。在"链接"面板中选
择"Kayak.jpg"文件，单击面板左下角的
"显示链接信息"箭头，查看有关图像的
信息，如图 14-9 所示。

您可以查看缩放百分比以及旋转角度、文
件大小等。注意，PPI（像素每英寸）值大
约为 150，PPI 是指图像的分辨率。您可以
通过在第 5 课中学到的各种方法将其他变
换如旋转应用到图像。

4 按 Esc 键隐藏面板。

5 单击"属性"面板中的"水平轴翻转"选
项 ，沿中心水平翻转图像，如图 14-10
所示。

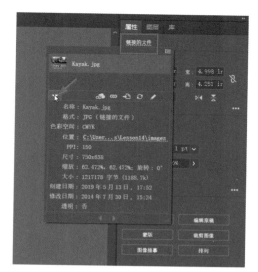

图14-9

图14-10

> **Ai** **提示** 与其他图稿类似，您也可以按住"option + shift"（macOS）或"Alt +
> Shift"（Windows）组合键，同时按住鼠标左键拖动围绕图像的一个边界点，以便
> 从中心调整大小，同时保持图像比例不变。

6 保持图像选中状态，然后选择"文件">"存储"。

14.3.3 裁剪图像

在 Illustrator 中，您可以遮挡或隐藏图像的一部分，也可以裁剪图像以永久删除部分图像。
在裁剪图像时，您可以定义分辨率，这是减小文件大小和提高性能的有效方法。在 Windows 和

macOS 上裁剪图像时，Illustrator 会根据 Adobe Sensei 提供的内容自动识别所选图像的视觉重要部分以进行裁剪。接下来，您将裁剪皮划艇图像中运动员的部分。

1   在仍选中图像的情况下，单击"属性"面板中的"裁剪图像"按钮，如图 14-11 所示。在出现的警告对话框中单击"确定"按钮。

    链接的图像（如皮划艇图像）在裁剪后会嵌入图像。此时，图像上将显示一个默认裁剪框，如果有必要，您可以调整此裁剪框的尺寸。剪裁框以外的图稿其余部分会变暗，在完成裁剪之前无法选择它。

 提示   若要裁剪所选图像，还可以选择"对象">"裁剪图像"或从上下文菜单中选择"裁剪图像"（右击图像）。

2   拖动裁剪手柄，裁掉图像顶部的部分树木。您一开始看到的剪裁框可能与图 14-12 左图不同，没关系，使用图 14-12 右图作为最终裁剪的指南。

图14-11   图14-12

 提示   通过选择"Illustrator CC">"首选项">"常规"（macOS）或"编辑">"首选项">"常规"（Windows），然后取消选中"启用内容识别默认设置"复选框，可以关闭内容感知功能。

您可以拖动图像周围显示的控点来裁剪不同的图像部分，还可以在"属性"面板中定义要裁剪大小（宽度和高度）。

3   单击"属性"面板中的"PPI"（分辨率）菜单，如图 14-13 所示。

    PPI 菜单中高于正在剪裁的图像原始分辨率的任何选项都将被禁用。您可以输入的最大值等于原始图像的分辨率。如果要缩小文件，选择比原始分辨率更低的分辨率可能会很有效。

 注意   较低的 PPI 可能会导致图像不适合打印。

 注意   根据皮划艇图像的大小，"中（150ppi）"选项可能不会变暗，这是正常的。

4 将鼠标指针移动到图像上，按住鼠标左键拖动裁剪区域到图像垂直居中的位置，如图 14-14 所示。

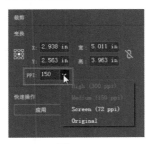

图14-13

图14-14

5 在"属性"面板中单击"应用"按钮，永久裁剪图像。

6 选择"选择">"取消选择"，然后选择"文件">"存储"。

14.3.4 使用显示导入选项置入 Photoshop 图像

在 Illustrator 中置入包含多个图层的 Photoshop 文件时，可以在导入该文件时更改图像选项。例如，如果置入 Photoshop 文件（.psd），则可以选择拼合图像，或者保留文件中的原始 Photoshop 图层。下面，您将设置导入选项，然后将置入一个 Photoshop 文件到 Illustrator 文件中。

1 在"图层"面板中，单击"Pictures"图层的眼睛图标 👁，隐藏内容，然后选择"Background"图层，如图 14-15 所示。

2 选择"文件">"置入"。

3 在"置入"对话框中，找到"Lessons">"Lesson14">"images"文件夹，选择"Lilypads.psd"文件。在"置入"对话框中，设置图 14-16 所示选项（在 macOS 上，如果看不到选项，请单击"选项"按钮）。

图14-15

- "链接"复选框：取消选中（取消选中"链接"复选框将在 Illustrator 文件中嵌入图像文件。如您所见，嵌入 Photoshop 文件可以在置入时提供更多选项。）

- "显示导入选项"复选框：选中（选中此复选框将打开一个导入选项对话框，您可以在置入之前设置导入选项。）

4 单击"置入"按钮。

这会出现"Photoshop 导入选项"对话框，因为您在"置入"对话框中选中了"显示导入选项"。

Ai | **注意** 即使在"置入"对话框中选中"显示导入选项"，如果图像没有多个图层，也不会显示"Photoshop 导入选项"对话框。

---

5 在"Photoshop 导入选项"对话框中，设置图 14-17 所示的选项。

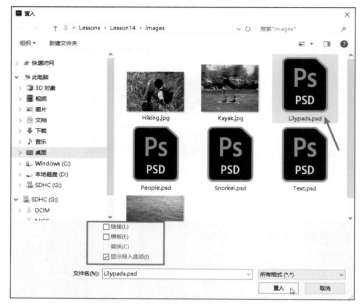

图14-16   图14-17

- 图层复合：All（图层复合是您在 Photoshop 中创建的"图层"面板状态的快照。在 Photoshop 中，您可以在单个 Photoshop 文件中创建、管理和查看图层布局。Photoshop 中图层复合关联的所有注释都将显示在"注释"区域中）。

- "显示预览"复选框：选中（预览显示所选图层复合的预览）。

- 将图层转换为对象：选中（仅有此选项和下一个选项可用，因为您取消选中了"链接"复选框，并选择嵌入 Photoshop 图像）。

- "导入隐藏图层"复选框：选中（可导入隐藏在 Photoshop 中的图层）。

> **Ai** | **提示** 若要了解有关图层复合的详细信息，请参阅"Illustrator 帮助"（"帮助" > "Illustrator 帮助"）中的"从 Photoshop 导入图稿"。

> **Ai** | **注意** 在"Photoshop 导入选项"对话框中可能会出现"颜色模式"警告，这表示要置入的图像的"颜色模式"可能与 Illustrator 文档不同。对于此图像（以及后面需要操作的图形），如果出现颜色警告对话框，请单击"确定"按钮将其关闭。

6 单击"确定"按钮。

7 将载入图形指针移动到画板的左上角，然后单击以置入图像，如图 14-18 所示。

   您已将"Lilypads.psd"文件中的 Photoshop 图层变换为可以在 Illustrator 中显示和隐藏的图层，而不是将整个文件拼合为单个图像。如果在置入 Photoshop 文件时选中了"链接"复选框（链接到原始 PSD 文件），那么"Photoshop 导入选项"对话框的"选项"部分中仅有唯一可选项，即"将图层拼合为单个图像"。

注意 当鼠标指针与画板的左上角对齐时，可能会出现"相交"一词，该词可能隐藏在文档窗口的顶部边缘。

8 在"图层"面板中，单击"定位对象"按钮🔍，显示"图层"面板中的图像内容，如图14-19所示。

请注意"Lilypads.psd"的子图层。这些子图层都是 Photoshop 图层，现在出现在了 Illustrator 的"图层"面板中，这是因为您在置入图像时选择了不拼合图层。另请注意，由于页面上仍选择了图像，"属性"面板顶部会显示"编组"一词。

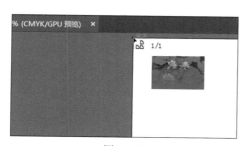

图14-18

图14-19

当您置入一个包含图层的 Photoshop 文件，并在"Photoshop 导入选项"对话框中选择"将图层转换为对象"时，Illustrator 会把图层视为编组中独立的子图层。此图像在 Photoshop 中为"Layer 0"应用了图层蒙版，这就是图像淡出的原因。

注意 "Color Fill 1"子图层是一个在 Photoshop 中填充绿色并通过"混合模式"混合到它下方睡莲图像的图层。

9 在"图层"面板中，单击"Color Fill 1"子图层左侧的眼睛图标👁将其隐藏，如图 14-20 所示。您可能需要拖动"图层"面板的左边缘以查看完整的图层名称。

图14-20

10 选择"选择">"取消选择",然后选择"文件">"存储"。

14.3.5 置入多个图像

在 Illustrator 中,您还可以一次性置入多个文件。接下来,您将同时置入两幅图像,然后将其放置在画板上。

图14-21

1 在"图层"面板中,单击"Background"图层左侧的"显示三角形" <img>,隐藏图层内容。单击名为"Pictures"和"Text"的图层的可视性列,显示图层内容,并确保选中了"Background"图层,如图 14-21 所示。

2 选择"文件">"置入"。

3 在"置入"对话框中,选择"Lessons">"Lesson14">"images"文件夹中的"Water.jpg"文件。按住 command 键(macOS)或 Ctrl 键(Windows),单击名为"Text. psd"的图像,选中这两个图像文件,如图 14-22 所示。在 macOS 上,如有必要,单击"选项"按钮,显示其他选项。取消选中"显示导入选项"复选框,并确保未选中"链接"复选框选项。

Ai	**提示** 您也可以通过按住 Shift 键再单击,从而在"置入"对话框中选择一系列文件。

Ai	**注意** 您在 Illustrator 中看到的"置入"对话框可能会以不同的视图(如"列表视图")显示图像,没关系。

图14-22

4 单击"置入"按钮。

5 将载入图形指针移动到画板的左侧。按右箭头键或左箭头键（或者上箭头键或下箭头键）几次，观察鼠标旁边的图像缩略图之间的切换。确保看到"Water.jpg"图像缩略图，然后在画板的左边缘、中间偏下的位置单击，置入图像，如图 14-23 所示。

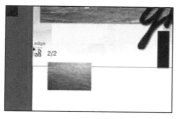

图14-23

在文档窗口中单击时，载入图形指针中显示的缩略图就是单击后被置入的图像。

> **Ai** | **提示** 若要丢弃已加载并准备置入的资源，请使用箭头键定位到该资源，然后按 Esc 键。

6 按住空格键，按住鼠标左键向左拖动，以便查看画板右侧的区域。松开空格键。

7 将载入图形指针移出画板的右侧，单击并向右下角拖动，当图像大致与您在图 14-24 中看到的大小相等时停止拖动。保持图像为选中状态。

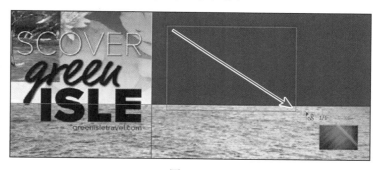

图14-24

在文档窗口中置入图像时，您可以单击以 100% 的大小置入图像，也可以单击并拖曳选框，在置入图像的同时调整图像的大小。在置入图像后，按住鼠标左键拖动图像边界点可以调整图像的大小。在 Illustrator 中调整图像的大小很可能会导致调整后的图像与原来图像的分辨率不同。

8 选择"Text. psd"图像（绿叶图像），按住鼠标左键将"图层"面板中选定图稿指示器从"Background"图层向上拖动到"Text"图层，将绿叶图像移动到"Text"图层，如图 14-25 所示。稍后，您将使用"Text"图层上的文本为图像添加蒙版。

9 选择"视图">"画板适合窗口大小"。

图14-25

14.4 给图像添加蒙版

若要实现某些设计效果，可以为内容应用蒙版（剪贴路径或剪切蒙版）。蒙版是一种对象，其形状会遮罩其他图稿，只有位于形状内的区域可见。在图 14-26 的左图是顶层为白色圆形的图像，在图 14-26 的右图，白色圆圈被用来隐藏部分图像。

只有矢量对象才能成为蒙版，但是您可以对任何图稿添加蒙版。您还可以导入在 Photoshop 文件中创建的蒙版。蒙版和被遮罩对象称为剪切组。

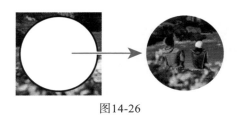

图14-26

> **Ai** | **注意** 通常，短语"剪切蒙版""剪贴路径"和"蒙版"的意思是一样的。

14.4.1 给图像添加简单蒙版

在本节中，您将看到如何让 Illustrator 在"Kayak.jpg"图像上创建一个简单的蒙版，以便您可以隐藏部分图像。

1 选中"选择工具" ▶ 后，单击"Kayak.jpg"图像（第一个置入的图像）将其选中。

2 单击"属性"面板选项卡以显示该面板。单击"属性"面板中的"蒙版"按钮，如图 14-27 所示。

图14-27

单击"蒙版"按钮，可将一个形状和大小均与图像相同的蒙版应用于图像。在这种情况下，图像本身看起来并没有任何不同。

> **Ai** | **提示** 您还可以通过选择"对象">"剪切蒙版">"建立"来应用蒙版。

3 在"图层"面板中，单击面板底部的"定位对象"按钮🔍，如图 14-28 所示。

注意包含在"<剪切组>"子图层中的"<剪贴路径>"和"<图像>"子图层。"<剪贴路径>"对象是创建的蒙版，"<剪切组>"是包含蒙版和被遮罩对象（被裁剪后的嵌入图像）的集合。

图14-28

14.4.2　编辑蒙版

为了编辑蒙版，需要选择该路径，Illustrator 提供了几种方法来实现这一点。接下来，您将编辑刚创建的蒙版。

1 单击"属性"面板选项卡，显示面板。在画板上仍选中皮划艇图像的情况下，单击"属性"面板顶部的"编辑内容"按钮◉。

2 单击"图层"面板选项卡，会注意到"<图像>"子图层（在"<剪切组）>"中）名称最右侧出现了选定图稿指示器，如图 14-29 所示。

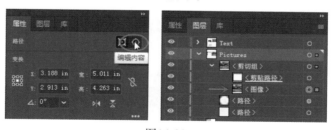

图14-29

> **Ai** | **注意**　您可能需要向左拖动"图层"面板的左边缘以查看完整的名称。

Ai | 提示 您还可以双击剪切组（带有蒙版的对象）进入"隔离模式"。然后，您可以单击选择被遮罩的对象（在本例中为"<图像>"），也可以单击蒙版边缘以选择蒙版。完成编辑后，您可以使用前面课程介绍的各种方法（如按 Esc 键）退出"隔离模式"。

3 回到"属性"面板中，单击"属性"面板顶部的"编辑剪贴路径"按钮，现在会在"图层"面板中选择"<剪贴路径>"，如图 14-30 所示。

对象被遮罩时，您可以编辑蒙版、遮罩的对象或两者一起。使用以上两个按钮可选择要编辑的对象。首次单击选中被遮罩的对象时，将同时编辑蒙版和遮罩对象。

4 选择"视图">"轮廓"。

5 选中"选择工具"▶后，向下拖动所选蒙版的顶边中间点，直到测量标签显示的高度约为 3.25 in（82.55 mm），如图 14-31 所示。

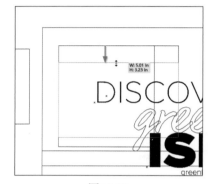

图14-30

图14-31

Ai | 提示 您还可以使用变换选项（如旋转、倾斜等）或使用"直接选择工具"▶编辑蒙版。

6 选择"视图">"预览"（或者"GPU 预览"）。

7 确保在"属性"面板中选择了参考点的中心▦。确保"保持宽度和高度比例"处于关闭状态▨，并将"宽度"值更改为"3.5 in（88.9 mm）"。如果你看到"高度"值不是 3.25 in（82.55 mm），那就改成这个值，如图 14-32 所示。

图14-32

8 单击"属性"面板顶部的"编辑内容"按钮■，编辑"Kayak.jpg"图像，而不是蒙版。

Ai 提示 您还可以按键盘上的方向键来重新定位图像。

9 选中"选择工具"▶，按住鼠标左键净图像从蒙版内小心地向下拖动一点，然后松开鼠标左键，如图 14-33 所示。注意，您移动的是图像而不是蒙版。

   选择"编辑内容"按钮■后，可以对图像应用多种变换，包括缩放、移动、旋转等。

10 选择"选择">"取消选择"，然后再次单击图像，选择整个剪切组。将图像拖到浅灰色矩形上，并将其放到图形中图 14-34 所示的位置。

图14-33   图14-34

11 选择"选择">"取消选择"，然后选择"文件">"存储"。

14.4.3 用文本创建蒙版

在本节中，您将使用文本作为置入图像的蒙版。为了从文本创建蒙版，需要将文本放到图像的顶层。

1 选中"选择工具"▶后，按住鼠标左键将"Text.psd"（绿叶图像）从画板右侧拖动到"ISLE"文本上方。

Ai 注意 如果"Text.psd"图像比文本"ISLE"小，请按住 Shift 键并按住鼠标左键拖动以约束图像比例，调整图像的大小。如果它比你在图 14-35 中看到的大，就不用担心。

2 单击"属性"面板中的"排列"按钮，然后选择"置于底层"。您现在应该可以看到"ISLE"文本。确保图像的位置大致与图 14-35 中左图一致。

3 在仍选择图像的情况下，按住 Shift 键单击"ISLE"文本，将两者都选中。

4 单击"属性"面板中的"建立剪切蒙版"按钮，如图 14-35 中图和右图所示。

图14-35

您可以单独编辑"Text.psd"图像和蒙版,就像上一小节中使用蒙版的"Kayak.jpg"图像一样。

> **Ai** | **提示** 您还可以右键单击所选内容,然后从上下文菜单中选择"建立剪切蒙版",或选择"对象">"剪切蒙版"来创建蒙版。

5 在仍选择文本的情况下,选择"窗口">"图形样式"打开"图形样式"面板。选择"Text Shadow"图形样式来应用投影,如图 14-36 所示。关闭"图形样式"面板。

图14-36

6 选择"选择">"取消选择",然后选择"文件">"存储"。

使用多个形状遮罩对象

您可以轻松地从单个形状或多个形状来创建蒙版。要使用多个形状创建蒙版,首先需要将这些形状转换为复合路径。这可以通过先选择将用作蒙版的形状,然后选择"对象">"复合路径">"建立"来实现。确保复合路径位于要遮罩的内容之上并且同时选择了这两个内容。选择"对象">"剪切蒙版">"建立"。

14.4.4 创建不透明蒙版

不透明蒙版不同于蒙版,因为它允许您遮罩对象,还可以改变图稿的透明度。您可以使用"透明度"面板制作和编辑不透明蒙版。在本节中,您将为"Water.jpg"图像创建一个不透明蒙版,使其逐渐融入睡莲图像中。

1 在"图层"面板中,单击所有图层的显示三角形 以隐藏每个图层的内容(如果有必要的话)。单击"Text"和"Pictures"图层左侧的眼睛图标 ,隐藏其内容,如图 14-37 所示。

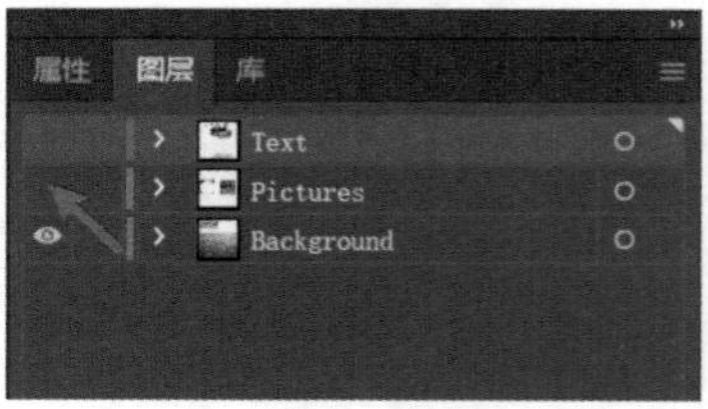

2 选择"视图">"缩小"。

3 选中"选择工具" ,将"Water.jpg"图像拖到画板的中心。确保图像的底部与画板的底部对齐,如图 14-38 所示。

4 在工具栏中选中"矩形工具" ,然后大致在画板的中心位置单击。在"矩形"对话框中,确保"约束宽度高度比

图14-37

例"处于关闭状态，将"宽度"值更改为"9 in（228.6mm）"，"高度"值更改为"8 in（203.2 mm）"，单击"确定"按钮，如图 14-39 所示。该矩形将成为蒙版。

5 按 D 键设置新矩形的默认描边（黑色，1 pt）和填充（白色），以便更轻松地选择和移动它。

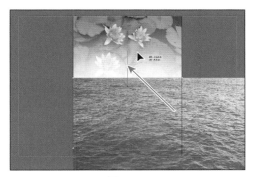

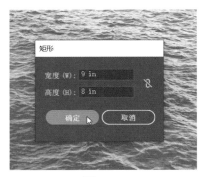

图14-38   图14-39

Ai **注意** 不透明蒙版（屏蔽对象）必须是画板上最上面的选定对象。如果它是单个对象（如矩形），则不需要是复合路径。如果不透明蒙版是由多个对象组成的，则需要对其进行分组。

---

6 选中"选择工具" ▶，然后拖动矩形将其对齐到画板的底部中心，如图 14-40 所示。

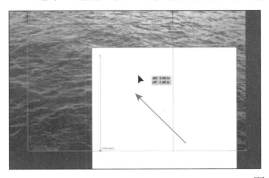

图14-40

7 按 Shift 键，然后单击"Water. jpg"图像将其选中。
8 选择"窗口" > "透明度"以打开"透明度"面板。单击"制作蒙版"按钮，并将图稿保持为选中状态，如图 14-41 所示。
   单击"制作蒙版"按钮后，该按钮现在显示为"释放"。如果您再次单击该按钮，图像将不再被遮罩。

Ai **提示** 您还可以单击"属性"面板中的"不透明度"一词以显示"透明度"面板。

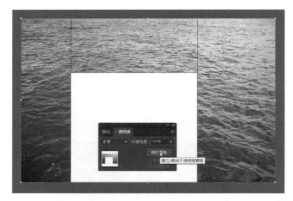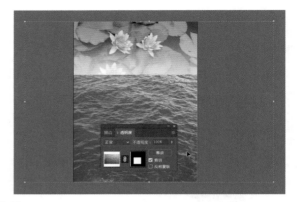

图14-41

 注意 如果要创建与图像尺寸相同的蒙版,而不是绘制形状,则直接单击"透明度"面板中的"制作蒙版"按钮即可。

14.4.5 编辑不透明蒙版

接下来,您将调整刚刚创建的不透明蒙版。

1 在"透明度"面板中,按住 Shift 键并单击蒙版缩略图(由黑色背景上的白色矩形指示),禁用蒙版,如图 14-42 所示。
请注意,"透明度"面板中的蒙版上会出现一个红色"×",并且整个"Water. jpg"图像将重新出现在文档窗口中。

图14-42

 提示 若要禁用和启用不透明蒙版,还可以从"透明度"面板菜单中选择"停用不透明蒙版"或"启用不透明蒙版"。

2 在"透明度"面板中,按住 Shift 键单击蒙版缩略图,再次启用蒙版。

 提示 要在画板上单独显示蒙版(如果原始蒙版有其他颜色的话,则以灰度显示),还可以按住 option 键(macOS)或 Alt 键(Windows),在"透明度"面板中单击蒙版缩略图。

3 单击选择"透明度"面板右侧的蒙版缩略图。如果在画板上没有选择蒙版,请选中"选择工具"▶后单击选择蒙版,如图 14-43 所示。
单击"透明度"面板中的不透明蒙版将选中画板上的蒙版(矩形路径)。选择蒙版后,您将无法编辑画板上的其他图稿。另外,请注意文档选项卡会显示"(<不透明蒙版>/不透明蒙版)",表示您现在正在编辑该蒙版。

4 如有必要,单击"图层"面板选项卡,并单击"<不透明蒙版>"

图14-43

图层的"显示三角形" ，显示其内容，如图 14-44 所示。
注意，在"图层"面板中，将显示"< 不透明蒙版 >"图层，
这表明选择了蒙版而不是被遮罩的图稿。

5 在"透明度"面板和画板上仍选择蒙版，在"属性"面
板中将填色更改为白色到黑色的线性渐变（即"White,
Black"），如图 14-45 所示。

图14-44

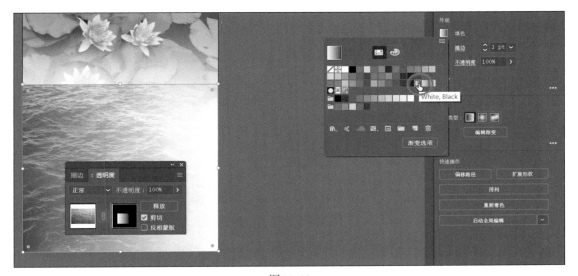

图14-45

您现在可以看到，蒙版中的白色部分下方的"Water.jpg"图像会显示出来，而黑色部分下
方的"Water.jpg"图像就会被隐藏起来。这种渐变蒙版会逐渐显示图像。

6 确保选中了工具栏底部的"填色"框 ▣。

7 在工具栏中选中"渐变工具" ▣。将鼠标指针移动到"Water.jpg"图像的底部附近。单击
并向上拖动到蒙版形状的上边缘下，如图 14-46 所示。

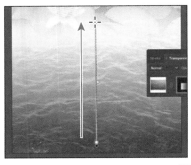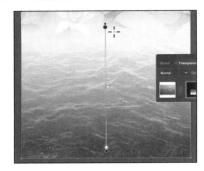

图14-46

请注意，蒙版在"透明度"面板中的外观已发生改变。接下来，您将移动图像，但不是移动不透明蒙版。在"透明度"面板中选择图像缩略图后，默认情况下，图像和蒙版都链接在一起，所以在移动图像时，蒙版也会移动。

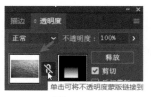

图14-47

8 在"透明度"面板中，单击图像缩略图，停止编辑蒙版。单击图像缩略图和蒙版缩略图之间的链接图标 🔗，如图 14-47 所示。这样就可以只移动图像或蒙版，而不会同时移动它们。

Ai | **注意** 只有在"透明度"面板中选择了图像缩略图（而不是蒙版缩略图）时，您才能访问链接图标。

---

9 选中"选择工具" ▶，按住鼠标左键向下拖动"Water.jpg"图像。拖动一点后，松开鼠标左键，观察图像的位置，如图 14-48 所示。

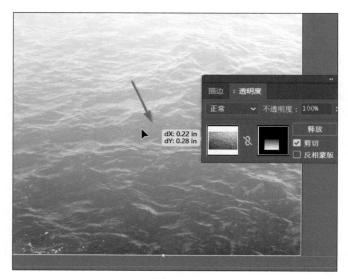

图14-48

Ai | **注意** "Water.jpg"图像的位置不必与图 14-48 完全一致。

---

10 在"透明度"面板中，单击图像缩略图和蒙版缩略图之间断开的链接图标 🔗，将两者再次链接在一起。

11 单击"属性"面板中的"排列"按钮，然后选择"置于底层"，将"Water. jpg"图像放置到"Lilypads.psd"图像后面。
画板上可能看起来没有任何变化，但稍后您尝试选择"Lilypads.psd"图像时，则需要让它位于"Water.jpg"图像的顶部。

14.5 使用图像链接

当您将图像置入到 Illustrator 中时，可以链接图像或嵌入图像，您可以在"链接"面板中看到这些图像的列表。您可以使用"链接"面板查看和管理所有链接或嵌入图像。"链接"面板显示了图稿的缩略图，并使用各种图标来表示图稿的状态。在"链接"面板中，您可以查看已链接或嵌入的图像，替换置入的图像，更新在 Illustrator 外部编辑的链接图像，或在链接图像的原始应用程序（如 Photoshop）中编辑它。

 注意 有关如何使用链接和 Creative Cloud 库项目的更多信息，参见第 13 课。

14.5.1 查找链接信息

当您置入图像时，了解原始图像的位置、对图像应用的变换（如旋转和缩放）以及更多其他信息将很重要。接下来，您将浏览"链接"面板来了解图像信息。

1. 选择"选择">"取消选择"，然后选择"文件">"存储"。
2. 在"图层"面板中，确保所有图层都已折叠，然后单击"Text"和"Pictures"图层左侧的可视性列，显示画板上的图层内容，如图 14-49 所示。
3. 选择"窗口">"工作区">"重置基本功能"。
4. 选择"窗口">"链接"，打开"链接"面板。
5. 在"链接"面板中选择"Kayak.jpg"图像。单击"链接"面板左下角的切换箭头，显示面板底部的链接信息，如图 14-50 所示。

在"链接"面板中，您将看到已置入的所有图像的列表。您可以通过嵌入图标 判断图像是否已被嵌入。您还可以看到有关图像的信息，例如嵌入文件的信息、分辨率、变换信息等。

图14-49

图14-50

6　单击图像列表下方的"转至链接"按钮，如图 14-51 所示。

在文档窗口中，选中"Kayak. jpg"图像并将其置于文档中央。

图14-51

7　选择"选择">"取消选择"，然后选择"文件">"存储"。

14.5.2　嵌入和取消嵌入图像

如前所述，如果您选择在置入图像时不链接到该图像，则该图像将嵌入 Illustrator 文件中，这意味着图像数据存储在 Illustrator 文档中。您也可以在置入并链接到图像后，再选择嵌入图像。此外，您可能希望在 Illustrator 外部使用嵌入图像，或在类似 Photoshop 这样的图像编辑应用程序中对其进行编辑。Illustrator 允许您取消嵌入图像，从而将嵌入的图稿作为 PSD 或 TIFF 文件（您可以选择）保存到您的文件系统，并自动将其链接到 Illustrator 文件。接下来，您将在文档中取消嵌入图像。

1　选择"视图">"画板适合窗口大小"。

2　单击选择画板底部的"Water.jpg"图像。您最初置入"Water.jpg"图像时选择了嵌入，而嵌入图像后，您可能需要在 Photoshop 之类的应用程序中对该图像进行编辑。此时，您需要取消嵌入该图像来对其进行编辑，这是您接下来将对"Water.jpg"图像所做的工作。

3　单击"属性"面板中的"取消嵌入"按钮,如图 14-52 所示。

4　在"取消嵌入"对话框中,定位到"Lessons">"Lesson14">
"images"文件夹。确保在"文件格式"菜单(macOS)中选
择"Photoshop(*.PSD)"或在"保存类型"(Windows)菜单
中选择"Photoshop(*.PSD)",然后单击"保存"按钮,如图
14-53 所示。

图14-52

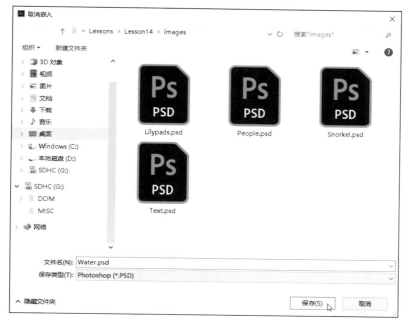

图14-53

5　选择"选择">"取消选择"。

14.5.3　替换链接图像

您可以轻松地将链接或嵌入的图像替换为另一幅图像来更新图稿。替换图像要放置在原始图
像所在的位置,如果替换的图像具有相同的尺寸,则无须进行调整。如果替换的图像尺寸不同,
则可能需要调整替换图像的大小以匹配原始图像。接下来,您将替换图像。

1　选中"选择工具" ▶,然后将画板的左边缘外的渐变填充矩形拖到"Kayak. tif"图像上,

并通过"智能参考线"令其居中，如图 14-54 所示。

2　单击"属性"面板中的"排列"按钮，选择"置于顶层"，将渐变填充矩形放在图像的顶层。

3　在"图层"面板中，单击"Background"图层左侧的编辑列，锁定画板上的图层内容，如图 14-55 所示。

4　拖框选中皮划艇图像、渐变填充矩形及其下面的浅灰色矩形，确保不要选到文本，如图 14-56 所示。

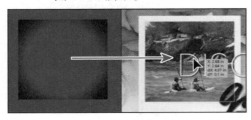

| 图14-54 | 图14-55 | 图14-56 |

5　选择"对象">"编组"。

6　选择"编辑">"复制"，然后选择"编辑">"粘贴"，粘贴内容。

7　在"链接"面板中，选中粘贴的皮划艇图像，单击图像列表下方的"重新链接"按钮 🔗，如图 14-57 所示。

8　在"置入"对话框中，定位到"Lessons">"Lesson14">"images"文件夹，然后选择"People.psd"图像。确保选中了"链接"复选框，单击"置入"按钮将皮划艇图像替换为"People.psd"。

9　将皮划艇图像组和人员图像组一起拖到图 14-58 所示的位置。

10　将鼠标指针移到右上角，当指针变成旋转箭头 ↰ 时，单击并拖动，旋转原始皮划艇图像组，如图 14-58 所示。

11　选择"文件">"存储"。

| 图14-57 | 图14-58 |

14.6 打包文件

打包文件时，将创建一个文件夹，其中包含 Illustrator 文档的副本、所需字体、链接图像的副本，以及有关打包文件信息的报告，这是一个用来分发 Illustrator 项目所有必需文件的简便方法。接下来，您将打包海报文件。

> **注意** 如果需要存储该文档，将显示一个对话框来提示您。

1. 选择"文件" > "打包"。在"打包"对话框中，设置图 14-59 所示的选项。
   - 单击文件夹图标 ▭，并定位到"Lessons" > "Lesson14" 文件夹（如果您还没有在那里）。单击"选择"（macOS）或"选择文件夹"（Windows）按钮返回到"打包"对话框。
   - 文件夹名称：GreenIsle（先从名称中删除"_文件夹（_F）"的命名）
   - 选项：保持默认设置。

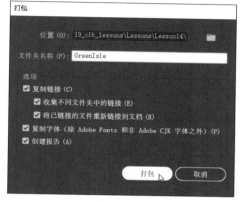

图14-59

2. 单击"打包"按钮。
   "复制链接"复选框会把所有链接文件复制到新创建的文件夹中。"收集不同文件夹中的链接"复选框将会创建一个名为"链接"的文件夹，并将所有链接复制到其中。"将已链接的文件重新链接到文档"复选框会更新 Illustrator 文档中的链接，使其链接到打包时新建的副本中。

> **注意** 选中"创建报告"复选框后将以 .txt（文本）文件形式创建打包报告（摘要），该文件默认放置在打包文件夹中。

3. 接下来出现的对话框会提示字体授权信息，单击"确定"按钮。
   单击"返回"按钮将允许您取消选中"复制字体（除 Adobe 字体和非 Adobe CJK 字体之外）"复选框。

4. 在最后显示的对话框中，单击"显示文件包"按钮，查看打包的文件夹。在打包文件夹中，应该有 Illustrator 文档的副本和一个名为"Links"的文件夹，其中包含所有链接的图像。"GreenIsle 报告"（.txt 文件）包含有关文档内容的信息。

5. 返回到 Illustrator。

14.7 创建 PDF

便携式文档格式（PDF）是一种通用文件格式，可保留在各种应用程序和平台上创建的源文档的字体、图像和版面。Adobe PDF 是在全球范围内安全、可靠地分发和交换电子文档和表单的标准。Adobe PDF 文件结构紧凑而完整，任何人都可以使用免费的 Adobe Acrobat Reader 或其他与 PDF 兼容的应用程序来共享、查看和打印 Adobe PDF 文件。

您可以在 Illustrator 中创建不同类型的 PDF 文件。您可以创建多页 PDF、分层 PDF 和 PDF/x 兼容的文件。分层 PDF 允许您存储一个带有图层、可在不同上下文中使用的 PDF 文件。PDF/x 兼容的文件减少了打印中的颜色、字体和陷印问题。接下来，您将把此项目存储为 PDF 格式，以便将其发送给别人查看。

1 选择"文件">"存储为"，在"存储为"对话框中，从"格式"菜单中选择"Adobe PDF（pdf）"（macOS）或从"保存类型"菜单中选择"Adobe PDF（*.PDF）"（Windows），定位到"Lessons">"Lesson14"文件夹。在对话框的底部，您可以选择保存全部画板或部分画板到 PDF 文件。此文档仅包含一个画板，因此该选项不可选。单击"保存"按钮。

2 在"存储 Adobe PDF"对话框中，单击"Adobe PDF 预设"菜单，查看所有可用的不同 PDF 预设。确保选择了"[Illustrator 默认值]"，然后单击"存储 PDF"按钮，如图 14-60 所示。

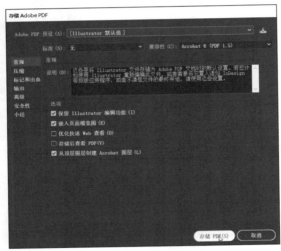

图14-60

自定义创建 PDF 的方法有很多种。使用"[Illustrator 默认值]"预设创建 PDF 将创建一个保留所有 Illustrator 数据的 PDF 文件。在 Illustrator 中重新打开使用此预设创建的 PDF 文件时，不会丢失任何数据。如果出于特定目的保存 PDF（比如在 Web 上查看或打印），则可能需要选择其他预设或调整选项。

3 选择"文件">"存储"（如有需要的话），然后选择"文件">"关闭"。

复习题

1　指出在 Illustrator 中链接和嵌入的区别。
2　哪些类型的对象可用作蒙版？
3　如何为置入的图像创建不透明蒙版？
4　描述如何替换文档中置入的图像。
5　描述打包的作用。

参考答案

1　链接文件是一个独立的外部文件，通过链接与 Illustrator 文件关联。链接文件不会显著地增加 Illustrator 文件的大小。为保留链接并确保在打开 Illustrator 文件时显示置入文件，被链接的文件必须随 Illustrator 文件一起提供。嵌入文件将成为 Illustrator 文件的一部分，因此 Illustrator 文件会相应增大。由于嵌入文件是 Illustrator 文件的一部分，所以不存在断开链接的问题。无论是链接文件还是嵌入文件，都可以使用"链接"面板中的"重新链接"按钮🔗来更新。

2　蒙版可以是简单路径，也可以是复合路径；可以通过置入 Photoshop 文件来导入蒙版（例如不透明蒙版），还可以使用位于对象组或图层最顶层的任何形状来创建蒙版。

3　将用作蒙版的对象放在要遮罩的对象顶层，可以创建不透明蒙版。选择蒙版和要遮罩的对象，然后单击"透明度"面板中的"制作蒙版"按钮，或从"透明度"面板菜单中选择"建立不透明蒙版"。

4　要替换置入的图像，可以在"链接"面板中选择该图像，然后单击"重新链接"按钮🔗，选择用于替换的图像后，单击"置入"按钮。

5　打包可用于收集 Illustrator 文档所需的全部文件。打包将创建 Illustrator 文件、链接图像和所需字体（如果要求的话）的副本，并将所有副本文件收集到一个文件夹中。

第15课 导出资源

课程概览

在本课中，您将学习如何执行以下操作。

- 创建像素级优化的图稿。
- 使用"导出为多种屏幕所用格式"命令。
- 使用"资源导出"面板。
- 生成、导出和复制/粘贴 CSS（层叠样式表）代码。

 完成本课程大约需要 30 分钟。

　　您可以使用多种方法优化 Illustrator 内容，以便在 Web、App 和屏幕演示文稿中使用。例如，您可以轻松地导出资源并将其保存以供 Web 或 App 使用，导出 CSS 代码和图像文件并生成可缩放矢量图形（SVG）文件。

15.1 开始本课

开始本课之前，请还原 Adobe Illustrator CC 的默认首选项，并打开课程文件。

1 为确保工具的功能和默认参数设置完全如本课中所述，请删除或停用（通过重命名）
Adobe Illustrator CC 首选项文件。请参阅本书开头"前言"部分中的"恢复默认设置"。

 注意 如果尚未将本课的项目文件从您的"账户"页面下载到本地计算机，请立即下载。具体请参阅本书开头的"前言"部分。

2 启动 Adobe Illustrator CC。

3 选择"文件">"打开"。在"打开"对话框中，找到"Lessons">"Lesson15"文件夹。选择"L15_start.ai"文件，然后单击"打开"按钮。为便于本项目的进展，本课创建了一个虚构的企业名称。

4 很可能会出现"缺少字体"对话框，单击"激活字体"按钮即可激活所有缺少的字体（见图 15-1，您的列表可能与图 15-1 略有不同）。激活字体后，您会看到一条消息，提示没有缺少字体，单击"关闭"按钮。

图15-1

 注意 如果无法激活字体，则可转到 Creative Cloud 桌面应用程序，并选择"资源字体"，查看可能的问题（请参阅第 8 课，以获取有关如何解决该问题的更多信息）。您还可以单击"缺少字体"对话框中的"关闭"按钮，忽略缺少的字体。还有一种方法是单击"缺少字体"对话框中的"查找字体"按钮，并将字体替换为电脑上的本地字体。

5 选择"窗口">"工作区">"重置基本功能"，确保工作区设置为默认设置。

6 选择"视图">"画板适合窗口大小",如图 15-2 所示。

7 选择"文件">"存储为"。在"存储为"对话框中,找到
"Lessons">"Lesson15"文件夹,并将文件命名为"JetGalactic.
ai"。将"格式"设置为"Adobe Illustrator(ai)"(macOS),或
将"保存类型"设置为"Adobe Illustrator(*.AI)"(Windows),
然后单击"存储"按钮。在"Illustrator 选项"对话框中,将
Illustrator 选项参数保持为默认设置,然后单击"确定"按钮。

8 如果选择了任何内容,请选中"选择">"取消选择"。

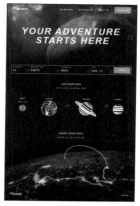

图15-2

15.2 创建像素级优化的图稿

当创建用于 Web、移动应用、屏幕演示文稿等的内容时,将矢量图
保存成清晰的位图就很重要了。为了使设计人员能够创建像素级精确的设计稿,可以使用"对齐
像素"选项将图稿与像素网格对齐。像素网格是一个每英寸长宽各有 72 个小方格的网格,在启用
"像素预览模式"("视图">"像素预览")的情况下,将视图放大到 600% 或更高时,可以查看像
素网格。

像素对齐是一个对象级属性,它使对象的垂直和水平路径都与像素网格对齐。只要为对象设
置了该属性,修改对象时将会应用此属性,对象中的任何垂直或水平路径都会与像素网格对齐。

15.2.1 在像素预览中预览图稿

以 GIF、JPG 或 PNG 等格式导出图稿时,任何矢量图稿都会在生成的文件中被栅格化,而启
用"像素预览"是一种查看图稿被栅格化后外观的好方法。首先,您将使用"像素预览"查看您
的作品。

1 在"JetGalactic.ai"文件中,选择"文件">"文档颜色模式",您将发现选择了 RGB 颜色。
针对屏幕查看(如 Web、应用程序等)设计时,RGB(红色、绿色、蓝色)是 Illustrator
中文档的首选颜色模式。创建新文档("文件">"新建")时,可以通过"颜色模式"选
项选择要使用的颜色模式。在"新建文档"对话框中,选择除"打印"以外的任何文档配
置文件,"颜色模式"都会默认设置为"RGB 颜色"。

2 选中"选择工具" ▶,然后单击选择页面中间的 JUPITER 图标。按"command + +"(macOS)

或"Ctrl + +"（Windows）组合键几次，连续放大所选图稿。

3 选择"视图" > "像素预览"，预览整个设计的栅格化版本，图15-3左图为预览模式下的图稿，图15-3右图为"像素预览模式"下的图稿。

图15-3

15.2.2 将新建图稿与像素网格对齐

使用"像素预览"，您将能够看到像素网格，并将图稿与像素网格对齐。而启用"对齐像素"（"视图" > "对齐像素"）后，绘制、修改或变换生成的形状将会对齐到像素网格且显示得更清晰。这使得大多数图稿（包括大多数实时形状）将自动与像素网格对齐。在本节中，您将查看像素网格，并了解如何将新建图稿与之对齐。

1 选择"视图" > "画板适合窗口大小"。

2 选中"选择工具" ▶后，单击选中带有文本"SEARCH"的蓝色按钮形状，如图15-4所示。

3 连续按"command + +"（macOS）或"Ctrl + +"（Windows）组合键几次，直到在文档窗口左下角的状态栏中看到600%。

图15-4

Ai 提示 您可以通过选择"Illustrator CC" > "首选项" > "参考线和网格（macOS）"或"编辑" > "首选项" > "参考线和网格"（Windows），取消选中"显示像素网格（放大600%以上）"复选框来关闭像素网格。

将图稿放大到至少600%，并启用"像素预览"，您就可以看到像素网格。像素网格将画板划分为边长1 pt（1/ 72英寸）的小格子。在接下来的步骤中，您需要使像素网格可见（缩放级别为600%或更高）。

4 按 Backspace 键或 Delete 键删除选中的矩形。

5 选中工具栏中的"矩形工具" ▢，绘制一个与刚刚被删除的矩形大小大致相当的矩形，如图 15-5 左图所示。

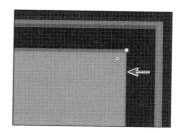

图15-5

您可能会注意到，矩形的边缘看起来有点"模糊"（见图 15-5 右图），这是因为本文档中关闭了"对齐像素"。因此，默认情况下，矩形的直边不会对齐到像素网格。

6 按 Backspace 键或 Delete 键删除矩形。

7 选择"视图" > "对齐像素"，启用"对齐像素"。现在，绘制、修改或变换的任意形状都将对齐到像素网格。当您使用 Web 或移动文档配置文件创建新文档时，默认将启用"对齐像素"。

8 选中"矩形工具" ▢ 后，绘制一个简单的矩形来创建按钮，此时边缘将"更清晰"，如图 15-6 所示。

刚绘制的图稿的垂直和水平边都对齐到了像素网格。在下一节中，您将学习如何将现有图稿对齐到像素网格。在本例中，重绘形状只是为了让您了解它们的差异。

9 单击"属性"面板中的"排列"按钮，然后选择"置于底层"，将其排列在"SEARCH"文本后面。

10 选中"选择工具" ▶，并将矩形拖动到图 15-7 中所示的位置。

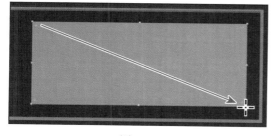

图15-6

图15-7

提示 您可以按方向键移动所选图稿，将图稿对齐到像素网格。

拖动过程中，您可能会注意到图稿都会对齐到像素网格。

15.2.3 将现有图稿与像素网格对齐

您还可以通过多种方式将现有图稿与像素网格对齐，这也是您将在本小节中执行的操作。

1 按"command + –"（macOS）或"Ctrl + –"（Windows）组合键 1 次，缩小视图。

2 选中"选择工具" ▶，然后单击选择您绘制的矩形周围的蓝色描边矩形，如图 15-8 所示。

3 单击右侧"属性"面板中的"对齐像素网格"按钮（或选择"对象" > "设为像素级优化"），如图 15-9 所示。

 注意 在这种情况下，"属性"面板中的"对齐像素网格"按钮和"设为像素级优化"命令将执行相同的操作。

该描边矩形是在未选择"视图" > "对齐像素"时创建的，而将矩形对齐到像素网格后，水平边和垂直边都与最近的像素网格线对齐，如图 15-10 所示。完成此操作后，将保留实时形状和实时角部。像素对齐的对象如果没有笔直的垂直线段或水平线段，则不会微调到对齐像素网格。例如，由于旋转的矩形没有垂直段或水平线段，因此在为其设置像素对齐属性时，不会对其进行微移以生成清晰的路径。

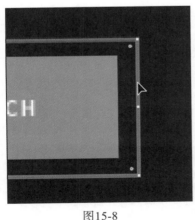

图15-8

图15-9

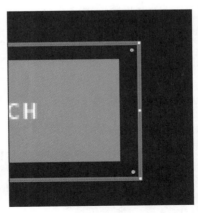

图15-10

4 单击以选择按钮左侧的蓝色"V"（您可能需要向左滚动视图窗口），如图 15-11 所示。选择"对象" > "设为像素级优化"。

您将在文档窗口中看到一条消息提示"选区包含无法像素级优化的图稿",如图 15-11 所示。在这种情况下,意味着没有笔直的垂直线段或水平线段能与像素网格对齐。

Ai | **注意** 选择开放路径时,"对齐像素网格"按钮不会出现在"属性"面板中。

5 单击"V"周围的蓝色正方形,如图 15-12 所示,按"command + +"(macOS)或"Ctrl + +"(Windows)几次,连续放大所选图稿。

6 按住鼠标左键拖动顶部边界点,使正方形稍大一些,如图 15-13 所示。

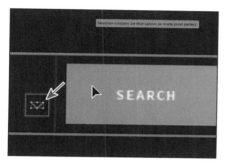
图15-11

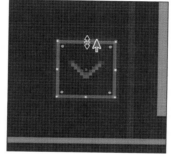
图15-12

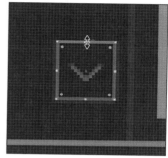
图15-13

拖动后,请使用角部或侧边控点调整形状的大小,修复相应的边缘(将其对齐到像素网格)。

Ai | **注意** 通过"选择工具"▶、"直接选择工具"▷、"实时形状中心小部件"、箭头键和"画板工具"对图稿进行变换时,移动图稿将被限制为整个像素。根据路径的描边设置,"直接选择工具"▷将锚点和控点对齐到像素或子像素位置,这种对齐方式类似于使用"钢笔工具"✒创建图稿时的对齐方式。

7 选择"编辑">"还原缩放",使其保持为正方形。

8 单击"属性"面板中的"对齐像素网格"按钮,确保所有垂直或水平直边都与像素网格对齐。
需要注意的是,当对这么小的东西对齐像素时,它可能会移动位置,所以它不再与"V"的中心对齐。您将需要再次将"V"与正方形中心对齐。

9 按住 Shift 键,然后单击"V"将其选择。松开 Shift 键,然后单击正方形的边缘,使其成为关键对象,如图 15-14 所示。

10 单击"水平居中对齐"按钮▣以及"垂直居中对齐"按钮▣(如图 15-15 所示),使得"V"和正方形中心对齐,如图 15-16 所示。

11 选中"选择">"取消选择"(如果可用的话),然后选择"文件">"存储"。

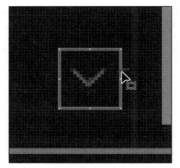

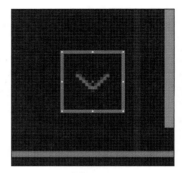

图15-14   图15-15   图15-16

15.3 导出画板和资源

在 Illustrator 中，使用"文件">"导出">"导出为多种屏幕所用格式"命令和"资源导出"面板，可以导出整个画板，或者显示正在进行的设计或所选资源（本文中"导出资产"和"导出资源"是一个意思，之所以没有统一是因为 Illustrator CC 2019 软件简体中文版不同的地方即是如此）。导出的内容可以不同的文件格式保存，如 JPEG、SVG、PDF 和 PNG。这些格式适用于 Web、设备和屏幕演示文稿，并且与大多数浏览器兼容，当然每种格式具有不同的功能。所选图稿将自动与设计的其余内容隔离，并保存为单独的文件。

 提示 要了解有关使用 Web 图形的详细信息，请在"Illustrator 帮助"（"帮助">"Illustrator 帮助"）中搜索"导出图稿的文件格式"。

 注意 若要了解有关创建切片的详细信息，请在"Illustrator 帮助"（"帮助">"Illustrator 帮助"中搜索"创建切片"。

将内容切片

在执行"导出为多种屏幕所用格式"命令或使用"资源导出"面板之前，需要隔离要导出的图稿。这需要将图稿放在自定义画板上或对内容切片来完成。在 Illustrator 中，您可以创建切片来在图稿中定义不同 Web 元素的边界，如图15-17所示。使用"文件">"导出">"存储为Web所用格式（旧版）"命令保存图稿时，可以选择将每个切片存储为具有自己的格式和设置的单独文件。

现在，使用"文件">"导出">"导出为多种屏幕所用格式"命令或"资源导出"面板切片时，不再需要隔离图稿，因为程序会自动隔离图稿。

图15-17

15.3.1　导出画板

在本节中，您将学习如何导出文档中的画板。如果您希望向某人展示您正在进行的设计，或者用于演示文稿、网站、App 或其他内容的设计，则可以导出文档中的画板。

1　选择"视图">"像素预览"，将其关闭。
2　选择"视图">"画板适合窗口大小"。
3　选择"文件">"导出">"导出为多种屏幕所用格式"。

在出现的"导出为多种屏幕所用格式"对话框中，可以在"导出画板"和"导出资产"之间进行选择。决定要导出的内容后，可以在对话框的右侧设置导出设置，如图 15-18 所示。

4　选择"画板"选项卡，在对话框的右侧，确保选择了"全部"，如图 15-18 所示。

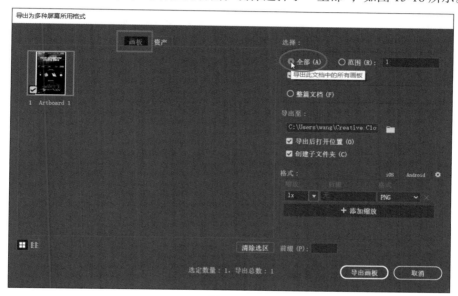

图15-18

您可以选择导出所有画板或指定画板。本文档只有一个画板，因此选择"全部"与选择"范围"为"1"的结果是一样的。选择"整篇文档"会将所有图稿导出为一个文件。

5　单击"导出至"字段右侧的文件夹图标█，如图 15-18 所示。找到"Lessons">"Lesson15"文件夹，然后单击"选择"（macOS）或"选择文件夹"（Windows）按钮。
6　单击"格式"菜单，然后选择"JPG 80"，如图 15-19 所示。

在"导出为多种屏幕所用格式"对话框的"格式"部分，可以为导出的资源设置缩放、添加（或直接编辑）后缀并更改格式，还可以通过单击"+ 添加缩放"按钮使用不同缩放比例和格式来导出多个版本。

7　单击"导出画板"按钮。将打开"Lesson15"文件夹，您会看到一个名为"1x"的文件夹，在该文件夹里面有名为"Artboard 1-80.jpg"的图片。后缀"-80"是指导初始设置的图片质量。

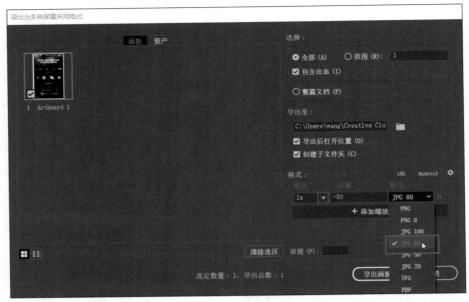

图15-19

8 关闭该文件夹，并返回到 Illustrator。

 提示 为了避免创建子文件夹（如文件夹"1x"），您可以在导出时在"导出为多种屏幕所用格式"对话框中取消选中"创建子文件夹"复选框。

15.3.2 导出资源

您还可以使用"资源导出"面板快速、轻松地以多种文件格式（如 JPG、PNG 和 SVG）导出各个资源。"资源导出"面板允许您收集您可能频繁导出的资源，并且适用于 Web 和移动工作流，因为它支持一次性导出多种资源。在本节中，您将打开"资源导出"面板，并了解如何在面板中收集图稿，然后将其导出。

 注意 有多种方法可以以不同格式导出图稿。您可以在 Illustrator 文档中选择图稿，然后选择"文件">"导出所选项目"。这会将所选图稿添加到"资源导出"面板，并打开"导出为多种屏幕所用格式"对话框。您可以选择与上一小节所示相同的格式。

1 选中"选择工具" ▶，单击选择位于画板中间标记为"JUPITER"的图稿，如图 15-20 所示。

2 按"command＋＋"（macOS）或"Ctrl＋＋"（Windows）组合键几次，连续放大图稿。

3 按住 Shift 键，单击选择图稿右侧标记为"SATURN"的图形，如图 15-21 所示。

4 选择图稿后，选择"窗口">"资源导出"以打开"资源导出"面板。

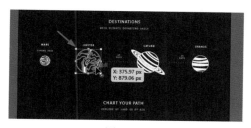

图15-20

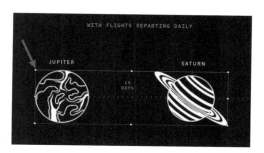

图15-21

Ai 提示　要将图稿添加到"资源导出"面板，您还可以右击文档窗口中的图稿，然后选择"收集以导出" > "作为单个资源" / "作为多个资源"，或者选择"对象" > "收集以导出" > "作为单个资源" / "作为多个资源"。

在"资源导出"面板中，您可以保存内容以便立即或以后导出。如您所见，它可以与"导出为多种屏幕所用格式"对话框结合起来使用，为所选资源设置导出选项。

5　将所选图稿拖到"资源导出"面板的顶部。当您看到加号（+）时，松开鼠标左键，将图稿添加到"资源导出"面板，如图 15-22 所示。

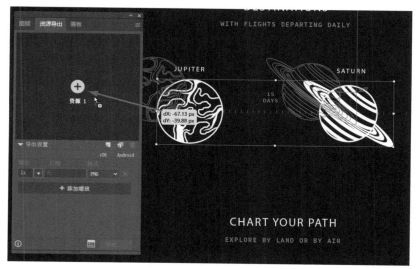

图15-22

Ai 提示　要从"资源导出"面板中删除资源，可以删除文档中的原始图稿，也可以在"资源导出"面板中选择资源缩略图，然后单击"从该面板删除选定的资源"按钮。

这些资源与文档中的原始图稿相关联。换句话说，如果更新文档中的原始图稿，则"资源导出"面板相中应的资源也会更新。添加到"资源导出"面板中的所有资源都将与此面板保存在一起，除非您将其从文档或"资源"面板中删除。

6　在"资源导出"面板中，单击与"JUPITER"图形相对应的项目名称，将其重命名为
　　"Jupiter"；单击与"SATURN"图形相对应的项目名称，并将其重命名为"Saturn"，如
　　图15-23所示。按回车键确认重命名。

Ai | **提示** 如果按住option键（macOS）或Alt键（Windows），加选多个对象，然后
拖动到"资源导出"面板中，则所选内容将成为"资源导出"面板中的单个资源。

Ai | **注意** 您可能需要双击来编辑名称。

　　显示的资源名称将取决于"图层"面板中图稿的名称。此外，如何在"资源导出"面板中
命名资源将由您决定。对资源命名后，您将能更方便地跟踪每种资源的用途。

7　在"资源导出"面板中，单击并选择"Jupiter"资源缩略图。当您使用各种方法将资源添
　　加到面板后，在导出资源之前您需要先选择资源。

8　在"资源导出"面板的"导出设置"区域中，从"格式"菜单中选择"SVG"（如有必要
　　的话），如图15-24所示。

　　SVG是网站logo的完美选择，但有时合作者可能会要求提供PNG版本或其他格式。

图15-23　　　　　　　　　　　　　　　　　　　　图15-24

Ai | **注意** 如果要创建在iOS或Android上使用的资源，则可以单击iOS或Android
选项，显示适合每个平台的缩放导出预设列表。

9 单击"+ 添加缩放"按钮，以其他格式导出图稿（在本例中）。从"缩放"菜单中选择
  "1x"，并确保"格式"为"PNG"，如图 15-25 所示。

图15-25

  注意 图 15-25 左图表示单击"+ 添加缩放"按钮后的结果。

这会为"资源导出"面板中的所选资源创建 SVG 文件和 PNG 文件。如果您需要所选资源
的多个缩放版本（例如，JPEG 或 PNG 等格式的 Retina 显示屏和非 Retina 显示屏），也可
以设置缩放（1x、2x 等）。您还可以向导出的文件名添加后缀，后缀可能是类似"@ 1x"
的格式，表示导出资源的 100% 缩放版本。

10 在"资源导出"面板顶部单击选择"Jupiter"缩略图，单击"资源导出"面板底部的"导
  出 ..."按钮，导出所选资源。在弹出的对话框中，找到"Lessons"＞"Lesson15"＞"Asset_
  Export"文件夹，然后单击"选择"（macOS）或"选择文件夹"（Windows）按钮导出资
  源，如图 15-26 所示。

提示 您还可以单击"资源导出"面板底部的"启动'导出为多种屏幕所用格式'
对话框"按钮■。这将打开"导出为多种屏幕所用格式"对话框，此对话框与选择
"文件"＞"导出"＞"导出为多种屏幕所用格式"弹出的对话框一致。

SVG 文件（Jupiter. svg）和 PNG 文件（Jupiter. png）都将导出到"Asset_Export"文件夹
下的独立文件夹中。

图15-26

15.4 根据您的设计创建 CSS

　　如果要构建网站或想要将内容提交给开发人员，则可以使用"CSS 属性"面板（"窗口">"CSS 属性"）或"文件">"导出">"导出为"命令，将在 Illustrator 中创建的视觉设计变换为 CSS（Cascading Style Sheets，层叠样式表）。CSS 是一组格式规则的规范，与 Illustrator 中的段落和字符样式类似的是，它控制网页中内容的外观属性。与 Illustrator 中的段落和字符样式不同之处在于，CSS 不仅可以控制 HTML 中文本的外观，还可以控制页面元素的格式和位置，如图 15-27 所示。

```
1   html {
2       font-family: sans-serif;
3       -webkit-text-size-adjust: 100%;
4       -ms-text-size-adjust: 100%;
5   }
6   body {
7       margin: 0;
8   }
9   a:focus {
10      outline: thin dotted;
11  }
12  a:active, a:hover {
13      outline: 0;
14  }
15  h1 {
16      font-size: 2em;
17      margin: 0 0 0.2em 0;
18  }
```

图15-27

 注意 从 Illustrator 中导出或复制 CSS 不会创建 HTML 网页，Illustrator 生成的 CSS 代码将用于其他软件（如 Adobe Dreamweaver）生成 HTML。

 注意 要了解有关 CSS 的更多信息，请访问 Adobe Dreamweaver 帮助的"了解 CSS"部分。

　　从 Illustrator 图稿中生成 CSS 的好处在于，它允许灵活可变的 Web 工作流。您可以导出文档所有样式，也可以只复制单个对象或一系列对象的样式代码，并将其粘贴到外部 Web 编辑器（如 Adobe Dreamweaver）中。这是将 Illustrator 中 Web 设计样式转移到 HTML 编辑器或提交给 Web 开发人员的便捷方式。但是，创建 CSS 并高效使用它，需要在 Illustrator 文档中进行一些设置，这也是您接下来要学习的内容。

15.4.1 为生成 CSS 设置您的设计

如果您打算从 Illustrator 导出或复制和粘贴 CSS，则需要在创建 CSS 之前正确设置 Illustrator 文件，以允许您命名将要生成的 CSS 样式。在本小节中，您将查看"CSS 属性"面板，并学习如何通过命名或未命名的内容来设置导出样式的内容。

1　选择"窗口">"工作区">"重置基本功能"。

2　选择"选择">"取消选择"（如果可用的话）。

3　选择"视图">"画板适合窗口大小"，以查看整个设计。

4　选择"窗口">"CSS 属性"，打开"CSS 属性"面板，如图 15-28 所示。使用"CSS 属性"面板，可以执行以下操作。

图15-28

- 预览所选对象的 CSS 代码。
- 复制所选对象的 CSS 代码。
- 将所选对象生成的样式（和使用的图像一起）导出到 CSS 文件中。
- 修改要导出的 CSS 代码的选项。
- 将所有对象的 CSS 代码导出到一个 CSS 文件。

5　选中"选择工具"▶，单击选择与像素网格对齐的"SEARCH"文本后面的蓝色矩形，如图 15-29 所示。

在"CSS 属性"面板中，您将在预览区域中看到一条消息。该消息指出，需要在"图层"面板中命名对象，而不是在 CSS 代码（预览区域通常显示代码）中命名对象，或者需要允许 Illustrator"为未命名的对象生成 CSS"来创建样式，如图 15-29 所示。

图15-29

6　打开"图层"面板（"窗口">"图层"），单击面板底部的"定位对象"按钮🔍，以便轻松地在面板中找到所选对象，如图 15-30 所示。

Ai	**注意**　您可能需要按住鼠标左键将"图层"面板的左边缘往左拖动以查看对象的完整名称。

7 鼠标左键双击"图层"面板中选定的"＜矩形＞"对象的名称，并将名称更改为"button"（小写），如图 15-31 所示。按回车键确认更改。

图15-30

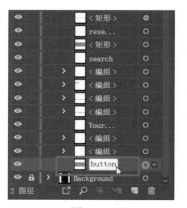

图15-31

8 再次查看"CSS 属性"面板，您应该会在预览区域中看到名为"button"的样式，如图 15-32 所示。向下拖动面板底边以显示更多信息。

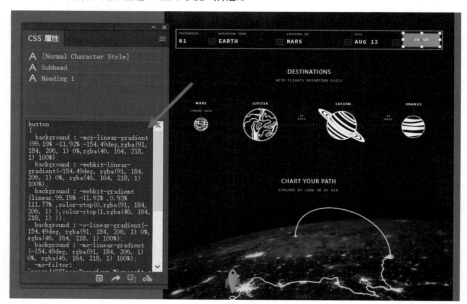

图15-32

> **Ai** **注意** 如果您看到样式名为"button_1_"，通常是因为图层面板中的名称"button"后面有多余的空格。

当"图层"面板中的内容未命名（只具有默认命名）时，默认情况下无法为其创建 CSS。如果在"图层"面板中命名该对象，则会生成 CSS，并且生成的样式名称与"图层"面板中对象的名称一致。Illustrator 为大多数内容创建的样式被称为 class（类）。

对于图稿中的对象（不包括文本对象），"图层"面板中的名称应该与在 HTML 编辑器（如 Dreamweaver）中生成的 HTML 中的类名一致。但是，您也可以不命名"图层"面板中的对象，生成通用样式，然后再导出或粘贴到 HTML 编辑器中并在编辑器中命名。接下来您会学习如何进行此操作。

9　选中"选择工具" ▶，单击选择画板顶部的文本"RESERVE NOW"后面的蓝色按钮形状，如图 15-33 所示。在"CSS 属性"面板中，没有出现样式代码，因为该对象在"图层"面板中没有命名（它只是具有默认的通用名称"＜矩形＞"）。

10　单击"CSS 属性"面板底部的"导出选项"按钮▣（图 15-34 右边的圆圈所示）。

弹出的"CSS 导出选项"对话框中包含可以设置的导出选项，比如要使用的单位、要包含在样式中的属性以及其他选项（如包含哪些提供商前缀）。

图15-33

11　选中"为未命名的对象生成 CSS"复选框，然后单击"确定"按钮，如图 15-34 所示。

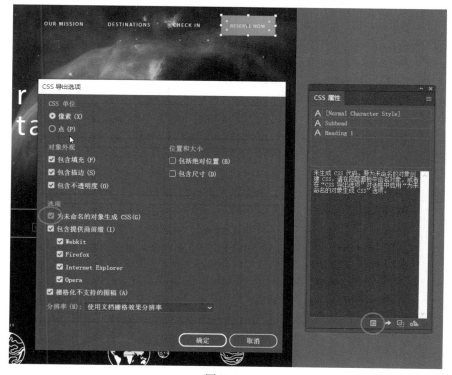

图15-34

12 仍选择蓝色按钮形状，"CSS 属性"面板的预览区域中会出现一个名为".st0"的样式，如图 15-35 所示。继续保持按钮形状为选中状态。

".st0"是"style 0"的缩写，是生成格式的通用名称。选中"为未命名的对象生成 CSS"复选框后，"图层"面板中未命名的每个对象将会被命名为".st0"".st1"等通用名称。如果您要创建网页，可以粘贴或导出 Illustrator 中的 CSS 代码，然后在 HTML 编辑器中对其命名；或者您只是需要为 HTML 编辑器中已有的样式再获得一些 CSS 格式，则这种样式命名方式将非常方便。

图15-35

15.4.2 复制 CSS

有时候您可能只需要从图稿的某一部分捕获少量 CSS 代码，然后粘贴到 HTML 编辑器中或发送给 Web 开发人员。而通过 Illustrator，您可以轻松地复制和粘贴 CSS 代码。接下来，您将复制几个对象的 CSS 代码，并学习编组是如何影响 CSS 代码生成的。

1 在仍选中矩形的情况下，单击"CSS 属性"面板底部的"复制所选项目样式"按钮，如图 15-36 所示。这将复制面板中当前显示的 CSS 代码。

接下来，您将选择多个对象，并同时复制所有的 CSS 代码。

 注意 选择某些内容时，您可能会在面板底部看到一个提醒图标，它表示并非所有 Illustrator 外观属性（如应用于形状的多重描边）都可以编写到所选内容的 CSS 代码中。

---

2 选中"选择工具" ▶ 并仍选择蓝色矩形,按住 Shift 键,单击 Saturn 图标,选择这两个对象。在"CSS 属性"面板中,您将看不到任何 CSS 代码,因为您还需要告诉 Illustrator 为多个选定对象生成 CSS 代码。

3 单击面板底部的"生成 CSS"按钮 ,如图 15-37 所示。

图15-36

图15-37

Ai | **提示** 当所选内容的 CSS 代码出现在"CSS 属性"面板中时,您还可以选择部分代码,右击所选代码,然后选择"复制",仅复制所选部分代码。

Ai | **注意** 您看到的样式或命名可能不一样,但没关系。

". st0"和". image"这两个 CSS 样式的代码现在显示在"CSS 属性"面板的预览区域中(您的样式的名称可能不一样,但没关系)。若要查看这两种样式,您可能需要在面板中向下滚动进度条(您的样式的顺序也可能不一样,也没关系)。

在"CSS 属性"面板中显示这两种样式后,您可以复制这些样式并将其粘贴到 HTML 编辑器代码中,或将其粘贴到电子邮件中发送给 Web 开发人员。

4 选中"选择工具" ▶ ,单击选择"Jupiter"图稿。

在"CSS 属性"面板中,您将看到". images"样式的 CSS 代码,该代码包含一个"background-image"属性,如图 15-38 所示。当 Illustrator 处理不能生成 CSS 代码的图稿(或栅格图像)或一组对象时,它会在导出 CSS 代码时栅格化导出的内容(而不是画板上的图稿)。生成的 CSS 代码可用于 HTML 对象,比如"div",而 PNG 图像将作为 HTML 对象中的背景图像。

5 单击 SATURN 图稿，然后按住 Shift 键，单击选择其右侧的 Uranus。

6 单击"CSS 属性"面板底部的"生成 CSS"按钮![按钮]，为所选图稿生成 CSS 代码，如图 15-39 所示。

图15-38

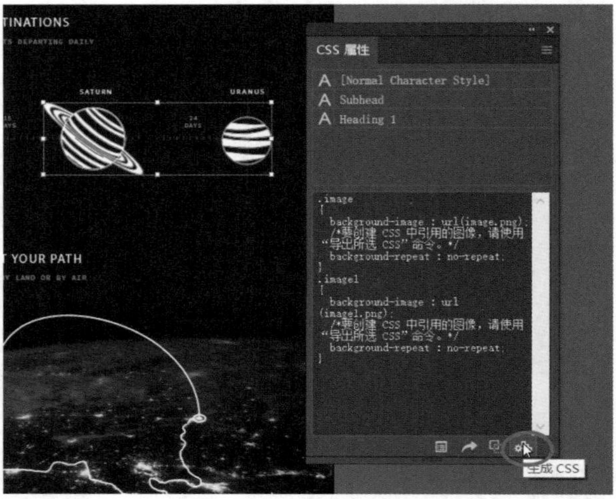

图15-39

![Ai] **注意**　您看到的样式可能与图 15-39 不同，但没关系。

您将在面板中查看所选对象的 CSS 代码。如果您现在复制 CSS 代码，并不会创建图像，而只会创建引用它们的代码。要生成图像，您需要导出代码，您将在下一节中执行此操作。

7 选择"对象">"编组"，将选中的对象编组。保持所选编组为选中状态，以便下一节使用。

8 请注意，在"CSS 属性"面板中，此时显示的是单个 CSS 样式（.image），如图 15-40 所示。对内容进行编组，Illustrator 会从编组内容创建单个图像（本例）。如果您打算将图像放在网页上，将其设置为单个图像会更方便。

图15-40

15.4.3 导出 CSS 代码

您还可以导出网页设计图稿的部分或全部 CSS 代码。相比于将内容导出成经常不受支持的 PNG 文件，导出 CSS 代码创建 CSS 文件（.css）具有明显优势。在本节中，您将学习这两种方法。

1 在选择编组的情况下，单击"CSS 属性"面板底部的"导出所选 CSS"按钮 ，如图 15-41 所示。

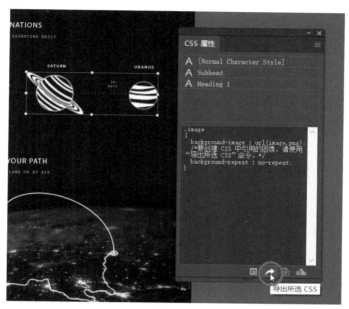

图15-41

2 在"导出 CSS"对话框中，确保文件名为"JetGalactic"。找到"Lessons">"Lesson15">"CSS_Export"文件夹，然后单击"存储"按钮以保存名为"JetGalactic.css"的 CSS 文件和 PNG 图像文件。

3 在"CSS 导出选项"对话框中，保持所有设置为默认，然后单击"确定"按钮。

> **Ai** | **提示** 您可以在"CSS 导出选项"对话框中为栅格化图稿选择分辨率。默认情况下，它使用文档栅格效果分辨率（"效果">"文档栅格效果设置"）。

4 找到电脑上"Lessons">"Lesson15">"CSS_Export"文件夹，在该文件夹中，您应该会看到"JetGalactic.css"文件和一个名为"image.png"的图像，如图 15-42 所示。
如前所述，生成的 CSS 代码可以将 CSS 样式用于 HTML 编辑器中的对象，而 PNG 图像将成为该对象的背景图像。生成图像后，您也可以将其用于网页中的其他部分。接下来，您将从设计稿中导出所有 CSS 代码。

图15-42

> **Ai** **注意** 您还可以通过从"CSS 属性"面板菜单中选择"全部导出"来导出图稿中
> 的所有 CSS 代码。如果要先修改导出选项，可以单击"CSS 属性"对话框底部的
> "导出选项"按钮 ▣ 来设置它们。

5 回到 Illustrator，选择"文件" > "导出" > "导出为"。在"导出"对话框中，将"格
   式"选项设置为"CSS（css）"（macOS）或将"保存类型"选项设置为 CSS（*.CSS）
   （Windows）。将文件名更改为"JetGalactic_all"，并定位到"Lessons" > "Lesson15" > "CSS_
   Export"文件夹，单击"导出"按钮。

6 在"CSS 导出选项"对话框中，将所有选项保留为默认设置，然后单击"确定"按钮。您
   很可能会看到一个对话框，提醒您图像将被覆盖。单击"确定"按钮。

7 位置和大小属性默认不会添加到 CSS 代码中。但在某些情况下，您需要导出带有这些选
   项的 CSS 代码。默认情况下，"包含提供商前缀"复选框是选中的。"提供商前缀"可以
   为特定浏览器（已列于对话框中）的一些 CSS 新功能提供支持。您可以通过取消选中这
   些前缀来排除它们。

8 转到"Lessons" > "Lesson15" > "CSS_Export"文件夹，您将看到新生成的名为
   "JetGalactic_all.css"的 CSS 文件和一系列图像，这是因为您在"CSS 导出选项"对话框
   中选中了"栅格化不支持的图稿"复选框。

9 返回到 Illustrator，然后选择"选择" > "取消选择"。

10 选择"文件" > "关闭"，关闭该文件。如果询问，请保存此文件。

复习题

1 为什么要将内容与像素网格对齐？

2 指出可以在"导出为多种屏幕所用格式"对话框和"资源导出"面板中选择的图像文件类型。

3 描述使用"资源导出"面板导出资源的一般过程。

4 什么是 CSS？

5 描述命名内容和未命名内容在生成 CSS 时的区别。

参考答案

1 将内容与像素网格对齐对提供清晰的图稿边缘非常有用。为支持的图稿启用"对齐像素"时，对象中的所有水平和垂直线段都将与像素网格对齐。

2 在"导出多种屏幕所用格式"对话框和"资源导出"面板中可以选择的图像文件类型有 PNG、JPEG、SVG 和 PDF。

3 要使用"资源导出"面板导出资源，需要在"资源导出"面板中收集要导出的图稿。在"资源导出"面板中，您可以选择要导出的资源，设置导出设置，然后导出。

4 如果要构建网站或希望将内容提交给开发人员，可以使用"CSS 属性"面板（"窗口">"CSS 属性"）或"文件">"导出">"导出为"命令，将在 Illustrator 中创建的视觉设计转换为 CSS（Cascading Style Sheets，层叠样式表）。CSS 是一组格式规则的规范，与 Illustrator 中的段落和字符样式类似的是，它控制网页中内容的外观属性；与 Illustrator 中的段落和字符样式不同之处在于，CSS 不仅可以控制 HTML 中文本的外观，还可以控制页面元素的格式和位置。

5 命名内容是在"图层"面板中修改了图层名称的内容。当"图层"面板中的内容未命名（使用默认的图层名称）时，默认情况下无法为内容创建 CSS 样式。如果在"图层"面板中命名该对象，则会生成 CSS，并且创建的样式的名称与"图层"面板中对象的名称一致。若要为未命名内容生成 CSS，可以在"CSS 属性"面板中单击"导出选项"按钮▣，然后在"CSS 导出选项"对话框中启用此功能。

附录　Adobe Illustrator CC 2019 新特性

Adobe Illustrator CC 2019 包含全新而富有创意的功能，可帮助您更高效地为打印、Web 和数字视频出版物制作图稿。本书中的功能和练习基于 Adobe Illustrator CC 2019。在本节中，您将了解该软件众多新功能。

全局编辑

全局编辑是一种根据外观和大小选择和编辑所有类似对象的快速简便的方法。它最大限度地减少了手动错误的可能性并节省了时间，如附图 1 所示。

附图1

任意形状渐变

任意形状渐变允许您应用渐变混合的颜色创建看起来光滑和自然的混合。您可以添加、移动和更改颜色块的颜色以便将渐变无缝应用于对象。使用任意形状渐变填充可以快速、轻松地在对象之间创建平滑的颜色渐变，如附图 2 所示。

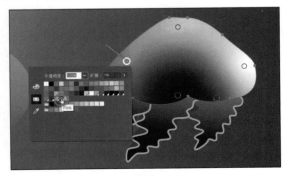

附图2

全新的工具面板

现在基本功能工作区的工具栏具有更好的工具组合。您也可以添加、删除和组合工具以满足您的个性化工作方式。

随着您对软件的熟练应用，您还可以切换到高级工具栏以便轻松访问所有工具，如附图 3 所示。

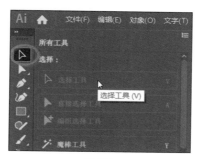

附图3

字体浏览可视化增强

字体面板现在包括各种新选项，在使用字体时可提供丰富的选项，如附图 4 所示。

附图4

线性和径向渐变增强

线性渐变和径向渐变得到改进，在应用和编辑渐变时为您提供丰富的选择，如附图 5 所示。

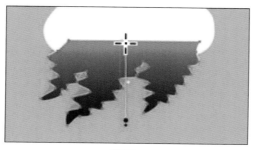

附图5

其他增强功能

以下是 Adobe Illustrator CC 2019 的其他增强功能。

* 缩放 Illustrator 用户界面。您可以通过选择"Illustrator CC">"首选项">"用户界面"（macOS）或"编辑首选项">"用户界面"（Windows）来设置界面缩放。

* 新的屏幕模式。在此版本中，"视图"菜单中提供了两种全新模式："显示文稿模式"和"裁切视图模式"。"显示文稿模式"仅显示活动画板上的内容，隐藏应用程序菜单、面板、参考线和框架边缘，并使背景变暗以模拟实际演示文稿。选择"视图">"裁切视图"。"裁切视图模式"将视图剪切到画板的边界。在此模式下，将隐藏超出画板边缘的参考线和图稿。

* "GPU 预览模式"下的轮廓查看。现在，您可以在分辨率大于 2000 像素的屏幕上，以"GPU 预览模式 + 轮廓"（"视图">"轮廓"）形式查看作品。

* 改进了 Stock 图像用户体验。当您请求 Adobe Stock 图像授权许可时，Adobe Stock 对话框现在有了更好的用户界面。

本书仅涉及 Adobe Illustrator CC 2019 部分全新增强功能。Adobe 致力于为您的图稿制作需求提供最佳工具。我们希望您像我们一样喜欢与 Adobe Illustrator CC 2019 合作。